新时代高职数学系列教材

高等数学
（财经商贸类）

中国职业技术教育学会 组编

□ 主　编　雷田礼　宋西红
□ 副主编　齐松茹　郑　红　康晓红
　　　　　杨圣宏　黄开情

中国教育出版传媒集团
高等教育出版社·北京

内容提要

本教材是新时代高职数学系列教材之一，按照数字经济时代对高等职业教育的人才培养要求，结合财经商贸类专业的教学需要，在普通高等教育“十一五”国家级规划教材《经济与管理数学》的基础上编写而成。

本教材编写落实立德树人的根本任务，有机融入党的二十大精神，培养学生的核心素养；突出数学知识与专业技能的融合，强化学生的应用能力培养，满足教育数字化需求。本教材还配备了丰富的数字化资源。

本教材内容包括经济函数与极限、导数及其经济应用、积分及其经济应用、偏导数及其经济应用、线性代数与线性规划、概率论基础和数理统计初步。本教材可根据教学安排进行模块式教学，学时弹性较大。前4章的微课资源已在中国大学 MOOC(慕课)平台上线，读者可登录平台搜索“经管数学”课程进行学习。授课教师如需获得本书配套教辅资源，请登录“高等教育出版社产品信息检索系统”(http://xuanshu.hep.com.cn/)搜索下载，首次使用本系统的用户，请先进行注册并完成教师资格认证。

本教材既可作为高等职业院校财经商贸类专业高等数学课程的教材，也可供普通本科财经类专业学生使用和参考。

图书在版编目(CIP)数据

高等数学：财经商贸类 / 中国职业技术教育学会组编；雷田礼，宋西红主编. --北京：高等教育出版社，2024.9（2025.5重印）

ISBN 978-7-04-062113-6

Ⅰ.①高… Ⅱ.①中… ②雷… ③宋… Ⅲ.①高等数学-高等职业教育-教材 Ⅳ.①O13

中国国家版本馆 CIP 数据核字(2024)第 083337 号

GAODENG SHUXUE：CAIJING SHANGMAO LEI

项目总策划　贾瑞武

策划编辑　崔梅萍　　责任编辑　崔梅萍　　封面设计　王　洋　　版式设计　童　丹

责任绘图　邓　超　　责任校对　胡美萍　　责任印制　存　怡

出版发行	高等教育出版社	网　　址	http://www.hep.edu.cn
社　　址	北京市西城区德外大街4号		http://www.hep.com.cn
邮政编码	100120	网上订购	http://www.hepmall.com.cn
印　　刷	北京瑞禾彩色印刷有限公司		http://www.hepmall.com
开　　本	889mm×1194mm　1/16		http://www.hepmall.cn
印　　张	21.75		
字　　数	470千字	版　　次	2024年9月第1版
购书热线	010-58581118	印　　次	2025年5月第2次印刷
咨询电话	400-810-0598	定　　价	49.80元

物 料 号　62113-00

总　序

党的二十大报告指出："教育、科技、人才是全面建设社会主义现代化国家的基础性、战略性支撑。"学习贯彻党的二十大精神，要求职业教育必须坚持以习近平新时代中国特色社会主义思想为指导，全面贯彻党的教育方针，着眼推进中国式现代化，扎根中国大地办教育，培养一代又一代拥护中国共产党领导和我国社会主义制度、立志为中国特色社会主义事业奋斗终身的有用人才。进入新时代以来，党和国家进一步加强了职业教育工作，先后出台了一系列推动现代职业教育体系建设改革的政策举措，印发了《关于加快发展现代职业教育的决定》《国家职业教育改革实施方案》《关于推动现代职业教育高质量发展的意见》《关于深化现代职业教育体系建设改革的意见》等重要文件，为新征程上我国现代职业教育的改革发展指明了方向。

2023 年 5 月 29 日，在二十届中央政治局第五次集体学习会上，习近平总书记强调指出，要把服务高质量发展作为建设教育强国的重要任务。统筹职业教育、高等教育、继续教育，推进职普融通、产教融合、科教融汇，源源不断培养高素质技术技能人才、大国工匠、能工巧匠。这是新征程上党和国家事业对职业教育提出的新要求，落实这一要求，职业教育必须进行深刻的变革。加强基础理论学习，补齐知识化短板是这一变革的应有之义。数学课程作为高职院校学生的公共基础课程，具有基础性、应用性、职业性和发展性的特点，是补齐知识化短板的重要内容。教材是实施课程教学的主要工具，高职数学教材应反映类型特色和人才培养目标，反映新时代对高素质技术技能人才的要求，成为学生获得数学基础知识和基本技能、掌握基本数学思想、积累基本数学活动经验、形成理性思维和科学精神的重要载体。

为贯彻落实 2022 年全国教育工作会议精神，大力发展适应新技术和产业变革需要的职业教育，2022 年 1 月，中国职业技术教育学会专门组织了加强职业教育文化基础课程体系建设的说课研讨会，提出要聚焦新技术和产业变革，补齐职业教育文化知识短板，着力提高职业教育内涵质量，以更好落实职业教育立德树人根本任务，为此建议组织编写"新时代高职数学系列教材"。

本系列教材全面贯彻党的教育方针，牢牢把握正确政治方向和价值导向，以打造培根铸魂、启智增慧的精品教材为目标。系列教材注重中高本衔接和一体化设计，包括高等数学、线性代数、概率论与数理统计等多本教材，涵盖高职专科和职业本科领域的数学知识。同时，教材的编写也充分考虑了学生的实际需求和学习特点，注重理论与实践相结合，注重教材的可读性和实用性。系列教材充分体现了深化职业教育"三教"改革的精神，编写理念独具匠心，内容、体例焕然一新。具体特色如下。

1. 落实立德树人根本任务，贯彻党的二十大精神

系列教材紧紧围绕为党育人、为国育才根本目标，全面落实立德树人根本任务，着力深化课程思政建设。教材融入了我国数学家的伟大贡献，介绍了中国传统的数学文化，宣传了我国新时代取得的科学技术的卓越成就，精选党的二十大报告中提出的关键核心技术，战略性新兴产业，载人航天、探月探火、深海深地探测、超级计算机、卫星导航、量子信息、核电技术、新能源技术、大飞机制造、生物医药等重大成果，以小切口展现大时代，以小故事反映大主题，增强学生民族自豪感，厚植学生爱国主义情怀，培养学生的责任担当和使命感。

2. 坚持课程标准指导，重构知识体系，加强文化素质教育

系列教材编写遵照最新课程标准要求，深刻体现数学学科核心素养的内涵、育人价值、表现形式和层次水平，将教材知识内容、逻辑结构、数字资源等聚焦于培养和发展学生的数学核心素养。教材强化知识与技能、过程与方法、情感态度与价值观的整合；强化数学与其他学科以及现实社会的联系；强化学生发现与提出问题并加以分析、解决实际问题的综合素质。

3. 体现职业教育类型定位，凸显与产业、专业的紧密联系

系列教材内容加强了与产业活动、专业课程和职业应用相关的教学情境，注重选择和设计与行业企业相关联的教学案例，注重跨学科交叉与融合，增强学生应用数学的意识。通过选择或建立合适的数学模型解决生产生活中的问题，培养学生运用数学工具解决实际问题的能力，以帮助学生养成用数学的眼光观察世界、用数学的思维分析世界、用数学的语言表达世界的能力。

4. 加大数字技术赋能，融合丰富的课程资源

系列教材充分体现数字技术的应用，介绍数学软件，利用数学软件或计算工具进行数据的计算、统计和分析，绘制函数曲线和统计图表等，帮助学生理解数学知识，使学生感悟利用信息技术学习数学的优势，丰富研究问题的方法。以新形态教材为核心，提供数字学习资源、在线自测和题库等，高效、直观、生动地呈现教学内容。充分利用“智慧职教”“爱课程（中国大学 MOOC）”平台获取教学资源，提高课堂教学的信息化程度，改变传统的教学方式和学习方式，让学生在开放、个性化、有趣味性、交互性的学习氛围中快乐学习。

系列教材由中国职业技术教育学会担纲策划，高等教育出版社牵头组织，邀请普通本科、职业本科、高职“双高”院校的 30 余位数学学科专家、教研专家和骨干教师承担编审工作，在认真学习我国职业教育相关政策文件，总结近年来高职数学教育改革成果以及吸收多种较为成熟的数学教学改革成功经验的基础上，按照相关专业人才培养方案和课程标准的要求编写。可以相信，凝聚了各方智慧和经验的“新时代高职数学系列教材”必将担当起培养高素质技术技能人才的重任，必将肩负起落实党的教育方针、传承民族文化、服务国家发展战略、办好人民满意教育的使命。

我们相信，随着系列教材的不断推广和普及，更多的高职学生的文化素质必将会有一个大的提升，尤其在数学方面取得新进展，由此带动职业教育质量的进一步提高。同时，我们也期望系列教材能够成为学校和企业推进产教深度融合的重要抓手，为我国职业教育高质量发展做出积极的贡献。

2023 年 6 月

前　言

党的二十大进一步明确职业教育在我国教育体系中的重要作用，职业教育已经形成独特的教学理念和教育特色，在适应现代社会人才多样化需求、大规模培养现代化建设需要的高素质技能人才等方面作出了重要贡献。为贯彻落实党的教育方针，适应新时代尤其是数字经济对高素质技能人才培养提出的新要求，体现数学课程和教学改革的发展，实现全面提升学生核心素养的目标，在新时代高职数学系列教材编审委员会的指导下，我们在普通高等教育“十一五”国家级规划教材《经济与管理数学》的基础上继续优化完善，深入研究我国高等职业教育的最新政策文件、高职数学课程建设与教学改革发展动态，在深入讨论的基础上，汲取优秀教材建设经验，凝练数学学科核心素养，在课程内容设置、结构编排、习题选取等方面进行了大胆创新，更加注重落实立德树人根本任务，深入挖掘高职数学德技并修的育人价值，使教材更加适应当前高职教育发展的需求，更加切合当前高职人才培养模式与高职数学课程改革理念。

本教材编写体现如下特色。

1. 培根铸魂，数学思想融入思政元素

教材深入贯彻党的二十大精神，落实立德树人根本任务。结合核心概念的背景介绍、知识的应用及扩展阅读材料等内容，以多种方式介绍中国古代的数学成就、中国古代数学家的聪明才智和钻研精神，继承和弘扬中华优秀数学文化，坚定文化自信；用新时代我国在经济社会发展、工农业生产等领域取得的最新成果开阔学生的视野，了解我国社会的蓬勃发展，增强民族自豪感与担当精神。结合知识点挖掘数学中蕴含的哲理与辩证法思想，进一步帮助学生树立正确的人生观、世界观、价值观，让学生更好地理解社会主义核心价值观的内涵，增强学生守正创新、踔厉奋发、勇毅前行的职业品质与敬业精神。

2. 重构内容，培养专业所需的应用能力

为了实现高职院校高素质技术技能人才的培养目标，教材遵循“融合专业需求，培养职业能力”的编写思路，将财经商贸类专业需要的数学知识与应用案例融为一体，通过配备大量的情境引例、实践案例及数学实验，强化学生解决专业或生活问题的能力。整体上既符合学生职业发展的需要，也缩短了数学课程与专业课程之间的距离。同时，“（情境）案例—（数学）原理—（综合）应用”的逻辑主线也体现了知识“从实践中来，到实践中去”的辩证规律。

3. 启智增慧，强化数学思想及思维的培养

数学思想是数学的灵魂和核心，只有真正理解和掌握数学思想，才能在解决实际问题中融会贯通，形成创新能力。本教材通过丰富的案例与应用场景驱动相关的数学思想，如

变量间的相互关系—对应—函数

变量的变化趋势—逼近—极限

变量的变化速率—变化率—导数

变量的累积变化—微元累积—积分

多变量的变化关系—线性—矩阵

随机变量的变化—可能性—概率

本教材着力介绍了函数思想、极限思想、转化思想、逆向思维、建模思想、概率思想等，并结合生活实际和专业应用，采用问题驱动、案例引导的方式，帮助学生内化相关数学思想和概念，在培养学生数学思维的同时增强其创新能力。

4. 立体建设，配备丰富的数字资源辅助教学

根据数字时代开放教育的特点，教材建设了大量的数字化教学资源。例如，在重难点处配有二维码，通过移动设备扫一扫就可以在线学习微课程；各小节大多配备同步实践训练和在线测试等，课程标准、学习方案、在线微课、电子教案、单元测试、在线考试、应用案例及解答、软件实验资源等数字资源已在中国大学慕课平台开放，为网络时代的教与学提供有力的保障。另外，网络平台还提供班级管理、学生学习适时监测反馈等功能，形成了以学生为本位的“网络化、数字化、融合化、智能化”的资源格局。

5. 分层递进，适应教学的多样性需求

基于高职生源多元化的现状，为满足多样化的学习需求，本教材内容在编排上注意层层递进，突出应用场景，深入浅出。各章的综合应用习题分为基础难度（不带“ * ”）和较高难度（带“ * ”），供不同层次的学生使用。习题答案均配有二维码，通过移动设备扫一扫就可以显示答案及详解，满足学生的个性化学习需求。教学内容也考虑了各学校不同学时的需要，设置了带“ * ”号的内容，可供学时较多的院校选用。

本教材是在“十一五”国家规划教材《经管与管理数学》基础上的优化提升，由雷田礼、宋西红改编及统稿，在结构上优化了第 1 章的极限在经济中的应用，强化了第 2 章的导数概念，新增了第 3 章中的微分方程与应用，融入了数学育人的内容，更新了应用案例，补充了部分数字资源，各章还新增了引言、同步实践训练等内容，另外，习题也进行了分层处理。广州汇企财税管理有限公司林珊珊以及广州民生银行黄蕾霏为应用案例的精选和优化提供了帮助，在编写本教材的过程中，深圳职业技术大学及高等教育出版社的领导、高等教育出版社的崔梅萍编辑、兄弟院校的同行专家都提出了建设性的意见，在此一并致谢。

教学改革巨浪滚滚，我们所做的改革只是改革巨浪中的一朵浪花，希望能经受住历史的考验，并在考验中逐步完善。我们深信，从事高职数学教育的同人必将汇聚力量，登上一个个教学改革的台阶，为职业教育的发展添砖加瓦！

限于编者水平与时间，本教材不妥之处在所难免，恳请广大同行和读者批评指正。

编 者

2024 年 3 月

目　录

第1章　经济函数与极限　1

第2章　导数及其经济应用　59

第3章　积分及其经济应用　105

第7章　数理统计初步　287

附录　327

参考文献　333

第 1 章 经济函数与极限

☆☆☆导言

函数是研究经济现象的重要工具，是高等数学重要概念之一.在中学数学的基础上，本章进一步介绍函数的概念及有关内容，并对经济中常用的函数、极限的概念、极限在经济中的应用等知识做简要介绍，本章还将介绍利用 MATLAB 软件求极限的相关知识.

想知道如何计算个人所得税吗？想知道如何通过基础货币估算社会的货币流通量吗？想知道如何计算普通股的筹资成本吗？想知道圆的面积为什么是 πR^2 吗？让我们共同开启本章的学习之旅吧！

知识目标

(1) 掌握函数概念及常用经济函数.

(2) 理解极限思想，并会简单的极限计算.

(3) 了解极限在经济中的简单应用.

(4) 会利用 MATLAB 软件求解极限问题.

能力目标

学习本章后，学生应能解决如下实际问题：

(1) 计算个人所得税.

(2) 进行市场调查，分析某种商品的需求.

(3) 分析市场机制的作用，核算均衡数量与均衡价格.

(4) 进行本量利分析，确定盈亏平衡点.

(5) 分析商业银行创造货币的机制，计算货币乘数与货币流通量.

(6) 计算永续年金的现值.

(7) 计算连续计息时资金的现值与终值.

(8) 计算股利逐年增长的普通股的筹资成本.

素养培育点

(1) 学会函数的思想方法，学会用普遍联系的视角去发现和解决问题.

(2) 领悟割圆术中包含的哲学思想.

(3) 了解我国古代数学家的贡献，增强民族自豪感和自信心.

(4) 初步建立数学建模的思想，学会用数学模型来表达和解决实际问题.

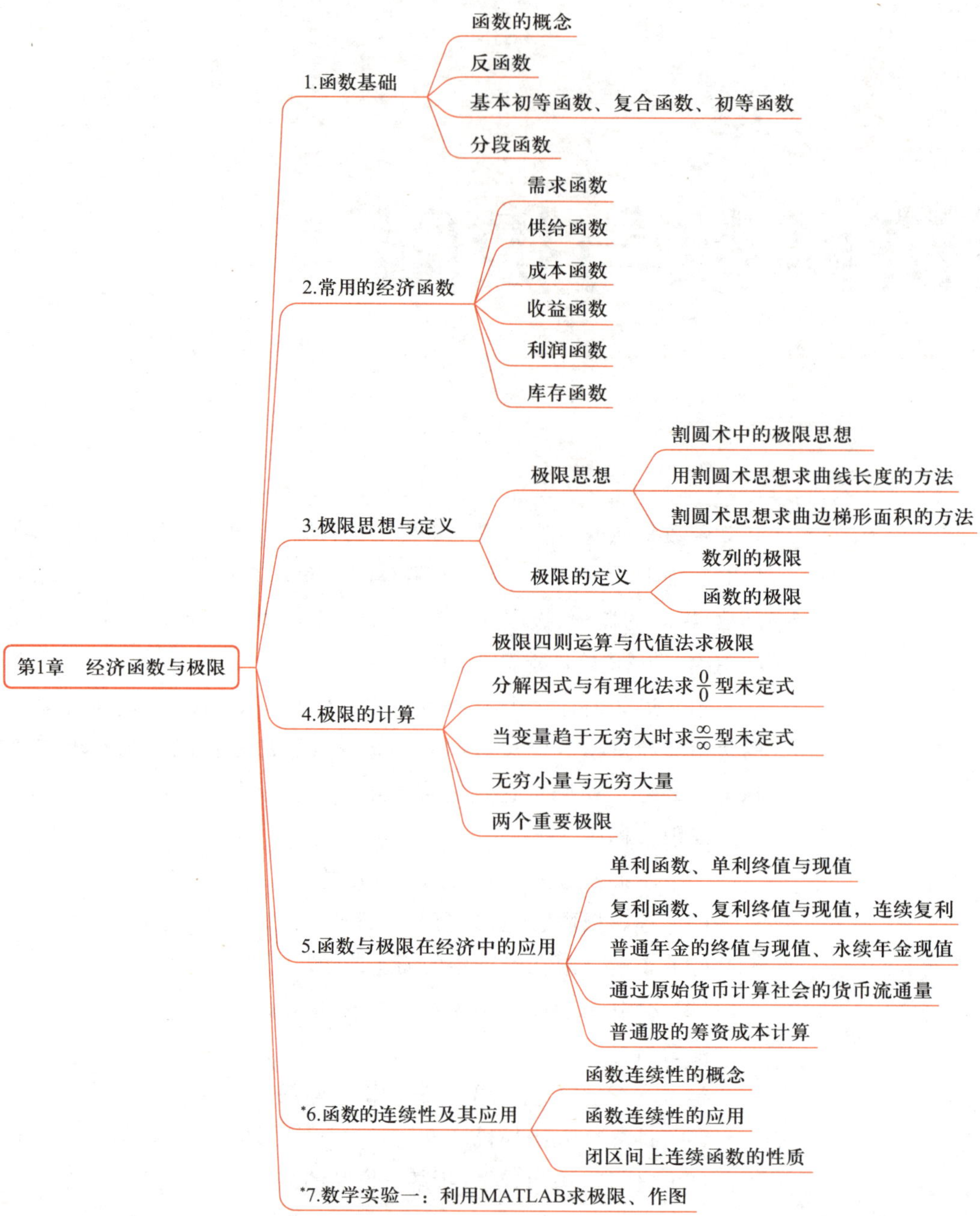

§1.1 函数基础

1.1.1 函数的概念

函数的概念

在对经济现象进行观察时，常常会遇到两种不同的量：一种量在研究过程中保持不变，称之为**常量**；而另一种量在研究过程中不断变化，可以取不同的值，称之为**变量**.例如，在一段时间内，银行的利率是保持不变的，可以看成常量；而股票的价格每天都在发生变化，可以用变量来表示.常量通常用字母 a,b,c,k 等表示，变量通常用字母 x,y,z,t 等表示.

在表示变量的取值范围时，最常用的概念是区间（包括开区间、闭区间、半开半闭区间）

和邻域.通常称$(x_0-\delta,x_0+\delta)$$(\delta>0)$为点$x_0$的$\delta$ **邻域**,它实际上是以x_0为中心,长度为2δ的开区间.

在同一研究过程中的几个变量通常是相互关联的,某些变量之间可能存在着对应关系.例如,某种商品的价格为常数p(元/件),则销售量Q(件)与收益R(元)之间存在着对应关系

$$R=pQ. \tag{1.1}$$

当销售量Q取定某一数值时,收益R也对应着一个确定的数值.收益R随销售量Q的变化而变化,这种对应关系称为**函数**.下面给出函数的定义.

定义 1.1 设有两个变量x和y,如果对于变量x在允许取值范围内的每一个值,变量y按照某种对应规则,有唯一确定的值与之对应,则称y是x的函数,记作

$$y=f(x).$$

其中,x为自变量,y为因变量.x的取值范围叫作函数的**定义域**,y的取值范围叫作函数的**值域**.

同步实践 1.1.1

1. 函数$y=\dfrac{\ln x}{1+x^2}$的定义域为(　　).

A. $(-\infty,+\infty)$　　B. $[0,+\infty)$　　C. $(0,+\infty)$　　D. $(-1,1)$

2. 函数$y=\sqrt{1-|x|}$的定义域为(　　).

A. $[0,+\infty)$　　B. $(0,+\infty)$　　C. $[-1,1]$　　D. $(-1,1)$

3. 商场中某品牌的保温杯价格为199元/个,此商场共有100个这样的保温杯,则商场售卖此款保温杯的收入y与销售量x之间的函数关系为(　　).

A. $y=199x$　　B. $y=199x\quad(0<x<100)$

C. $y=199x\quad(0\leqslant x\leqslant 100)$　　D. $y=199x\quad(0\leqslant x\leqslant 100,x\in\mathbf{Z})$

*4. 已知$f(x-1)=x^2-1$,则$f(x)=$(　　).

A. x^2-1　　B. x^2+2x　　C. $x(x-1)$　　D. $x(x-1)(x+2)$

*5. 函数$f(x)=\dfrac{\sqrt{x-2}}{(x-1)\ln(x+3)}$的定义域为________.

1.1.2 反函数

反函数

在函数$y=f(x)$中,x为自变量,y为因变量,然而在同一过程中存在着函数关系的两个变量究竟哪个是自变量,哪个是因变量,并不是绝对的,要根据问题的具体要求而定.

例如,商品销售中,若某商品的价格为p,如果想从该商品的销售量Q来确定其销售收入R,则可用式(1.1)表示为$R=pQ$(Q是自变量,R是因变量).

如果换个角度,由该商品的销售收入R来确定销售量,则R是自变量,Q是因变量,函数

表达式为

$$Q=\frac{R}{p} \tag{1.2}$$

称函数(1.2)是函数(1.1)的反函数,或者说它们互为反函数.

定义 1.2 设 $y=f(x)$ 是 x 的函数,其值域为 M,若对于 M 中的每一个 y 值,都有一个唯一确定的且满足 $y=f(x)$ 的 x 值与之对应,则得到一个定义在 M 上的以 y 为自变量,x 为因变量的新函数,称为 $y=f(x)$ 的反函数,记作

$$x=f^{-1}(y),y\in M.$$

小贴士

(1) 习惯上,我们总是用 x 表示自变量,用 y 表示因变量,故通常把 $x=f^{-1}(y)$ 改写为 $y=f^{-1}(x)$.

(2) 函数 $y=f(x),x\in D$ 与 $y=f^{-1}(x),x\in M$ 互为反函数,它们的定义域与值域互换.

(3) 在同一直角坐标系下,函数 $y=f(x)$ 与它的反函数 $y=f^{-1}(x)$ 的图像关于直线 $y=x$ 对称.

思考

是否任意函数都存在反函数呢?

例 1.1.1 求下列函数的反函数.

(1) $y=1+\ln(x+2)$;　　(2) $y=\dfrac{x}{1+x}$.

解 (1) 由题知,函数 $y=1+\ln(x+2)$ 在 $x\in(-2,+\infty)$ 上单调增加,存在反函数.由 $y=1+\ln(x+2)$ 解得 $x=e^{y-1}-2$;互换 x,y,得到函数 $y=1+\ln(x+2)$ 的反函数为 $y=e^{x-1}-2(x\in\mathbf{R})$.

(2) 由题知,函数 $y=\dfrac{x}{1+x}$在 $x\in(-\infty,-1)\cup(-1,+\infty)$上为一一对应关系的函数,存在反函数,由 $y=\dfrac{x}{1+x}$解得 $x=\dfrac{y}{1-y}$,互换 x,y,得到函数 $y=\dfrac{x}{1+x}$的反函数为 $y=\dfrac{x}{1-x}(x\neq1)$.

同步实践 1.1.2

1. $y=a^x(a>0,a\neq1)$的反函数为______________.

*2. $y=1+\ln(x+2)$的反函数为______________.

函数概念源于笛卡儿坐标系下的变数,开创了微积分的新时代,实质上,微积分就是关于函数的科学,每一个函数都是描述客观世界数量关系一个模式,数学应用于经济与管理实践时也首先从构建函数关系开始,其中基本初等函数是描述客观世界数量关系的最基本的也是最简单的数学模式,所有能接触到的函数无一例外都是由基本初等函数组合构造的.

下面介绍一些基本的函数概念.

1.1.3 基本初等函数、复合函数、初等函数

基本初等函数

1. 基本初等函数

在高等数学中,基本初等函数包含以下五类函数(数学分析中把常数函数也归为基本初等函数).

(1) 幂函数:$y=x^{\mu}$(μ 为实常数);

(2) 指数函数:$y=a^{x}(a>0,a\neq 1)$,特例,$y=\mathrm{e}^{x}$;

(3) 对数函数:$y=\log_{a} x(a>0,a\neq 1)$,特例,$\ln x$;

(4) 三角函数:$y=\sin x,y=\cos x,y=\tan x,y=\cot x,y=\sec x,y=\csc x$;

(5) 反三角函数:$y=\arcsin x,y=\arccos x,y=\arctan x,y=\operatorname{arccot} x$.

从对应法则 f 的角度看,基本初等函数是最简单的函数关系,不能包括四则运算、复合、分段等其他运算关系(复合函数和分段函数的概念将在本节后面的内容中介绍).

常用的基本初等函数的图形及性质如表 1-1 所示.

表 1-1

函数	图像	定义域、值域	主要性质
常数函数 $y=c$(c 为常数)	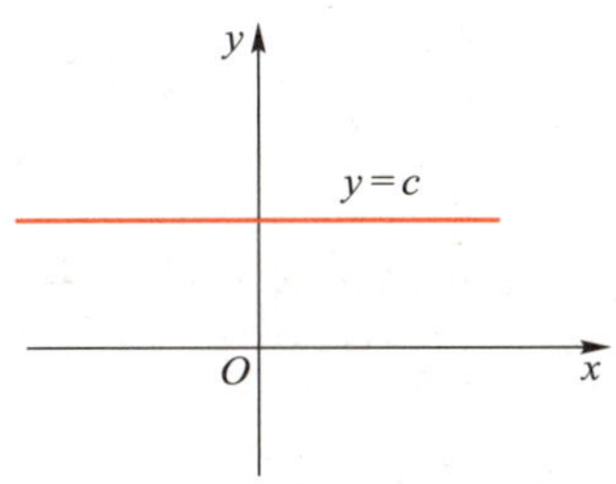	定义域 $D=(-\infty,+\infty)$; 值域 $\{y\mid y=c\}$	它的图像是过点 $(0,c)$,且平行于 x 轴的一条直线; 偶函数;有界函数
幂函数 $y=x^{\alpha}$(α 是常数)	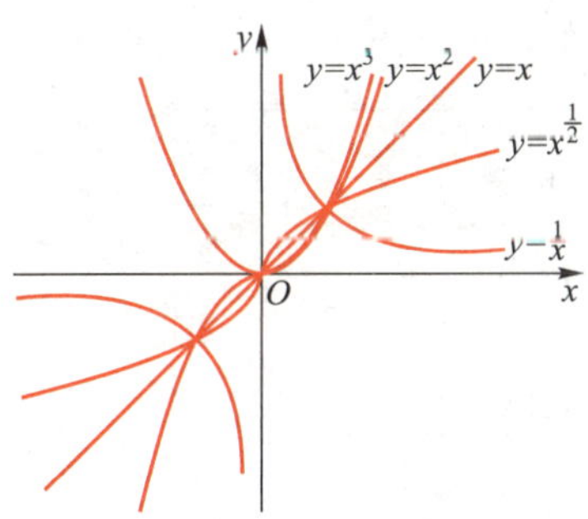	定义域与值域都随 α 的不同而不同,但在 $x\in(0,+\infty)$ 内总有定义	在 $x\in(0,+\infty)$ 内,当 $\alpha>0$ 时,函数单调增加;当 $\alpha<0$ 时,函数单调减少
指数函数 $y=a^{x}$ $(a>0,a\neq 1)$	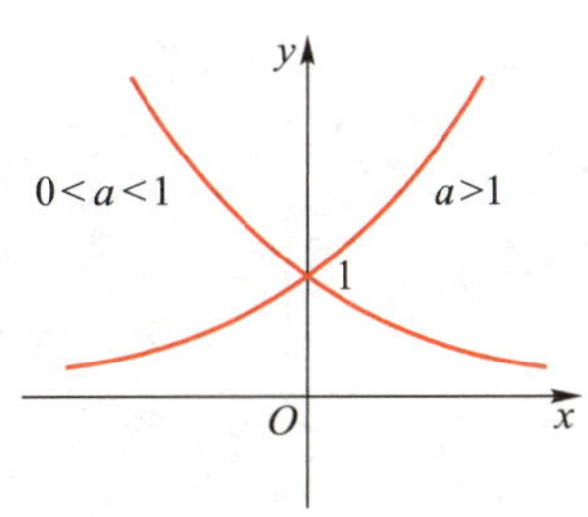	定义域 $D=(-\infty,+\infty)$; 值域 $M=(0,+\infty)$	$a^{0}=1$. 当 $a>1$ 时,函数在 $x\in D$ 上单调增加; 当 $0<a<1$ 时,函数在 $x\in D$ 上单调减少

<table>
<tr><th colspan="2">函数</th><th>图像</th><th>定义域、值域</th><th>主要性质</th></tr>
<tr><td colspan="2">对数函数
$y=\log_a x$
$(a>0,a\neq1)$</td><td>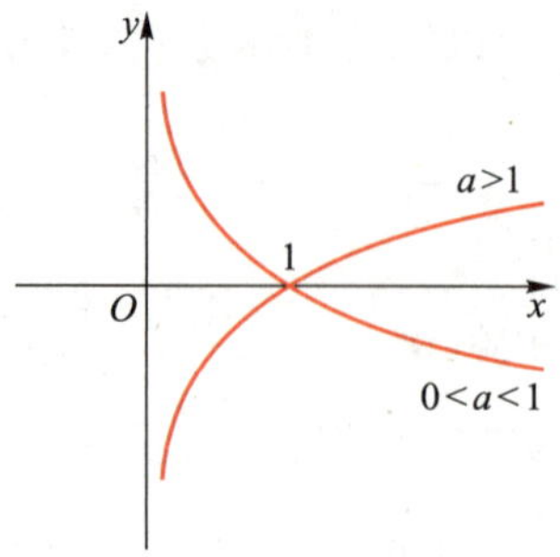</td><td>定义域 $D=(0,+\infty)$；
值域 $M=(-\infty,+\infty)$</td><td>$\log_a 1=0$.
当 $a>1$ 时，函数在 $x\in D$ 上单调增加；当 $0<a<1$ 时，函数在 $x\in D$ 上单调减少</td></tr>
<tr><td rowspan="3">三角函数</td><td>正弦函数
$y=\sin x$</td><td>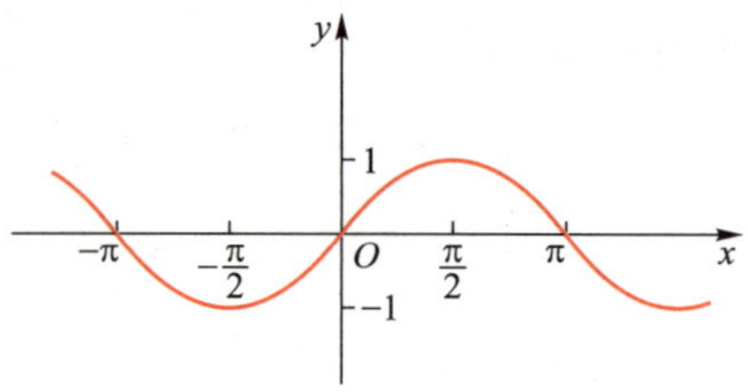</td><td>定义域 $D=(-\infty,+\infty)$；
值域 $M=[-1,1]$</td><td>有界函数 $|\sin x|\leqslant1$；奇函数；周期函数，最小正周期 $T=2\pi$.
在 $\left[2k\pi-\frac{\pi}{2},2k\pi+\frac{\pi}{2}\right]$ 上单调增加；在 $\left[2k\pi+\frac{\pi}{2},2k\pi+\frac{3\pi}{2}\right]$ 上单调减少 $(k\in\mathbf{Z})$</td></tr>
<tr><td>余弦函数
$y=\cos x$</td><td>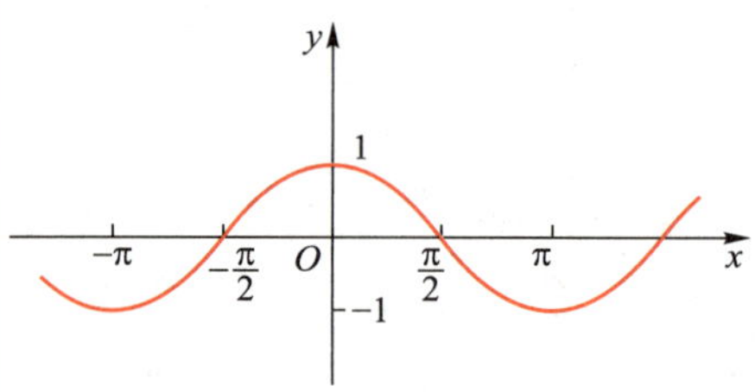</td><td>定义域 $D=(-\infty,+\infty)$；
值域 $M=[-1,1]$</td><td>有界函数 $|\cos x|\leqslant1$；偶函数；周期函数，最小正周期 $T=2\pi$.
在 $[2k\pi,2k\pi+\pi]$ 上单调减少；在 $[2k\pi-\pi,2k\pi]$ $(k\in\mathbf{Z})$ 上单调增加</td></tr>
<tr><td>正切函数
$y=\tan x$</td><td>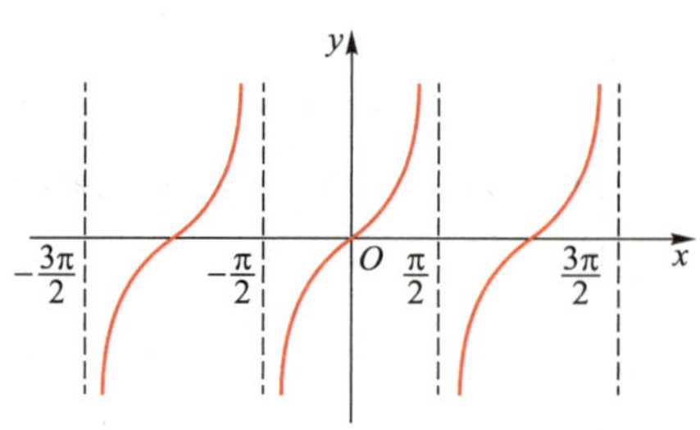</td><td>定义域 $\left\{x\mid x\neq k\pi+\frac{\pi}{2},k\in\mathbf{Z}\right\}$；
值域 $M=(-\infty,+\infty)$</td><td>奇函数；最小正周期 $T=\pi$；
在 $\left(k\pi-\frac{\pi}{2},k\pi+\frac{\pi}{2}\right)$ $(k\in\mathbf{Z})$ 内单调增加；无界函数</td></tr>
</table>

续表

函数		图像	定义域、值域	主要性质
三角函数	余切函数 $y=\cot x$	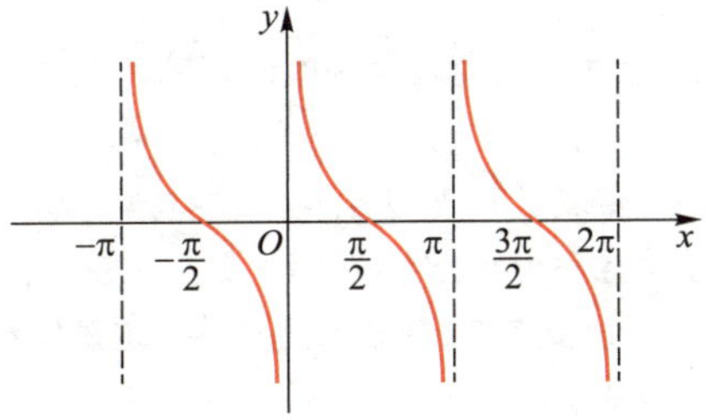	定义域 $\{x \mid x \neq k\pi, k \in \mathbf{Z}\}$；值域 $M=(-\infty, +\infty)$	奇函数；最小正周期 $T=\pi$；在 $(k\pi, k\pi+\pi)(k \in \mathbf{Z})$ 内单调减少；无界函数
反三角函数	反正弦函数 $y=\arcsin x$	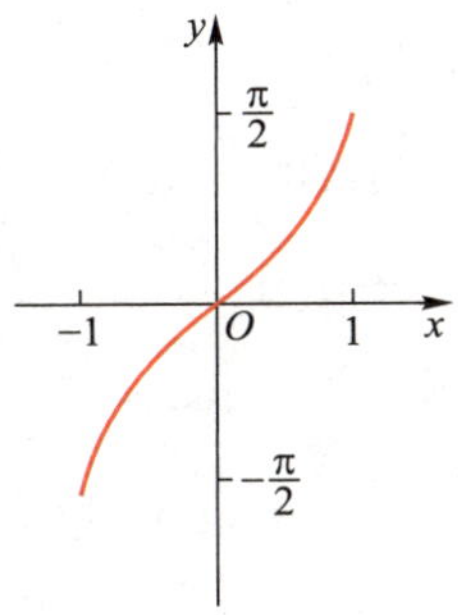	定义域 $D=[-1,1]$；值域 $M=\left[-\frac{\pi}{2}, \frac{\pi}{2}\right]$	奇函数；有界函数，满足 $\lvert \arcsin x \rvert \leqslant \frac{\pi}{2}$；在定义域内单调增加
	反余弦函数 $y=\arccos x$	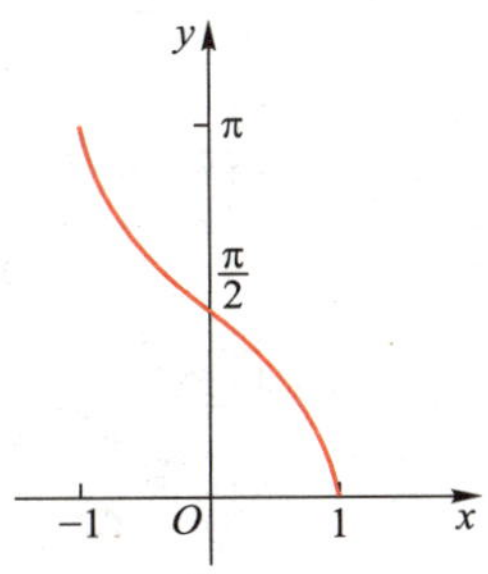	定义域 $D=[-1,1]$；值域 $M=[0,\pi]$	有界函数，满足 $0 \leqslant \arccos x \leqslant \pi$；在定义域内单调减少
	反正切函数 $y=\arctan x$	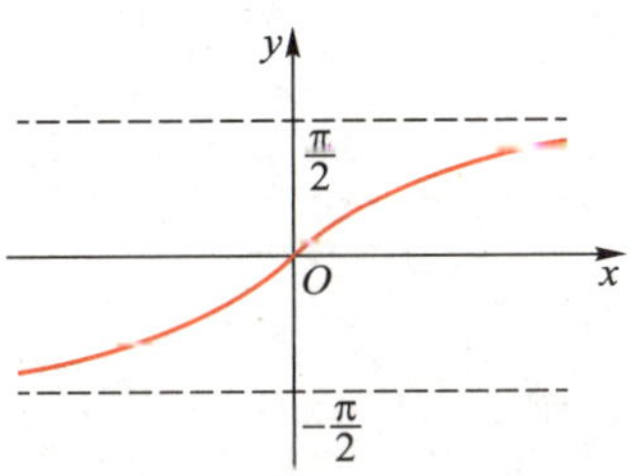	定义域 $D=(-\infty, +\infty)$；值域 $M=\left(-\frac{\pi}{2}, \frac{\pi}{2}\right)$	奇函数；有界函数，满足 $\lvert \arctan x \rvert < \frac{\pi}{2}$；在定义域内单调增加
	反余切函数 $y=\operatorname{arccot} x$	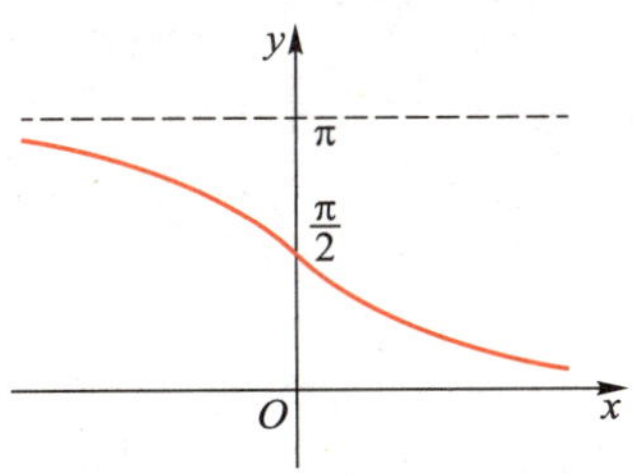	定义域 $D=(-\infty, +\infty)$；值域 $M=(0,\pi)$	有界函数，满足 $0<\operatorname{arccot} x<\pi$；在定义域内单调减少

2. 复合函数

定义 1.3 设 y 是 u 的函数 $y=f(u)$，而 u 又是 x 的函数 $u=\varphi(x)$，如果 $\varphi(x)$ 的值域包含在 $y=f(u)$ 的定义域内，则 y 通过中间变量 u 成为 x 的函数，记作

$$y=f[\varphi(x)],$$

复合函数
初等函数

称 $y=f[\varphi(x)]$ 为 $y=f(u)$ 与 $u=\varphi(x)$ 的**复合函数**，其中，u 称为**中间变量**.

小贴士

（1）所谓复合函数，实际上就是以内函数的函数值作为外函数的自变量，这种构成函数的方式，极大地丰富了函数的世界.

（2）复合函数可以由多个中间变量复合而成，复合的方法就是代入.

（3）不是任何两个函数都可以构成一个复合函数，请大家想一想为什么呢？

（4）复合函数的分解需要掌握.分解要彻底，分解的结果不一定是纯粹的基本初等函数，往往是基本初等函数或其有限次四则运算构成的函数.

对于复合函数，不但要知道复合的过程，在大学阶段更重要的是会进行复合函数的分解，弄清楚函数是由哪些简单函数复合而成，哪个是外层函数，哪个是内层函数.这个问题与后面复合函数求导及积分的计算密切相关.

例 1.1.2 分解下列复合函数.

（1）$y=e^{-x^2+1}$；　　（2）$y=\ln^2(1-x^2)$.

解 （1）函数 $y=e^{-x^2+1}$ 可分解为 $y=e^u$，$u=-x^2+1$，其中，前者为外层函数，后者为内层函数.

（2）函数 $y=\ln^2(1-x^2)$ 可分解为 $y=u^2$，$u=\ln v$，$v=1-x^2$.

3. **初等函数**

由常数和基本初等函数经过有限次的四则运算或复合得到的能用一个式子表示的函数，称为**初等函数**.

例如，$y=x+\sqrt{1-\sin x}$，$y=e^{-x^2+1}$，$y=\dfrac{x+1}{\sin x^2}$ 都是初等函数.

同步实践 1.1.3

1. 已知 $f(x)=\dfrac{1}{\sqrt{x}}$，$g(x)=\sin x$，则 $f[g(x)]=$____________.

2. 函数 $y=\dfrac{1}{\ln x}$ 是由函数____________________复合而成的.

3. 已知 $f(x)=3^x$，$g(x)=x^3$，则 $g[f(x)]=$____________，$f[g(x)]=$____________.

*4. 函数 $y=\sqrt{\cot\dfrac{x}{2}}$ 是由函数____________________复合而成的.

*5. 函数 $y=\sin^3(2x+5)$ 是由函数____________________复合而成的.

6. 指出下列函数的定义域.

（1）$y=\dfrac{\ln x}{\sqrt{1-x^2}}$；　　（2）$y=\arcsin\dfrac{x-1}{2}$.

1.1.4 分段函数

分段函数

有时，我们会遇到一个在自变量不同的取值范围内用不同的式子来表示的函数，这样的函数称为**分段函数**.分段函数一般都不是初等函数，但有的分段函数通过形式转化，可以用一个式子来表示，就是初等函数.分段函数也是研究经济问题、生产生活实际问题时经常会遇到的一类函数.

案例 1.1.1 某运输公司规定货物的吨千米运费如下：在 a 千米以内，每吨千米 k 元；超过 a 千米，超过部分每吨千米为$\frac{4}{5}k$ 元.求运费 m 和里程 s 之间的函数关系.

解 根据题意，可列出运费 m 和里程 s 之间的函数关系为

$$m=\begin{cases}ks, & 0\leqslant s\leqslant a,\\ ka+\dfrac{4}{5}k(s-a), & s>a.\end{cases}$$

上例中，运费与里程的函数关系就是分段函数，其定义域为$[0,a]\cup(a,+\infty)=[0,+\infty)$.

案例 1.1.2 某城市规定，水费按户收费，实行阶梯计费：每月用水量 26 m^3 及以下的部分，征收价格为 1.98 元/m^3；每月用水量 26~34 m^3 的部分，征收价格为 2.97 元/m^3；每月用水量 34 m^3 以上的部分，征收价格为 3.96 元/m^3. 试列出每户水费与用水量之间的函数关系.

解 设用水量为 x，应缴水费为 y，则其函数关系为

$$y=\begin{cases}1.98x, & 0\leqslant x\leqslant 26,\\ 1.98\times 26+2.97(x-26), & 26<x\leqslant 34,\\ 1.98\times 26+8\times 2.97+3.96(x-34), & x>34.\end{cases}$$

化简，得

$$y=\begin{cases}1.98x, & 0\leqslant x\leqslant 26,\\ 2.97x-25.74, & 26<x\leqslant 34,\\ 3.96x-59.4, & x>34.\end{cases}$$

很明显，y 与 x 间的函数关系为分段函数关系.

案例 1.1.3 我国个人所得税法规定，居民个人的综合所得，以每一纳税年度的收入额减除费用六万元以及专项扣除、专项附加扣除和依法确定的其他扣除后的余额，为**应纳税所得额**.根据 2018 年第十三届全国人大常委会第五次会议通过的《中华人民共和国个人所得税法修正案(草案)》第七次修正案，自 2019 年 1 月 1 日起，个人所得税起征点调整为每月 5 000 元，全年应纳税所得额与适用税率的关系如表 1-2 所示.

表 1-2

级数	全年应纳税所得额	税率(%)
1	不超过 36 000 的部分	3
2	超过 36 000 元至 144 000 元的部分	10
3	超过 144 000 元至 300 000 元的部分	20
4	超过 300 000 元至 420 000 元的部分	25
5	超过 420 000 元至 660 000 元的部分	30
6	超过 660 000 元至 960 000 元的部分	35
7	超过 960 000 的部分	45

(1) 试列出个人应纳税额与个人全年应纳税所得额间的函数关系;

(2) 当全年应纳税所得额为 278 048.69 元时,平均每月应缴多少个人所得税?

解 (1) 设个人全年应纳税所得额为 x,个人应纳税额为 T.

① $0<x\leqslant 36\,000$ 时,$T=x\times 3\%$;

② $36\,000<x\leqslant 144\,000$ 时,$T=36\,000\times 3\%+(x-36\,000)\times 10\%$;

③ $144\,000<x\leqslant 300\,000$ 时,$T=36\,000\times 3\%+(144\,000-36\,000)\times 10\%+(x-144\,000)\times 20\%$;

④ $300\,000<x\leqslant 420\,000$ 时,$T=36\,000\times 3\%+(144\,000-36\,000)\times 10\%+(300\,000-144\,000)\times 20\%+(x-300\,000)\times 25\%$;

……

以下各级累加计算方法如上,不再重复.

经过整理简化后,得分段函数如下:

$$T=\begin{cases}0.03x, & 0<x\leqslant 36\,000,\\ 1\,080+0.1(x-36\,000), & 36\,000<x\leqslant 144\,000,\\ 11\,880+0.2(x-144\,000), & 144\,000<x\leqslant 300\,000,\\ 43\,080+0.25(x-300\,000), & 300\,000<x\leqslant 420\,000,\\ 73\,080+0.3(x-420\,000), & 420\,000<x\leqslant 660\,000,\\ 145\,080+0.35(x-660\,000), & 660\,000<x\leqslant 960\,000,\\ 250\,080+0.45(x-960\,000), & x>960\,000.\end{cases}$$

进一步化简,得

$$T=\begin{cases}0.03x, & 0<x\leqslant 36\,000,\\ 0.1x-2\,520, & 36\,000<x\leqslant 144\,000,\\ 0.2x-16\,920, & 144\,000<x\leqslant 300\,000,\\ 0.25x-31\,920, & 300\,000<x\leqslant 420\,000,\\ 0.3x-52\,920, & 420\,000<x\leqslant 660\,000,\\ 0.35x-85\,920, & 660\,000<x\leqslant 960\,000,\\ 0.45x-181\,920, & x>960\,000.\end{cases}\tag{1.3}$$

一般来说,分段函数通常不能统一为一个函数表达式,故而不是初等函数.

小贴士

式(1.3)为分段函数,也可以将此式作为快速计算个人所得税应纳税额的公式直接使用.个人所得税应纳税额=应纳税所得额×适用税率-速算扣除数,如表1-3所示.

表 1-3　个人所得税税率表(综合所得汇缴适用)

级数	全年应纳税所得额	税率(%)	速算扣除数
1	不超过 36 000 元	3	0
2	超过 36 000 元至 144 000 元的部分	10	2 520
3	超过 144 000 元至 300 000 元的部分	20	16 920
4	超过 300 000 元至 420 000 元的部分	25	31 920
5	超过 420 000 元至 660 000 元的部分	30	52 920
6	超过 660 000 元至 960 000 元的部分	35	85 920
7	超过 960 000 元的部分	45	181 920

(2) 当全年应纳税所得额为 278 048.96 元时,应缴个人所得税额为

$$T=278\ 048.69\times0.2-16\ 920=38\ 689.738(\text{元}).$$

所以平均每月应缴个人所得税为 $38\ 689.738\div12\approx3\ 224.14$(元).

思考

纳税是我国每个公民应尽的义务,请有兴趣的同学查阅相关资料,了解我国个人所得税制度的发展,并用函数进行表示.

同步实践 1.1.4

1. 设函数 $f(x)=\begin{cases}6x, & x>3,\\ 0, & -3\leqslant x\leqslant3,\\ -1, & x<-3,\end{cases}$ 则 $f(x)$ 的定义域为________, $f(-5)=$________,

$f(0)=$________, $f(5)=$________.

2. 某职员在 2023 年全年应纳税所得额为 120 879 元,则他应缴________元个人所得税.

*3. 某城市自来水集团对居民生活用水采取的计费法包括两部分:水费与污水处理费,其中污水处理费的水价为 0.95 元/m^3,水费比较复杂,分三个阶梯按户计价收费.

第一阶梯:用水量在 0~26 m^3(含 26 m^3)的部分,水价为 1.98 元/m^3;

第二阶梯:用水量在 26~34 m^3(含 34 m^3)的部分,水价为 2.97 元/m^3;

第三阶梯：用水量超过 34 m^3 的部分，水价为 3.96 元/m^3.

(1) 试列出每户水费 $C(x)$ 与用水量 x 之间的函数关系；

(2) 如果某居民用户 7 月份用水量为 30 m^3，那么该用户 7 月份应缴多少元水费？

扩展阅读

函数的来历

1.1 函数 基础同步实践答案

§1.2 常用的经济函数

1.2.1 需求函数

需求函数 供给函数

消费者对某种商品的需求由多种因素决定，商品的价格是影响需求的主要因素，还有许多其他因素，如消费者的收入的高低，其他代用品的价格等都会影响需求.这里，不考虑价格以外的因素，只研究需求与价格的关系.

设 P 表示商品价格，Q 表示需求量，我们将需求量与商品价格之间的函数关系 $Q=f(P)$ 称为**需求函数**.一般说来，商品价格低，需求量大；商品价格高，需求量小.因此需求函数 $Q=f(P)$ 一般为单调减少函数.

因为 $Q=f(P)$ 单调减少，所以存在反函数 $P=f^{-1}(Q)$，此反函数也称为需求函数.经济学上称 $P=f^{-1}(Q)$ 的图像为需求曲线 D，如图 1-1 所示.

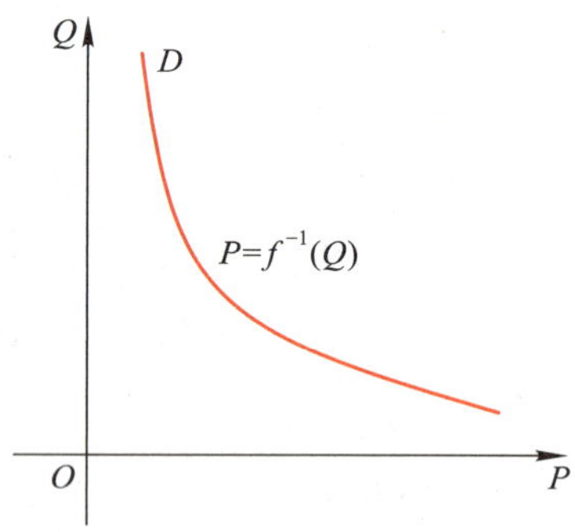

图 1-1

常用的需求函数有如下类型.

(1) 线性函数：

$$Q=b-aP,\quad a,b>0;$$

(2) 幂函数：

$$Q=kP^{-a},\quad a,k>0;$$

(3) 指数函数：

$$Q=ae^{-bP},\quad a,b>0.$$

案例 1.2.1 某商品的价格为 7 元时，销售量为 1 040 件，价格每提高 0.5 元，需求量就减少 40 件，假设需求量随价格均匀变化.

(1) 试确定商品的需求量 Q 与价格 P 之间的线性需求函数 $Q=f(P)$；

(2) 讨论价格提到多少元时，商品的销售量会变为 0；

(3) 当商品定价为 10 元时，商品的需求量是多少？

解 (1) 由题意可知，当价格为 P 元($P\geqslant 7$)，即提高$(P-7)$元时，需求量减少

$$40\times\frac{P-7}{0.5}=80P-560(件),$$

所以需求量应该是 $Q=1\ 040-(80P-560)=1\ 600-80P(P\geqslant 7)$.

(2) 如果商品卖不出去,说明需求量是0,也就是 $Q=0$,即 $Q=1\ 600-80P=0$, 那么 $P=\frac{1\ 600}{80}=20$(元).

(3) 当商品定价为10元时,商品的需求量是

$$Q=1\ 600-80P=1\ 600-80\times 10=800(件).$$

答 需求函数是 $Q=1\ 600-80P\quad(P\geqslant 7)$;当 $P=20$ 元时,商品的销售量为0;当商品定价为10元时,商品的需求量是800件.

同步实践 1.2.1

1. 判断:需求函数通常是减函数.( )

*2. 市场调查显示,对于某商品,当售价为70元/件时,市场需求量为3.1万件;若每件价格降低3元,则需求量将增加0.03万件.试求:

(1) 该商品的线性需求函数;

(2) 当商品售价为78元时,市场需求量是多少?

1.2.2 供给函数

供给量是指在一定的时间内,在一定的价格水平下,生产者愿意并能够售出的商品的总数量.某种商品的供给量也由多种因素决定,这里略去价格以外的其他因素,只讨论供给与价格的关系.

设 P 表示商品价格,Q 表示供给量,那么我们将 $Q=\varphi(P)$ 称为**供给函数**.一般说来,商品价格低,生产者不愿生产,供给减少;商品价格高,供给增加.因此供给函数一般为单调增加函数.通常,供给函数的反函数 $P=\varphi^{-1}(Q)$ 也是单调增加的,并且也是供给函数.

经济学上称 $P=\varphi^{-1}(Q)$ 的图像为供给曲线 S,如图1-2所示.

常用的供给函数有如下类型.

(1) 线性函数:

$$Q=aP-b,\quad a>0,b>0;$$

(2) 幂函数:

$$Q=kP^{a},\quad a>0,k>0;$$

(3) 指数函数:

$$Q=ae^{bP},\quad a>0,b>0.$$

均衡价格 P_0 是市场上需求量与供给量相等时的价格,此时的数量 Q_0 称为**均衡数量**.在

同一坐标系中，需求曲线与供给曲线的交点 E 的纵坐标 P_0 和横坐标 Q_0 正好是均衡价格和均衡数量，如图 1-3 所示.

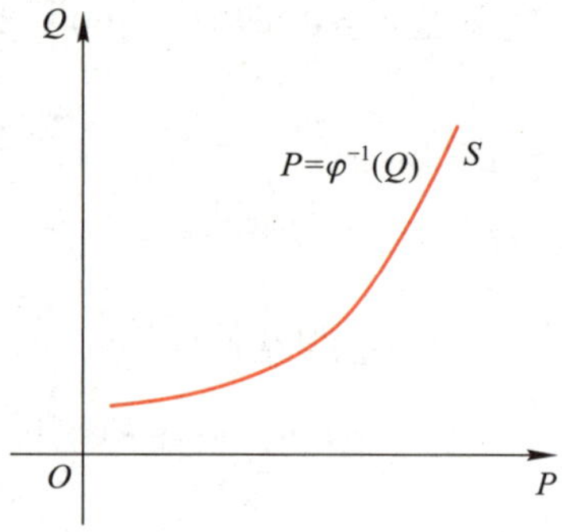

图 1-2

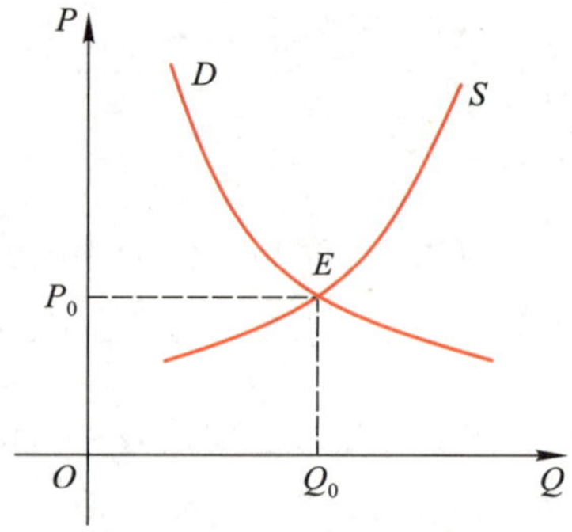

图 1-3

案例 1.2.2 设某商品的需求函数为 $Q=b-aP(a>0,b>0)$，供给函数为 $Q=cP-d(c>0,d>0)$，求均衡价格 P_0.

解 在均衡价格 P_0 处，需求量等于供给量，即

$$b-aP_0=cP_0-d,$$

解得

$$P_0=\frac{b+d}{a+c}.$$

所以均衡价格 P_0 为$\frac{b+d}{a+c}$.

同步实践 1.2.2

1. 判断下列说法是否正确.

(1) 当商品价格上升时，总的供给量通常会减少.(　　)

(2) 当商品价格低于市场均衡点时，通常需求量会大于供给量.(　　)

2. 某种商品的需求函数与供给函数分别为 $Q=300-5P, S=25P-30$，其中，Q 为产量，P 为价格.求该商品的市场均衡价格和均衡数量.

小贴士

在实际生产生活中，产量（供给量）、销量、需求量一般是不相等的，但是，在数学里，为研究问题的方便，通常假设产销平衡，即产量（供给量）= 销量 = 需求量.

1.2.3 成本函数

某产品的**总成本**是指生产一定数量的产品所耗费的生产要素（如劳动力、原料、设备等）的费用总额.总成本可分成两类：第一类是厂房、设备、运输工具等固定资产的折旧，以及

管理者的固定工资等.这一类成本的特点是短期内不发生变化,即不随产品量的变化而变化,称为**固定成本**,用 C_1 表示.固定成本也是当产量为 0 时的成本.第二类成本是能源费用、原材料费用、劳动者的计件工资等.这一类成本的特点是随产品量的变化而变化,称为**变动成本**,用 $C_2(Q)$ 表示,其中,Q 表示产量.这两类成本的和就是总成本,用 $C(Q)$ 表示,即

成本函数
收益函数

$$C(Q)=C_1+C_2(Q).$$

平均成本是生产一定量产品时,每单位产品平均分摊到的成本.平均成本函数为

$$\overline{C}=\overline{C}(Q)=\frac{C(Q)}{Q}=\frac{C_1}{Q}+\frac{C_2(Q)}{Q}.$$

案例 1.2.3 设某企业生产某种产品的固定成本为 10 万元,每生产一件产品需增加成本 0.8 万元,求总成本函数及平均成本函数,并判断平均成本函数的单调性.

解 由题意,固定成本 $C_1=10$ 万元,变动成本 $C_2(Q)=0.8Q$,所以总成本函数为

$$C(Q)=C_1+C_2(Q)=10+0.8Q.$$

平均成本函数为

$$\overline{C}=\overline{C}(Q)=\frac{C(Q)}{Q}=\frac{10}{Q}+0.8.$$

显然,该平均成本函数是单调递减的.也就是说,随着产量的增加,平均成本越来越小.

同步实践 1.2.3

1. 某企业生产某种商品的固定成本为 20 元,每生产一件商品成本会增加 5 元,该企业的成本函数 $C(Q)$(Q 为产量)为(　　).

A. $C(Q)=20Q+5\quad(Q\geqslant 0)$　　B. $C(Q)=5Q+20\quad(Q\geqslant 0)$

C. $C(Q)=20Q\quad(Q\geqslant 0)$　　D. $C(Q)=5Q\quad(Q\geqslant 0)$

2. 某企业生产某种商品的固定成本为 20 元,每生产一件商品成本会增加 5 元,该企业的变动成本为(　　).

A. $5Q$(Q 为产量)　　B. 5　　C. 20　　D. $20Q$(Q 为产量)

3. 某水果加工厂每天生产某种果脯需变动成本为 450 元/百件,固定成本为 1 000 元,每百件这种果脯出厂价为 700 元,以下关于每天生产此种果脯的总成本函数 $C(Q)$(Q 为产量)正确的是(　　).

A. $C(Q)=450Q+1\,000\quad(Q\geqslant 0)$　　B. $C(Q)=700Q\quad(Q\geqslant 0)$

C. $C(Q)=450Q-1\,000\quad(Q\geqslant 0)$　　D. $C(Q)=450Q\quad(Q\geqslant 0)$

4. 某企业生产某钢笔的固定成本为 5 000 元,每生产一支钢笔将增加成本 2 元,则该企业产量为 Q 时总成本函数 $C(Q)$ 及生产 100 支钢笔时的平均成本为(　　).

A. $C(Q)=5\,000+2Q\quad(Q\geqslant 0)$, 52　　B. $C(Q)=5\,000+Q\quad(Q\geqslant 0)$, 54

C. $C(Q)=5\ 000+Q^2 \quad (Q\geqslant 0)$, 60　　D. $C(Q)=5\ 000+4Q \quad (Q\geqslant 0)$, 50

*5. 某电子公司加工一批电子元件，其中固定成本为 3 万元，且每加工一个电子元件成本会增加 2 元，则该企业的成本函数与平均成本函数（设产量为 Q）为（　　）.

A. $30\ 000Q+2Q^2, \dfrac{30\ 000Q+2Q^2}{Q}$　　B. $30\ 000+2Q^2, \dfrac{30\ 000+2Q^2}{x}$

C. $30\ 000+2Q, \dfrac{30\ 000+2Q}{Q^2}$　　D. $30\ 000+2Q, \dfrac{30\ 000+2Q}{Q}$

1.2.4 收益函数

总收益是生产者销售一定量产品所得到的全部收入.设 P 为商品价格，Q 为商品量，R 为总收益，$\overline{R}$ 为平均收益，需求函数 $P=P(Q)$，则总收益函数为

$$R=R(Q)=Q\cdot P(Q).$$

平均收益函数为

$$\overline{R}=\overline{R}(Q)=\frac{R(Q)}{Q}=\frac{Q\cdot P(Q)}{Q}=P(Q).$$

案例 1.2.4　设某产品的价格 P（单位：元/台）与销售量 Q（单位：台）的关系为 $P=10-\dfrac{Q}{5}$，求销售量为 30 台时的总收益和平均收益.

解　总收益函数为

$$R(Q)=Q\cdot P(Q)=10Q-\frac{Q^2}{5}, \quad R(30)=120.$$

平均收益函数为

$$\overline{R}(Q)=P(Q)=10-\frac{Q}{5}, \quad \overline{R}(30)=4.$$

所以销售量为 30 台时的总收益和平均收益分别为 120 元和 4 元.

同步实践 1.2.4

1. 某产品的价格为 p，销售量 $Q=240-6P$，则总收益函数 $R(Q)$ 及当 $Q=24$ 时的总收益为（　　）.

A. $240Q-6Q^2$, 432　　B. $240Q-6P^2$, 342

C. $40Q-\dfrac{Q^2}{6}$, 864　　D. $40Q-\dfrac{P^2}{6}$, 684

2. 设某产品的价格函数 $P=20-\dfrac{1}{5}Q$，其中，P 为价格，Q 为销售量，则总收益函数为（　　）.

A. $20-\frac{1}{5}Q^2$

B. $20Q-\frac{1}{5}Q^2$

C. $20Q^2-\frac{1}{5}Q$

D. 以上都不对

3. 设某产品的价格 P 关于需求量 Q 的函数为 $P=10-\frac{1}{5}Q$，当 $Q=20$ 个单位时的总收益为(　　).

A. 120　　B. 140　　C. 100　　D. 160

*4. 某产品的变动成本为 350 元/件，固定成本为 1 050 元，每件产品的售价为 700 元. 设销量为 Q，则总成本函数、收益函数分别是(　　).

A. $700Q+350, 700Q$

B. $350Q+700, 700Q$

C. $350Q+1\ 050, 700Q$

D. $700Q+1\ 050, 700Q$

*5. 某商品售价为 100 元/件，若超过 100 件，则超过部分以八折出售，又已知每件商品的出厂价为 65 元，设销售量为 x，则该商品的收益函数为(　　).

A. $f(x)=\begin{cases}100x, & x\leqslant 100\\ 10\ 000+80(x-100), & x>100\end{cases}$

B. $f(x)=\begin{cases}100x, & x<100\\ 10\ 000+80x, & x\geqslant 100\end{cases}$

C. $f(x)=\begin{cases}100x, & x<100\\ 10\ 000+0.8(x-100), & x\geqslant 100\end{cases}$

D. 以上都不对

1.2.5　利润函数

利润函数
库存函数

通常在核算利润时，只计算已销售产品的成本，即利润 L 是销量 Q 的函数. **利润函数**等于收益函数与成本函数之差，即

$$L=L(Q)=R(Q)-C(Q).$$

当 $R(Q)=C(Q)$ 时，企业盈亏相抵，此时的数量 Q_0 称为**盈亏平衡点**. 在图 1-4 中，Q_0 为盈亏平衡点，当 $Q>Q_0$ 时企业盈利，当 $Q<Q_0$ 时企业亏损.

平均利润是指每单位商品平均产生的利润. 平均利润函数为

$$\bar{L}=\frac{L(Q)}{Q}=\frac{R(Q)-C(Q)}{Q}=\bar{R}-\bar{C}.$$

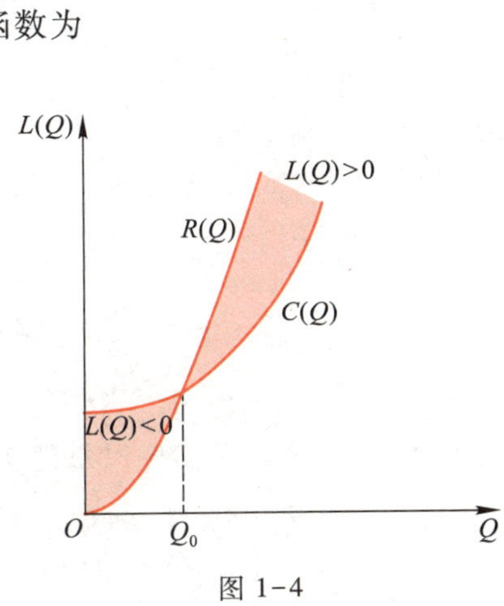

图 1-4

案例 1.2.5　某工厂生产某种产品，固定成本40 000元，每生产一单位产品，成本增加 100 元. 已知产品的最大销售量为 400 单位，总收益 R 是年产量 Q 的函数，即

$$R=R(Q)=400Q-\frac{1}{2}Q^2,\quad 0\leqslant Q\leqslant 400.$$

求利润函数和盈亏平衡点.

解　已销售产品的成本函数为

$$C=C(Q)=40\ 000+100Q \quad (0\leqslant Q\leqslant 400),$$

则利润函数为

$$\begin{aligned} L&=L(Q)=R(Q)-C(Q)\\ &=300Q-\frac{Q^2}{2}-40\ 000 \quad (0\leqslant Q\leqslant 400). \end{aligned}$$

令

$$L=300Q-\frac{Q^2}{2}-40\ 000=0,$$

得盈亏平衡点

$$Q_1=200,\quad Q_2=400.$$

注意:未销售出的产品的生产成本将转为产品存货,到下一期销售后再核算.

同步实践 1.2.5

1. 已知某产品的总收益函数为 $R(Q)=20Q-\frac{Q^2}{4}$,总成本函数为 $C(Q)=60+4Q$,其中,Q 为产量,则利润函数为(　　).

A. $-60+16Q-\frac{Q^2}{4}$　　B. $-60-16Q+\frac{Q^2}{4}$

C. $16Q-\frac{Q^2}{4}$　　D. $16Q+\frac{Q^2}{4}$

2. 已知某产品的需求函数为 $P(Q)=20-\frac{Q}{4}$,总成本函数为 $C(Q)=60+4Q$,其中,Q 为产量,则利润函数为(　　).

A. $-60+16Q-\frac{Q^2}{4}$　　B. $-60-16Q+\frac{Q^2}{4}$

C. $16Q-\frac{Q^2}{4}$　　D. $16Q+\frac{Q^2}{4}$

*3. 设某企业生产某种商品 x 件时的总收益为 $R(x)=100x-x^2$(单位:元),总成本函数为 $C(x)=200+50x+x^2$,政府对每件商品征收货物税 m,则利润函数为(　　).

A. $L=-2x^2+mx-200$　　B. $L=-2x^2+(50-m)x-200$

C. $L=-2x^2+50x-200$　　D. $L=-2x^2+(50-m)x$

*4. 某商场以每件 70 元的进价购进一批衣服,设该商品的需求函数为 $Q=600-3P$,其中,Q 为产量,P 为价格则收益函数和利润函数为(　　).

A. $R(Q)=200Q-\frac{1}{3}Q^2, L=130Q-\frac{1}{3}Q^2$　　B. $R(Q)=200Q-3Q^2, L=130Q-3Q^2$

C. $R(Q)=200Q-9Q^2, L=130Q-9Q^2$　　D. 以上都不对

*5. 某厂每周生产 Q 单位(单位:百件)产品的总成本 C(单位:千元)是产品的函数 $C=C(Q)=100+12Q+Q^2$,如果每百件产品销售价格为 4 万元,则利润函数为(　　).

A. $L(Q)=28Q-Q^2-100$(千元)　　B. $L(Q)=100+4Q+Q^2$(千元)

C. $L(Q)=-100-4Q-Q^2$(千元)　　D. $L(Q)=40Q$(千元)

1.2.6　库存函数

我们以下面案例 1.2.6 来说明库存函数.

案例 1.2.6　某工厂生产某型号产品,年产量为 a 台,分若干批进行生产,每批生产准备费用为 b 元.设每批产品先存库,后均匀投入市场,且上一批用完后立即生产出下一批,即平均库存量为批量的一半.已知每年每件产品的库存费用为 c 元.显然,生产批量大则库存费用高;生产批量少,则批数增多,因此准备费用高.为了确定最优批量,试求出一年中库存费用与生产准备费用之和与批量的函数关系.

解　设批量为 x 台,库存费用与生产准备费用之和为 $P(x)$ 元.因为年产量为 a 台,所以每年生产的批数为 $\frac{a}{x}$,所以生产准备费用为 $b\cdot\frac{a}{x}$ 元.

因为年平均库存量为 $\frac{x}{2}$ 台,所以库存费为 $c\cdot\frac{x}{2}$ 元.因此库存费用与生产准备费用之和与批量的函数关系为

$$P(x)=\frac{ab}{x}+\frac{c}{2}x.$$

同步实践 1.2.6

某商店半年销售 500 件小器皿,均匀销售,为节约库存费用,选择分批进货,每批订货费用(订货合同手续费、差旅费、运货费等)为 80 元,每件器皿的库存费用为 0.6 元/月,试列出库存费用和进货费用之和与批量间的函数关系.

扩展阅读

货币的时间价值

1.2　常用的经济函数同步实践答案

§1.3 极限思想与定义

1.3.1 极限思想

极限思想是数学史上的一颗璀璨的明珠，是整个微积分的基础，有着重要的应用.极限是由求某些实际问题的精确答案而产生的，有很多问题的精确解，仅仅通过有限次的算术运算是求不出来的，而必须通过一个无限变化过程的变化趋势才能求得.我国是比欧洲早一千多年应用极限思想来解决问题的，下面我们先通过几个情境引例来体会极限思想在解决实际问题中的作用.

极限思想：割圆术

情境引例 1.3.1 中国古代数学家庄周（约公元前 369—前 286）在《庄子 · 天下篇》中引述惠施的话："一尺之棰，日取其半，万世不竭."这句话的意思是指一尺长的木棒，第一天取它的一半，即 1/2 尺；第二天再取剩下的一半，即 1/4 尺；第三天再取第二天剩下的一半，即 1/8 尺……如此一天天地取下去，永远也取不完.将每天剩余的木棒长度写出来就是

$$\frac{1}{2},\frac{1}{4},\frac{1}{8},\cdots,\frac{1}{2^n},\cdots.$$

当 n 很大时，$\frac{1}{2^n}$很小；当 n 无限增大时，$\frac{1}{2^n}$无限接近于 0，称当 $n\to\infty$ 时，$\frac{1}{2^n}$的极限为 0，记为

$$\lim_{n\to+\infty}\frac{1}{2^n}=0.$$

上式中，"∞"称为无穷大，表示（变量的）绝对值可以无限增大.$n\to+\infty$ 表示变量 n 取自然数，沿 x 轴正向无限增大的过程.

情境引例 1.3.2（刘徽的"割圆术"） 我国古代的数学家刘徽发明了"割圆术"："割之弥细，所失弥少，割之又割，以至于不可割，则与圆周合体而无所失矣".这段话的含义：分割越细，（内接多边形与圆周长）误差越小，分了又分，当（圆周）不可再分割时，则（多边形）与圆周重合而没有误差了.

如图 1-5，对圆周进行分割，并用圆内接正多边形的周长替代圆的周长.圆内接正四边形的周长记为 L_4，内接正六边形的周长记为 L_6……内接正 n 边形的周长记为 L_n……随着圆内接正多边形边数的增加，多边形的周长就越接近圆的周长（误差越来越小），即 $n\to+\infty$，也就是对圆周无限细分时，正 n 边形周长的极限就是圆的周长.

圆内接正多边形对圆周进行了分割，分点间用直线连接，并用直线段的长度去替代这段弧的长度，用多边形周长去逼近圆的周长.这正是我国古代数学家刘徽的割圆术的思想.

下面来看圆周周长的具体证明过程.

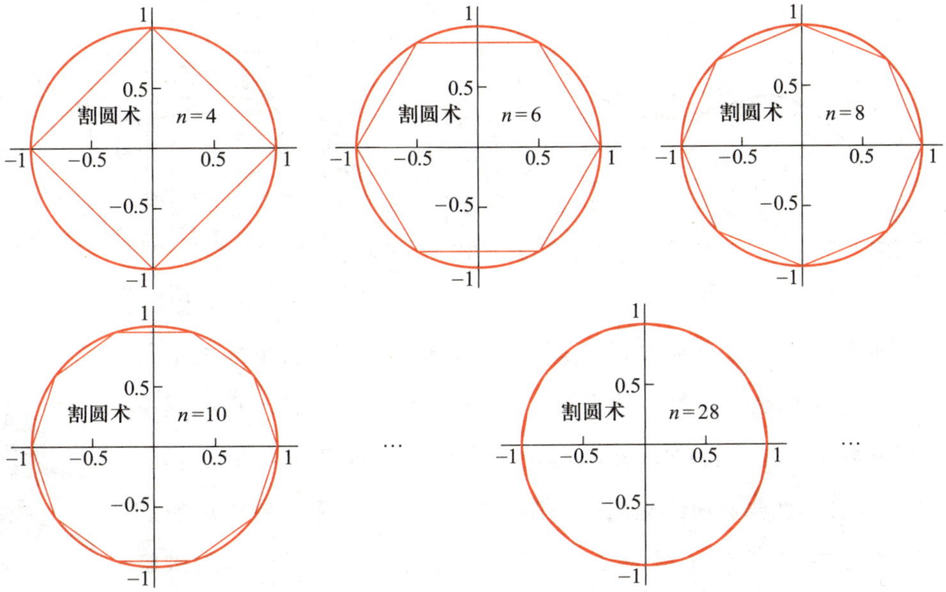

图 1-5

如图 1-6 所示,圆内接正 n 边形的边长为 a,圆的半径为 R,则每边所对圆心角 $\alpha=\frac{2\pi}{n}$,圆内接多边形的边长

$$a=2R\sin\frac{\alpha}{2}=2R\sin\frac{\pi}{n},$$

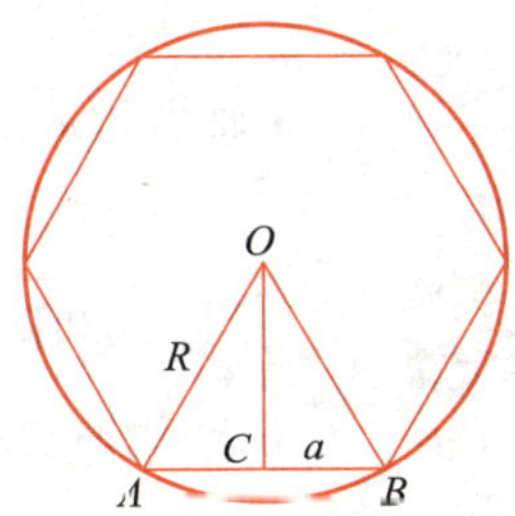

图 1-6

圆内接正 n 边形的周长

$$L_n=na=2nR\sin\frac{\pi}{n}.$$

那么,当 $n\to\infty$ 时,$L_n\to$圆的周长,即

$$L_{圆}=\lim_{n\to\infty}L_n=\lim_{n\to\infty}2nR\sin\frac{\pi}{n}=2\pi R \quad (极限的具体计算将在后面学习).$$

视频

极限思想:曲线长度计算

上述案例中的“割圆术”思想通过不断分割,用正多边形的周长不断逼近未知圆的周长,再取极限得到圆的周长.事实上,“割圆术”思想还可以用来解决很多其他的问题,如计算一般曲线的长度的思想方法.首先将曲线分割为许多小的曲线,如图 1-7 所示,每两点之间用直线段的长度来替代这一小段曲线的长度,用直线段的和来替代整条曲线的长度,尽管二者存在误差,但分割得越细,这种误差就会越小,即“割之弥细,所失弥少”. 为进一步减小误差,继续细分,直到不能再细分,即“割之又割,以至于不可割”,则这些线段的和就与所求曲线合体(合二为一),而“无所失矣”,即没有误差了,如图 1-8 所示. 这种通过分割求和,不断细分减少误差,用已知的知识去逼近未知知识的方法就是极限思想的重要体现.

类似的方法,还可以证明圆的面积 $S_{圆}=\pi R^2$.

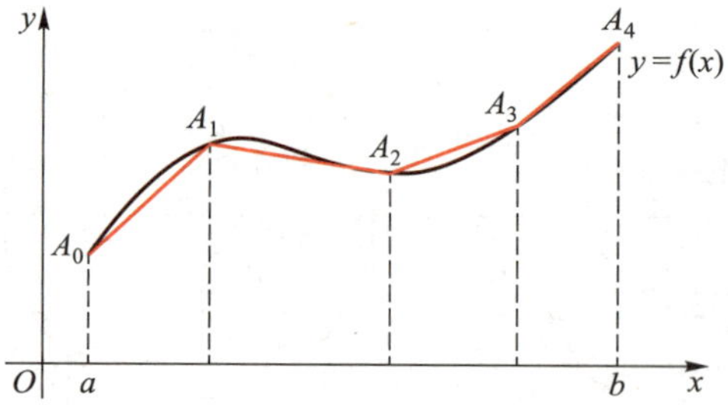

图 1-7

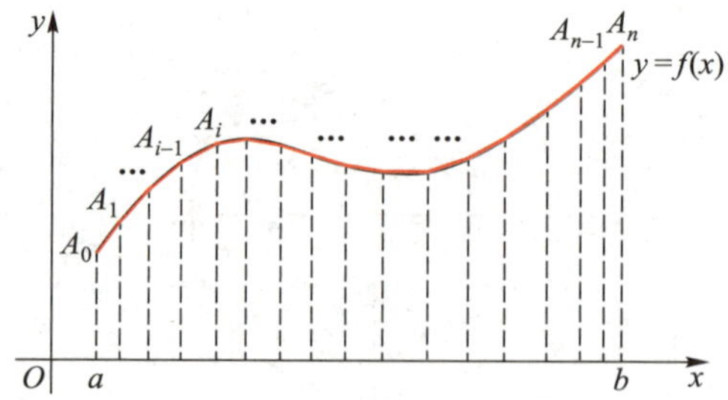

图 1-8

圆周率 π 是人们所熟知的无理数．我国古代数学家祖冲之求得的圆周率千年称雄于世界．然而，你可知道祖冲之是如何求得圆周率的？西方数学史往往把微积分的起源追溯到公元前 3 世纪的阿基米德.历史果真如此吗？刘徽提出的“割圆术”透射出深邃的数学思想和巧妙的科学方法，论证了祖冲之求圆周率的算法源于“割圆术”，破解了数学史上这千年疑案，并以科学、严谨的论述向世人宣示：刘徽提出的“割圆术”是衔接高等数学的金桥，它的技术是会通计算数学的古道，它的思想是攀登未来数学的天梯，极限则是划分高等数学和初等数学的“分水岭”①.

情境引例 1.3.3　由闭区间 $[a,b]$ 上的连续曲线 $y=f(x)\,(f(x)\geqslant 0)$，直线 $x=a$，$x=b$ 及 x 轴所围成的曲边梯形（图 1-9）的面积的计算问题.

曲边梯形面积

分析　这个问题可以借助刘徽的“割圆术”的思想来解决，对曲边梯形进行分割，如图 1-10和图 1-11 所示，分割为 9 个小曲边梯形时，比分割为 4 个小曲边梯形时用矩形去近似替代曲边梯形的误差要小.也就是说，分割得越细，近似程度越高.因此，将曲边梯形无限细分，所有小矩形面积之和的极限就是曲边梯形面积的精确值.

正所谓“割之弥细，所失弥少，割之又割，以至于不可割，则（矩形）与曲边梯形合体而无所失矣”.

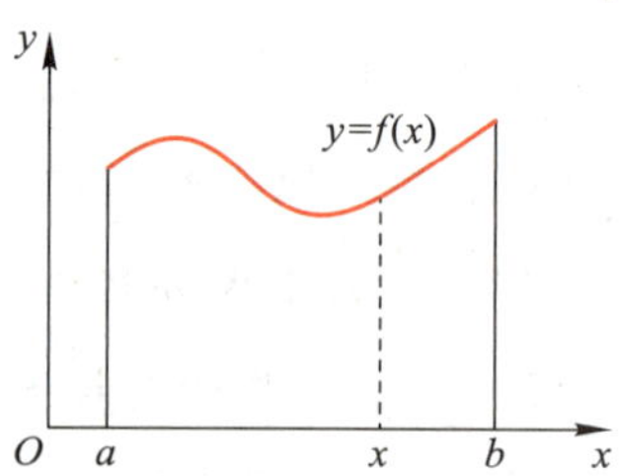

图 1-9

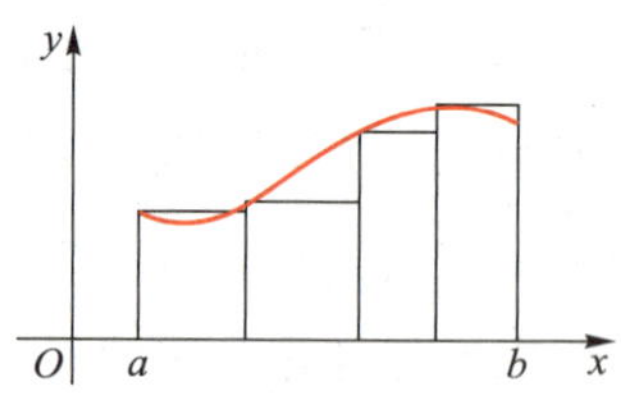

（4个小矩形）

图 1-10

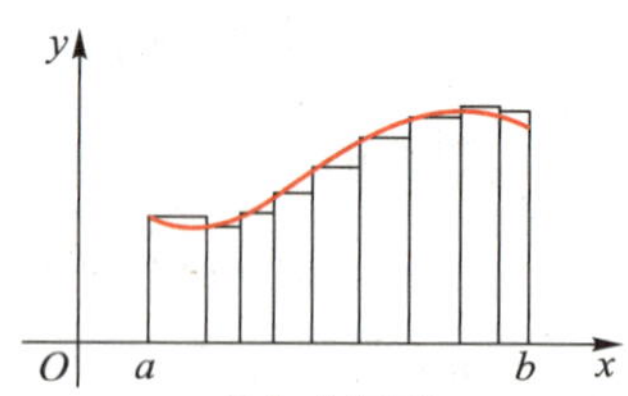

（9个小矩形）

图 1-11

这个问题的具体计算方法将在学习定积分时给出，这里给出的思路对于解决问题来说是非常重要的.

① 王能超.千古绝技“割圆术”：刘徽的大智慧.2 版.武汉：华中科技大学出版社，2003.

小贴士

曲边梯形的面积计算也是利用极限思想解决问题的一个典型例子，综合前面的情境引例可以看出，极限的重要作用在于给出了用无限逼近的方式来研究变量变化趋势的思想.极限的方法是人们从有限中认知无限，从近似中认知精确，从量变中认识质变的一种数学方法.这种思想方法是微积分里解决问题的重要手段，也是高等数学与初等数学的本质区别，高等数学之所以能解决许多初等数学无法解决的问题，如求瞬时速度、曲线弧长、曲边形面积、曲面体体积等问题，正是由于它采用了极限的思想方法，极限的思想方法是整个微积分的基础，后面学习的连续、导数、定积分等都是建立在极限的思想基础上的.

1.3.2 极限的定义

下面给出数列极限与函数极限的定义.

1. 数列的极限

一般地，按一定规律排列的一串数

$$a_1, a_2, \cdots, a_n, \cdots$$

数列极限的概念

称为**数列**，记为 $\{a_n\}$，a_n 称为**通项**.

数列极限的定义如下.

定义 1.4 给定数列 $\{a_n\}$，如果当 n 无限增大时，a_n 在变化范围①内有定义，且无限趋近于某个确定的常数 A，则称当 n 趋于无穷大时，数列 $\{a_n\}$ 的**极限是** A，记作

$$\lim_{n\to+\infty} a_n = A,$$

这时，也称数列 $\{a_n\}$ **收敛**于 A.如果当 n 无限增大时，a_n 不能趋近于任何确定的常数，则称数列 $\{a_n\}$ **发散或极限不存在**.

例如，$\lim\limits_{n\to+\infty} \dfrac{1}{n}=0$，则称数列 $\left\{\dfrac{1}{n}\right\}$ 收敛于 0；而数列 $\left\{n-\dfrac{1}{n}\right\}$ 则不趋近于任何确定的常数，因而是发散的.

例 1.3.1 观察下列数列 $\{a_n\}$ 的变化趋势，判断数列是否收敛，若收敛，求出其极限.

(1) $a_n=2-\dfrac{1}{n^2}$；　(2) $a_n=(-1)^n\dfrac{1}{3^n}$；　(3) $a_n=(-1)^n$；　(4) $a_n=n^2$.

解 观察数列在 $n\to+\infty$ 时的变化趋势，有

(1) $\lim\limits_{n\to+\infty} a_n = \lim\limits_{n\to+\infty}\left(2-\dfrac{1}{n^2}\right)=2$；

(2) $\lim\limits_{n\to+\infty} a_n = \lim\limits_{n\to+\infty}(-1)^n\dfrac{1}{3^n}=0$；

(3) $\lim\limits_{n\to+\infty} a_n = \lim\limits_{n\to+\infty}(-1)^n$，极限不存在；

(4) $\lim\limits_{n\to+\infty} a_n = \lim\limits_{n\to+\infty} n^2$，极限不存在.

---

① 这里所指范围，包括区间和邻域两种.其中，区间有 $(-\infty,+\infty)$，$(-\infty,a)$，$(-\infty,a]$，$(a,+\infty)$，$[a,+\infty)$，$[a,b]$，(a,b)，$[a,b)$，$(a,b]$；邻域有 $(x_0-\delta,x_0+\delta)$、左邻域 $(x_0-\delta,x_0)$、右邻域 $(x_0,x_0+\delta)$、去心邻域 $0<|x-x_0|<\delta$，其中，δ 为任意大于 0 的实数.

小贴士

当 $n\to+\infty$ 时，数列$\{a_n\}$发散或极限不存在有两种情况：

① 数列有界，但当 $n\to+\infty$ 时，数列$\{a_n\}$的通项取值在某固定的范围内振荡，无确定的变化趋势，如 $a_n=(-1)^n$；

② 数列无界，如 $a_n=n^2$.

函数极限

2. 函数的极限

由于数列可以看作定义域为正整数集的函数，即数列可以看作自变量为 n 的函数：$a_n=f(n)$，$n\in\mathbf{N}_+$，数列$\{a_n\}$的极限为 A 可以认为是当自变量 n 取正整数且无限增大时，对应的函数值 $f(n)$ 无限趋近于常数 A. 因此，在建立了数列极限"由于自变量的无限变化，得到因变量的无限逼近"的思想基础上，可以考虑自变量为实数的函数的极限，对于函数 $y=f(x)$，自变量 x 的变化趋势有 6 种情况：

(1) x 沿 x 轴正向无限增大，记为 $x\to+\infty$；

(2) x 沿 x 轴负向绝对值无限增大，记为 $x\to-\infty$；

(3) x 的绝对值无限增大，记为 $x\to\infty$；

(4) x 从 x_0 左侧无限趋近于常数 x_0，记为 $x\to x_0^-$；

(5) x 从 x_0 右侧无限趋近于常数 x_0，记为 $x\to x_0^+$；

(6) x 无限趋近于常数 x_0，记为 $x\to x_0$.

对第(4)~(6)的情况，x 趋近于 x_0 通常是在 x_0 的邻域内来考查的，它具有三个特点：

① 局部性(即只在 x_0 邻近考虑，而不是考查整个定义域)；

② 不取到(即 x 只是趋近 x_0，但并不是取到 x_0)；

③ 无限趋近(即 x 与 x_0 的距离可以任意小).

类似于数列极限，下面给出函数极限的定义.

定义 1.5 设函数 $y=f(x)$，如果当 x 在某种变化趋势(记作$x\to *$)下，函数 $f(x)$ 无限趋近于一个确定的常数 A，则称当 x 在这种变化趋势(即 $x\to *$)下，函数 $f(x)$ 以 A 为极限，或函数 $f(x)$ 收敛于 A，记作

$$\lim_{x\to *}f(x)=A.$$

当 x 的变化趋势"$x\to *$"具体为 6 种趋势中的某一种时，可分别定义极限如表 1-4 所示.

表 1-4

序号	自变量变化趋势	函数变化	极限记号
1	当 $x\to+\infty$ 时	$f(x)\to A$	$\lim\limits_{x\to+\infty}f(x)=A$
2	当 $x\to-\infty$ 时		$\lim\limits_{x\to-\infty}f(x)=A$
3	当 $x\to\infty$ 时		$\lim\limits_{x\to\infty}f(x)=A$
4	当 $x\to x_0^-$ 时		$\lim\limits_{x\to x_0^-}f(x)=A$
5	当 $x\to x_0^+$ 时		$\lim\limits_{x\to x_0^+}f(x)=A$
6	当 $x\to x_0$时		$\lim\limits_{x\to x_0}f(x)=A$

表 1-4 中，第 1,2,4,5 类称为单侧极限，第 3,6 类称为双侧极限. $\lim\limits_{x\to x_0^-} f(x)$ 称为函数 $f(x)$ 在点 x_0 处的左极限，$\lim\limits_{x\to x_0^+} f(x)$ 称为函数 $f(x)$ 在点 x_0 处的右极限.

下面通过观察函数图像来判断一些简单的函数极限.

如图 1-12，可知

$$\lim_{x\to+\infty}\frac{1}{x}=0,\quad \lim_{x\to-\infty}\frac{1}{x}=0,\quad \lim_{x\to\infty}\frac{1}{x}=0.$$

如图 1-13，可知

$$\lim_{x\to+\infty}\mathrm{e}^{-x}=\lim_{x\to+\infty}\frac{1}{\mathrm{e}^{x}}=0,\quad \lim_{x\to-\infty}\mathrm{e}^{-x}=+\infty,\quad \lim_{x\to\infty}\mathrm{e}^{-x}\text{不存在}.$$

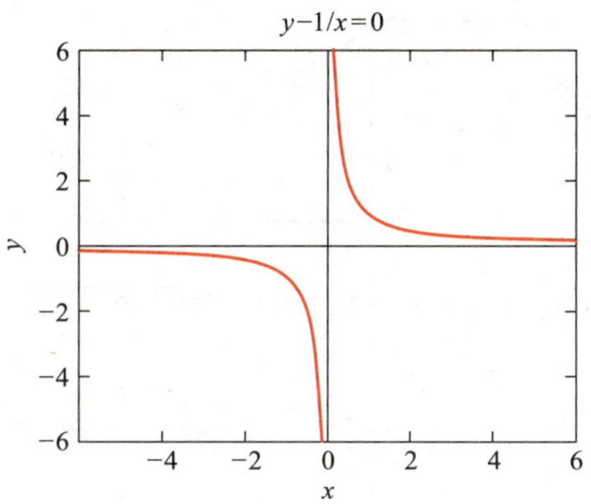

图 1-12

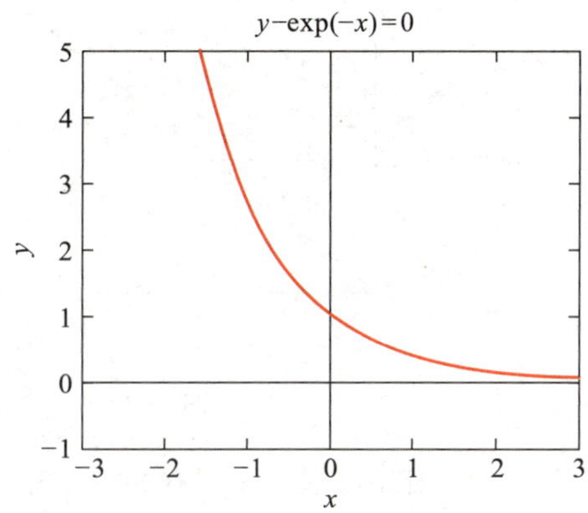

图 1-13

如图 1-14，可知

$$\lim_{x\to-\infty}\mathrm{e}^{x}=0,\quad \lim_{x\to+\infty}\mathrm{e}^{x}=+\infty,\quad \lim_{x\to\infty}\mathrm{e}^{x}\text{不存在}.$$

如图 1-15，可知

$$\lim_{x\to-\infty}\mathrm{e}^{-x^2}=0,\quad \lim_{x\to+\infty}\mathrm{e}^{-x^2}=0,\quad \lim_{x\to\infty}\mathrm{e}^{-x^2}=0.$$

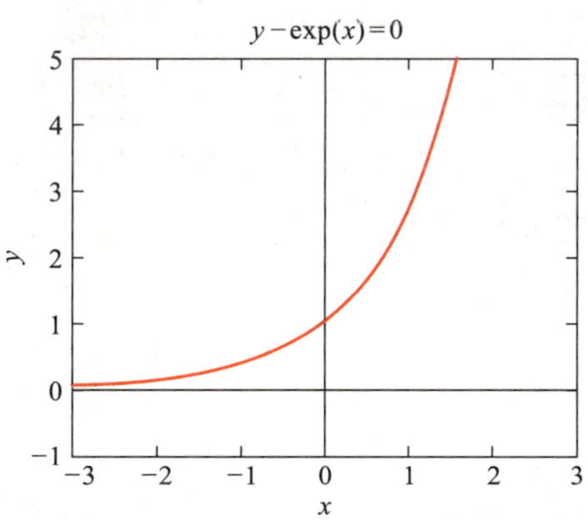

图 1-14

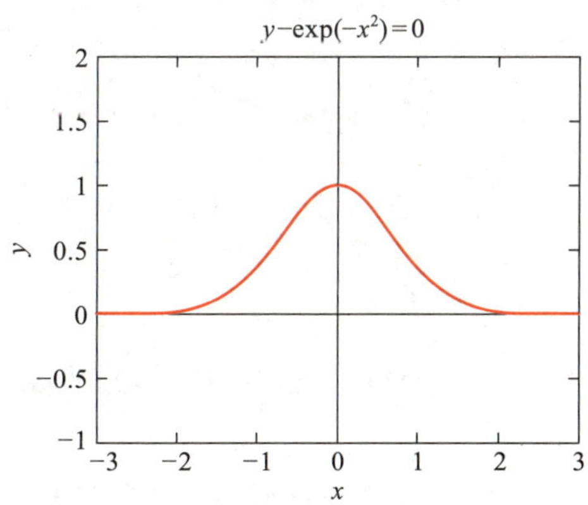

图 1-15

如图 1-16，可知

$$\lim_{x\to1}\frac{x^2-1}{x-1}=\lim_{x\to1}(x+1)=2,\quad \lim_{x\to1^-}\frac{x^2-1}{x-1}=\lim_{x\to1^+}\frac{x^2-1}{x-1}=2.$$

如图 1-17,可知对于函数 $f(x)=\begin{cases}0, & x<0,\\ x+1, & x\geqslant 0,\end{cases}$ 有

$$\lim_{x\to 0^-}f(x)=\lim_{x\to 0^-}0=0,\quad \lim_{x\to 0^+}f(x)=\lim_{x\to 0^+}(x+1)=1,\quad \lim_{x\to 0}f(x)\text{不存在}.$$

思考

极限 $\lim\limits_{x\to x_0}f(x)$ 是否存在与函数 $f(x)$ 在点 x_0 处是否有定义以及在点 x_0 处函数值的大小没有关系,为什么?

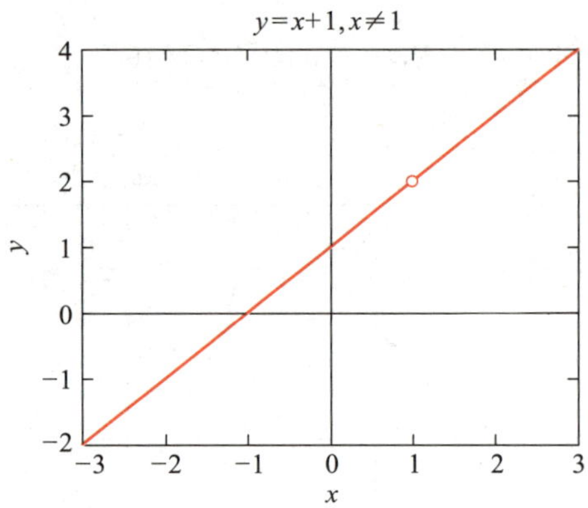

图 1-16

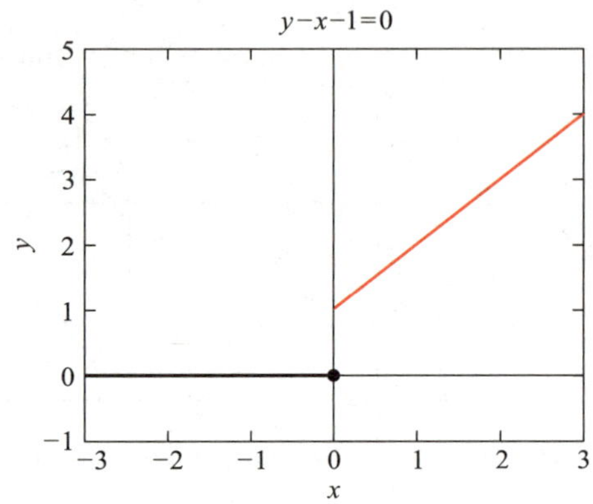

图 1-17

对于函数 $f(x)$,有如下结论成立:

$$\lim_{x\to\infty}f(x)=A \quad \text{当且仅当} \quad \lim_{x\to-\infty}f(x)=\lim_{x\to+\infty}f(x)=A,$$

$$\lim_{x\to x_0}f(x)=A \quad \text{当且仅当} \quad \lim_{x\to x_0^-}f(x)=\lim_{x\to x_0^+}f(x)=A.$$

需要指出的是,若自变量 x 在某种变化趋势下,函数 $f(x)$ 与任何常数都不会无限地接近,则称当 x 在该变化趋势下,函数 $f(x)$ 极限不存在.也称当 x 在该变化趋势下,函数 $f(x)$ 发散.

例如,当 $x\to 2$ 时,$f(x)=\dfrac{1}{x-2}$ 的绝对值无限增大,它不趋向于任何一个确定常数,即 $\lim\limits_{x\to 2}\dfrac{1}{x-2}$ 不存在.

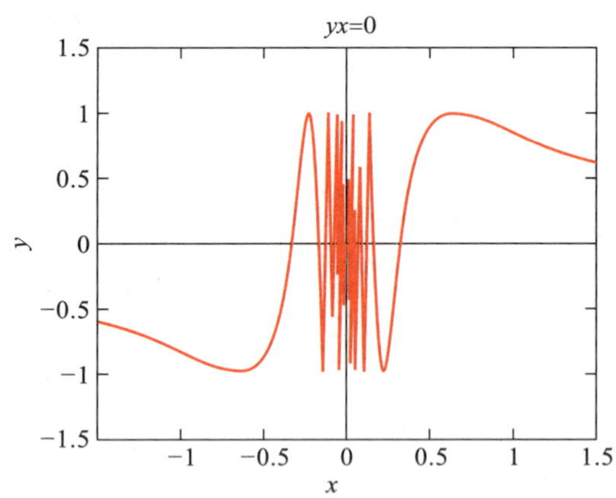

图 1-18

如图 1-18 中,当 $x\to 0$ 时,$\sin\dfrac{1}{x}$ 的值剧烈振荡,不趋向于任何一个确定常数,所以 $\lim\limits_{x\to 0}\sin\dfrac{1}{x}$ 不存在.

小贴士

极限研究函数的变化趋势,本质就是考察函数值随自变量变化时能否无限逼近一个确定的常数,能逼近则极限存在,不能则极限不存在.

例 1.3.2 讨论函数 $f(x)=\begin{cases}x-1, & x<0,\\ 0, & x=0,\\ x+1, & x>0\end{cases}$ 当 $x\to0^+, x\to0^-, x\to0$ 时的极限.

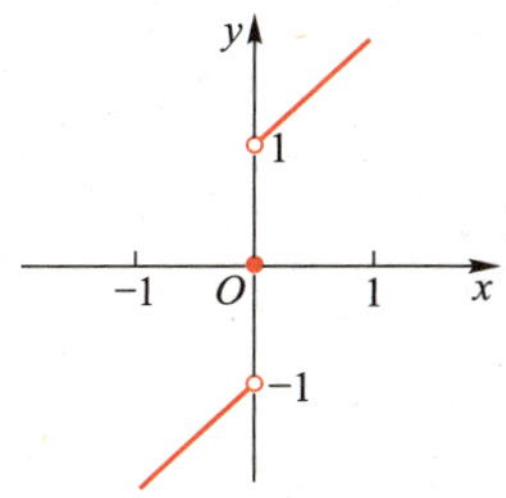

图 1-19

解 作出函数的图像(图 1-19),由图可见,

$$\lim_{x\to0^-}f(x)=\lim_{x\to0^-}(x-1)=-1,\quad \lim_{x\to0^+}f(x)=\lim_{x\to0^+}(x+1)=1,$$

虽然该函数的左右极限存在,但不相等,所以 $\lim\limits_{x\to0}f(x)$ 不存在.

小贴士

对形如 $f(x)=\begin{cases}g(x), & x<x_0,\\ h(x), & x\geqslant x_0\end{cases}$ 的分段函数,在分段点两侧函数的解析式不一样,分段点两侧函数值的变化趋势一般是不一样的,所以求分段点 x_0 处的极限时,必须先计算单侧极限,当且仅当分段点两侧的单侧极限存在且相等时,在分段点处的极限才存在.

思考

对形如 $f(x)=\begin{cases}g(x), & x\neq x_0,\\ a, & x=x_0\end{cases}$ 的分段函数,求其在点 x_0 处的极限时,一般可以不通过单侧极限来讨论,为什么?

同步实践 1.3.2

1. $\lim\limits_{n\to+\infty}(-1)^{2n}=(\quad)$.

A. -1　　B. 0　　C. 1　　D. 不存在

2. $\lim\limits_{n\to+\infty}\left(\dfrac{1}{2}\right)^n=(\quad)$.

A. $\dfrac{1}{2}$　　B. 0　　C. 1　　D. 不存在

3. $\lim\limits_{n\to+\infty}\dfrac{2}{n+1}=(\quad)$.

A. 0　　B. 1　　C. 2　　D. 不存在

4. $\lim\limits_{x\to-\infty}\dfrac{1}{x}=(\quad)$.

A. $\dfrac{1}{x}$　　B. 0　　C. 1　　D. 不存在

5. $\lim\limits_{x\to-\infty}e^x=(\quad)$.

A. 0　　B. 1　　C. e　　D. 不存在

6. $\lim\limits_{x \to 2} \frac{1}{x-2}=($　　$)$.

A. 0　　　　B. 1　　　　C. 2　　　　D. 不存在

扩展阅读

极限的哲学思想

1.3 极限思想与定义同步实践答案

§1.4 极限的计算

由极限的定义并结合函数图像求函数的极限只适用于一些简单的函数的情形，为了计算比较复杂的函数极限问题，往往要用到极限的运算法则.

1.4.1 极限四则运算与代值法求极限

极限的四则运算与代值法

定理 1.1 当 $x \to *$ 时，如果函数 $u=u(x)$ 和 $v=v(x)$ 分别以 A,B 为极限，那么

(1) $\lim\limits_{x \to *}(u \pm v)=\lim\limits_{x \to *} u \pm \lim\limits_{x \to *} v=A \pm B$;

(2) $\lim\limits_{x \to *}(uv)=\lim\limits_{x \to *} u \cdot \lim\limits_{x \to *} v=AB$;

(3) 当 $B \neq 0$ 时，$\lim\limits_{x \to *} \frac{u}{v}=\frac{A}{B}$.

定理 1.1 的结论(1)、(2)可以推广到有限个具有极限的函数的情形，即如果 $u_1,u_2,\cdots,u_n$ 的极限分别为 $A_1,A_2,\cdots,A_n$，则

$$\lim_{x \to *}(u_1+u_2+\cdots+u_n)=A_1+A_2+\cdots+A_n;$$

$$\lim_{x \to *}(u_1 u_2 \cdots u_n)=A_1 A_2 \cdots A_n.$$

由定理 1.1 还可以直接得到以下推论：

推论 1 若 k 为常数，且 $\lim\limits_{x \to *} u=A$，则

$$\lim_{x \to *}(ku)=k \lim_{x \to *} u=kA.$$

推论 2 若 $\lim\limits_{x \to *} u=A$，则

$$\lim_{x \to *} u^n=(\lim_{x \to *} u)^n=A^n \text{（}n\text{ 为正整数）}.$$

例 1.4.1 求下列函数的极限.

(1) $\lim\limits_{x \to 3}(x+3)$;　　(2) $\lim\limits_{x \to 1}(x^2-2x)$;　　(3) $\lim\limits_{x \to 1} \frac{2x^2-x+5}{3x+1}$.

解 (1) $\lim\limits_{x \to 3}(x+3)=\lim\limits_{x \to 3} x+\lim\limits_{x \to 3} 3=3+3=6$.

(2) $\lim\limits_{x \to 1}(x^2-2x)=(\lim\limits_{x \to 1} x)^2-2\lim\limits_{x \to 1} x=-1$.

（3）因为

$$\lim_{x\to1}(3x+1)=3\lim_{x\to1}x+1=4\neq0,$$

$$\lim_{x\to1}(2x^2-x+5)=2\left(\lim_{x\to1}x\right)^2-\lim_{x\to1}x+\lim_{x\to1}5=6,$$

所以

$$\lim_{x\to1}\frac{2x^2-x+5}{3x+1}=\frac{\lim\limits_{x\to1}(2x^2-x+5)}{\lim\limits_{x\to1}(3x+1)}=\frac{3}{2}.$$

小贴士

当遇到求有理分式函数 $\frac{f(x)}{g(x)}$ 在点 x_0 处的极限时，若分子、分母的极限都存在，且分母 $g(x_0)\neq0$，就可直接将 x_0 代入函数表达式求极限，即 $\lim\limits_{x\to x_0}\frac{f(x)}{g(x)}=\frac{f(x_0)}{g(x_0)}$.

同步实践 1.4.1

1. $\lim\limits_{x\to0^+}\cos x=$（　　）.

A. -1　　B. 0　　C. 1　　D. 不存在

2. $\lim\limits_{x\to1}(x^2+2x)=$（　　）.

A. 1　　B. 2　　C. 3　　D. 不存在

3. $\lim\limits_{x\to1}\frac{\ln x}{x}=$（　　）.

A. -1　　B. 0　　C. 1　　D. 不存在

1.4.2 分解因式与有理化法求“$\frac{0}{0}$”型未定式的极限

分解因式与有理化法求“$\frac{0}{0}$”型未定式的极限

如果当 $x\to a$（或 $x\to\infty$）时，两个函数 $f(x)$ 与 $g(x)$ 都趋于零或趋于无穷大，那么极限 $\lim\limits_{\substack{x\to a\\(x\to\infty)}}\frac{f(x)}{g(x)}$ 可能存在、也可能不存在，通常把这种极限叫未定式.

例 1.4.2 计算下列函数的极限.

（1）$\lim\limits_{x\to3}\frac{x^2-5x+6}{x^2-9}$；　（2）$\lim\limits_{x\to2}\frac{x^3-8}{x^2-4}$；　（3）$\lim\limits_{x\to0}\frac{\sqrt{1+x}-1}{x}$；　（4）$\lim\limits_{x\to4}\frac{x-4}{(\sqrt{2x+1}-3)}$.

解　（1）当 $x\to3$ 时，分母的极限 $\lim\limits_{x\to3}(x^2-9)=0$，不能直接用极限的四则运算法则求解. 又 $\lim\limits_{x\to3}(x^2-5x+6)=0$，此极限式的分子与分母的极限均为零，称为“$\frac{0}{0}$”型未定式. 因为在 $x\to3$ 的过程中，分子、分母有趋近于 0 的公因式 $(x-3)$，在求此分式极限时可先约去零因子 $(x-3)$，于是

$$\lim_{x\to3}\frac{x^2-5x+6}{x^2-9}=\lim_{x\to3}\frac{(x-3)(x-2)}{(x+3)(x-3)}=\lim_{x\to3}\frac{x-2}{x+3}=\frac{1}{6}.$$

(2) 当 $x\to2$ 时,分子、分母的极限都为 0,属于“$\dfrac{0}{0}$”型未定式,应先约去零因子,于是

$$\lim_{x\to2}\frac{x^3-8}{x^2-4}=\lim_{x\to2}\frac{(x-2)(x^2+2x+4)}{(x-2)(x+2)}=\lim_{x\to2}\frac{x^2+2x+4}{x+2}=3.$$

(3) 当 $x\to0$ 时,分子、分母的极限都为 0,属于“$\dfrac{0}{0}$”型未定式,分子含有根号且无法直接消除零因子时,可考虑用分子有理化的方法,于是

$$\lim_{x\to0}\frac{\sqrt{1+x}-1}{x}=\lim_{x\to0}\frac{\sqrt{1+x}-1}{x}\cdot\frac{\sqrt{1+x}+1}{\sqrt{1+x}+1}=\lim_{x\to0}\frac{x}{x(\sqrt{1+x}+1)}=\lim_{x\to0}\frac{1}{\sqrt{1+x}+1}=\frac{1}{2}.$$

(4) 当 $x\to4$ 时,分子、分母的极限都为 0,属于“$\dfrac{0}{0}$”型未定式,分母含有根号且无法直接消除零因子时,可考虑用分母有理化的方法,于是

$$\lim_{x\to4}\frac{x-4}{(\sqrt{2x+1}-3)}=\lim_{x\to4}\frac{(x-4)(\sqrt{2x+1}+3)}{(\sqrt{2x+1}-3)(\sqrt{2x+1}+3)}=\lim_{x\to4}\frac{(x-4)(\sqrt{2x+1}+3)}{2(x-4)}=\lim_{x\to4}\frac{(\sqrt{2x+1}+3)}{2}=3.$$

小贴士

当遇到分子、分母极限均为零的分式函数求极限时,可先对分子、分母进行因式分解或有理化,约去趋近于 0 的公因式(零因子)后,再代值求极限.

同步实践 1.4.2

计算下列极限.

(1) $\lim\limits_{x\to3}\dfrac{x^2-9}{x-3}$;　(2) $\lim\limits_{x\to1}\dfrac{x^2-3x+2}{x-1}$;　*(3) $\lim\limits_{x\to0}\dfrac{2x}{\sqrt{x+1}-1}$;　*(4) $\lim\limits_{x\to3}\dfrac{x}{2-\sqrt{4+x}}$.

1.4.3 变量趋于无穷大时“$\dfrac{\infty}{\infty}$”型未定式的极限

“$\dfrac{\infty}{\infty}$”型未定式极限的计算

例 1.4.3 计算 $\lim\limits_{x\to\infty}\dfrac{2x^2+1}{5x^2+3}$.

解 当 $x\to\infty$ 时,分子、分母均趋于无穷大,分子、分母极限都不存在,不能直接应用极限运算法则.此时可先将分子、分母同除以 x^2,再求极限,于是

$$\lim_{x\to\infty}\frac{2x^2+1}{5x^2+3}=\lim_{x\to\infty}\frac{2+\dfrac{1}{x^2}}{5+\dfrac{3}{x^2}}=\frac{2}{5}.$$

小贴士

可以证明，当 $x\to\infty$ 时，若分子、分母均为趋于 ∞ 的有理分式，即“$\frac{\infty}{\infty}$”型的未定式，则有如下结论成立：

$$\lim_{x\to\infty}\frac{a_0x^m+a_1x^{m-1}+\cdots+a_m}{b_0x^n+b_1x^{n-1}+\cdots+b_n}=\begin{cases}\frac{a_0}{b_0}, & m=n,\\ 0, & m<n,\\ \infty, & m>n.\end{cases}$$

其中，$a_0\neq0$，$b_0\neq0$，m 和 n 为非负整数.

上述结论在 $x\to+\infty$ 或 $x\to-\infty$ 或 $x\to\infty$ 时仍然成立.

通常，可以直接利用上面的结论得到结果，如

$$\lim_{x\to\infty}\frac{x^2-2x}{3x^2+1}=\frac{1}{3};\qquad \lim_{n\to\infty}\frac{n^2-n}{n+1}=\infty;\qquad \lim_{x\to\infty}\frac{2x^3+1}{6x^3+3}=\frac{1}{3}.$$

同步实践 1.4.3

计算下列极限.

(1) $\lim\limits_{x\to\infty}\frac{x^2-x}{x-1}$；　(2) $\lim\limits_{x\to\infty}\frac{x^2+2x+1}{x^2-1}$；　(3) $\lim\limits_{x\to\infty}\frac{2x^4-3x^3+4}{x^5+3x^2-5}$.

1.4.4　无穷小量与无穷大量

无穷小量与无穷大量、无穷小量的比较

1. 无穷小量

定义 1.6　在某种变化趋势下，以 0 为极限的变量称为在这个变化趋势下的**无穷小量**，简称**无穷小**.

例如，因为 $\lim\limits_{x\to1}(x^2-1)=0$，所以当 $x\to1$ 时，x^2-1 是无穷小量；

因为 $\lim\limits_{x\to0}(x^2-1)=-1\neq0$，所以当 $x\to0$ 时，x^2-1 不是无穷小量.

小贴士

(1) 无穷小量是极限为零的变量，要注意的是，不要把绝对值很小的非零常数误认为是无穷小量；常数零是唯一可作为无穷小量的常数.

(2) 无穷小量是相对于自变量的某一变化过程而言的，因此，称一个函数是无穷小量，必须明确指出自变量的变化过程. 因为对于同一个函数，在自变量不同的变化过程中，其极限值是不同的.

2. 无穷大量

定义 1.7　在某种变化趋势下，绝对值无限增大的变量称为**无穷大量**，简称**无穷大**.

小贴士

(1) 无穷大量是一个绝对值无限大的变量，任何绝对值很大的常数(如 $100^{1\,000}$)都不是无穷大量.

(2) 说某个函数是无穷大量时，必须同时指明自变量 x 的变化趋势.

3. **无穷小量与无穷大量的关系**

在自变量的同一变化过程中,无穷大量的倒数是无穷小量,非零无穷小量的倒数是无穷大量.

例如,当 $x\to 2$ 时,x^2-4 是无穷小量,则$\dfrac{1}{x^2-4}$在 $x\to 2$ 时是无穷大量,即$\lim\limits_{x\to 2}\dfrac{1}{x^2-4}=\infty$.

又如,当 $n\to\infty$ 时,n^2+1 是无穷大量,则$\dfrac{1}{n^2+1}$在 $n\to\infty$ 时是无穷小量,即$\lim\limits_{x\to\infty}\dfrac{1}{n^2+1}=0$.

*4. **无穷小量的运算性质**

性质 1　有限个无穷小量的代数和、乘积仍是无穷小.

性质 2　有界函数(常数)与无穷小量的乘积是无穷小.

例如,$x\to 0$ 时,x,$\sin x$ 都是无穷小量,则 $x\to 0$ 时,$x+\sin x$,$x\sin x$,$100\sin x$ 都是无穷小量.

当 $x\to\infty$ 时,因为$\dfrac{1}{x}$是无穷小量,$\sin x$ 为有界函数,故$\lim\limits_{x\to\infty}\dfrac{1}{x}\sin x=0$,同理$\lim\limits_{x\to 0}x\sin\dfrac{1}{x}=0$,$\lim\limits_{x\to\infty}\dfrac{1}{x}\cos x=0$.

小贴士

无穷小量的性质 2 经常在求函数的极限时使用,可将其作为一种求函数极限的方法,但在使用时要注意使用条件.

思考

无限个无穷小量的和不一定是无穷小量,也可能是常数,还可能是无穷大量.你能举例说明吗?

极限的运算（综合）

例 1.4.4　求下列极限.

(1) $\lim\limits_{x\to 2}\dfrac{x^2-5x+8}{x-2}$;　　　　(2) $\lim\limits_{x\to\infty}\dfrac{\cos x}{x^3}$.

解　(1) 因为有理分式函数分母的极限$\lim\limits_{x\to 2}(x-2)=0$,所以不能直接用极限的四则运算法则来求解.又有

$$\lim_{x\to 2}(x^2-5x+8)=2\neq 0$$

且

$$\lim_{x\to 2}\frac{x-2}{x^2-5x+8}=0,$$

根据无穷小量与无穷大量互为倒数的关系,当 $x\to 2$ 时,$\dfrac{x^2-5x+8}{x-2}$是无穷大量,即

$$\lim_{x\to 2}\frac{x^2-5x+8}{x-2}=\infty.$$

(2) 因为 $x\to\infty$ 时,$\dfrac{1}{x^3}$是无穷小量,$|\cos x|\leqslant 1$ 是有界函数,所以可利用无穷小量的性质 2,得

$$\lim_{x\to\infty}\frac{\cos x}{x^3}=0.$$

小点睛

当 $f(x)$ 是有理分式函数且分子、分母的极限都存在，分子的极限为 0 但分母的极限不为 0 时，分式极限为 0；反过来若分子的极限不为 0 但分母的极限为 0 时，极限为 ∞.

*5. 无穷小量的比较

定义 1.8 设 α,β 是当 $x\to *$ 时的两个无穷小量.

(1) 如果 $\lim\limits_{x\to *}\frac{\beta}{\alpha}=0$，则称 β 是比 α **高阶**的无穷小量，记作 $\beta=o(\alpha)$；

(2) 如果 $\lim\limits_{x\to *}\frac{\beta}{\alpha}=\infty$，则称 β 是比 α **低阶**的无穷小量；

(3) 如果 $\lim\limits_{x\to *}\frac{\beta}{\alpha}=c$（$c$ 为非零常数），则称 β 与 α 是**同阶**无穷小量；

(4) 如果 $\lim\limits_{x\to *}\frac{\beta}{\alpha}=1$，则称 α 与 β 是**等价**无穷小量，记作 $\alpha\sim\beta$.

扩展阅读

无穷小的背景

显然等价无穷小量是同阶无穷小量的特殊情形.

例如，当 $x\to 0$ 时，x^3,x^2 都是无穷小量，因为 $\lim\limits_{x\to 0}\frac{x^3}{x^2}=\lim\limits_{x\to 0}x=0$，所以当 $x\to 0$ 时，x^3 是比 x^2 高阶的无穷小量.

小贴士

在求函数的极限时，有时用等价无穷小量作替换，可以使计算大大简化.

同步实践 1.4.4

1. 判断下列说法是否正确.

(1) $x\to+\infty$ 时，$\frac{1}{x^2}$ 是无穷大量.(　　)

(2) $x\to 0^+$ 时，$\ln x$ 是无穷小量.(　　)

(3) $x\to 0$ 时，x 与 $\sin x$ 是等价无穷小量.(　　)

2. (1) 当 $x\to$________时，函数 $f(x)=x^2-1$ 是无穷小量.

(2) 当 $x\to$________时，函数 $f(x)=\frac{x}{x+2}$ 是无穷大量.

(3) 当 $x\to\infty$ 时，函数 $f(x)=\frac{\arctan x}{x}$ 是无穷________量.

(4) 当 $x\to 0$ 时，函数 $f(x)=x^2\tan x$ 是无穷________量.

*3. 比较下列无穷小量的阶.

（1）当 $x\to 0$ 时，$5x^2$ 与 $3x$；

（2）当 $x\to\infty$ 时，$\frac{1}{x^2}$与$\frac{1}{x^3}$.

重要极限一

1.4.5 两个重要极限

1. 重要极限一： $\lim\limits_{x\to 0}\frac{\sin x}{x}=1$

通过函数的图像（图 1-20）可以直观地看出，当 $x\to 0$ 时，函数$\frac{\sin x}{x}\to 1$.

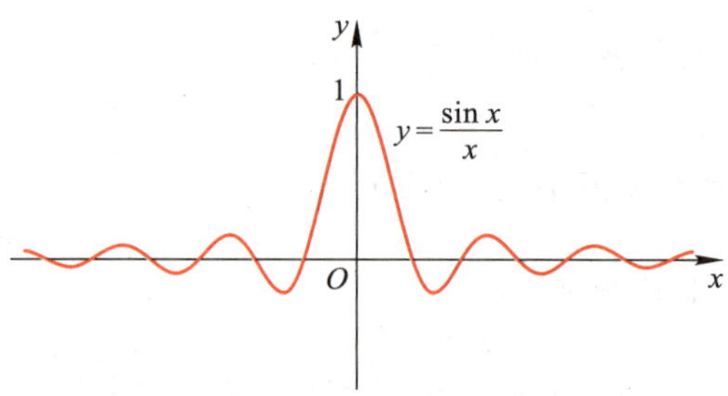

图 1-20

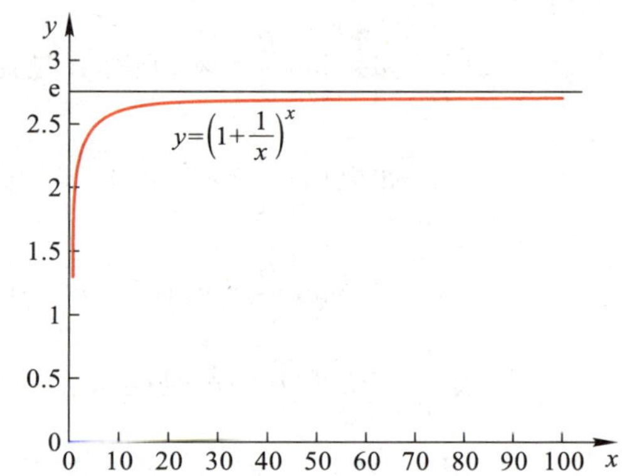

图 1-21

小贴士

重要极限一有两个重要特征：

（1）该极限是一个包含三角函数的“$\frac{0}{0}$”型，角度一定趋于零，且以弧度作单位；

（2）正弦符号后面的变量与分母的变量完全相同，这个极限经常变形使用，即 $\lim\limits_{u(x)\to 0}\frac{\sin u(x)}{u(x)}=1$.

重要极限二

2. 重要极限二： $\lim\limits_{x\to\infty}\left(1+\frac{1}{x}\right)^x=\mathrm{e}$

通过函数图像（图 1-21）可以看出，当 $x\to\infty$ 时，函数$\left(1+\frac{1}{x}\right)^x$的值无限接近于 e，其中，e = 2.718 281 828 459 045…，是一个无理数.

小贴士

重要极限二也有两个重要特征：

（1）底数一定是数 1 与无穷小量的和；

（2）指数是底数中无穷小量的倒数，此公式可以理解为

$$\lim_{u(x)\to 0}[1+u(x)]^{\frac{1}{u(x)}}=\mathrm{e}\quad 或\quad \lim_{u(x)\to\infty}\left[1+\frac{1}{u(x)}\right]^{u(x)}=\mathrm{e}.$$

例 1.4.5 计算下列极限.

(1) $\lim\limits_{x\to 0}\dfrac{\sin 6x}{x}$； (2) $\lim\limits_{n\to\infty}2^n\sin\dfrac{\pi}{2^n}$； (3) $\lim\limits_{x\to\infty}\left(1+\dfrac{1}{x}\right)^{-x}$； *(4) $\lim\limits_{x\to\infty}\left(1+\dfrac{1}{3x}\right)^{2x+2}$.

解 (1) $\lim\limits_{x\to 0}\dfrac{\sin 6x}{x}=\lim\limits_{x\to 0}6\dfrac{\sin 6x}{6x}=6\lim\limits_{6x\to 0}\dfrac{\sin 6x}{6x}=6.$

(2) $$\lim_{n\to\infty}2^n\sin\frac{\pi}{2^n}=\lim_{n\to\infty}\pi\cdot\frac{\sin\dfrac{\pi}{2^n}}{\dfrac{\pi}{2^n}}=\pi\lim_{\frac{\pi}{2^n}\to 0}\frac{\sin\dfrac{\pi}{2^n}}{\dfrac{\pi}{2^n}}=\pi.$$

(3) $$\lim_{x\to\infty}\left(1+\frac{1}{x}\right)^{-x}=\lim_{x\to\infty}\left[\left(1+\frac{1}{x}\right)^{x}\right]^{-1}=e^{-1}.$$

*(4) $$\begin{aligned}\lim_{x\to\infty}\left(1+\frac{1}{3x}\right)^{2x+2}&=\lim_{x\to\infty}\left[\left(1+\frac{1}{3x}\right)^{2x}\cdot\left(1+\frac{1}{3x}\right)^{2}\right]\\&=\left[\lim_{x\to\infty}\left(1+\frac{1}{3x}\right)^{3x}\right]^{\frac{2}{3}}\cdot\lim_{x\to\infty}\left(1+\frac{1}{3x}\right)^{2}=e^{\frac{2}{3}}\cdot 1=e^{\frac{2}{3}}.\end{aligned}$$

同步实践 1.4.5

1. 计算下列极限.

(1) $\lim\limits_{x\to 0}\dfrac{2x}{\sin x}$； (2) $\lim\limits_{x\to 0}\dfrac{\tan x}{\sin x}$； (3) $\lim\limits_{x\to 0}\dfrac{2x^2}{\sin^2 x}$； *(4) $\lim\limits_{x\to 0}\dfrac{1-\cos x}{x^2}$.

2. 计算下列极限.

(1) $\lim\limits_{x\to\infty}\left(1+\dfrac{1}{x}\right)^{2x}$； (2) $\lim\limits_{x\to 0}(1-x^2)^{\frac{1}{x^2}}$； *(3) $\lim\limits_{x\to 0}\dfrac{\ln(1+x)}{x}$.

1.4 极限的计算同步实践答案

§1.5 函数与极限在经济中的应用

极限思想来源于社会实践，极限与经济生活有着密切的关系，存贷款问题中的连续复利计算，普通股及永久基金的成本计算，通过原始货币计算货币流通量等经济问题都需要借助极限思想才能完成.本节的学习有助于对极限思想的进一步理解，提升应用极限思想解决实际问题的能力.

1.5.1 单利函数、单利终值及现值

在一定时期后的本金与利息之和，称为**终值**或将来值，记为 F.一定时期后的资金在现

单利与复利的终值与现值

在的价值，称为该资金的**现值**，记为 P.

单利也称单息，指一笔资金在整个借款或存款期间，只有本金产生利息，以前各期产生的利息在下一个计息周期内不会加入本金计算利息的计息方法.

设一笔资金的本金为 P 元，每期（每月或每年等）利率为 r.

若按单利计算利息，则第 n（n 取 1，2，3，…）期末的**单利终值**（即本利和）为 $F=P(1+nr)$；

若按单利计算利息，且 n 期末的单利终值为 F，则**单利现值**为 $P=\frac{F}{1+nr}$.

案例 1.5.1 某人用 20 000 元作一项为期 18 个月的投资，该投资的年利率为 5.5%，按单利计算，问：该投资到期的终值为多少元？

解 本金 $P=20\ 000$ 元，年利率 $r=5.5\%$，投资期数 $n=\frac{18}{12}=1.5$（年），所以

$$F=P(1+nr)=20\ 000\times(1+1.5\times5.5\%)=21\ 650(\text{元}).$$

即该投资到期的终值为 21 650 元.

案例 1.5.2 某家长计划存一笔钱，供 3 年后儿子读大学用，已知存款的年利率是 4%，按单利计息，若 3 年后所需费用为 40 000 元，则现在应存多少钱？

解 该问题为求 3 年后的 40 000 元在现在的价值，已知 $F=40\ 000$ 元，$r=4\%$，$n=3$，则

$$P=\frac{F}{1+nr}=\frac{40\ 000}{1+4\%\times3}\approx35\ 714.29(\text{元}).$$

即现在应存 35 714.29 元 .

同步实践 1.5.1

1. 某客户到银行办理了 100 000 元的 3 年定期存款业务，年利率为 3%，如果按照单利计息方式，到期该客户可以从银行取出多少钱？其中利息是多少？

2. 某客户在某银行取出了到期的一笔存款共 104 万元，已知这笔存款的存期为 2 年，年利率为 2%，按照单利计息方式，该客户在两年前存入的本金是多少万元？

1.5.2 复利函数、复利终值及现值、连续复利

连续复利的终值与现值

1. 复利的终值与现值

复利计息法是将到期后的利息纳入本金计算下一期的利息的结算方式，即把第 1 期的利息与本金之和作为第 2 期的本金，第 2 期的本利和作为第 3 期的本金……复利计息法简称**复利**，俗称“利滚利”.

设一笔资金的本金为 P 元，每期（每月或每年等）利率为 r，第 1 期后的本利和为 F_1，则

$$F_1=p+pr=p(1+r);$$

把 F_1 作为本金继续存入，第 2 期后的本利和为 F_2，则

$$F_2=F_1+F_1r=F_1(1+r)=p(1+r)^2;$$

再把 F_2 作为本金继续存入，如此反复，则第 n 期后的本利和为

$$F_n=p(1+r)^n.$$

若按复利计算利息，则第 n（n 取 1,2,3,…）期后的**复利终值**（即本利和）为 $F_n=P(1+r)^n$；若按复利计算利息，已知第 n 期后的复利终值为 F_n，则**复利现值**为 $P=\dfrac{F_n}{(1+r)^n}$.

案例 1.5.3 某人用 10 000 元投资一项为期 5 年的项目，年利率为 5%，试求若按一年复利一次计息，到第 5 年末的终值是多少元？

解 本金 $P=10\ 000$ 元，一年复利一次，$n=5$，计息期利率（即年利率）$r=5\%$，第 5 年的终值为

$$F=P(1+r)^n=10\ 000\times(1+5\%)^5\approx 12\ 762.82（元）.$$

案例 1.5.4 某人四年前在银行存了一笔钱，年利率为 4%，这笔钱现在的价值是 58 492.9 元，以复利计息，问他当初存了多少钱？

解 这是求复利现值的问题，已知 $F=58\ 492.9$ 元，$r=4\%$，$n=4$，所以

$$P=\frac{F}{(1+r)^n}=\frac{58\ 492.9}{(1+4\%)^4}\approx 50\ 000（元）.$$

即四年前的存款为 50 000 元，即现在的 58 492.9 元在四年前的价值是 50 000 元.

2. **连续复利**

连续复利指复利计息方式下每年的计息期数趋向于无穷大时的结算方式.

连续复利每年的计息期数有无穷多次，它的本利和该如何计算呢？

首先考虑一年计算利息两次（每半年计算一次利息），每次利率为$\dfrac{r}{2}$，期数为 $2n$，n 年末本利和为

$$F_n-P\left(1+\frac{r}{2}\right)^{2n}.$$

类似地，如果把一年平均分为 t 期计息，这时每期的利率是$\dfrac{r}{t}$，于是 n 年后的期数为 nt，n 年末本利和为

$$F_n=P\left(1+\frac{r}{t}\right)^{nt}.$$

假设计息期无限缩短，即每年的计息期数 $t\to\infty$，利用极限思想，得到连续复利的计算公式为

$$F_n=\lim_{t\to\infty}P\left(1+\frac{r}{t}\right)^{nt}=P\lim_{t\to\infty}\left(1+\frac{r}{t}\right)^{nt}=P\lim_{t\to\infty}\left[\left(1+\frac{r}{t}\right)^{\frac{t}{r}}\right]^{nr}=pe^{nr}.$$

因此，年利率为 r 且连续计息时，现值 P 到 n 年末的**终值**（现在的一定量现金折合到未来的本利和）为

$$F_n=Pe^{rn}$$

n 年末的终值 F_n 对应的**现值**（未来某时刻的一定量现金折合到现在的等值金额）为

$$P=F_n e^{-rn}.$$

小贴士

(1) 连续复利计息时间越长,利息增加越快,本利和呈现指数增长的趋势(前期的本利和增加不快,但到一定时间后,本利和会迅速增加).

(2) 连续复利模型反映了现实世界中许多事物增长和衰减的规律,如生物的生长、人口增长、设备折旧等,都近似服从这个模型.

案例 1.5.5 某企业于2023年6月21日向银行贷款200万元用于新技术的开发项目,约定2030年6月20日到期一次还本付息,年利率为4.2%,若按照下面两种不同形式的复利计息,分别确定贷款到期时的还款总额.

(1) 按一年计息2期;

(2) 按连续复利计算.

解 (1) 由题知,$P=200$,$r=4.2\%$,$n=7$.若按一年计息2期,则到期后一次还本付息的还款总额为

$$F=200\left(1+\frac{0.042}{2}\right)^{7\times 2}\approx 267.54(万元).$$

(2) 由题知,$P=200$,$r=4.2\%$,$n=7$.若按连续复利计算,则到期后一次还本付息的还款总额为

$$F=pe^{nr}=200e^{7\times 0.042}\approx 268.36(万元).$$

案例 1.5.6 假设你打算投资一笔理财资金,你需要这笔投资6年后价值为120 000元.如果公司以4.5%的年普通复利率付息,那么你现在的投资额应为多少元?如果年利率不变,但付息方式改为一年付复利4次或连续复利,那么你现在的投资额又应为多少元?

解 根据 $F_n=P(1+r)^n$,推知 $P=F_n(1+r)^{-n}$,一年复利一次,6年后价值为120 000元的现值为

$$120\ 000(1+4.5\%)^{-6}\approx 92\ 147.49(元).$$

根据 $F_n=P\left(1+\frac{r}{4}\right)^{4n}$,推知 $P=F_n\left(1+\frac{r}{4}\right)^{-4n}$.若一年复利4次,则6年后价值为120 000元的现值为

$$120\ 000\left(1+\frac{0.045}{4}\right)^{-4\times 6}\approx 91\ 743.82(元).$$

根据 $F_n=Pe^{nr}$,推知 $P=F_ne^{-nr}$.若按连续复利计算,则6年后价值为120 000元的现值为

$$120\ 000e^{-0.045\times 6}\approx 91\ 605.85(元).$$

所以在三种付息方式下,现在的投资额应分别是92 147.50元、91 743.82元、91 605.85元.

同步实践 1.5.2

1. 某客户到银行办理了100 000元的3年定期存款业务,年利率为3%,按照下面三种不同形式的复利计息,该客户到期后可以从银行取出多少钱?其中利息是多少?

（1）按照 1 年 1 期的复利计息方式；

（2）按照 1 年 4 期的复利计息方式；

（3）按照连续复利的计息方式.

2. 设年利率为 6%，如果按连续复利计息，问：现在投资多少元，10 年后可得 1 200 000 元？

*1.5.3 普通年金的终值与现值、永续年金现值

普通年金的终值与现值

1. 普通年金的终值

在一定时期内，相等时间间隔点上支付或收入的相同数量的款项，称为**年金**.

年金在经济生活中非常普遍，如支付房屋的租金、抵押支付、商品的分期付款、分期偿还贷款、发放养老金、零存整取、整存零取等业务，都属于年金收付形式.

在一定时期内，将每期期末的年金，按复利计息到最后一期的期末，各期年金本利和的总值，称为**普通年金的终值**，记为 FA.

一般地，若普通年金每期的资金流量为 A，每期的利率为 r，第 n 期末该普通年金的终值 FA 的计算公式为

$$\mathrm{FA}=A+A(1+r)+A(1+r)^2+A(1+r)^3+\cdots+A(1+r)^{n-1},$$

利用等比数列求前 n 项和公式化简，得到

$$\mathrm{FA}=A\cdot\frac{(1+r)^n-1}{r}.$$

案例 1.5.7 若每年年底存入资金 5 000 元，年利率为 4%，问 3 年后账户里有多少资金？

解 这是一个求年金终值的问题，$A=5\ 000$，$r=4\%$，$n=3$，于是

$$\mathrm{FA}=5\ 000\cdot\frac{(1+4\%)^3-1}{4\%}=15\ 608(\text{元}),$$

即 3 年后，账户里面共有资金 15 608 元.

2. 普通年金的现值

在一定时期内，若普通年金每期的资金流量为 A，每期的利率为 r，普通年金每期收支的现值之和，称为**普通年金的现值**，记为 PA，即

$$PA=\frac{A}{1+r}+\frac{A}{(1+r)^2}+\frac{A}{(1+r)^3}+\cdots+\frac{A}{(1+r)^n},$$

利用等比数列求前 n 项和公式，可得

$$PA=A\cdot\frac{1-(1+r)^{-n}}{r}.$$

案例 1.5.8 2023 年 5 月，老张用商业贷款方式买了一套房，已知贷款年利率为 4.9%，每月还款 5 290.66 元，贷款期限为 20 年，问：老张的贷款金额是多少？

解 由题得，$A=5\ 290.66$，$r=\frac{4.9\%}{12}=0.004\ 1$，$n=12\times20=240$，于是

$$PA=A\cdot\frac{1-(1+r)^{-n}}{r}=5\ 290.66\times\frac{1-(1+0.004\ 1)^{-240}}{0.004\ 1}\approx 807\ 063.59(\text{元}),$$

即老张一次性贷款 807 063.59 元.

永续年金现值的计算

3. **永续年金现值**

永续年金是无限期等额收付的特种年金,是普通年金的特殊形式.由于是一系列没有终止时间的现金流,所以没有终值,只有现值.现实中优先股的股息、英国政府发行的统一公债所产生的利息、某些可永久发挥作用的无形资产(如商誉)等均属于此.**永续年金现值**是每次支付的金额在现在时刻的复利现值之和,即与永续年金的现金流等值的现在时刻的金额.

一般地,若永续年金每期的资金流量为 A,每期的利率为 r,永续年金每期收支的现值之和,可表示为

$$\text{PA}=\frac{A}{1+r}+\frac{A}{(1+r)^2}+\frac{A}{(1+r)^3}+\cdots+\frac{A}{(1+r)^n}+\cdots$$

$$=\lim_{n\to\infty}P_n=\lim_{n\to\infty}\frac{A\left[1-\dfrac{1}{(1+r)^{n-1}}\right]}{r}=\frac{A}{r},$$

即永续年金现值 $p=\frac{A}{r}$ (A 为每期的金额,r 为利率)

案例 1.5.9 某慈善机构希望设立一个永久性的爱心基金,拟每年从基金中取出 15 万元用于经济困难学生的生活补助. 经过评估,基金今后能取得 3%的稳定的收益率. 那么该企业需要多少资金才能创建这个爱心基金呢?

解 由题知,这是一个计算永续年金现值的问题,$A=15$(万元),$r=3\%$,所以该企业应向学校捐款

$$p=\frac{A}{r}=\frac{15}{3\%}=500(\text{万元}).$$

同步实践 1.5.3

1. 判断下列说法是否正确.

(1) 永续年金是可以计算其终值的.(　　)

(2) 计算设立一支永久型基金所需的成本,相当于计算这支永久型基金的现值.(　　)

(3) 一支永续年金每期的支付金额为 A,每期的利率为 r,则该永续年金的现值为$\frac{A}{r}$.(　　)

2. 客户每年年底存入资金 4 000 元,年利率为 4.5%,问:5 年后账户里有多少资金?

3. 客户办理了一项信用卡贷款业务,采用分期偿还方式,每月还款 5 000 元,已知贷款年利率为 4.5%,贷款期限为 3 年,问:客户的贷款金额是多少?

*1.5.4 通过原始货币计算社会的货币流通量

思考

一笔现金存款存入商业银行后，银行可以通过反复的存款业务对不同的客户进行多次贷款，这些客户所获得的贷款金额之和大于第一笔原始现金，通过商业银行的信贷业务，社会上的流通资金增加了，这个过程称为**存款创造**.那么，该怎样计算一笔现金存款产生的总的货币供应量？存款准备金率如何影响货币供应量呢[①]？

案例 1.5.10 计算商业银行通过存贷款业务产生的货币量

货币创造与货币乘数

设有一笔现金 M 存入 A 商业银行，商业银行按央行规定的法定准备金率 r 向央行上交存款准备金（指金融机构为保证客户提取存款和资金清算需要而准备的在中央银行的存款）Mr 后，向客户 1 贷出款项 $M(1-r)$，该客户将此款项存入 B 商业银行；B 银行按央行规定的法定准备金率 r 提取法定准备金后，可向客户 2 贷出款项 $M(1-r)^2$，理论上，存贷款业务可以无限继续下去，客户 n 获得的贷款额为 $M(1-r)^n$……

首先考虑一种简单的情况，假设所有的客户中途没有提取现金，则由原始存款 M 产生的总的**货币量**（所有客户获得的贷款量的总和）为

$$D=M+M(1-r)+M(1-r)^2+\cdots+M(1-r)^{n-1}+\cdots$$

（上式有无穷多项，无法直接求和，需借助极限思想完成计算.）

令 S_n 为前 n 项和，则

$$S_n=\frac{M[1-(1-r)^n]}{r},$$

当 n 越来越大时，S_n 越来越接近于 D，当 $n\to\infty$ 时，S_n 的极限就是 D，即

$$D=\lim_{n\to\infty}S_n=\lim_{n\to\infty}\frac{M[1-(1-r)^n]}{r}=\frac{M}{r}-\frac{M}{r}\lim_{n\to\infty}(1-r)^n=\frac{M}{r}.$$

所以，当现金无流出时，原始存款 M 创造的货币量为 $\frac{M}{r}$（存款过程中有现金流出时的计算可参阅相关资料）.

$\frac{M}{r}$ 相当于将原始货币 M 放大 $\frac{1}{r}$ 倍 $\left(\frac{1}{r}\text{通常大于 }1\right)$，通常称其为无现金流出时的**货币乘数**.

小点睛

用 $\frac{M}{r}$ 非常容易理解央行是如何通过法定准备金率 r 控制货币供应量的.当国家原始投放的货币 M 一定时，央行提高准备金率 r 可以减少社会上的货币供应量，降低准备金率 r 可以增加社会上的货币供应量.

① 中央银行对商业银行吸收的存款规定一个最低限度的不得用于放贷的准备金为法定准备金（required reserve ratio），法定准备金占银行全部存款的比率称为存款准备金率.

2007 年，我国的准备金率 $r=9\%$，由于房地产调控，存款准备金率一路上升，到 2011 年底，存款准备金率 r 提高到了 21.5%.通过法定准备金率 r 的调整，货币供应的放大效应由原来的 11 倍多减少为不到 5 倍；2023 年 3 月，为了推动经济实现质的有效提升和量的合理增长，中国人民银行决定继续降低金融机构存款准备金率，这一调整后，平均存款准备金率约为 7.6%.

同步实践 1.5.4

1. 已知央行新增基础货币 8 亿元，存款准备金率为 6%，假设存贷过程中无人提取现金，则由原始货币派生出来的流通货币量为（　　）.

A. 8/6%　　B. 8(1+6%)　　C. 8×6%　　D. 不能估算

2. 已知央行新增基础货币 8 亿元，现将存款准备金率由 8%调整为 4%，假设存贷过程中无人提取现金，则由此派生的流通货币相对于存款准备金率调整前（　　）.

A. 减少了一半　　B.减少了一倍

C. 增加了一倍　　D. 增加了一半

3. 判断下列说法是否正确.

(1) 存贷过程中有人提取现金时，由基础货币派生的流通货币量会增加.（　　）

(2) 央行希望增加社会上的货币流通量时，可以降低存款准备金率.（　　）

普通股的筹资成本

*1.5.5　普通股的筹资成本计算

资本成本是企业筹集和使用长期资金产生的成本，包括**筹集费用**和**使用费用**两部分.

筹集费用是资金在筹集过程中的各种费用，包括为取得银行借款支付的手续费及为发行股票、债券支付的广告费、印刷费、评估费、公证费、代理发行费等.

使用费用是企业为占用资金而发生的支出，包括向银行借款的利息、债券利息、股票的股利等.资本成本的表现形式有两种：绝对数和相对数. 在财务管理中成本通常以相对数的形式表示，称为**资本成本率**，简称**资本成本**. 你知道企业股利逐年增长的普通股资金的成本率吗？

设某普通股第一年股利为 D，且每年以固定比率 G 增长，普通股筹资额（普通股每股发行价格）为 P，筹资费用率为 F，则普通股成本 K 可计算如下：

筹得资金的现值为 $P(1-F)$，等于各年股利按普通股成本 K 贴现的现值和，即

$$P(1-F)=\frac{D}{1+K}+\frac{D(1+G)}{(1+K)^2}+\frac{D(1+G)^2}{(1+K)^3}+\cdots$$

$$=\lim_{n\to\infty}\frac{\dfrac{D}{1+K}\left[1-\left(\dfrac{1+G}{1+K}\right)^n\right]}{1-\dfrac{1+G}{1+K}}=\frac{D}{K-G},$$

所以

$$K=\frac{D}{P(1-F)}+G.$$

案例 1.5.11 某企业发行普通股，发行价为每股 8 元，第一年支付股利 1 元，发行费用率为 2%，预计股利增长率为 5%，计算其资金成本.

解 由题知，普通股第一年股利 $D=1$（元），股利每年增长率 $G=5\%$，普通股每股发行价格 $P=8$（元），筹资费用率 $F=2\%$，根据股票筹资成本公式，得普通股筹资成本率为

$$K=\frac{D}{P(1-F)}+G=\frac{1}{8(1-2\%)}+5\%=17.76\%.$$

同步实践 1.5.5

1. 某企业发行普通股，发行价为每股 P 元，第一年支付股利 d 元，发行费用率为 f，预计股利的年增长率为 5%，则该普通股的筹资成本率为（　　）.

A. $\frac{P}{d}$　　B. $\frac{P}{d(1-f)}$　　C. $\frac{d}{P(1-f)+5\%}$　　D. $\frac{d}{P(1-f)}+5\%$

2. 若某普通股的股利的年增长率翻倍，则该普通股的筹资成本率（　　）.

A. 减少一半　　B. 不变　　C. 增加一倍　　D. 不能判断

1.5 函数与极限在经济中的应用同步实践答案

*§1.6 函数的连续性及其应用

自然界的许多现象，都是在连续不断地运动和变化的，如水的流动、气温的变化、动植物的生长、江河水位的变化等等，这些现象都随时间连续不断地变化，反映到数学的函数关系上，就是函数的连续性. 例如，从气温的变化来看，当时间变化微小时，气温的变化也很微小，这种特点就是所谓的连续性.

1.6.1 函数连续性的概念

连续的概念与性质

1. 连续的定义

定义 1.9 设函数 $y=f(x)$ 在点 x_0 的某一邻域内有定义，如果 $f(x)$ 在当 $x\to x_0$ 时的极限存在，且等于它在点 x_0 处的函数值，即 $\lim\limits_{x\to x_0}f(x)=f(x_0)$，则称函数 $y=f(x)$ 在点 x_0 处**连续**.

由定义可知，函数在点 x_0 处连续必须满足三个条件：

（1）函数 $y=f(x)$ 在点 x_0 处有定义，即 $f(x_0)$ 是一个确定的数；

（2）函数 $y=f(x)$ 在点 x_0 处有极限，即 $\lim\limits_{x \to x_0} f(x)$ 存在；

（3）极限值等于函数值，即 $\lim\limits_{x \to x_0} f(x)=f(x_0)$.

上述三个条件至少有一个不满足，则称 $y=f(x)$ 在点 x_0 处**不连续**，或称函数 $f(x)$ 在 x_0 处**间断**.

定义 1.10 如果函数 $y=f(x)$ 在点 x_0 处的左极限存在，且等于函数 $y=f(x)$ 在点 x_0 处的函数值 $f(x_0)$，即 $\lim\limits_{x \to x_0^-} f(x)=f(x_0)$，那么称函数 $y=f(x)$ 在点 x_0 处**左连续**；如果函数 $y=f(x)$ 在点 x_0 处的右极限存在，且等于函数在点 x_0 处的函数值 $f(x_0)$，即 $\lim\limits_{x \to x_0^+} f(x)=f(x_0)$，那么称函数 $y=f(x)$ 在点 x_0 处**右连续**.

定理 1.2 如果函数 $y=f(x)$ 在点 x_0 处连续，当且仅当它在该点处左连续且右连续，即

$$\lim_{x \to x_0} f(x)=f(x_0) \Leftrightarrow \lim_{x \to x_0^+} f(x)=\lim_{x \to x_0^-} f(x)=f(x_0).$$

例 1.6.1 考察函数 $f(x)=\begin{cases} x+1, & x<0, \\ 0, & x=0, \\ x-1, & x>0 \end{cases}$ 在点 $x=0$ 处的连续性.

解 由题得 $f(x)$ 在点 $x=0$ 处有定义且 $f(0)=0$. 因为

$$\lim_{x \to 0^-} f(x)=\lim_{x \to 0^-}(x+1)=1, \text{但} \lim_{x \to 0^-} f(x) \neq f(0),$$

所以函数 $f(x)$ 在点 $x=0$ 处不左连续. 又有

$$\lim_{x \to 0^+} f(x)=\lim_{x \to 0^+}(x-1)=-1, \text{但} \lim_{x \to 0^+} f(x) \neq f(0),$$

所以函数 $f(x)$ 在点 $x=0$ 处不右连续.

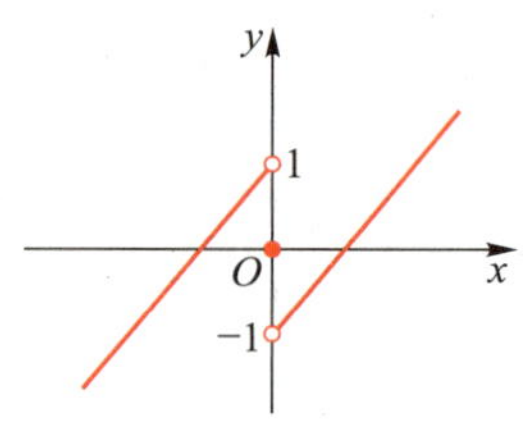

图 1-22

综上，函数 $f(x)$ 在点 $x=0$ 处既不左连续也不右连续（图 1-22）.

2. 函数在区间上的连续性

如果函数 $y=f(x)$ 在开区间 (a,b) 内每一点连续，则称 $f(x)$ 在区间 (a,b) 内连续，区间 (a,b) 叫作函数 $f(x)$ 的连续区间.

如果函数 $y=f(x)$ 在开区间 (a,b) 内连续，且在左端点 a 处右连续（即 $\lim\limits_{x \to a^+} f(x)=f(a)$），在右端点 b 处左连续（即 $\lim\limits_{x \to b^-} f(x)=f(b)$），则称 $y=f(x)$ 在闭区间 $[a,b]$ 上连续.

小贴士

（1）在连续区间上，连续函数的图像是一条连绵不断的曲线.

（2）分段函数讨论连续性时，一定要讨论在“分界点”的左、右极限，进而判断其连续性.

同步实践 1.6.1

1. 判断下列说法是否正确.

（1）若 $y=f(x)$ 在点 x_0 处有定义，且 $\lim\limits_{x \to x_0} f(x)=A$，则 $y=f(x)$ 在点 x_0 处连续.（　　）

(2) 若 $y=f(x)$ 在 x_0 点处连续，则 $\lim\limits_{x\to x_0}f(x)$ 必存在.(　　)

(3) 分段函数 $f(x)=\begin{cases}-x, & x<0,\\ x, & x\geqslant 0\end{cases}$ 在点 $x=0$ 处连续.(　　)

(4) 分段函数必存在间断点.(　　)

2. 函数 $f(x)=\begin{cases}1, & x\geqslant 0,\\ -1, & x<0\end{cases}$ 在点 $x=0$ 处(　　).

A. 左连续　　B. 右连续　　C. 连续　　D. 左右皆不连续

1.6.2　函数连续性的应用

连续是通过极限来定义的，所以由函数在某一点连续的定义和极限的四则运算法则，可得出下列定理.

定理 1.3　基本初等函数在其定义域内连续，初等函数在其定义区间(包含在定义域内的区间)内连续.

小贴士

(1) 求初等函数的连续区间就是求其定义区间. 对于分段函数的连续性，除考虑每一段函数的连续性外，还必须讨论分界点处的连续性.

(2) 如果 $f(x)$ 是初等函数，且 x_0 是定义区间上的点，则 $\lim\limits_{x\to x_0}f(x)=f(x_0)$，即初等函数在其定义区间内某点处的极限值等于该点处的函数值. 所以，对初等函数定义区间内的某点求极限，只需计算该点处的函数值即可.

例 1.6.2　求下列函数的极限.

(1) $\lim\limits_{x\to\frac{\pi}{2}}\ln(\sin x)$；　　(2) $\lim\limits_{x\to 1}\dfrac{e^{x^2-1}-\ln x}{2x-1}$.

解　(1) 因为 $x=\dfrac{\pi}{2}$ 是函数 $y=\ln(\sin x)$ 定义区间 $(0,\pi)$ 内的一个点，所以

$$\lim_{x\to\frac{\pi}{2}}\ln(\sin x)=\ln\left(\sin\frac{\pi}{2}\right)=0.$$

(2) 因为函数 $\lim\limits_{x\to 1}\dfrac{e^{x^2-1}-\ln x}{2x-1}$ 在点 $x=1$ 处连续，所以

$$\lim_{x\to 1}\frac{e^{x^2-1}-\ln x}{2x-1}=\frac{e^{1-1}-\ln 1}{2\times 1-1}=1.$$

同步实践 1.6.2

1. 求下列极限.

(1) $\lim\limits_{x\to 0}\sqrt{1+3x-x^2}$；　　(2) $\lim\limits_{x\to 1}\ln x^2$.

2. 求下列函数的连续区间.

(1) $f(x)=\dfrac{1}{x^2-9}$; (2) $f(x)=\dfrac{\sqrt{x+2}}{x-1}$.

1.6.3 闭区间上连续函数的性质

闭区间上的连续函数有一些重要性质,这些性质在直观上比较明显,因此在此只作介绍,不予证明.

定理 1.4(最大值与最小值定理) 如果函数 $y=f(x)$ 在闭区间 $[a,b]$ 上连续,则函数 $y=f(x)$ 在闭区间 $[a,b]$ 上必有最大值与最小值.

如图 1-23 所示,M 和 m 分别是 $y=f(x)$ 在闭区间 $[a,b]$ 上的最大值和最小值.

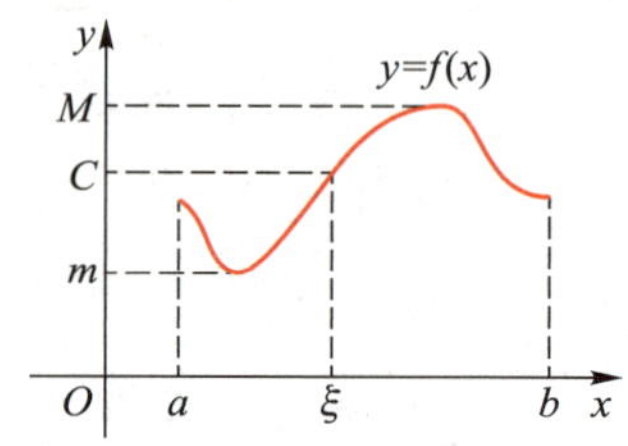

图 1-23

定理 1.5(介值定理) 若函数 $y=f(x)$ 在闭区间 $[a,b]$ 上连续,且 $f(a)\neq f(b)$,μ 为介于 $f(a)$ 与 $f(b)$ 之间的任一值,则至少存在一点 $\xi\in(a,b)$,使得 $f(\xi)=\mu$,如图 1-24 所示.

定理 1.6(零点定理或根的存在性定理) 设函数 $y=f(x)$ 在闭区间 $[a,b]$ 上连续,且 $f(a)f(b)<0$(两端点的函数值异号),则至少存在一点 $\xi\in(a,b)$,使 $f(\xi)=0$,如图 1-25 所示.

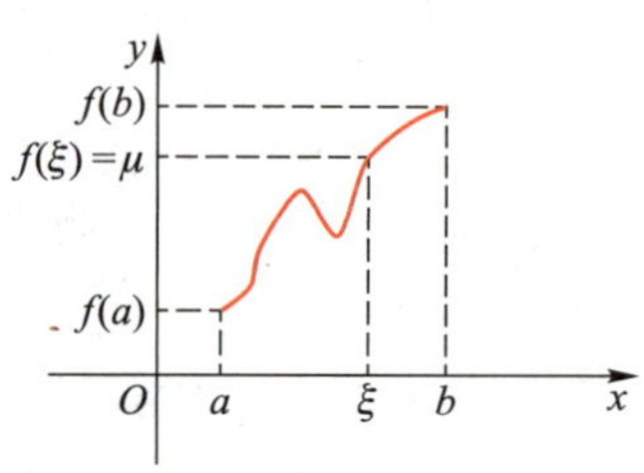

图 1-24

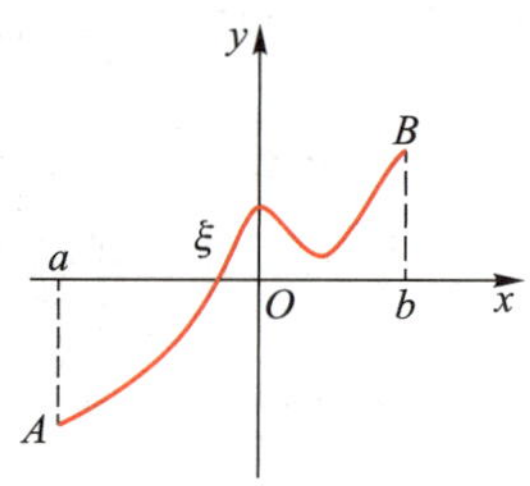

图 1-25

例 1.6.3 证明方程 $x^5-5x+2=0$ 在区间 $(0,1)$ 内至少有一个根.

证明 因为函数 $f(x)=x^5-5x+2$ 在区间 $[0,1]$ 上连续,又因为

$$f(0)=2>0,\quad f(1)=-2<0,$$

所以根据零点定理,在区间 $(0,1)$ 内至少有一点 ξ,使得 $f(\xi)=0$,即

$$\xi^5-5\xi+2=0\quad(0<\xi<1).$$

所以方程 $x^5-5x+2=0$ 在区间 $(0,1)$ 内至少有一个根.

同步实践 1.6.3

证明方程 $4x-2^x=0$ 在 $\left(0,\dfrac{1}{2}\right)$ 内至少有一个实根.

扩展阅读

连续的人生意义

1.6 函数的连续性及其应用同步实践答案

*§1.7 数学实验一 利用 MATLAB 求极限、作图

1.7.1 MATLAB 操作入门

MATLAB 软件自面世以来，经过不断的发展，已成为国际认可的一款优秀的科技应用软件.与其他高级语言相比，MATLAB 具有语法规则简单、容易掌握、调试方便、高效简明的特点，使用者只需输入一条命令而不用编制大量的程序即可解决许多数学问题.正是由于 MATLAB 的强大功能，它已受到国内外专家学者的欢迎和重视，并成为工程计算的重要工具.

MATLAB 基础（一）（二）（三）

1. MATLAB 的安装与启动（Windows 操作平台）

- 将源光盘插入光驱（或打开放有安装文件的存储盘）；
- 找到 MATLAB 的安装文件 setup. exe 及安装密码；
- 双击该文件后，按提示逐步安装；
- 安装完成后，在程序栏里便有了 MATLAB 选项，桌面上也出现了 MATLAB 的快捷方式；
- 双击桌面上 MATLAB 的快捷方式或程序中的 MATLAB 选项即可启动 MATLAB.

2. MATLAB 环境

首先简单介绍 MATLAB 的界面．启动 MATLAB 后的对话框如图 1-26 所示，它大致包括以下几个部分.

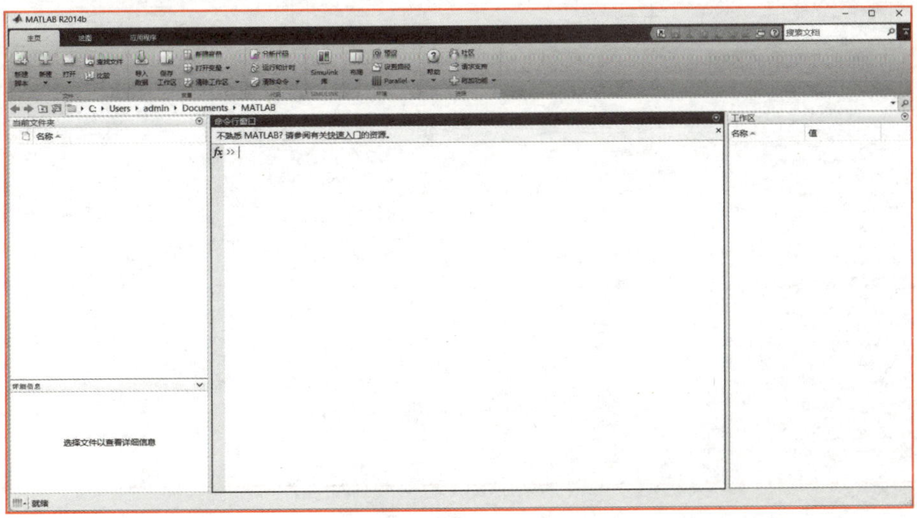

图 1-26

➢ 菜单栏——单击即可打开相应的菜单；

➢ 工具栏——使用它们能使操作更快捷；

➢ 命令行窗口——用来输入和显示计算结果，其中，符号“>>”表示等待用户输入；

➢ 工作区——存储着所有的变量及其值；

➢ 当前文件夹——显示当前工作目录下的程序文件和数据文件等.

3. MATLAB **的帮助系统**

MATLAB 的帮助系统提供帮助命令、帮助窗口等帮助方法.

1）帮助命令 help

假如准确地知道所要求助的主题词，或指令名称，那么使用 help 命令是获得在线帮助的最简单有效的途径．例如，要获得关于函数 sin 使用说明的在线求助，可输入命令

```
>> help sin
```

将显示

```
SIN  Sine.
   SIN(X) is the sine of the elements of X.

Overloaded methods
   help sym/sin.m
```

2）帮助窗口

MATLAB 提供了丰富的帮助文档和示例，进入“帮助”窗口（图 1-27）的方法：

◆ 单击“帮助”菜单上的示例或文档；

◆ 双击菜单栏上的问号按钮.

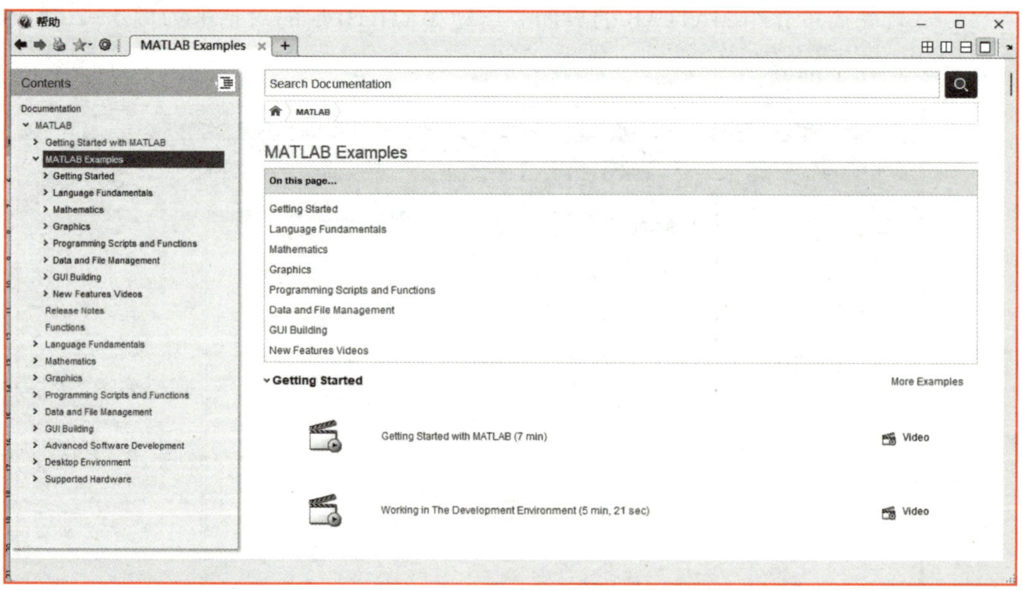

图 1-27

1.7.2 MATLAB 的变量及管理

1. 变量名的命名规则

变量名的命名规则如下：

(1) 以字母开头，后面可跟字母、数字和下短线；

(2) 大小写字母有区别；

(3) 不超过 31 个字符.

例如，fun，zheng12 都是变量名.

2. MATLAB 的预定义变量

MATLAB 的预定义变量如表 1-5 所示.

表 1-5

变量	解释
ans	用于结果的默认变量名
pi	圆周率 π
eps	计算机的最小数，即 $2.220\ 4\times10^{-16}$
Inf	无穷大 ∞
NaN	不定值
i 或 j	-1 的平方根，即 $\sqrt{-1}$
realmin	最小可用正实数，即 $2.225\ 1\times10^{-308}$
realmax	最大可用正实数，即 $1.797\ 7\times10^{308}$

3. MATLAB 的变量管理

MATLAB 的变量管理如表 1-6 所示.

表 1-6

变量	作用
who	查询 MATLAB 内存变量
whos	查询全部变量详细情况
clear	清除内存中的全部变量
save sa X	将 X 变量保存到 sa. mat 文件
load sa X	调用 sa. mat 文件变量 X

注：save 只对数据和变量保存，不能保存命令.

1.7.3 MATLAB 的函数

MATLAB 的函数如表 1-7 所示.

表 1-7

函数名	解释	MATLAB 命令	函数名	解释	MATLAB 命令
三角函数	$\sin x$	sin(x)	反三角函数	$\arcsin x$	asin(x)
	$\cos x$	cos(x)		$\arccos x$	acos(x)
	$\tan x$	tan(x)		$\arctan x$	atan(x)
	$\cot x$	cot(x)		$\operatorname{arccot} x$	acot(x)
	$\sec x$	sec(x)		$\operatorname{arcsec} x$	asec(x)
	$\csc x$	csc(x)		$\operatorname{arccsc} x$	acsc(x)
幂函数	x^a	x^a	对数函数	$\ln x$	log(x)
	$\sqrt{x}$	sqrt(x)		$\log_2 x$	$\log_2(x)$
指数函数	a^x	a^x		$\lg x$	log 10(x)
	e^x	exp(x)	绝对值函数	$\lvert x \rvert$	abs(x)

1.7.4 MATLAB 基本运算符

1. 算术运算符

MATLAB 的算术运算符如表 1-8 所示.

表 1-8

运算	数学表达式	MATLAB 运算符	MATLAB 表达式
加	$a+b$	+	a+b
减	$a-b$	-	a-b
乘	$a\times b$	*	a * b
除	$a\div b$	/或\	a/b 或 b\a
幂	a^b	^	a^b

2. 关系运算符

MATLAB 的关系运算符如表 1-9 所示.

表 1-9

数学关系	MATLAB 运算符	数学关系	MATLAB 运算符
小于	<	大于	>
小于或等于	<=	大于或等于	>=
等于	==	不等于	~=

3. 逻辑运算符

MATLAB 的逻辑运算符如表 1-10 所示.

表 1-10

<table>
<tr><th>逻辑关系</th><th>与</th><th>或</th><th>非</th></tr>
<tr><td>MATLAB 运算符</td><td>&</td><td>|</td><td>~</td></tr>
</table>

1.7.5 命令行基础

1. 简单的运算

例 1.7.1 求 $[12+2\times(7-4)]\div3^2$.

解 在 MATLAB 窗口输入

```
>>(12+2*(7-4))/3^2
```

按 Enter 键,该指令就被执行.命令窗口显示所得结果

```
ans =

      2
```

2. MATLAB 表达式的输入

MATLAB 中表达式的输入有两种常见的形式:

(1) 表达式;

(2) 变量=表达式.

例 1.7.2 求 $[12+2\times(7-4)]\div3^2$.

解 在 MATLAB 窗口输入

```
>> y=(12+2*(7-4))/3^2
```

按 Enter 键,结果显示

```
y =

      2
```

例 1.7.3 已知 $y=f(x)=x^3-\sqrt[4]{x}+2.15\sin x$,求 $f(3)$.

解 在 MATLAB 窗口输入

```
>> x=3;y=x^3-x^(1/4)+2.15*sin(x)
```

按 Enter 键,结果显示

```
y =

    25.987 3
```

3. 指令的续行输入

若一个表达式在一行写不下,可换行,但必须在行尾加上四个英文句号.

例 1.7.4 求 $s=1-\frac{1}{2}+\frac{1}{3}-\frac{1}{4}+\frac{1}{5}-\frac{1}{6}+\frac{1}{7}-\frac{1}{8}$.

解 在 MATLAB 窗口输入

```
>> s=1-1/2+1/3-1/4+1/5-1/6+....
    1/7-1/8
```

按 Enter 键,结果显示

```
s =

    0. 634 5
```

4. 用"↑"键重新显示以前使用过的语句

例 1.7.5　求 $y_1=\frac{2\sin(0.3\pi)}{1+\sqrt{5}}$; $y_2=\frac{2\cos(0.3\pi)}{1+\sqrt{5}}$.

解　在 MATLAB 窗口输入

```
>> y1=2*sin(0.3*pi)/(1+sqrt(5))
```

按 Enter 键,结果显示

```
y1 =

    0.500 0
```

按"↑"键重新显示

```
>> y1=2*sin(0.3*pi)/(1+sqrt(5))
```

用"←"键修改为

```
>> y2=2*cos(0.3*pi)/(1+sqrt(5))
```

按 Enter 键,结果显示

```
y2 =

    0.363 3
```

提示:(1) 当命令行有错误,MATLAB 会用红色字体提示.初学者若发现有错误提示,要注意检查是否有漏掉"*",以及括号是否成对等.

(2) 同一行中若有多个表达式,则必须用分号或逗号隔开.若表达式后面是分号,将不显示结果.

(3) 在 MATLAB 中,下标无法直接输入,如 y_1 输入为 y1.

利用 MATLAB 进行函数作图

1.7.6　一元函数作图

绘图命令 fplot 是专门用于绘制一元函数曲线的命令,其格式为

```
fplot('fun',[a,b])
```

该命令的功能是绘制区间 [a,b] 上函数 y=fun 的图形.

例 1.7.6　绘出下列函数的图形,说明其奇偶性,并根据图形判断这些函数在[-2,2]上是否连续.

(1) $y=x+\sin x$;　　　　(2) $y=x^2e^{-x^2}$.

解　在 MATLAB 窗口输入

```
>> fplot('x+sin(x)',[-5,5])
```

按 Enter 键,图形显示如图 1-28 所示.

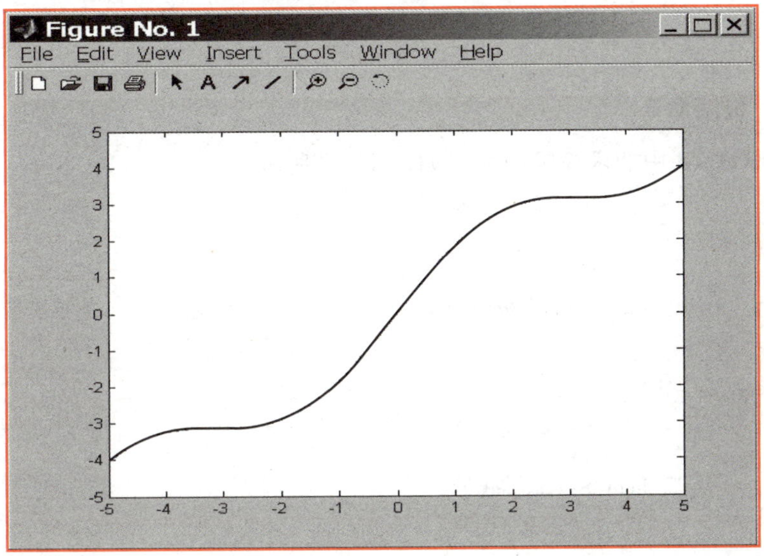

图 1-28

利用同样方法输入

```
>> fplot('x^2 * exp(-x^2)',[-6,6])
```

按 Enter 键,图形显示如图 1-29 所示.

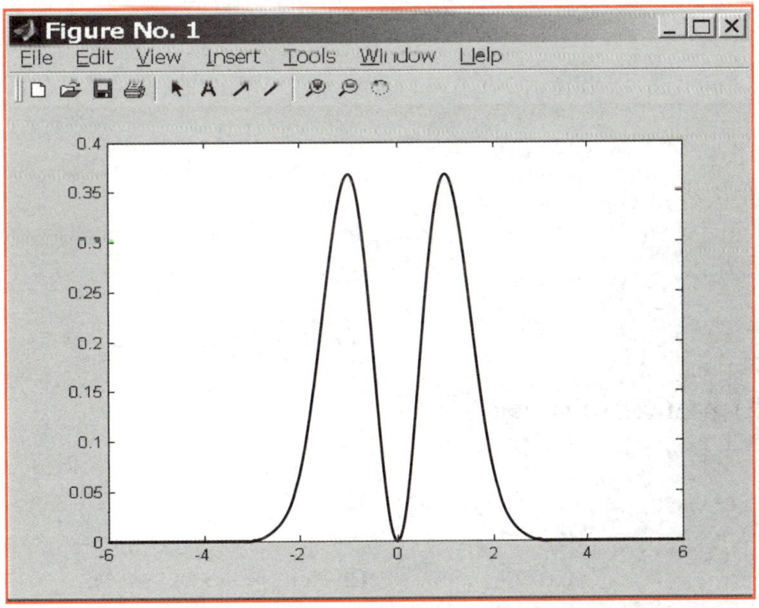

图 1-29

从以上两个图形可知,$y=x+\sin x$ 是奇函数,$y=x^2\mathrm{e}^{-x^2}$ 是偶函数,且在区间$[-2,2]$上都是连续的.

利用 MATLAB
求极限

1.7.7 利用 MATLAB 求极限

1. 符号运算格式

```
>> syms x y    (生成符号变量 x y)

>>关系式

>>命令
```

2. 极限命令

MATLAB 中的求极限的命令如表 1-11 所示.

表 1-11

MATLAB 中的求极限命令	数学运算解释
limit(S,x,a)	$\lim\limits_{x\to a} S$
limit(S,x,a,'right')	$\lim\limits_{x\to a+0} S$ 或 $\lim\limits_{x\to a^+} S$
limit(S,x,a,'left')	$\lim\limits_{x\to a-0} S$ 或 $\lim\limits_{x\to a^-} S$

例 1.7.7　求下列函数的极限.

(1) $\lim\limits_{x\to 0}\dfrac{e^{3x}-1}{x}$;　　(2) $\lim\limits_{x\to\infty}\left(\dfrac{2x+3}{2x+1}\right)^{x+1}$.

解　(1) 在 MATLAB 窗口输入

```
>> syms x

>> limit((exp(3*x)-1)/x,x,0)
```

按 Enter 键,结果显示

```
ans =

     3
```

所以

$$\lim_{x\to 0}\frac{e^{3x}-1}{x}=3.$$

(2) 在 MATLAB 窗口输入

```
>> clear

>> syms x

>> limit(((2*x+3)/(2*x+1))^(x+1),x,inf)
```

按 Enter 键,结果显示

```
ans =

   exp(1)
```

所以

$$\lim_{x\to\infty}\left(\frac{2x+3}{2x+1}\right)^{x+1}=\mathrm{e}.$$

例 1.7.8 求极限$\lim\limits_{x\to0^+}\left(\frac{1}{x}\right)^{\tan x}$.

解 在 MATLAB 窗口输入

```
>> clear
>> syms x
>> limit((1/x)^tan(x),x,0,'right')
```

按 Enter 键,结果显示

```
ans =

      1
```

所以

$$\lim_{x\to0^+}\left(\frac{1}{x}\right)^{\tan x}=1.$$

案例 1.7.1 用圆内接正多边形的周长逼近圆的周长.

解 由情境引例 1.3.2 可知,圆的周长

$$L_{圆}=\lim_{n\to\infty}L_n=\lim_{n\to\infty}2nR\sin\frac{\pi}{n}=2\pi R.$$

在 MATLAB 窗口中输入

```
>> clear
>> syms R n
>> limit(2*n*R*sin(pi/n),n,inf)
```

按 Enter 键,结果显示

```
ans =


    2*pi*R
```

所以半径为 R 的圆的周长为 $2\pi R$.

案例 1.7.2 用 MATLAB 求连续复利函数.

解 由案例 1.5.5 已知,本金为 P,年利率为 r 的连续复利函数的极限形式为

$$P\lim_{m\to\infty}\left(1+\frac{r}{m}\right)^{m}.$$

在 MATLAB 窗口输入

```
>> syms  m r
```

```
>>limit((1+r/m)^m,m,inf)
```

按 Enter 键,结果显示

```
ans =

     exp(r)
```

所以 1 年后的本利和为 Pe^{r}.

由上可见,在连续复利方式下,本利和为指数函数,这说明利息的增加是非常快的.

扩展阅读资源

(1) 函数的产生

(2) 阿吉利斯悖论

综合应用一

第一部分　基础巩固与案例实践

1. 指出下列函数的定义域.

(1) $y=\dfrac{\ln x}{\sqrt{1-x^2}}$;　　(2) $y=\arcsin\dfrac{x-1}{2}$.

2. 若 $f(x)=2^x, g(x)=x^2$，求 $f[g(x)]$ 和 $g[f(x)]$.

3. 设 $f(x)=\begin{cases}x^2+1, & x<0,\\ x, & x\geqslant 0,\end{cases}$ 画出 $f(x)$ 的图形，并从图形上观察 $\lim\limits_{x\to 0^-}f(x)$，$\lim\limits_{x\to 0^+}f(x)$ 及 $\lim\limits_{x\to 0}f(x)$ 是否存在.

4. 求下列极限.

(1) $\lim\limits_{x\to 1}\dfrac{x^2-3x+2}{x-1}$;　　(2) $\lim\limits_{x\to\infty}\dfrac{4x^4-3x^3+1}{2x^4+5x^2-6}$;　　(3) $\lim\limits_{x\to 2}\dfrac{2-\sqrt{x+2}}{2-x}$;

(4) $\lim\limits_{x\to 0}\dfrac{\tan x^3}{\sin x^3}$;　　(5) $\lim\limits_{x\to 1}\dfrac{\tan(x-1)}{x^2-1}$;　　(6) $\lim\limits_{x\to 0}(1+x^2)^{\frac{1}{x^2}}$.

5. 已知某企业生产某种商品的固定成本为 20 万元，每生产一件商品成本会增加 5 万元，求该企业的总成本函数.

6. 某毛巾厂每天生产千条毛巾，需变动成本 350 元，固定成本 1 050 元，每千条毛巾的出厂价为 700 元.求每天的总成本函数和收益函数.

7. 某产品的日产量为 1 500 t，每吨定价为 150 元，销售量不超过 1 000 t 的部分按原价出售，超过 1 000 t 的部分按 8 折出售.若将销售总收入看作销售量的函数，试写出收益函数表达式，并计算销售量为 1 400 t 时的销售收入.

8. 某商店以 100 元/条的进价购进一批牛仔裤，设该牛仔裤的需求函数为 $Q=400-2P$（其中，Q 为需求量，P 为销售价格），求收益函数与利润函数.

9. 某项投资 2 000 元，按每年 7%的单利息计息，那么 5 年后的本利和为多少元？

10. 一项投资按年复利计息，若要求在 5 年内由 1 000 元增长到 1 462.54 元，则该投资的年利率是多少？

11. 现在投资 5 000 元，年利率为 6%，按月复利计息，那么在两年后，这笔资金的终值是多少？

*12. 某人每年年底存入 1 000 元，年利率是 7%，那么到第 5 年年底，他的账户里有多少钱？

*13. 某人计划在 5 年后用 100 000 元购买一辆汽车，为此他从现在起每年年底存入银行一笔钱，已知银行的年利率为 3.6%，问：他每年年底必须存入多少钱？

*14. 某人想在今后的 3 年里，每月底从银行取 1 000 元，银行年利率为 3.6%，那么他现在必须一次性存入银行多少钱？

文本

综合应用一第一部分基础巩固和案例实践答案

视频

案例与练习讲解一

第二部分　数学实验

1. 用 MATLAB 重新计算第一部分第 4 题中的各题及以下各题的极限.

(1) $\lim\limits_{x\to0}\frac{\ln(1+x)}{x}$;　　(2) $\lim\limits_{x\to0}\frac{e^x-1}{x}$;　　(3) $\lim\limits_{x\to0}\frac{e^{2x}-1}{\sin x}$.

2. 绘制以下函数的图形,判断其奇偶性,并观察其在点 $x=0$ 处的连续性.

(1) $y=\sin x+\cos x+1$;　　(2) $y=\log_2(x+\sqrt{1+x^2})$.

文本

第 1 章 MATLAB 实验解答

第 2 章 导数及其经济应用

☆☆☆导言

导数是高等数学中的重要的概念和重要的工具之一，虽然它产生于物理问题和几何问题，但是导数的相关概念在经济、管理方面有着非常广泛的应用.

想知道一款产品价格为多少时利润最大吗？想知道价格变化 1%后，利润会变化百分之多少吗？想知道产量增加一个单位，成本会增加多少个单位吗？请开启本章的学习之旅吧.

知识目标

(1) 掌握导数的定义，理解导数与变化率的关系.

(2) 掌握导数的基本公式、四则运算法则及复合函数求导法则.

(3) 能够计算边际成本、边际收益、边际利润、边际需求等经济函数并解释其经济含义.

(4) 能够解决经济中简单的最优化问题.

(5) 能够利用软件来计算较复杂函数的导数.

能力目标

学习本章后，学生应能解决如下实际问题：

(1) 计算边际成本、边际收益、边际利润，并掌握其经济含义.

(2) 确定成本最低、利润最大等最优化决策.

(3) 计算对商品征税时，政府与生产厂家的交互决策（博弈）过程.

(4) 计算需求弹性、收益弹性等弹性函数，并掌握其经济含义.

(5) 对不同需求弹性的商品确定收益最大的价格决策.

素养培育点

(1) 通过导数领悟局部和整体的辩证关系.

(2) 要学会用变化的视角去分析人和事.

(3) 通过学习导数的广泛应用，培养热爱数学、崇尚科学的情感.

- 第2章　导数及其经济应用
  - 1.导数的概念
    - 平均变化率、瞬时变化率及导数
    - 导数的计算
  - 2.函数的微分
    - 微分的定义
    - 微分的应用
  - 3.导数在经济中的应用(1)——边际分析
    - 边际成本
    - 边际收益
    - 边际利润
    - 边际需求
  - 4.导数在经济中的应用(2)——最优化问题
    - 函数的单调性
    - 函数的极值
    - 函数的最值
  - 5.导数在经济中的应用(3)——弹性分析
    - 弹性的概念
    - 需求弹性
    - 需求弹性与总收益的关系
  - 6.导数在极限计算中的应用——洛必达法则
    - “$\frac{0}{0}$”型未定式或“$\frac{\infty}{\infty}$”型未定式极限
    - 其他类型的未定式
  - 7.数学实验二：利用MATLAB求函数的导数

§2.1　导数的概念

2.1.1　平均变化率、瞬时变化率及导数

平均变化率

1. 平均变化率

函数值 y 随着 x 的变化而变化，为了考察 y 的变化相对于 x 的变化的快慢，通常用 $\frac{\Delta y}{\Delta x}=\frac{f(x_0+\Delta x)-f(x_0)}{\Delta x}$ 来计算.例如，$\frac{\Delta y}{\Delta x}=3$，表示在当前区间上，平均而言，$x$ 每变化 1 个单位，y 就变化 3 个单位.通常称 $\frac{\Delta y}{\Delta x}$ 为**区间 $[x_0,x_0+\Delta x]$ 上 y 对于 x 的平均变化率**. $\frac{\Delta y}{\Delta x}$ 的绝对值越大，表示 y 的变化相对于 x 的变化更快.

即使是对于同一函数，在不同的区间上，平均变化率的值也不一定相等.

例 2.1.1　计算函数 $y=x^2$ 在区间 $[2,3]$ 和 $[1,2]$ 上的平均变化率，并说明其含义.

解　对 $y=x^2$，在区间 $[2,3]$ 上，$\Delta x=1$，对应的函数值 y 从 4 变到 9，$\Delta y=5$，因而 $\frac{\Delta y}{\Delta x}=5$.所以在区间 $[2,3]$ 上，y 对于 x 的平均变化率为 5，即在该区间上，x 每变化 1 个单位，y 变化 5 个单位.

容易计算，该函数在区间 $[1,2]$ 上，y 对于 x 的平均变化率为 3，即 x 每变化 1 个单位，y 平均变化 3 个单位.

变化率概念的应用非常广泛.理论上,任何两个有函数关系的变量,都可以计算变化率,而且有其相应的含义.

例如,在图 2-1 中,直线 l 的斜率 $k=\dfrac{\Delta y}{\Delta x}$,其实就是 y 对于 x 的平均变化率.平均变化率越大,表明对应于相同的 Δx,Δy 更大,也就是直线越陡峭,直线的斜率更大.

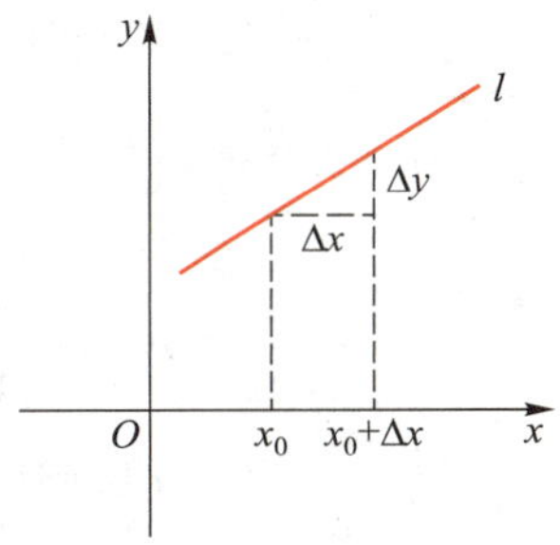

图 2-1

经济中,$C(Q)$通常表示产量为 Q 时的总成本.当产量从 Q 改变为 $Q+\Delta Q$ 时,总成本的增量 $\Delta C(Q)=C(Q+\Delta Q)-C(Q)$.总成本对产量的平均变化率

$$\frac{\Delta C(Q)}{\Delta Q}=\frac{C(Q+\Delta Q)-C(Q)}{\Delta Q}$$

表示区间$[Q,Q+\Delta Q]$上总成本的变化相对于产量变化的快慢,即产量 Q 每变化 1 个单位,总成本平均会变化多少个单位.例如,$\dfrac{\Delta C(Q)}{\Delta Q}=2$,表示当前区间上,产量每变动 1 个单位,成本会变化 2 个单位.

再如,物体在某一段时间$[t_0,t_0+\Delta t]$上,比值 $\dfrac{\Delta s}{\Delta t}$ 表示时间每变化 1 个单位,位移平均变化的单位数.相同时间内,位移变化大的物体运动速度更快.因而平均变化率$\dfrac{\Delta s}{\Delta t}$表示物体的平均速度.

2. 瞬时变化率与导数定义

科学计算中,只知道区间上的平均变化率是不够的,有时需要计算出函数在某一瞬间(时刻)的变化率.

瞬时变化率与导数定义

通常,可以由区间上的平均变化率计算出某一时刻的瞬时变化率.这个过程中极限工具发挥了重要作用.

在图 2-2 中,区间$[x_0,x_0+\Delta x]$上的平均变化率为$\dfrac{\Delta y}{\Delta x}$,可以看出,区间长度逐渐缩小时,平均变化率$\dfrac{\Delta y}{\Delta x}$就逐渐接近点 x_0 处的瞬时变化率.当区间的长度趋于 0(即 $\Delta x\to 0$)时,平均变化率的极限无限接近点 x_0 处的变化率,如果该极限存在,则称

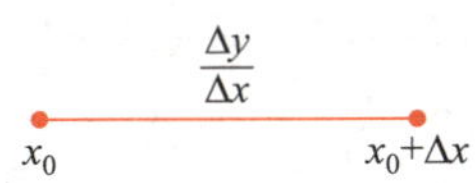

图 2-2

$$\lim_{\Delta x\to 0}\frac{\Delta y}{\Delta x}=\lim_{\Delta x\to 0}\frac{f(x_0+\Delta x)-f(x_0)}{\Delta x}$$

为点 x_0 处的**瞬时变化率**.

平均变化率与瞬时变化率的关系可以用表 2-1 来表示.

跟平均变化率一样,即便是同一函数,在不同点处的瞬时变化率也可能不同.

表 2-1

含义	区间$[x_0,x_0+\Delta x]$上的平均变化率	点 x_0 处的瞬时变化率
表达式	$\dfrac{\Delta y}{\Delta x}=\dfrac{f(x_0+\Delta x)-f(x_0)}{\Delta x}$	$\lim\limits_{\Delta x\to 0}\dfrac{\Delta y}{\Delta x}=\lim\limits_{\Delta x\to 0}\dfrac{f(x_0+\Delta x)-f(x_0)}{\Delta x}$

例 2.1.2　计算函数 $y=x^2$ 在点 1 处和点 2 处的瞬时变化率,并说明其含义.

解　在区间$[1,1+\Delta x]$上,

$$\lim_{\Delta x\to 0}\frac{f(1+\Delta x)-f(1)}{\Delta x}=\lim_{\Delta x\to 0}\frac{(1+\Delta x)^2-1^2}{\Delta x}=\lim_{\Delta x\to 0}(2+\Delta x)=2.$$

它表示函数 $y=x^2$ 在 $x=1$ 处的瞬时变化率为 2,即该函数在 $x=1$ 时,x 每变化 1 个单位,y 会变化 2 个单位.

在点 $x=2$ 处,

$$\lim_{\Delta x\to 0}\frac{f(2+\Delta x)-f(2)}{\Delta x}=\lim_{\Delta x\to 0}\frac{(2+\Delta x)^2-2^2}{\Delta x}=\lim_{\Delta x\to 0}(4+\Delta x)=4.$$

它表示函数 $y=x^2$ 在 $x=2$ 处的瞬时变化率为 4,即该函数在 $x=2$ 时,x 每变化 1 个单位,y 会变化 4 个单位.

情境引例 2.1.1　已知变速直线运动物体的路程函数 $s=s(t)$,求 t_0 时刻的瞬时速度.

解　由中学物理知识可知,做直线运动的物体从时刻 t_0 到 $t_0+\Delta t$ 的平均速度为

$$\frac{\Delta s}{\Delta t}=\frac{s(t_0+\Delta t)-s(t_0)}{\Delta t}.$$

Δt 越小,时间越短,平均速度 $\dfrac{\Delta s}{\Delta t}$ 越接近物体在 t_0 时刻的瞬时速度.当 Δt 趋于 0 时,平均速度的极限便是物体在 t_0 时刻的瞬时速度,即

$$v(t_0)=\lim_{\Delta t\to 0}\frac{\Delta s}{\Delta t}=\lim_{\Delta t\to 0}\frac{s(t_0+\Delta t)-s(t_0)}{\Delta t}. \tag{2.1}$$

情境引例 2.1.2　求产量为 Q 时,总成本 $C(Q)$对产量 Q 的瞬时变化率.

解　总成本的增量为

$$\Delta C(Q)=C(Q+\Delta Q)-C(Q).$$

区间$[Q,Q+\Delta Q]$上的总成本对产量的平均变化率为

$$\frac{\Delta C(Q)}{\Delta Q}=\frac{C(Q+\Delta Q)-C(Q)}{\Delta Q}.$$

ΔQ 越小,平均变化率越接近产量为 Q 时的瞬时变化率.当 $\Delta Q\to 0$ 时,若

$$\lim_{\Delta Q\to 0}\frac{C(Q+\Delta Q)-C(Q)}{\Delta Q} \tag{2.2}$$

存在,则该极限值即为产量为 Q 时总成本对产量的瞬时变化率,表示产量为 Q 时,产量每变化 1 个单位,总成本变化的数量.

情境引例 2.1.3 求某曲线在点 x_0 处的切线斜率.

解 如图 2-3,若曲线 $y=f(x)$ 在点 $P(x_0,f(x_0))$ 处有切线 PL,点 Q 是曲线在 $x_0+\Delta x$ 的对应点,则割线 PQ 的斜率为

$$k_{PQ}=\frac{f(x_0+\Delta x)-f(x_0)}{\Delta x}.$$

当 $\Delta x\to 0$ 时,割线 PQ 的极限位置为曲线在点 P 处的切线 PL,割线的斜率 k_{PQ} 的极限就是切线的斜率 k_{PL},即

$$\lim_{\Delta x\to 0}\frac{f(x_0+\Delta x)-f(x_0)}{\Delta x}, \tag{2.3}$$

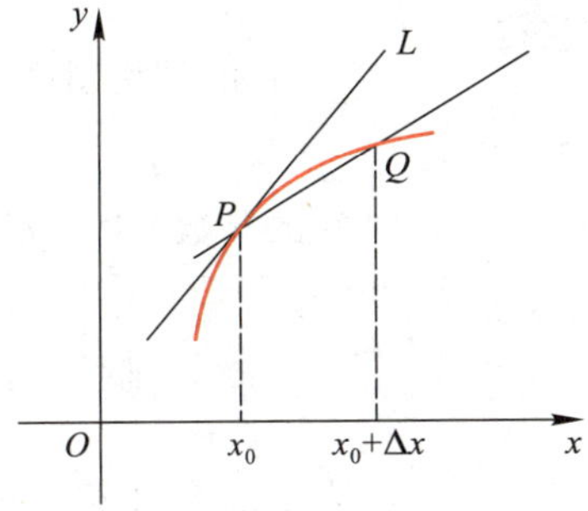

图 2-3

表示曲线 $y=f(x)$ 在点 x_0 处的切线的斜率(注:须极限存在).

从以上引例可以看出,虽然问题的背景不同,但式(2.1)~(2.3)的形式完全一样,都可归结为函数值增量与自变量增量之商的极限(瞬时变化率),数学上将这种运算的一般形式抽象出来进行研究,称之为导数.

定义 2.1 若函数 $f(x)$ 在点 x_0 的某个邻域有定义,且极限 $\lim\limits_{\Delta x\to 0}\dfrac{f(x_0+\Delta x)-f(x_0)}{\Delta x}$ 存在,则称函数 $f(x)$ 在点 x_0 处可导,并称该极限值为函数 $f(x)$ 在点 x_0 处的**导数值**,记为

$$f'(x_0) \text{或} y'\Big|_{x=x_0} \text{或} \frac{\mathrm{d}y}{\mathrm{d}x}\Big|_{x=x_0} \text{或} \frac{\mathrm{d}f}{\mathrm{d}x}\Big|_{x=x_0} \text{等},$$

即

$$f'(x_0)=\lim_{\Delta x\to 0}\frac{f(x_0+\Delta x)-f(x_0)}{\Delta x}. \tag{2.4}$$

若函数 $f(x)$ 对区间 I 内的每一点 x 都可导,则称函数 $f(x)$ 在区间 I 内可导.将式(2.4)中的 x_0 换成变量 x,即得**导函数,简称导数**,即

$$f'(x)=\lim_{\Delta x\to 0}\frac{f(x+\Delta x)-f(x)}{\Delta x},$$

记为 y' 或 $\dfrac{\mathrm{d}y}{\mathrm{d}x}$ 或 $\dfrac{\mathrm{d}f}{\mathrm{d}x}$.

易知,函数 $f(x)$ 在点 x_0 处的导数值等于导函数 $f'(x)$ 在点 x_0 的值,即

$$f'(x_0)=f'(x)\Big|_{x=x_0}.$$

小贴士

与计算公式相比,导数的内涵更为重要:$\dfrac{\Delta y}{\Delta x}=\dfrac{f(x_0+\Delta x)-f(x_0)}{\Delta x}$ 表示函数在区间 $[x_0,x_0+\Delta x]$ 上的**平均变化率**,导数 $\lim\limits_{\Delta x\to 0}\dfrac{f(x_0+\Delta x)-f(x_0)}{\Delta x}$(平均变化率的极限)也就是点 x_0 处 y 对 x 的**瞬时变化率**.读者需要结合导数的实际应用去理解瞬时变化率的含义.

导数概念的应用

3. **导数概念的应用**

导数(即瞬时变化率)在现实中有着非常广泛的应用.

例如,情境引例 2.1.1 中,区间$[t_0,t_0+\Delta t]$上平均速度的极限$\lim\limits_{\Delta t\to 0}\dfrac{s(t_0+\Delta t)-s(t_0)}{\Delta t}$(即路程对时间的导数)表示 t_0 时刻的瞬时速度,即 $v_{t_0}=\left.\dfrac{\mathrm{d}s}{\mathrm{d}t}\right|_{t=t_0}$.

情境引例 2.1.2 中,总成本的平均变化率的极限$\lim\limits_{\Delta x\to 0}\dfrac{C(Q+\Delta Q)-C(Q)}{\Delta Q}$表示产量为 Q 时总成本的瞬时变化率.后面的内容会学习到,这个极限就是边际成本的概念.

情境引例 2.1.3 中,$\lim\limits_{\Delta x\to 0}\dfrac{f(x_0+\Delta x)-f(x_0)}{\Delta x}$表示曲线 $y=f(x)$ 在点 x_0 处的切线的斜率,即 $k_{切}=\dfrac{\mathrm{d}y}{\mathrm{d}x}$.

对许多学科而言,导数都是非常重要的研究工具,如表 2-2 所示.

表 2-2

y	x	$\dfrac{\Delta y}{\Delta x}$	$y'\|_{x=x_0}$的含义	$\dfrac{\mathrm{d}y}{\mathrm{d}x}$表示
位移	时间	位移对时间的平均变化率(平均速度)	当前时刻物体的速度	速度
速度	时间	速度对时间的平均变化率	当前时刻物体的加速度	加速度
函数值	自变量	函数值对自变量的平均变化率(割线斜率)	当前位置,自变量每变化 1 个单位,函数值变化的单位数	切线斜率
角度	时间	角度对时间的平均变化率(平均角速度)	当前时刻,物体转动的快慢	角速度
销售收入	产量	销售收入对产量的平均变化率(平均收益)	当前产量下,产量每变化一个单位,销售收入变化的单位数	销售收入变化对产量变化的快慢(边际收益)
利润	价格	利润对价格的平均变化率(平均利润)	在当前价格下,价格每变化一个单位,利润变化的单位数	利润变化对价格变化的快慢(边际利润)
需求量	价格	需求量对价格的平均变化率	在当前价格下,价格每变化一个单位,需求量变化的单位数	需求量变化对价格变化的快慢(边际需求)
作物长度	时间	作物长度对时间的平均变化率(平均生长速度)	在当前时刻,时间每变化一个单位,作物长度变化的单位数	生长率
切线转动的角度	弧长	切线方向角对弧长的平均变化率	当前位置,单位弧长上切线转动的角度	曲率

实际上，导数应用的例子数不胜数.从理论上讲，任何两个有函数关系的变量都可以计算因变量对自变量的变化率.

如果说函数 $y=f(x)$ 是对两个事物间对应关系的描述，那么导数则反映了两个事物（变量）变化快慢的比率，比值越大，表示因变量变化相对于自变量的变化更快.例如，若某成本函数在产量为 Q_0 时，$C'(Q_0)=3$，在产量为 Q_1 时，$C'(Q_1)=4$，则相对而言，产量为 Q_1 时产量每变动 1 个单位，成本的变化量更大.

后面将介绍导数在经济上的应用.在此之前，先介绍导数的简单计算.通常，用定义去计算导数是比较复杂的，利用导数公式及求导法则来计算则相对容易.

同步实践 2.1.1

一、单项选择题

1. 某产品产量为 Q（单位：t）时的总成本函数为 $C(Q)=100+5Q$（元），当产量从 10 t 增加到 15 t 时，总成本的平均变化率是（　　）.

A. 5（元/t）　　B. 5 元　　C. 9.5（元/t）　　D. 150 元

2. 某产品的总利润函数 $L(Q)=15Q-\frac{1}{2}Q^2-40$（单位：元；$Q$ 为产量，单位：件），产量从 10 增加到 20 时，利润的平均变化率是（　　）.

A. 350（元/件）　　B. 0 元　　C. 25 元　　D. 0（元/件）

3. 下列选项表示 $y=f(x)$ 在点 $x=2$ 处的瞬时变化率的是（　　）.

A. $\lim\limits_{h\to 0}\frac{f(x+h)-f(x)}{h}$　　B. $\lim\limits_{h\to 0}\frac{f(2-h)-f(2)}{h}$

C. $\lim\limits_{h\to 0}\frac{f(2+3h)-f(2)}{h}$　　D. $\lim\limits_{h\to 0}\frac{f(2+h)-f(2)}{h}$

4. 关于瞬时变化率 $y=f'(x_0)$，下列说法正确的是（　　）.

A. 点 $x=x_0$ 处 y 的变化快慢

B. 点 $x=x_0$ 处 y 对 x 的相对变化率

C. 点 $f'(x_0)$ 表示函数值在该点处的变化趋势

D. 点 $x=x_0$ 处 y 的值是 x 的值的倍数

5. 曲线 $y=\sqrt{x}$ 在点 (1,1) 处的切线方程是（　　）.

A. $y=-2x+3$　　B. $y=2x$

C. $y=-\frac{1}{2}x+\frac{3}{2}$　　D. $y=\frac{1}{2}x+\frac{1}{2}$

二、填空题

1. 曲线 $y=x^3$ 在点 (2,8) 处的切线斜率为________.

2. 已知物体在区间 $[3,3+\Delta t]$ 上的平均速度为 $6+\Delta t$，则该物体在 $t=3$ 时的瞬时速度为________.

3. 曲线 $y=\ln x$ 在点$(2,\ln 2)$处的法线斜率为________.

4. 函数 $y=x^2+2$ 在$[2,3]$上的平均变化率为________.

5. 已知函数$f(x)$在区间$[x_0,x_0+\Delta x]$上的平均变化率为 $3\Delta x+5$,则函数$f(x)$在点 x_0 处的瞬时变化率为________.

三、判断题.

1. 同一函数在不同的区间上的平均变化率是相同的.(　　)

2. 区间长度越小,该区间上函数的平均变化率就越接近区间端点处的瞬时变化率.(　　)

3. $f'(2)$的几何意义是函数 $y=f(x)$在点 $x=2$ 处的切线斜率.(　　)

4. 速度对时间的瞬时变化率表示物体的加速度;路程对时间的瞬时变化率 $s'(t_0)$表示 $t=t_0$ 时的瞬时速度.(　　)

5. $f'(x_0)$的值越大,表示该点处 y 的变化相对于 x 的变化越慢.(　　)

2.1.2　导数的计算

可用如下的导数公式及运算法则来求函数的导数.

导数公式

1. 基本初等函数的导数公式

(1) $C'=0$(C 为常数);

(2) $(x^{\mu})'=\mu x^{\mu-1}(\mu\in\mathbf{R})$;

(3) $(a^x)'=a^x\ln a$,特别地,$(\mathrm{e}^x)'=\mathrm{e}^x$;

(4) $(\log_a x)'=\dfrac{1}{x\ln a}$,特别地,$(\ln x)'=\dfrac{1}{x}$;

(5) $(\sin x)'=\cos x$, $(\cos x)'=-\sin x$,

$(\tan x)'=\sec^2 x$,$(\cot x)'=-\csc^2 x$,

$(\sec x)'=\sec x\tan x$, $(\csc x)'=-\csc x\cot x$;

(6) $(\arcsin x)'=\dfrac{1}{\sqrt{1-x^2}}$, $(\arccos x)'=-\dfrac{1}{\sqrt{1-x^2}}$,

$(\arctan x)'=\dfrac{1}{1+x^2}$, $(\operatorname{arccot} x)'=-\dfrac{1}{1+x^2}$;

例 2.1.3　求下列函数的导数.

(1) $f(x)=\sqrt[3]{x}$;　　(2) $f(x)=\dfrac{1}{x^2}$;　　(3) $f(x)=\dfrac{1}{x}$;

(4) $f(x)=2^x$;　　(5) $f(x)=3^{-x}$;　　(6) $f(x)=\dfrac{1}{x\sqrt{x}}$.

解　(1) 将函数表示为$f(x)=x^{\frac{1}{3}}$,则$f'(x)=\dfrac{1}{3}x^{-\frac{2}{3}}=\dfrac{1}{3\sqrt[3]{x^2}}$.

(2) 将函数表示为 $f(x)=x^{-2}$，则 $f'(x)=-2x^{-3}=-\dfrac{2}{x^3}$.

(3) 将函数表示为 $f(x)=x^{-1}$，则 $f'(x)=-x^{-2}=-\dfrac{1}{x^2}$.

(4) $f'(x)=2^x\ln 2$.

(5) 将函数表示为 $f(x)=\left(\dfrac{1}{3}\right)^x$，则 $f'(x)=\left(\dfrac{1}{3}\right)^x\ln\dfrac{1}{3}=-\left(\dfrac{1}{3}\right)^x\ln 3$.

(6) 将函数表示为 $f(x)=x^{-\frac{3}{2}}$，则 $f'(x)=-\dfrac{3}{2}x^{-\frac{5}{2}}$.

2. 导数的四则运算法则

导数的四则运算法则

设函数 $f(x)$ 和 $g(x)$ 均在点 x 处可导，则有

(1) $[f(x)\pm g(x)]'=f'(x)\pm g'(x)$；

(2) $[f(x)g(x)]'=f'(x)g(x)+f(x)g'(x)$，特别地，$[Cf(x)]'=Cf'(x)$（$C$ 为常数）；

(3) $\left[\dfrac{f(x)}{g(x)}\right]'=\dfrac{f'(x)g(x)-f(x)g'(x)}{g^2(x)}\quad (g(x)\neq 0)$.

例 2.1.4 求函数 $f(x)=2+\sin x+\ln x-x^2$ 的导数.

解 $f'(x)=\cos x+\dfrac{1}{x}-2x$.

例 2.1.5 求 $f(x)=x\ln x-\dfrac{x}{\sin x}$ 的导数.

解 $f'(x)=\ln x+1-\dfrac{\sin x-x\cos x}{\sin^2 x}$.

3. 复合函数的求导法则

复合函数的求导法则

设函数 $y=f(u)$ 在点 u 处可导，$u=\varphi(x)$ 在点 x 处可导，则复合函数 $y=f[\varphi(x)]$ 也在点 x 处可导，且

$$\frac{\mathrm{d}y}{\mathrm{d}x}=\frac{\mathrm{d}y}{\mathrm{d}u}\cdot\frac{\mathrm{d}u}{\mathrm{d}x}=f'(u)\cdot u'(x)=f'[\varphi(x)]\varphi'(x),$$

该公式也称为复合函数的**链式求导法则**.

例 2.1.6 设 $y=\ln(\sin x)$，求 $\dfrac{\mathrm{d}y}{\mathrm{d}x}$.

解 设 $\sin x=u$，则 $y=\ln u$，$u=\sin x$，所以

$$\frac{\mathrm{d}y}{\mathrm{d}x}=\frac{\mathrm{d}y}{\mathrm{d}u}\cdot\frac{\mathrm{d}u}{\mathrm{d}x}=\frac{1}{u}\cdot(\sin x)'=\frac{1}{\sin x}\cos x=\cot x.$$

例 2.1.7 设 $y=\cos^4 x$，求 y'.

解 $y'\overset{u=\cos x}{=\!=\!=}(u^4)'\cdot(\cos x)'=4u^3(-\sin x)=-4\sin x\cos^3 x$.

例 2.1.8　设 $y=\cot(x^2)$，求 y'.

解　$y' \xlongequal{u=x^2} (\cot u)' \cdot (x^2)' = -\csc^2 u \cdot 2x = -2x\csc^2 x^2$.

小贴士

在熟悉了链式求导法则后，可以不写出中间变量而直接求导，对外层函数求导再乘内层函数的导数.当内层函数仍是复合函数时，重复使用链式求导法则就可以了.复合函数求导的关键是厘清复合函数的结构，由外向内逐层求导.

导数的综合计算与高阶导数

例 2.1.9　设 $y=x\sin x+\sin(x^2)$，求 y'.

解　y 由两项构成，$x\sin x$ 是乘法运算，应用四则运算法则求导；$\sin(x^2)$ 是复合函数，应用复合函数求导法则求导.所以

$$y'=x'\sin x+x(\sin x)'+\cos(x^2)\cdot(2x)=\sin x+x\cos x+2x\cos(x^2).$$

4. **高阶导数**

从前面的计算可以看出，一个函数的导数(一阶导数)仍然是一个函数，如果一阶导数可导，则称一阶导数的导数为二阶导数.进一步，称二阶导数的导数为三阶导数…….

设函数 $y=f(x)$，分别记 $f(x)$ 的二阶导数为

$$y''=(y')';$$

$f(x)$ 的三阶导数为

$$y'''=(y'')';$$

$f(x)$ 的 4 阶导数为

$$y^{(4)}=(y''')';$$

……

$f(x)$ 的 n 阶导数(n 为正整数)为

$$y^{(n)}=(y^{(n-1)})'.$$

$y=f(x)$ 的 n **阶导数**还可记为 $f^{(n)}(x)$ 或 $\dfrac{\mathrm{d}^n y}{\mathrm{d}x^n}$ 或 $\dfrac{\mathrm{d}^n f}{\mathrm{d}x^n}$.

例 2.1.10　求利润函数 $L=L(Q)=250Q-5Q^2$ 的二阶导数.

解　由题得

$$L'(Q)=250-10Q,$$

$$L''(Q)=[L'(Q)]'=(250-10Q)'=-10.$$

例 2.1.11　求收益函数 $R=20Q-\dfrac{Q^2}{5}$ 的二阶导数.

解　由题得

$$R'(Q)=20-\frac{2}{5}Q,$$

$$R''(Q)=[R'(Q)]'=\left(20-\frac{2}{5}Q\right)'=-\frac{2}{5}.$$

同步实践 2.1.2

一、求下列函数的导数.

(1) $y=2x^3+3e^x+\sin 1$；　　(2) $y=xe^x$；

(3) $y=\dfrac{\tan x}{x}$；　　(4) $y=x^3+e^{-x}$.

二、求下列复合函数的导数.

(1) $y=\sin\sqrt{x}$；　　(2) $y=e^{2x}+x^2-\ln 3$；

*(3) $y=e^{\cos\frac{1}{x}}$；　　*(4) $y=\dfrac{\ln 2x}{x}$.

三、填空题.

(1) 设函数 $f(x)=\ln\sqrt{1+x^2}$，则 $y'(0)=$________.

(2) 已知 $y=x\ln x$，则 $y''(x)=$________.

(3) 已知 $y=x^n+e$，则 $y^{(n)}(x)=$________.

(4) 已知 $y=2e^{f(x)}$，则 $y'=$________.

(5) 已知 $y=x^3+1$，则 $y^{(4)}=$________.

四、判断题.

(1) 式子 $f'(2)=[f(2)]'$ 是成立的.(　　)

*(2) 若函数 $f(x)$ 在点 $x=x_0$ 处可导，则 $f(x)$ 在点 x_0 处一定连续.(　　)

扩展阅读

导数的发展史

2.1 导数的概念同步实践答案

§2.2 函数的微分

2.2.1 微分的定义

在实际问题中，有时需要考虑当自变量有较小改变时，函数值改变了多少？要精确计算函数值的改变量有时是很复杂的.能否找到一个既简便又有较好精确度的计算函数值的改变量的近似方法呢？

函数的微分

情境引例 2.2.1　设有边长为 x 的正方形金属薄片，受温度变化的影响，金属薄片的边长由 x 增加到 $x+\Delta x$.问：此薄片的面积改变了多少？

如图 2-4，温度改变前，薄片的面积为 $S=x^2$.温度变化后，薄片的面积的增量为

$$\Delta S=(x+\Delta x)^2-x^2=2x\Delta x+(\Delta x)^2.$$

称 Δx 为自变量的增量，ΔS 为函数值的增量.其中，ΔS 由两部分组成，一部分是 Δx 的线性函数 $2x\Delta x$，另一部分是 $(\Delta x)^2$.当 Δx 很小时，$(\Delta x)^2$ 比 $2x\Delta x$ 小得多.因此，$2x\Delta x$ 是 ΔS 的主要部分，$(\Delta x)^2$ 是次要部分.可以认为，ΔS 与主要部分是近似相等的，即 $\Delta S\approx 2x\Delta x$.例如，当 $\Delta x=0.01$ 时，$(\Delta x)^2=0.000\ 1$，若以 $2x\Delta x$ 作为 ΔS 的近似值，误差小于万分之一.

图 2-4

定义 2.2 若函数 $y=f(x)$ 的增量 Δy 都可表示为主要部分加上次要部分，其中，主要部分是 Δx 的线性函数 $A\Delta x$（A 为与 Δx 无关的常数），次要部分在 Δx 为无穷小时，为 Δx 的高阶无穷小，即

$$\Delta y=A\Delta x+o(\Delta x),\tag{2.5}$$

则称 $y=f(x)$ 在点 x 处**可微**.函数值的增量 Δy 近似等于主要部分 $A\Delta x$，即

$$\Delta y\approx A\Delta x.\tag{2.6}$$

称主要部分 $A\Delta x$ 为函数 $y=f(x)$ 的**微分**，记为 $\mathrm{d}y$ 或 $\mathrm{d}f(x)$，即

$$\mathrm{d}y=\mathrm{d}f(x)=A\Delta x.$$

可以证明，函数 $y=f(x)$ 在点 x 处可微等价于 $y=f(x)$ 在点 x 处可导，且 $A=f'(x)$.

由于 $f(x)=x$ 时，$\mathrm{d}x=\Delta x$，所以有

$$\mathrm{d}y=f'(x)\,\mathrm{d}x.$$

函数 $f(x)$ 在点 $x=x_0$ 处的微分记作

$$\mathrm{d}y\big|_{x=x_0}=f'(x_0)\,\mathrm{d}x.$$

例 2.2.1 求函数 $y=\ln x$ 的微分，并求当 $x=1$ 时的微分值（记为 $\mathrm{d}y\big|_{x=1}$）.

解 由于

$$y'=(\ln x)'=\frac{1}{x},$$

所以

$$\mathrm{d}y=\frac{1}{x}\mathrm{d}x.$$

所以

$$\mathrm{d}y\big|_{x=1}=\frac{1}{x}\mathrm{d}x\big|_{x=1}=\mathrm{d}x.$$

例 2.2.2 已知函数 $y=\sin(2x+1)$，求 $\mathrm{d}y$.

解 由于

$$y'=2\cos(2x+1),$$

所以

$$\mathrm{d}y=y'\mathrm{d}x=2\cos(2x+1)\,\mathrm{d}x.$$

同步实践 2.2.1

1. 判断下列说法是否正确.

(1) 微分 dy 与函数值的增量 Δy 含义相同.(　　)

(2) 若函数 $y=f(x)$ 可微,则 $y=f(x)$ 一定可导,且 $dy=f'(x)dx$.(　　)

2. 求下列函数的微分.

(1) $y=\dfrac{1}{2}\sin 2x$;　　(2) $y=\ln(1+e^x)$;

(3) $y=\ln 5+\cos x^2-\dfrac{1}{x^2}$;　　(4) $y=\sqrt{1+2\ln^2 x}$.

*3. 将适当的函数填入下列括号内,使等式成立.

(1) d(　　)$=x dx$;　　(2) d(　　)$=\cos \omega t dt$.

2.2.2 微分的应用

微分在现实生活中有很多重要的应用,这里介绍一下它在近似计算方面的两个应用.

微分的应用

设函数 $y=f(x)$ 在点 x_0 处可导,且 $f'(x_0)\neq 0$. 当 $|\Delta x|$ 很小时,由增量和微分的关系,可得到求函数增量的近似公式:

$$\Delta y\approx dy|_{x=x_0}=f'(x_0)\Delta x. \tag{2.7}$$

于是也就有了求 x_0 附近点处的函数值的近似公式:

$$f(x_0+\Delta x)\approx f(x_0)+f'(x_0)\Delta x. \tag{2.8}$$

利用式(2.7)和式(2.8)可分别计算函数增量的近似值和函数值的近似值.

例 2.2.3 求 $\sin 46°$的近似值.

解 取 $x_0=45°=\dfrac{\pi}{4}$,$\Delta x=1°=\dfrac{\pi}{180}$,所以

$$\sin 46°\approx \sin\frac{\pi}{4}+\cos\frac{\pi}{4}\cdot\frac{\pi}{180}\approx 0.707\ 1\times(1+0.017\ 5)\approx 0.719\ 5.$$

案例 2.2.1 有一批半径为 1 cm 的球,为了提高球的表面的光洁度,要镀上一层厚度为 0.01 cm 的铜,已知铜的密度为 8.9 g/cm^3,试问:每个球大约需要用铜多少克?

解 设球的半径为 r,则球的体积为

$$V=\frac{4}{3}\pi r^3.$$

于是

$$dV=\left(\frac{4}{3}\pi r^3\right)'\cdot\Delta r=4\pi r^2\Delta r.$$

依题意,$r=1$ cm,$\Delta r=0.01$ cm,所以

$$\Delta V\approx dV\approx 4\times 3.14\times 1^2\times 0.01\approx 0.13(\text{ cm}^3),$$

$$m=8.9\times0.13=1.16(\mathrm{g}).$$

因此,每个球需要用铜约 1.16 g.

同步实践 2.2.2

1. 当 $|\Delta x|$ 充分小且 $f'(x_0)\neq0$ 时,函数 $y=f(x)$ 在点 x_0 处的增量 Δy 与微分 $\mathrm{d}y$ 的关系是(   ).

A. $\Delta y=\mathrm{d}y$ B. $\Delta y<\mathrm{d}y$ C. $\Delta y>\mathrm{d}y$ D. $\Delta y\approx\mathrm{d}y$

*2. 若 $f(x)$ 可微,当 $\Delta x\to0$ 时,在点 x 处,$\Delta y-\mathrm{d}y$ 是关于 Δx 的(   ).

A. 高阶无穷小 B. 等价无穷小

C. 同阶无穷小 D. 低阶无穷小

*3. 求 $\sqrt[5]{0.99}$ 的近似值.

4. 一个外直径为 10 cm 的球,球壳厚度为 $\frac{1}{8}$ cm,试用微分求球壳的体积.

*5. 设某国的国民经济消费模型为

$$y=10+0.4x+0.01x^{\frac{1}{2}},$$

其中,y 为总消费(单位:十亿元),x 为可支配收入(单位:十亿元).当 $x=100.05$ 时,总消费是多少?

扩展阅读 微积分中使用的数学符号

扩展阅读 第二次数学危机

2.2 函数的微分同步实践答案

§2.3 导数在经济中的应用(1)——边际分析

2.3.1 边际成本

边际成本

由情境引例 2.1.2 知,**边际成本**为成本函数的导数,即 $C'(Q)=\lim\limits_{\Delta Q\to0}\dfrac{C(Q+\Delta Q)-C(Q)}{\Delta Q}$.在经济学中的解释:边际成本 $C'(Q)$ 表示产量为 Q 时,成本对产量的变化率(成本单位/单位产量).其经济含义:当产量为 Q 时,再增加(或减少)一个单位产量总成本增加(或减少)的数量.

案例 2.3.1 设某产品生产 Q 单位的总成本为 $C(Q)=1\ 100+\dfrac{Q^2}{1\ 200}$,求生产 900 单位该产品时的总成本、平均成本及边际成本,并解释边际成本的经济意义.

解 生产 900 单位该产品的总成本为

$$C(Q)\big|_{Q=900}=1\ 100+\frac{900^2}{1\ 200}=1\ 775.$$

平均成本为

$$\overline{C}(Q)\big|_{Q=900}=\frac{1\ 775}{900}=1.97.$$

边际成本为

$$C'(Q)=\frac{Q}{600}.$$

当 $Q=900$ 时，边际成本为

$$C'(Q)\big|_{Q=900}=1.5.$$

它表示当产量为 900 单位时，再增加（减少）一个单位的产品，总成本增加（减少）1.5 个单位，即总成本的变化率为 1.5（成本单位/单位产量）.

小点睛

边际成本只与变动成本有关，与固定成本无关.

案例 2.3.2 某厂生产某种产品，已知总成本 C 是产量 Q 的函数 $C(Q)=200+4Q+0.05Q^2$（单位：元）.

（1）指出固定成本、可变成本.

（2）求边际成本函数及产量 $Q=200$ 时的边际成本，并说明其经济含义.

（3）如果对该厂征收固定税收，问：固定税收对产品的边际成本是否会有影响？为什么？试举例说明.

解 （1）固定成本为 200，可变成本为 $4Q+0.05Q^2$.

（2）边际成本函数为

$$C'(Q)=4+0.1Q,$$

$$C'(200)=4+0.1\times200=24.$$

当产量 $Q=200$ 时的边际成本为 24，说明在产量为 200 单位时，成本对产量的变化率为 24 元/单位产量. 可以近似理解为当产量为 200 单位时，产量变化一个单位，成本变动 24 元.

（3）因为国家对该厂征收的固定税收与产量 Q 无关，这种固定税收可列入固定成本，所以对边际成本没有影响. 例如，国家征收的固定税收为 100 元，则总成本为 $C(Q)=(200+100)+4Q+0.05Q^2$，边际成本函数仍为 $C'(Q)=4+0.1Q$.

案例 2.3.3 已知某厂生产某种商品的固定成本为 $C_0=1\ 000$（元），可变成本 $C_1=\frac{Q^2}{4}$（Q 表示商品件数），最大生产能力为 100 件，问：该厂生产 50 件商品时的总成本 C、平均成

本 $\bar{C}$、边际成本 C'及边际成本的经济含义.

解 总成本函数为

$$C(Q)=1\ 000+\frac{Q^2}{4},$$

边际成本为

$$C'(Q)=\frac{1}{2}Q.$$

当 $Q=50$ 时，总成本 $C(50)=1\ 625$（元），平均成本 $\bar{C}(50)=\frac{1\ 625}{50}=32.5$，边际成本 $C'(50)=25$.

边际成本表示当产量为 50 件时，成本对产量的变化率为 25（元/件）.

同步实践 2.3.1

1. 已知成本函数 $C(Q)=20+5Q$，则产量 $Q=5$ 时的边际成本是（　　）.

A. 6　　B. 7　　C. 5　　D. 8

2. 某产品的成本函数为 $C=C(Q)=2Q^2+5Q+250$，其中 Q 为产量，则边际成本函数及产量为 100 时的边际成本为（　　）.

A. $4Q+6$，405　　B. $4Q+5$，405　　C. $4Q+5$，400　　D. $4Q+6$，400

3. 某化工厂日最高产量为 100 t，每日产品的总成本 C（单位：元）是日产量 q（单位：t）的函数 $C=1\ 000+7q+50\sqrt{q}$，则日产量为 100 t 时的边际成本和平均成本为（　　）.

A. 10，20　　B. 8，20　　C. 9，22　　D. 9.5，22

4. 某产品产量为 q（单位：t）时的总成本函数 $C(q)=100+7q+50\sqrt{q}$（单位：元），产量为 100 t 时的边际成本 $C'(100)=9.5$（单位：元/t）的经济含义是（　　）.

A. 生产 100 t 的成本是 9.5 元.

B. 生产 100 t，平均每吨的成本是 9.5 元.

C. 生产 100 t，固定成本是 9.5 元.

D. 生产了 100 t，若产量再增加 1 t（或减少 1 t），则总成本约增加（或减少）9.5 元.

5. 设函数 $y=\frac{1}{3}x^3+1$，试求 y 在 $x=2$ 时的边际函数值.

6. 已知生产某产品 Q 件的成本为 $C(Q)=5\ 000+100Q+0.01Q^2$ 元，试求：

（1）平均成本函数和边际成本函数；

（2）产量为 200 件时的平均成本和边际成本，并解释后者的经济含义.

2.3.2 边际收益

边际收益为收益函数 $R(Q)$ 的导数 $R'(Q)$.在经济学中的解释:边际收益是当销售量为 Q 时,收益对销售量的变化率(收益单位/单位销售量).其经济含义:当销售量为 Q 单位时,再增加(或减少)1个单位产品时总收益增加(或减少)的数量.

边际收益与边际利润

案例 2.3.4 设某产品的需求函数为 $P=20-\frac{Q}{5}$,其中,P 为价格,Q 为销售量,求:

(1) 销售量为15个单位时的总收益、平均收益与边际收益;

(2) 销售量从15个单位增加到20个单位时收益的平均变化率.

解 (1) 总收益为

$$R=Q\cdot P(Q)=20Q-\frac{Q^2}{5}.$$

销售15个单位时,总收益为

$$R\big|_{Q=15}=\left(20Q-\frac{Q^2}{5}\right)\bigg|_{Q=15}=255.$$

平均收益为

$$\bar{R}\big|_{Q=15}=\frac{R(Q)}{Q}\bigg|_{Q=15}=\frac{255}{15}=17.$$

边际收益为

$$R'(Q)\big|_{Q=15}=\left(20-\frac{2}{5}Q\right)\bigg|_{Q=15}=14.$$

(2) 当销售量从15个单位增加到20个单位时收益的平均变化率为

$$\frac{\Delta R}{\Delta Q}=\frac{R(20)-R(15)}{20-15}=\frac{320\quad 255}{5}=13.$$

同步实践 2.3.2

1. 设某产品销售量为 Q 时的收益函数为 $R(Q)=75Q-Q^2$,则销售量为10时的边际收益 $R'(10)=($ $)$.

A. 40　　B. 55　　C. 350　　D. 15

2. 设某产品生产 x 单位的总收益 R 为 x 的函数 $R(x)=200-0.02x^2$,则生产50单位产品时的总收益和边际收益为( ).

A. 150,-2　　B. 100,-2　　C. 150,2　　D. 100,2

3. 设某产品生产 x 单位的总收益 R 为 x 的函数 $R(x)=200x-0.01x^2$,则生产50单位产品时的总收益、平均收益和边际收益为( ).

A. 9 975,199.5,199　　B. 9 975,199.5,200

C. 9 980,198.2,199　　D. 9 980,198.2,200

*4. 某产品的价格为 P,销售量 $Q=240-6P$,则当 $Q=24$ 时的边际收益及 Q 在[24,36]上收益的平均变化率为(　　).

A. 32,30　　B. 30,32　　C. 36,30　　D. 30,36

*5. 某商品的价格 P 关于需求量 Q 的函数 $P=10-\frac{1}{5}Q$,则总收益函数、平均收益函数和边际收益函数为(　　).

A. $10Q-\frac{1}{5}Q^2,10-\frac{1}{5}Q,10-\frac{3}{5}Q$　　B. $10Q-\frac{1}{5}Q^2,10-\frac{1}{5}Q,10-\frac{2}{5}Q$

C. $10Q-\frac{1}{5}Q,10-\frac{1}{5}Q^2,10-\frac{2}{5}Q$　　D. $10Q-\frac{1}{5}Q^2,10-\frac{1}{5}Q,10-\frac{2}{5}Q^2$

2.3.3　边际利润

边际利润为利润函数 $L(Q)$ 的导数 $L'(Q)$.在经济学中的解释:当销售量为 Q 单位时,利润对销售量的变化率(利润单位/单位销售量).其经济含义:当销售量为 Q 单位时,再增加(或减少)1 个单位产品时总利润增加(或减少)的数量.

案例 2.3.5　某工厂进行了大量的统计分析后,得出总利润 $L(Q)$(元)与每月销售量 Q(t)的关系为 $L(Q)=250Q-5Q^2$,试确定每月销售量分别为 20 t,25 t,35 t 时的边际利润,并做出经济解释.

解　边际利润函数为 $L'(Q)=250-10Q$,则

$$L'(Q)\big|_{Q=20}=L'(20)=50,$$

$$L'(Q)\big|_{Q=25}=L'(25)=0,$$

$$L'(Q)\big|_{Q=35}=L'(35)=-100.$$

上述结果表明,当每月销售量为 20 t 时,利润对销售量的变化率为 50 元/t;当每月销售量为 25 t 时,利润对销售量的变化率为 0 元/t;当每月销售量为 35 t 时,利润对销售量的变化率为-100 元/t.此例亦说明,对厂家来说,并非销售量越大,利润就越高.厂家应该利用相关知识做出科学的产量决策.

同步实践 2.3.3

1. 某产品的总成本函数 $C(Q)=100+2Q^2$,收益函数为 $R(Q)=75Q-Q^2$,其中,Q 为产量,则产量为 10 时的边际利润 $L'(10)=$(　　).

A. 40　　B. 55　　C. 350　　D. 15

2. 某产品的总成本函数 $C(Q)=100+2Q^2$,收益函数为 $R(Q)=75Q-Q^2$,其中,Q 为产量,则产量为 10 件时的边际利润 $L'(10)=15$(元)的经济含义是(　　).

A. 生产 10 件的利润是 15 元

B. 生产 10 件的平均利润是 15 元

C. 生产 10 件,成本和收益都是 15 元

D. 生产了 10 件,若产量再增加 1 件(或减少 1 件),则利润约增加(或减少)15 元

3. 某产品的总成本函数 $C(Q)=100+2Q+0.02Q^2$,收益函数为 $R(Q)=7Q+0.01Q^2$,其中,Q 为产量,则求产量为 250 t 时的边际利润,并说明其经济含义.

2.3.4 边际需求

边际需求

边际需求为需求函数 $Q(P)$ 的导数 $Q'(P)$.在经济学中的解释:边际需求是当价格为 P 时,需求量对价格的变化率(需求量单位/单位价格).其经济含义:当价格为 P 时,价格上涨(或下降)1 个单位时,需求量将减少(或增加)的数量.

案例 2.3.6 某商品的需求函数为 $Q=Q(P)=75-P^2$,求 $P=4$ 时的边际需求,并说明其经济含义.

解 边际需求为

$$Q'(P)=\frac{dQ}{dP}=-2P.$$

当 $P=4$ 时的边际需求为

$$Q'(P)\big|_{P=4}=-8.$$

它表示价格为 4 时,需求量对价格的变化率为-8(需求量单位/单位价格),即当价格为 4 时,价格每上涨 1 个单位,需求量约减少 8 个单位.

同步实践 2.3.4

1. 设需求函数为 $Q=150-\frac{P}{2}$,其中,Q 为需求量,P 为价格,则价格为 10 时的边际需求 $Q'(10)=($ $)$.

A. 145　　B. $-\frac{1}{2}$　　C. 1　　D. 0

2. 设需求函数为 $Q=75-P^2$,其中,Q 为需求量,P 为价格,则价格为 4 时的边际需求 $Q'(4)=($ $)$.

A. -8　　B. 59　　C. 8　　D. -59

3. 设某需求函数在价格为 4 时的边际需求 $Q'(4)=-8$,其经济含义是(　　).

A. 价格为 4 时平均每件的销售量是-8.

B. 价格为 4 时,价格再上涨 1 个单位,销售量约减少 8 个单位.

C. 价格为 4 时,价格每上涨 1 个单位,销售量约上升 8 个单位.

D. 价格为 4 时平均每件的销售量是 8.

4. 某商品的需求函数为 $Q=Q(P)=32-2P^2$,求价格 $P=2$ 时的边际需求,并说明其经济含义.

扩展阅读

导数在人工智能领域的应用

2.3 导数在经济中的应用（1）——边际分析同步实践答案

§2.4 导数在经济中的应用（2）——最优化问题

设某商场需按批次外购一定数量的制成品进行销售，每次进货都需要支付与进货量无关的运送费.另外，为了不使销售中断，他还需储存一定数量的制成品，储存费需按件支付.商场考虑的问题是如何使运送费用与储存费用的总和最少.如果增加进货次数，则运送费用高而储存费用低.相反，则运送费用低而储存费用高.那么，如何选择进货次数才能使运送费用与储存费用的和最少呢？这是一个最优化的问题.企业还常常面临其他类似的问题：如何确定商品的定价使利润最大，如何确定产品的数量平均成本最低等.这类问题统称为**最优化问题**.

解答最优化问题前，需要先学习函数的单调性和极值的知识.

函数的单调性判断

2.4.1 函数的单调性

在中学阶段学过了函数的单调性的概念及判别法，本节将学习利用导数的符号来判别函数的单调性.

一个函数 $y=f(x)$ 在区间上单调增加（或单调减少），其图形的特点是随着 x 值的增加，曲线是上升（或下降）的，对应切线的斜率为正（或负），如图 2-5 或图 2-6 所示.

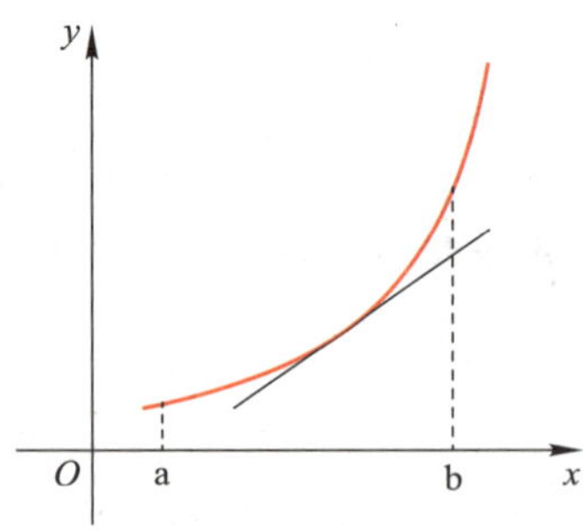

图 2-5

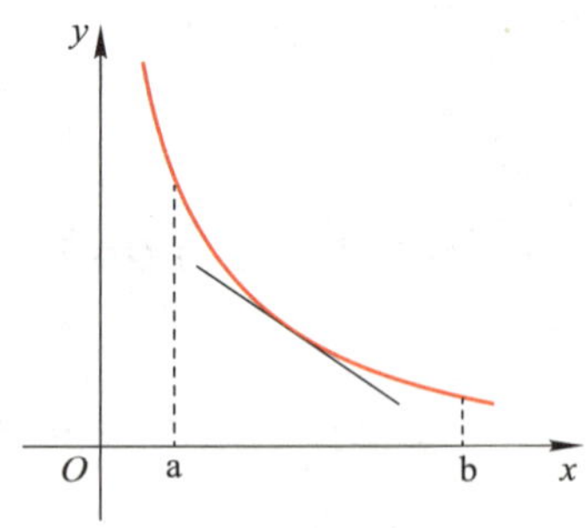

图 2-6

可以证明，导数符号与函数单调性有如下关系.

定理 2.1 设函数 $f(x)$ 在区间 (a,b) 内可导.

（1）若在 (a,b) 内 $f'(x)>0$，则 $f(x)$ 在区间 (a,b) 内是单调增加的；

（2）若在 (a,b) 内 $f'(x)<0$，则 $f(x)$ 在区间 (a,b) 内是单调减少的.

小贴士

定理 2.1 中，若函数 $f(x)$ 在区间 $[a,b]$ 上连续，则 $f(x)$ 的单调区间为 $[a,b]$；若在 (a,b) 内个别点处 $f'(x)=0$，而在其余点均保持导数符号相同，则仍有上述结论. 例如，在区间 $(-\infty,+\infty)$ 内，函数 $f(x)=x^3$ 的导数 $f'(x)=3x^2$ 在点 $x=0$ 处为零，除 $x=0$ 外，$f'(x)$ 均为正值，因而函数 $f(x)=x^3$ 在区间 $(-\infty,+\infty)$ 内是单调增加的.

通常，需求函数 $Q=Q(P)$ 是减函数，其导数 $Q'(P)<0$，也就是随着价格的上升，需求量会下降. 但 $Q=Q(P)$ 表示供给函数时则是增函数，导数 $Q'(P)>0$，也就是随着价格的上升，供给量会增加. 另外，总成本函数、变动成本函数都是增函数，随着产量的增加，总成本与变动成本都会增加.

例如，在案例 2.3.4 中的需求函数为 $P=20-\dfrac{Q}{5}$，即 $Q=100-5P$，$Q'(P)=-5<0$，所以需求函数为价格的减函数. 在案例 2.3.1 中，总成本函数为 $C(Q)=1\ 100+\dfrac{Q^2}{1\ 200}$，$C'(Q)=\dfrac{Q}{600}$，因为产量 Q 是非负数，所以边际成本大于零，也就是总成本函数为产量的增函数.

一个函数可能在有些区间内单调增加，在其他区间单调减少. 通常可按如下步骤求函数 $f(x)$ 的单调区间：

(1) 求出函数 $f(x)$ 的定义域；

(2) 求出 $f'(x)$（为了方便确定其符号，通常将分子、分母整理为最简因式的乘积）；

(3) 求出 $f'(x)=0$ 的点（称为**驻点**）和 $f'(x)$ 不存在的点（称为**不可导点**），以这些点为分界点将定义域分为若干个子区间；

(4) 列表确定 $f'(x)$ 在各个子区间的符号，从而判定函数 $f(x)$ 的单调性.

案例 2.4.1 在案例 2.3.4 中，已经得到产品的收益函数为 $R=Q\cdot P(Q)=20Q-\dfrac{Q^2}{5}$，试求收益函数的增区间及减区间.

解 (1) 在收益函数中，销量 Q 应为非负数，即定义域为 $[0,+\infty)$.

(2) 求导，得 $R'(Q)=20-\dfrac{2}{5}Q$.

(3) 令 $R'(Q)=0$，得驻点 $Q=50$. 没有导数不存在的点. 驻点将定义域分为两个子区间：$[0,50)$ 及 $(50,+\infty)$.

(4) 列表 2-3 判别.

表 2-3

Q	$[0,50)$	50	$(50,+\infty)$
$R'(Q)$	+	0	−
$R(Q)$	↗		↘

所以当销量 $Q\in[0,50]$ 时，总收益是随销量上升而增加的；当销量 $Q\in[50,+\infty)$ 时，总收益随销量的上升反而是递减的. 所以收益函数的增区间为 $[0,50]$，减区间为 $[50,+\infty)$.

本案例告诉我们，企业在追求最大收益的过程中，销量并非越大越好.

同步实践 2.4.1

1. 设 $f(x)$ 在 (a,b) 内可导，则 $f'(x)>0$ 是函数 $y=f(x)$ 在 (a,b) 内单调增加的（　　）.

A. 充分条件　　B. 必要条件

C. 充要条件　　D. 既不充分又非必要条件

2. 设 $f(x)=-x^3+27$，那么函数 $f(x)$ 在区间 $(-\infty,3)$ 与 $(1,+\infty)$ 内分别（　　）.

A. 单调增加，单调增加　　B. 单调增加，单调减少

C. 单调减少，单调增加　　D. 单调减少，单调减少

3. 判断：函数 $f(x)=e^x+x-1$ 在 $(-\infty,0]$ 上严格单调增加.（　　）

*4. 函数 $f(x)=\dfrac{x}{1+x^2}$（　　）.

A. 在 $\mathbf{R}$ 上单调减少　　B. 在 $\mathbf{R}$ 上单调增加

C. 在 $(-1,1)$ 内单调减少　　D. 在 $(-1,1)$ 内单调增加

5. 判定函数 $y=x-\cos x$ 在 $[0,\pi]$ 上的单调性.

*6. 求函数 $f(x)=2x^3-9x^2+12x-23$ 的单调区间.

2.4.2 函数的极值

极值的定义与求法

1. 极值的定义

定义 2.3 设函数 $f(x)$ 在点 x_0 的某邻域内有定义，若对点 x_0 的去心邻域内的任一 x，恒有

（1）$f(x)<f(x_0)$，则称 $f(x_0)$ 是函数 $f(x)$ 的**极大值**，称 x_0 是函数的一个**极大值点**.

（2）$f(x)>f(x_0)$，则称 $f(x_0)$ 是函数 $f(x)$ 的**极小值**，称 x_0 是函数的一个**极小值点**.

函数的极大值和极小值统称为**函数的极值**，使函数取得极值的点（极大值点和极小值点）统称为**极值点**.

小贴士

（1）函数的极值是局部性概念，如果 $f(x_0)$ 是函数 $f(x)$ 的一个极大值，只是说明在 x_0 近旁的一个局部区域内，$f(x_0)$ 是一个最大值，而对于 $f(x)$ 的整个定义域来说，不一定是最大的，甚至可能比极小值还小. 如图 2-7 所示，极大值 $f(x_4)$ 小于极小值 $f(x_1)$.

（2）函数的极值点通常在曲线升、降转折处取得.

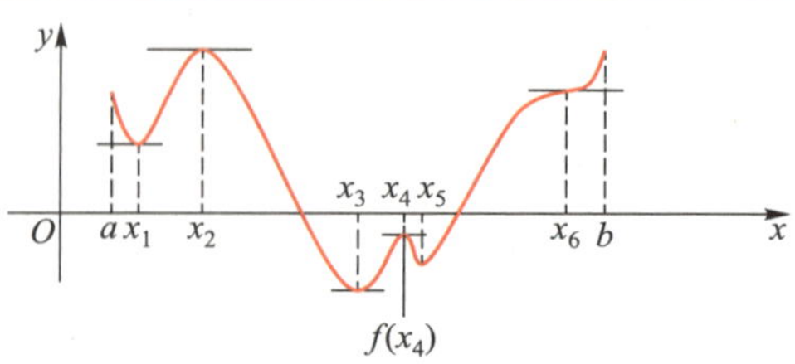

图 2-7

定理 2.2（极值的必要条件） 如果函数 $f(x)$ 在点 x_0 处可导，并且在点 x_0 处取得极值，那么必有 $f'(x_0)=0$.

小贴士

(1) 可导函数的极值点必定是驻点，但驻点不一定是极值点.例如，$x=0$ 是函数 $f(x)=x^3$ 的驻点，但不是极值点.

(2) 对于连续函数，它的极值点还可能是不可导点. 例如，$f(x)=|x|$，在点 $x=0$ 处的导数不存在，但 $x=0$ 却是函数的极小值点.

(3) 函数的极值点只能在驻点或不可导点中取得.

2. 极值的求解

定理 2.3（极值的第一充分条件） 设函数 $y=f(x)$ 在点 x_0 处连续，且在点 x_0 的某去心邻域内可导.

(1) 若在点 x_0 的左邻域内恒有 $f'(x)>0$，在点 x_0 的右邻域内恒有 $f'(x)<0$，则 $f(x_0)$ 是函数的极大值；

(2) 若在点 x_0 的左邻域内恒有 $f'(x)<0$，在点 x_0 的右邻域内恒有 $f'(x)>0$，则 $f(x_0)$ 是函数的极小值；

(3) 如果在点 x_0 的左、右两侧，$f'(x)$ 符号相同，则函数 $f(x)$ 在 x_0 处无极值.

小贴士

定理 2.3 说明当自变量沿 x 轴正向变化经过 x_0 时，如果 $f'(x)$ 的符号由正变负，则在点 x_0 处取得极大值；如果 $f'(x)$ 的符号由负变正，则在点 x_0 处取得极小值；如果 $f'(x)$ 的符号不改变，那么 $f(x)$ 在点 x_0 处不能取得极值.

综上，可以总结出求函数 $y=f(x)$ 的极值的一般步骤：

(1) 求出函数 $f(x)$ 的定义域；

(2) 求导数 $f'(x)$，并求出函数 $f(x)$ 的全部驻点与不可导点；

(3) 用上述诸点按从小到大的顺序把定义域分成若干子区间，然后列表讨论每个子区间内 $f'(x)$ 的符号和函数在此子区间上的单调性，同时得到极值点；

(4) 求出各极值点处的函数值，就得到函数 $f(x)$ 的全部极值.

案例 2.4.2 已知某产品的总收益函数 $R=10Q-\dfrac{Q^2}{2}$，求总收益函数的极值.

解 (1) 因为销售量非负，所以 $Q\geqslant 0$.

(2) 求导，得 $R'(Q)=10-Q$.

(3) 令 $R'(Q)=0$，得驻点为 $Q=10$，无不可导点.驻点将定义域分为两个区间：$[0,10)$ 及 $(10,+\infty)$.

(4) 列表 2-4 讨论如下.

表 2-4

Q	$[0,10)$	10	$(10,+\infty)$
$R'(Q)$	+	0	-
$R(Q)$	↗	极大值点	↘

所以销量为 10 时,收益达到极大值.极大值为 $R(10)=10\times10-\dfrac{100}{2}=50$.

对于函数的驻点,还可用以下判别法求极值.

定理 2.4(极值的第二充分条件) 设 $f(x)$ 在点 x_0 处具有二阶导数且 $f'(x_0)=0$, $f''(x_0)\neq0$,则

(1) 若 $f''(x_0)<0$,则 $f(x_0)$ 为函数 $f(x)$ 的极大值;

(2) 若 $f''(x_0)>0$,则 $f(x_0)$ 为函数 $f(x)$ 的极小值.

案例 2.4.3 用极值的第二充分条件求案例 2.4.2 中总收益函数的极值.

解 在案例 2.4.2 中已经求得驻点 $Q=10$.由于没有不可导点,所以可采用第二判别法求极值.因为

$$R''(Q)=-1.$$

代入驻点,得

$$R''(10)=-1<0.$$

由定理 2.4 知,$R(10)=50$ 为函数的极大值.

同步实践 2.4.2

1. 已知当 $x<x_0$ 时,$f'(x)>0$;当 $x>x_0$ 时,$f'(x)<0$.若函数 $f(x)$ 在 x_0 处有定义,则(　　).

A. x_0 一定是 $f(x)$ 的驻点　　B. x_0 一定是 $f(x)$ 的极大值点

C. x_0 一定是 $f(x)$ 的极小值点　　D. 不能判定 x_0 属于以上哪种情况

2. 下列说法正确的是(　　).

A. 若可导函数在点 x_0 处取得极值,则必有 $f'(x_0)=0$

B. 若 $f'(x_0)=0$,则点 x_0 必为 $f(x)$ 的极值点

C. 函数 $f(x)$ 的极大值一定大于它的极小值

D. 函数的极值可能在它的区间端点处取得

3. 函数 $f(x)$ 在点 $x=x_0$ 处连续且取得极大值,则 $f(x)$ 在点 x_0 处必有(　　).

A. $f'(x_0)=0$　　B. $f''(x_0)<0$

C. $f'(x_0)=0$ 且 $f''(x_0)<0$　　D. $f'(x_0)=0$ 或导数不存在

2.4.3 函数的最值

函数的最大值与最小值

求最大、最小、最优、最省等问题，在数学上可归结为求函数的最值问题.

下面先介绍闭区间上的连续函数的最值的求法，再介绍它的简单应用.

通常，函数在闭区间上的最值（最大值和最小值）只可能在驻点、导数不存在的点或闭区间端点处取得.结合函数极值的求法，求连续函数 $f(x)$ 在闭区间 $[a,b]$ 上的最值的步骤如下：

(1) 求 $f'(x)$，再求出函数的驻点及导数不存在的点；

(2) 求出驻点、导数不存在的点及区间端点处的函数值；

(3) 比较上述各函数值的大小，从而得到闭区间上的最大值和最小值.

在实际问题中，如果所讨论的函数在所给区间内只有一个极值点，而实际问题又有最值存在，那么最值必在此极值点处取得.

如图 2-8 和图 2-9，x_0 为所讨论的函数在所给区间内唯一的极小（大）值点，则 x_0 为该函数在所给区间内唯一的最小（大）值点.

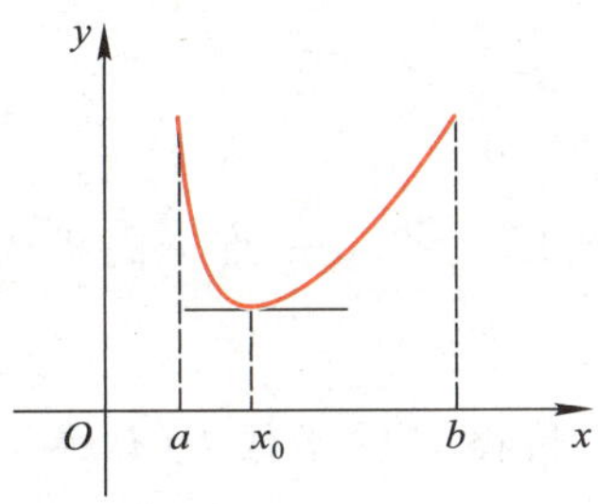

图 2-8

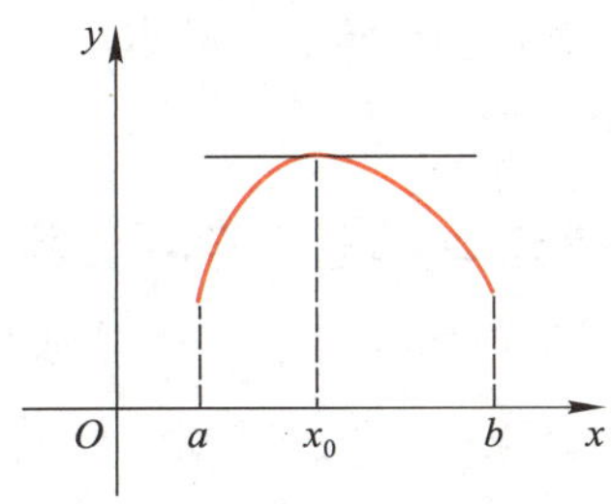

图 2-9

例 2.4.1 求函数 $y=\dfrac{x^2}{x+2}$ 在 $[-1,3]$ 上的最大值和最小值.

解 $y'=\dfrac{2x\cdot(x+2)-1\cdot x^2}{(x+2)^2}=\dfrac{x(x+4)}{(x+2)^2}$.

在 $(-1,3)$ 内有驻点 $x=0$，可能取得最大值和最小值点处的函数值分别为

$$y(0)=0,\quad y(-1)=1,\quad y(3)=\frac{9}{5}.$$

通过比较，最大值为 $\dfrac{9}{5}$，最小值为 0.

案例 2.4.4 设生产某产品的总成本函数为 $C(x)=10\ 000+50x+x^2$（x 为产量），问：产量为多少时，每件产品的平均成本最低？

解 平均成本为

$$\overline{C}(x)=\frac{10\ 000+50x+x^2}{x}.$$

求导，得

$$\overline{C}'(x)=-\frac{10\ 000}{x^2}+1.$$

令 $\bar{C}'(x)=0$，得唯一驻点

$$x=100.$$

又因为

$$\bar{C}''=\frac{20\ 000}{x^3},\bar{C}''(100)=\frac{20\ 000}{x^3}\bigg|_{x=100}=0.02>0,$$

所以产量 $x=100$ 是唯一的极小值点，也是最小值点.因此，产量为 100 时每件产品的平均成本最低.

案例 2.4.5 已知生产某产品 x 单位的成本为 $C(x)=5x+200$（单位：元），所得收益为 $R(x)=10x-0.01x^2$（单位：元），问：应生产多少单位产品，才能使总利润 L 最大？

解 总利润函数为

$$L=R(x)-C(x)=5x-0.01x^2-200.$$

求导，得

$$L'=5-0.02x,$$

令 $L'=0$，得唯一驻点

$$x=250.$$

又由于 $L''=-0.02, L''(250)=-0.02<0$，所以 $x=250$ 是唯一的极大值点，也是最大值点.因此，生产 250 单位产品时总利润最大.

案例 2.4.6 已知某商品的需求量 Q 是价格 P 的函数 $Q(P)=75-P^2$，问：价格 P 为何值时，总收益最大？

最值的综合问题

解 总收益函数为

$$R(P)=PQ=75P-P^3\quad (P>0).$$

令 $R'(P)=75-3P^2=0$，得唯一驻点 $P=5$.又因为

$$R''(P)=-6P,\quad R''(5)<0,$$

所以 $R(5)=250$ 是唯一的极大值，也是该函数的最大值.因此当价格为 5 时，最大收益为 250.

案例 2.4.7 已知某产品的需求函数为 $P(Q)=20-\dfrac{Q}{4}$，总成本函数为 $C(Q)=60+4Q$.问：产量 Q 为多少时，总利润 L 最大？最大利润是多少？

解 总收益函数为

$$R(Q)=QP(Q)=20Q-\frac{Q^2}{4}.$$

总利润函数为

$$L(Q)=R(Q)-C(Q)=-60+16Q-\frac{Q^2}{4}.$$

求导，得

$$L'(Q)=16-\frac{Q}{2}.$$

令 $L'(Q)=0$，得

$$Q=32.$$

又因为 $L''(32)=-\frac{1}{2}<0$，所以当 $Q=32$ 时，总利润最大，最大利润 $L(32)=196$.

案例 2.4.8 设某种商品的单价为 P 时，售出的商品数量 $Q=\frac{200}{P+4}-18$.

(1) 试确定 P 在什么范围内变化时，才能使相应的销售额增加或减少？

(2) 要使销售额最大，商品单价 P 应取何值？

解 (1) 销售额增加或减少的范围，实际上就是收益函数的单调区间.设售出商品的销售额为 R，则

$$R=PQ=P\left(\frac{200}{p+4}-18\right),$$

$$R'=\frac{800}{(P+4)^2}-18.$$

令 $R'=0$，得

$$P=\frac{8}{3}.$$

当 $0<P<\frac{8}{3}$ 时，$R'>0$，这时收益函数 R 单调增加，即随着商品单价 P 的增加，相应的销售额也将增加；

当 $P>\frac{8}{3}$ 时，$R'<0$，这时收益函数 R 单调减少，即随着商品单价 P 的增加，相应的销售额将减少.

(2) 由(1)可知，函数 R 在 $P=\frac{8}{3}$ 处有唯一的极大值，也是最大值.

***案例 2.4.9** 某商场每年销售某商品 a 件，分为 x 批采购进货.已知每批采购费用为 b 元，商品全年的库存费用为 c 元/件.设销售商品是均匀的，且不考虑进货时间，问：每年分多少批进货，才能使采购费用与库存费用的总和最少？(a,b,c 为常数且 $a,b,c>0$)

解 由题得，采购进货的费用为

$$W_1(x)=bx.$$

因为销售均匀，所以全年平均库存的商品数为每批进货的商品数 $\frac{a}{x}$ 的一半 $\frac{a}{2x}$，因而商品的库存费用为

$$W_2(x)=\frac{a}{2x}c.$$

所以总费用为

$$W(x)=W_1(x)+W_2(x)=bx+\frac{a}{2x}c\quad(x>0).$$

令 $W'(x)=b-\dfrac{ac}{2x^2}=0$，得

$$x=\sqrt{\frac{ac}{2b}}.$$

又因为 $W''(x)=\dfrac{ac}{x^3}>0$，所以

$$W''\left(\sqrt{\frac{ac}{2b}}\right)>0.$$

所以 $x=\sqrt{\dfrac{ac}{2b}}$ 是唯一的极小值点，所以 $W\left(\sqrt{\dfrac{ac}{2b}}\right)$ 为 $W(x)$ 的最小值.因此，当每年分 $\sqrt{\dfrac{ac}{2b}}$ 批进货时，才能使采购费用与库存费用的总和最少.

*案例 2.4.10 某厂生产某种商品，其年销售量为 100 万件，每批生产需增加准备费用 1 000 元，而每件商品的年库存费用为 0.05 元.如果全年各时期销售量是均匀的，且上批销售完后，立即生产出下一批(此时全年商品库存数为批量的一半)，问：应分几批生产，才能使生产准备费用及库存费用之和最少？

解 设应分 $x(x>0)$ 批生产，则每批生产 $\dfrac{100\times10\ 000}{x}$ 件，平均库存量为 $\dfrac{100\times10\ 000}{x}\times\dfrac{1}{2}$ 件，此时，生产准备费用与库存费用之和为

$$y=1\ 000x+\frac{100\times10\ 000}{x}\times\frac{1}{2}\times0.05=1\ 000x+\frac{25\ 000}{x},$$

$$y'=1\ 000-\frac{25\ 000}{x^2}.$$

令 $y'=0$，得驻点 $x=5$.

又 $y''=\dfrac{50\ 000}{x^3}$，$y''(5)=400>0$，所以 $x=5$ 是唯一的极小值点，也是最小值点.

因此应分 5 批生产，才能使生产准备费用与库存费用之和最少.

案例 2.4.11 已知某种商品的平均成本 $\overline{C}(x)=2$，价格函数为 $P(x)=20-4x$（x 为销售量），每销售一件商品需向国家交税为 t.

(1) 企业对销售量怎样决策，才能使利润最大？

(2) 在企业取得最大利润的情况下，政府对 t 怎样决策才能使总税收最大？

解 (1) 总成本函数为

$$C(x)=x\overline{C}(x)=2x,$$

总收益函数为

$$R(x)=xP(x)=20x-4x^2,$$

总税收函数为

$$T(x)=tx,$$

总利润函数为

$$L(x)=R(x)-C(x)-T(x)=(18-t)x-4x^2.$$

令 $L'(x)=18-t-8x=0$,得

$$x=\frac{18-t}{8}.$$

又因为

$$L''\left(\frac{18-t}{8}\right)=-8<0,$$

所以 $L\left(\frac{18-t}{8}\right)=\frac{(18-t)^2}{16}$为最大利润.

(2) 在企业取得最大利润的情况下,政府的总税收为

$$T=tx=\frac{t(18-t)}{8}=\frac{18t-t^2}{8}\quad(x>0).$$

令 $T'=\frac{9-t}{4}=0$,得 $t=9$.又 $T''(9)=-\frac{1}{4}<0$,所以 $t=9$ 是唯一的极大值点,也是最大值点.

因此,当 $t=9$ 时,政府的总税收最大,最大值为

$$T(9)=\frac{9\times(18-9)}{8}=\frac{81}{8}.$$

此时企业的总利润为

$$L=\frac{(18-9)^2}{16}=\frac{81}{16}.$$

*案例 2.4.12 某企业在生产某产品的过程中,次品数 q 与日产量 Q 的关系为

$$q=\begin{cases}\dfrac{Q}{101-Q}, & Q\leqslant 100,\\ Q, & Q>100.\end{cases}$$

若企业每售出一件产品可获利 900 元,每生产一件次品则亏损 300 元.问:为了获得最大利润,企业生产某产品的日产量应为多少件?

解 在每日生产的 Q 件产品中,次品数为 $q(Q)$,正品数为 $Q-q(Q)$.于是,利润总额应为

$$L(Q)=900[Q-q(Q)]-300q(Q)=300[3Q-4q(Q)],$$

$$L'(Q)=900-1\,200q'(Q),$$

$$L''(Q)=-1\,200q''(Q).$$

要使利润 $L(Q)$ 达到最大,则 Q 应满足如下条件:

$$L'(Q)=0,\quad L''(Q)<0,$$

即

$$q'(Q)=\frac{3}{4},\quad q''(Q)>0.$$

根据已知条件可知,如果 $Q>100$,则 $q=Q$.也就是说,当日产量超过 100 件时,生产的产品

都是次品，显然是要赔钱的.因此，最大利润 $L(Q)$ 只能在 $Q\leqslant 100$ 时取得.

由 $q'(Q)=\left(\dfrac{Q}{101-Q}\right)'=\dfrac{101}{(101-Q)^2}=\dfrac{3}{4}$，解得 $Q\approx 89.4$.由于产品必须是一个整数，所以选取 $Q=89$ 和 $Q=90$ 中使利润较大的产量.因为

$$L(89)=71\ 199,L(90)=71\ 181,$$

所以取 $Q=89$，即每日生产 89 件产品时，可使企业得到最大的利润，最大利润为 71 199 元.

同步实践 2.4.3

1. 函数 $y=2x^3-9x^2+12x+1$ 在 $[0,2]$ 上的最大值点与最小值点分别是(　　).

A. 1,0　　B. 1,2　　C. 2,0　　D. 2,1

2. 已知某产品的收益函数 $R(Q)=30Q-2Q^2$，总成本函数 $C(Q)=10+2Q$.总利润取最大值时的产量 Q 为(　　).

A. 4　　B. 5　　C. 6　　D. 7

3. 某商品的需求量 Q 是价格 P 的函数 $Q(P)=108-P^2$，则总收益最大时的价格为(　　).

A. 6　　B. 8　　C. 7　　D. 5

*4. 某工厂生产某种产品，其中每天的固定成本为 5 元，每生产一个单位的产品，成本增加 10 元，该商品的需求函数为 $Q=50-2P$，问：Q 为多少时工厂的日利润最大？

*5. 设某企业生产一种商品 x 件时的总收益为 $R(x)=100x-x^2$，总成本函数为 $C(x)=200+50x+x^2$，政府对每件商品征收货物税为 t，在企业获得最大利润的情况下，政府怎样决策才能使税收总额最大？

2.4　导数在经济中的应用（2）——最优化问题同步实践答案

§2.5 导数在经济中的应用（3）——弹性分析

前面讨论的导数即变化率（如边际成本、边际收益、边际利润、边际需求等）是函数的绝对增量与自变量绝对增量的比率问题.实践中，仅仅研究函数的绝对变化率是不够的，还需要研究函数的相对变化率.

2.5.1　弹性的概念

弹性的概念

情境引例 2.5.1　已知商品甲的单位价格为 10 元，涨价 1 元；商品乙的单位价格为 1 000 元，也涨价 1 元，问：哪种商品的涨价幅度更大呢？两种商品价格的绝对增量都是

1元，但与其原价相比，两者涨价的百分比有很大的不同，商品甲涨了10%，而商品乙只涨了0.1%.尽管上涨的价格的数量相同，但商品甲的涨价幅度要比乙的涨价幅度大得多.

定义 2.4 称$\frac{\Delta x}{x_0}$为 x 的**相对增量**，称$\frac{\Delta y}{y_0}=\frac{f(x_0+\Delta x)-f(x_0)}{f(x_0)}$为 y 的**相对增量**.相对增量常用百分数表示，如情境引例 2.5.1 中甲商品的相对增量为10%.

生活中，常需要计算一个事物的相对增量，如价格的涨幅、利润的涨幅等.

情境引例 2.5.2 一款热销商品的价格 x 从 10 元/件上升为 10.5 元/件时，销售额从 100 元上升为 103 元，价格的相对增量为$\frac{\Delta x}{x_0}=\frac{0.5}{10}=5\%$，销售额 y 的相对增量为$\frac{\Delta y}{y_0}=3\%$.

生活中，一个事物的变化会引起另一个事物的变化.对函数 $y=f(x)$ 而言，x 的变化会引起 y 的变化.当 x 产生相对增量$\frac{\Delta x}{x_0}$时，对应 y 的相对增量为$\frac{\Delta y}{y_0}$.相对增量之比$\frac{\Delta y/y_0}{\Delta x/x_0}$表示 y 的相对增量是 x 的相对增量的倍数.情境引例 2.5.2 中，这个比值为 0.6.这个数的绝对值越大，表示 y 的变化对 x 的变化越敏感，比值的符号表示 y 的变化相对于 x 的变化的方向.

定义 2.5 若函数 $f(x)$ 在点 x_0 处可导，称函数值的相对增量$\frac{\Delta y}{y_0}=\frac{f(x_0+\Delta x)-f(x_0)}{f(x_0)}$与自变量的相对增量$\frac{\Delta x}{x_0}$之比$\frac{\Delta y/y_0}{\Delta x/x_0}$为函数 $f(x)$ 从 x_0 到 $x_0+\Delta x$ **两点间的相对变化率**，也称为两点间的**弹性**.若极限 $\lim\limits_{\Delta x\to 0}\frac{\Delta y/y_0}{\Delta x/x_0}$ 存在，则称此极限值为函数 $f(x)$ 在点 x_0 处的**弹性**，记为 $\left.\frac{Ey}{Ex}\right|_{x=x_0}$.即

$$\left.\frac{Ey}{Ex}\right|_{x=x_0}=\lim_{\Delta x\to 0}\frac{\Delta y/y_0}{\Delta x/x_0}=\lim_{\Delta x\to 0}\frac{\Delta y x_0}{\Delta x y_0}=\frac{x_0}{y_0}\cdot\lim_{\Delta x\to 0}\frac{\Delta y}{\Delta x}=\frac{x_0}{y_0}f'(x_0)=\frac{f'(x_0)}{\frac{y_0}{x_0}}.$$

所以

$$\left.\frac{Ey}{Ex}\right|_{x=x_0}=\frac{f'(x_0)}{\frac{y_0}{x_0}}.$$

对于任意点 x，若 $y=f(x)$ 可导，则

$$\boldsymbol{\frac{Ey}{Ex}=\frac{E}{Ex}f(x)=\frac{x}{y}f'(x)=\frac{f'(x)}{\frac{y}{x}}}\quad\left(\text{可简记为弹性}=\frac{\text{导数}}{\text{平均数}}\right).$$

上式称为 y 对 x 的弹性函数，简称 y 对 x 的弹性，也是常用的弹性(函数)计算公式.例如，总收益函数 $R=R(P)$ 对价格 P 的弹性可用如下式子进行计算：

$$\frac{ER}{EP}=R'(P)\cdot\frac{P}{R}.$$

小贴士

(1) 弹性$\frac{E}{Ex}f(x)$通常被解释为,当 x 变化 1%时,$f(x)$变化的百分数,它反映了 y 的变化相对于 x 的变化的敏感程度或灵敏程度.

(2) 弹性数值前的符号,表示自变量与函数变化的方向是否一致.

弹性常用于研究两个变量的关系,如研究需求量对价格的变化是否敏感、利润对价格的变化是否敏感、平均成本对产量的变化是否敏感等.理论上,任何两个有函数关系的变量都可以计算其弹性关系,可见弹性的使用范围是非常宽广的.

在下一小节,我们将介绍经济中常见的一些弹性应用.

同步实践 2.5.1

1. 甲商品的单价为 10 元,涨价 1 元,乙商品的单价为 100 元,也涨价 1 元,两种商品的价格的绝对增量都是 1 元,但两者涨价的百分比分别是________,____________.

2. 弹性$\frac{E}{Ex}f(x)$反映了函数$f(x)$的变化百分比相对于 x 的变化百分比的强烈程度或灵敏度,当$\frac{E}{Ex}f(x)=2$时,表明(　　).

A. 当 x 变化 1%时,y 会变化 2%

B. 当 x 变化 1 个单位时,y 会变化 2 个单位

C. 当 x 变化 2%时,y 会变化 1%

D. 当 x 变化 2 个单位时,y 会变化 1 个单位

3. 已知某商品的需求量 Q 为价格 P 的函数 $Q=150-2P^2$,求 $P=6$ 时,总收益对价格的弹性.

2.5.2 需求弹性

需求弹性

设需求函数 $Q=f(P)$在 P 处可导,定义如下函数为价格为 P 时的**需求弹性函数**:

$$\eta(P)=-\frac{EQ}{EP}=-\frac{P}{Q}\cdot f'(P).$$

$\eta(P)$在经济学中的解释:当商品价格为 P 时,价格增加(或减少)1%,需求量便减少(或增加)$\eta(p)$%.

注意　与定义 2.5 不同,需求弹性函数定义中有负号,这是一种习惯或传统.另外一种解释是由于需求函数 $Q=f(P)$为单调减少函数,$f'(P)\leqslant 0$,为了讨论弹性大小(取正值)的方便从而添加了负号.

案例 2.5.1　设某产品的需求函数为 $Q=100-2P(0\leqslant P\leqslant 50)$,其中,$P$ 为价格,Q 为需求量.试求:

(1) 需求弹性函数.

(2) 当 $P=10$ 且价格上涨 1%时，需求量 Q 增加(或减少)了百分之几?

(3) 当价格为多少时，需求弹性分别大于 1、小于 1 或等于 1? 需求量将如何变动?

解 (1) 需求弹性函数为

$$\eta(P)=-\frac{P}{Q}Q'(P)=-\frac{P}{100-2P}\cdot(-2)=\frac{P}{50-P}.$$

(2) 当 $P=10$ 时，$\eta(10)=0.25$.

由于 P 和 Q 是按相反方向变化的，所以在 $P=10$ 且价格上涨 1%时，需求量 Q 减少 $\eta\%$，即减少 0.25%(注意:价格上涨 1%，需求量减少 $\eta\%$，不能误认为减少 0.25，即 25%).

(3) 当 $0<\eta<1$，即 $0<\frac{P}{50-P}<1$ 时，有 $P<25$，所以当 $0<P<25$ 时，价格上涨(下降)1%，需求量减少(增加)$\eta\%$，小于价格上涨(下降)的幅度(因为 $\eta<1$).此时，商品**需求缺乏弹性**.

当 $\eta=1$，即$\frac{P}{50-P}=1$ 时，有 $P=25$，所以当 $P=25$ 时，需求量变动与价格变动的百分比相同.此时，商品需求具有**单位弹性**.

当 $\eta>1$，即$\frac{P}{50-P}>1$ 时，有 $P>25$，所以当 $25<P<50$ 时，价格 P 上涨(下降)1%，需求量减少(增加)$\eta\%$，大于价格上涨(下降)的幅度(因为 $\eta>1$).此时，商品**需求富于弹性**.

不同的商品，其需求的价格弹性是不同的，即使是同一种商品，在不同的价格水平下，其需求的价格弹性也是不一样的.

同步实践 2.5.2

1. 已知某商品需求函数为 $Q=40-8P$，其中，P 为价格，Q 为需求量，则需求弹性函数为(　　).

A. $\frac{8P}{40-8P}$　　B. $\frac{-8P}{40-8P}$　　C. -8　　D. 8

2. 若某商品在价格 $P=3$ 时的需求弹性等于 2，则其经济含义是(　　).

A. 在 $P=3$ 时，价格上升(下降)1%，需求量将下降(上升)-2%.

B. 在 $P=3$ 时，价格上升 1 个单位，需求量将下降 2 个单位.

C. 在 $P=3$ 时，价格上升(下降)1%，需求量将下降(上升)2%.

D. 在 $P=3$ 时，价格下降 1 个单位，需求量将下降 2 个单位.

3. 某商品的需求函数为 $Q=e^{-\frac{P}{5}}$，其中，P 为价格，Q 为需求量，则当 $P=3$，$P=5$，$P=6$ 时的需求弹性分别为(　　).

A. 0.8，1.2，1.0　　B. 0.6，1，1.2

C. 0.5，2，1.5　　D. 0.7，3，1.6

*4. 已知某商品的需求函数为 $Q=100-2P(0<P<50)$，其中，P 为价格，Q 为需求量，则 $P=10$ 时的需求弹性为________，其经济含义为__________________.

需求弹性与总收益的关系

2.5.3 需求弹性与总收益的关系

在经济学中，总收益 R 是商品价格 P 与销售量 Q 的乘积，即

$$R=PQ=Pf(P),$$

于是

$$\begin{aligned}R'&=f(P)+Pf'(P)=f(P)\left[1+f'(P)\frac{P}{f(P)}\right]\\&=f(P)[1-\eta(P)]\\&=Q(P)[1-\eta(P)].\end{aligned}$$

所以**需求弹性与边际收益存在如下关系：**

$$R'=f(P)[1-\eta(P)]=Q(P)[1-\eta(P)]. \tag{2.9}$$

它有如下几种应用.

(1) 若 $\eta<1$，则 $R'>0$，即收益 R 单调递增，因此价格上涨(下降)，总收益增加(减少)；

(2) 若 $\eta>1$，则 $R'<0$，即收益 R 单调递减，因此价格上涨(下降)，总收益减少(增加)；

(3) 若 $\eta=1$，则 $R'=0$，此时收益 R 取最大值.

由上述分析还可知，需求弹性的大小会影响总收益的变化.

随着价格的上涨或下跌，总收益会在需求弹性的制约下相应地增加或减少.在需求缺乏弹性时，价格上升会导致总收益增加；但在需求富于弹性时，价格上升反而导致总收益下降.在追求收益最大化时，这通常被当作价格决策的依据，即对富有弹性的商品降价，对缺乏弹性的商品涨价.

案例 2.5.2 同案例 2.4.8.

解 $\eta=-\dfrac{P}{f(P)}\cdot f'(P)=\dfrac{P}{\dfrac{200}{P+4}-18}\cdot\dfrac{200}{(P+4)^2}=\dfrac{100P}{(P+4)(64-9P)}$.

令 $\eta=1$，得 $P=\dfrac{8}{3}$.

当 $0<P<\dfrac{8}{3}$ 时，$\eta<1$，此时 $R'>0$，即随着商品单价 P 的增加，相应的销售额也会增加；

当 $P>\dfrac{8}{3}$ 时，$\eta>1$，此时 $R'<0$，即随着商品单价 P 的增加，相应的销售额会减少；

当 $\eta=1$ 时，$P=\dfrac{8}{3}$，此时 $R'=0$，所以在 $P=\dfrac{8}{3}$ 处，R 有极大值，也是最大值.

案例 2.5.3 设某商品的需求函数为

$$Q=f(P)=12-\frac{P}{2}.$$

(1) 确定需求弹性函数.

(2) 确定 $P=6$ 时的需求弹性.

(3) 在 $P=6$ 时，若价格上涨 1%，则总收益是增加还是减少？变化的幅度是多少？

解　(1) 需求弹性函数为

$$\eta(P)=\frac{1}{2}\cdot\frac{P}{12-\frac{P}{2}}=\frac{P}{24-P}.$$

(2) $\eta(6)=\frac{6}{24-6}=\frac{1}{3}$.

(3) 因为 $\eta(6)<1$,所以当 $P=6$ 时,收益函数 R 是随 P 单调增加的,即价格上涨 1%,总收益将增加.

由 $R(P)=PQ=12P-\frac{P^2}{2}$,$R'(P)=12-P$,得

$$R(6)=54,R'(6)=6.$$

所以

$$\left.\frac{ER}{EP}\right|_{P=6}=R'(6)\cdot\frac{6}{R(6)}=\frac{2}{3}\approx0.67.$$

所以 $P=6$ 时,价格上涨 1%,总收益约增加 0.67%.

案例 2.5.3 中,总收益对价格的弹性为$\frac{2}{3}$,需求弹性为$\frac{1}{3}$,二者和正好为 1.这是巧合吗?事实上,

$$\frac{ER}{EP}=R'(P)\frac{P}{R}=R'(P)\frac{1}{Q}=\frac{Q(P)[1-\eta(P)]}{Q(P)}$$
$$=1-\eta(p)\text{(由式(2.9)},R'=Q(P)[1-\eta(P)]\text{)}$$

所以**需求弹性与收益弹性间存在如下关系**:

$$\frac{ER}{EP}=1-\eta(p) \tag{2.10}$$

利用式(2.10),案例 2.5.3 的第(3)问可简单计算如下:

$$\left.\frac{ER}{EP}\right|_{P=6}=1-\eta(6)=1-\frac{1}{3}=\frac{2}{3}\approx0.67.$$

同步实践 2.5.3

1. 某商品的需求函数为 $Q(P)=75-P^2(P>0)$,其中,Q 为需求量,P 为价格.当 $P=6$ 时,若价格下降 1%,下列说法正确的是(　　).

A. 总收益将增加 0.85　　　　B. 总收益将增加 0.85%

C. 总收益将增加 0.15%　　　　D. 总收益将增加 0.15

2. 某商品的需求量 Q 为价格 P 的函数 $Q(P)=150-2P^2$,则 $P=6$ 时的需求弹性与收益弹性,以及此时随着价格的上涨,收益相应地变化情况分别为(　　).

A. 1.65,-0.65, 增加　　　　B. 1.85, -0.85 ,增加

C. 1.65,-0.65, 减少　　　　D. 1.85,-0.85, 减少

3.（多选）需求弹性的变化会影响总收益的变化，随着价格的上涨或下跌，总收益会相应地增加或减少，且当价格增加1%时，以下结论正确的有（　　）.

A. 在需求是富于弹性时，总收益减少

B. 在需求是富于弹性时，总收益增加

C. 在需求是缺乏弹性时，总收益减少

D. 在需求是缺乏弹性时，总收益增加

4. 设某商品的需求函数为 $Q(P)=100-2P(0<P<50)$，其中，P 为价格，Q 为需求量，若当 $P=10$ 时需求弹性为 0.25，则收益弹性是________.

扩展阅读

交叉学科

2.5 导数在经济中的应用（3）——弹性分析同步实践答案

§2.6 导数在极限计算中的应用——洛必达法则

导数在极限计算中的应用——洛必达法则

洛必达法则是利用导数计算未定式极限的法则.

定义 2.6 当 $x\to\Delta$ 时（$x\to\Delta$ 可以是 $x\to x_0$，$x\to x_0^-$，$x\to x_0^+$，$x\to\infty$，$x\to-\infty$，$x\to+\infty$ 中任一情形，以下同），若两个函数 $f(x)$ 与 $g(x)$ 都趋于零或者趋于无穷大，则极限 $\lim\limits_{x\to\Delta}\dfrac{f(x)}{g(x)}$ 可能存在，也可能不存在，通常把这种极限叫作**未定式极限**，并简记为“$\dfrac{0}{0}$”型或“$\dfrac{\infty}{\infty}$”型.

例如，$\lim\limits_{x\to0}\dfrac{\sin x}{x}$ 为“$\dfrac{0}{0}$”型，$\lim\limits_{x\to+\infty}\dfrac{\ln x}{x}$ 为“$\dfrac{\infty}{\infty}$”型.

计算未定式的极限往往需要经过适当的变形，转化为可利用极限运算法则或重要极限的形式进行计算.这种变形没有一般方法，需视具体问题而定.下面将用导数作为工具，给出计算未定式极限的一般方法，即**洛必达法则**.

2.6.1 “$\dfrac{0}{0}$”型或“$\dfrac{\infty}{\infty}$”型未定式的极限

定理 2.5（洛必达法则） 如果函数 $f(x)$ 与 $g(x)$ 满足下列条件：

（1）$\lim\limits_{x\to\Delta}f(x)=\lim\limits_{x\to\Delta}g(x)=0$ 或 $\lim\limits_{x\to\Delta}f(x)=\lim\limits_{x\to\Delta}g(x)=\infty$；

（2）在 Δ 附近，$f(x)$ 与 $g(x)$ 都可导，且 $g'(x)\neq0$；

(3) $\lim\limits_{x\to\Delta}\dfrac{f'(x)}{g'(x)}$存在(或为$\infty$),

则

$$\lim_{x\to\Delta}\frac{f(x)}{g(x)}=\lim_{x\to\Delta}\frac{f'(x)}{g'(x)}.$$

如果$\dfrac{f(x)}{g(x)}$为"$\dfrac{0}{0}$"型或"$\dfrac{\infty}{\infty}$"型未定式,在符合定理2.5条件的情况下,可通过先分子、分母分别求导再求极限来确定极限$\lim\limits_{x\to\Delta}\dfrac{f(x)}{g(x)}$.

例 2.6.1 计算下列极限.

(1) $\lim\limits_{x\to0}\dfrac{\sin 3x}{\sin 5x}$;　　　　(2) $\lim\limits_{x\to+\infty}\dfrac{\ln x}{\sqrt{x}}$.

解 (1) $\lim\limits_{x\to0}\dfrac{\sin 3x}{\sin 5x}=\lim\limits_{x\to0}\dfrac{(\sin 3x)'}{(\sin 5x)'}=\lim\limits_{x\to0}\dfrac{3\cos 3x}{5\cos 5x}=\dfrac{3}{5}$.

(2) $\lim\limits_{x\to+\infty}\dfrac{\ln x}{\sqrt{x}}=\lim\limits_{x\to+\infty}\dfrac{(\ln x)'}{(\sqrt{x})'}=\lim\limits_{x\to+\infty}\dfrac{\frac{1}{x}}{\frac{1}{2\sqrt{x}}}=\lim\limits_{x\to+\infty}\dfrac{2}{\sqrt{x}}=0$.

例 2.6.2 计算下列极限.

(1) $\lim\limits_{x\to1}\dfrac{x^3-3x+2}{x^3-x^2-x+1}$;　　　　(2) $\lim\limits_{x\to+\infty}\dfrac{x^n}{e^x}$($n$为正整数).

解 (1) $\lim\limits_{x\to1}\dfrac{x^3-3x+2}{x^3-x^2-x+1}=\lim\limits_{x\to1}\dfrac{(x^3-3x+2)'}{(x^3-x^2-x+1)'}=\lim\limits_{x\to1}\dfrac{3x^2-3}{3x^2-2x-1}=\lim\limits_{x\to1}\dfrac{6x}{6x-2}=\dfrac{3}{2}$.

(2) $\lim\limits_{x\to+\infty}\dfrac{x^n}{e^x}=\lim\limits_{x\to+\infty}\dfrac{(x^n)'}{(e^x)'}=\lim\limits_{x\to+\infty}\dfrac{nx^{n-1}}{e^x}=\lim\limits_{x\to+\infty}\dfrac{n(n-1)x^{n-2}}{e^x}=\cdots=\lim\limits_{x\to+\infty}\dfrac{n!}{e^x}=0$.

小贴士

如果在用了一次洛必达法则之后,$\lim\limits_{x\to\Delta}\dfrac{f'(x)}{g'(x)}$仍是"$\dfrac{0}{0}$"或"$\dfrac{\infty}{\infty}$"型未定式,且仍满足洛必达法则中的条件,那么可以继续使用洛必达法则.

*__例 2.6.3__ 计算下列极限.

(1) $\lim\limits_{x\to0}\dfrac{x^2\sin\frac{1}{x}}{\sin x}$;　　　　(2) $\lim\limits_{x\to\infty}\dfrac{x+\cos x}{2x+\sin x}$.

解 (1) 这是"$\dfrac{0}{0}$"型未定式,如果分别对分子、分母求导,得

$$\lim_{x\to0}\frac{2x\sin\frac{1}{x}-\cos\frac{1}{x}}{\cos x}.$$

这个极限不存在,但是我们不能由此判定$\lim\limits_{x\to 0}\dfrac{x^2\sin\dfrac{1}{x}}{\sin x}$不存在.事实上,

$$\lim_{x\to 0}\frac{x^2\sin\dfrac{1}{x}}{\sin x}=\lim_{x\to 0}\frac{x}{\sin x}\cdot\lim_{x\to 0}x\sin\frac{1}{x}=0.$$

(2)这是"$\dfrac{\infty}{\infty}$"型未定式,如果分别对分子、分母求导,得

$$\lim_{x\to\infty}\frac{1-\sin x}{2+\cos x},$$

这个极限不存在. 但是我们不能由此断定$\lim\limits_{x\to\infty}\dfrac{x+\cos x}{2x+\sin x}$不存在. 事实上,

$$\lim_{x\to\infty}\frac{x+\cos x}{2x+\sin x}=\lim_{x\to\infty}\frac{1+\dfrac{1}{x}\cos x}{2+\dfrac{1}{x}\sin x}=\frac{1}{2}.$$

小贴士

洛必达法则是充分条件,当条件不满足(即$\lim\limits_{x\to\Delta}\dfrac{f'(x)}{g'(x)}$不存在)时,无法使用洛必达法则,但不能由此判定原极限不存在,此时未定式的极限需要用其他的方法讨论.

同步实践 2.6.1

1. 下列极限计算正确的是(　　).

A. $\lim\limits_{x\to 0}\dfrac{x^2-1}{x}=\lim\limits_{x\to 0}\dfrac{2x}{1}=0$

B. $\lim\limits_{x\to 2}\dfrac{x^3-2x-4}{x-2}=\lim\limits_{x\to 2}\dfrac{3x^2-2}{1}=10$

C. $\lim\limits_{x\to 2}\dfrac{x^3-2x-4}{(x-2)^2}=\lim\limits_{x\to 2}\dfrac{3x^2-2}{2(x-2)}=\lim\limits_{x\to 2}\dfrac{6x}{2}=6$

D. $\lim\limits_{x\to\infty}\dfrac{x-\sin x}{x+\sin x}=\lim\limits_{x\to\infty}\dfrac{1-\cos x}{1+\cos x}=1$

2. 用洛必达法则求下列极限.

(1) $\lim\limits_{x\to 0}\dfrac{\ln(x+1)}{x}$;　(2) $\lim\limits_{x\to 0}\dfrac{1-\cos x}{x^2}$;　(3) $\lim\limits_{x\to+\infty}\dfrac{\ln^2 x}{x}$.

*2.6.2　其他类型的未定式

利用洛必达法则不仅可以解决"$\dfrac{0}{0}$"型和"$\dfrac{\infty}{\infty}$"型未定式的极限问题,还可以用来解决"$0\cdot\infty$""$\infty-\infty$""1^∞""0^0""∞^0"等类型的未定式的极限问题,解决这些类型未定式极限问题的办法,就是经过适当的恒等变形,将它们化为"$\dfrac{0}{0}$"型和"$\dfrac{\infty}{\infty}$"型未定式的极限.

例 2.6.4 求 $\lim\limits_{x\to 0^+}x^n\ln x\quad(n>0)$.

解 这是"$0\cdot\infty$"型未定式，可以先化为"$\dfrac{\infty}{\infty}$"型未定式，再用洛必达法则. 于是

$$\lim_{x\to 0^+}x^n\ln x=\lim_{x\to 0^+}\frac{\ln x}{x^{-n}}=\lim_{x\to 0^+}\frac{\dfrac{1}{x}}{-nx^{-n-1}}=\lim_{x\to 0^+}\frac{-x^n}{n}=0.$$

例 2.6.5 求 $\lim\limits_{x\to\frac{\pi}{2}}(\sec x-\tan x)$.

解 这是"$\infty-\infty$"型未定式，可以先化为"$\dfrac{0}{0}$"型未定式，再用洛必达法则. 于是

$$\lim_{x\to\frac{\pi}{2}}(\sec x-\tan x)=\lim_{x\to\frac{\pi}{2}}\frac{1-\sin x}{\cos x}=\lim_{x\to\frac{\pi}{2}}\frac{(1-\sin x)'}{(\cos x)'}=\lim_{x\to\frac{\pi}{2}}\frac{-\cos x}{-\sin x}=0.$$

例 2.6.6 求 $\lim\limits_{x\to 0^+}x^x$.

解 这是"0^0"型未定式，可以先化为"$\dfrac{\infty}{\infty}$"型未定式，再用洛必达法则. 于是

$$\lim_{x\to 0^+}x^x=\lim_{x\to 0^+}e^{\ln x^x}=\lim_{x\to 0^+}e^{x\ln x}=e^{\lim\limits_{x\to 0^+}\frac{\ln x}{\frac{1}{x}}}=e^{\lim\limits_{x\to 0^+}\frac{(\ln x)'}{\left(\frac{1}{x}\right)'}}=e^{\lim\limits_{x\to 0^+}(-x)}=e^0=1.$$

小贴士

洛必达法则是求"$\dfrac{0}{0}$"型和"$\dfrac{\infty}{\infty}$"型未定式极限的有效方法，非"$\dfrac{0}{0}$"型和"$\dfrac{\infty}{\infty}$"型未定式极限却不能直接使用，需要转化为"$\dfrac{0}{0}$"型或"$\dfrac{\infty}{\infty}$"型未定式才能用，因此，在实际运算时，每使用一次洛必达法则，必须验证还是不是"$\dfrac{0}{0}$"型或"$\dfrac{\infty}{\infty}$"型未定式.

同步实践 2.6.2

* 计算下列极限.

(1) $\lim\limits_{x\to 0}\left(\dfrac{1}{\sin x}-\dfrac{1}{x}\right)$； (2) $\lim\limits_{x\to 0^+}x^2\ln x$； (3) $\lim\limits_{x\to 0^+}(\sin x)^x$.

2.6 导数在极限计算中的应用——洛必达法则同步实践答案

§2.7 数学实验二　利用 MATLAB 求函数的导数

利用 MATLAB 求函数的导数

本节中需要用到的命令函数如下.

(1) 在 MATLAB 里由命令函数 diff( )来完成求导运算,其命令格式为

```
(diff(function,variable,n).)
```

参数 function 为需要进行求导运算的函数,variable 为求导运算的独立变量,n 为求导的阶次.命令函数 diff( )默认求导的阶次为 1 阶.如果表达式里有多个符号变量,且没有在参数里说明,则按人们习惯的独立变量顺序确定进行求导的变量.

(2) 求 N 个方程 N 个未知数的方程组解的命令格式为

```
([var1,var2,…,varN]=solve(eqn1,eqn2,…,eqnN,var1,var2,…,varN).)
```

其中,“eqnN”表示第 N 个方程,方程右端的“=0”通常省略;“varN”表示第 N 个变量.

如果对一个自变量的单个方程求解,其命令格式为

```
var=solve(eqn1,var1),
```

其中,自变量 var1 也可以省略.

(3) 将表达式 y 中的变量 x 替换为 x_0 值的命令格式为

```
subs(y,x,x0)
```

如果表达式 y 中只有一个变量 x,则命令可简化为

```
subs(y,x0).
```

案例 2.7.1 某厂家计划生产一批商品投放市场,已知该商品的需求函数为

$$p=p(x)=10\mathrm{e}^{-\frac{x}{2}},$$

且最大需求量为 6,其中,x 表示需求量,p 表示价格.试求:

(1) 商品的收益函数与边际收益函数;

(2) 使收益最大的产量、最大收益和相应的价格.

解 (1) 设收益函数为 $R=R(x)$,则

$$R(x)=px=10x\mathrm{e}^{-\frac{x}{2}}.$$

边际收益函数为

$$R'(x)=10\mathrm{e}^{-\frac{x}{2}}-5x\mathrm{e}^{-\frac{x}{2}}=5\mathrm{e}^{-\frac{x}{2}}(2-x).$$

(2) 令 $R'(x)=0$,得 $x=2$.又因为 $R''(2)<0$,所以当 $x=2$ 时,收益最大,最大收益为

$$R=\frac{20}{\mathrm{e}}\approx 7.36,$$

此时商品的单价为

$$p=\frac{10}{\mathrm{e}}\approx 3.68.$$

MATLAB 程序如下：

```
>> clear                                   % 清除内存内保存的变量
>> syms x                                  % 定义变量
>> y=10*x*exp(-1/2*x);                     % 收益函数
>> dy1=diff(y)                             % 对收益函数 y 求一阶导数得边
                                           际收益函数
dy1=
10*exp(-1/2*x)-5*x*exp(-1/2*x)
>> px=solve(dy1)                           % 求边际收益函数 dy1 的驻点
px=
2
>> dy2= diff(dy1)                          % 求 dy1 的一阶导数即 y 的二阶导数,
                                           % 此时也可用命令 diff(y,2)来求
dy2=
-10*exp(-1/2*x)+5/2*x*exp(-1/2*x) % 二阶导数
>> subs(dy2,px)                            % 为替换命令,将 dy2 中的变量
                                           替换为 px 并求值
ans=
    -5*exp(-1)                             % 二阶导数值小于 0,px 为唯一
                                           的极大值点
>> subs(y,px)                              % 将 y 中的变量替换为 px,并求出值
ans=
    20*exp(-1)
```

案例 2.7.2 一辆公共汽车能容纳 60 人,公共汽车公司租用该辆车承担旅行任务.已知每次旅行时乘客人数 x 和支付的费用 p(单位:美元)之间的关系为 $p=\left(3-\frac{x}{40}\right)^2$,试写出公共汽车公司得到的每次旅行的总收入 $r(x)$ 的表达式,并求出使边际收入 $\frac{\mathrm{d}r}{\mathrm{d}x}=0$ 的每次旅行的人数及相应的费用(这个费用是指收入最大的费用).

解 总收入函数为

$$r(x)=xp=x\cdot\left(3-\frac{x}{40}\right)^2,0\leqslant x\leqslant 60.$$

求导,得

$$\frac{\mathrm{d}r}{\mathrm{d}x}=3\cdot\left(3-\frac{x}{40}\right)\left(1-\frac{x}{40}\right).$$

令$\frac{dr}{dx}=0$,得

$$x=40,x=120(\text{不合题意,舍去}).$$

当 $x=40$ 时,由于$\frac{d^2r}{dx^2}<0$,所以 $x=40$ 为唯一的极大值点,此时的总收入也最大,最大费用为 $p=[3-(40/40)]^2=4$.

MATLAB 程序如下:

```
>> syms x r p                              % 定义变量
>> r=x*(3-(x/40))^2;                       % 总收入
>> dr1=diff(r)
dr 1=
    (3-1/40*x)^2-1/20*x*(3-1/40*x)
>> Pr=solve(dr1)
Pr=
    [ 40]
    [120]
>> dr2=diff(dr1)
dr2=
    -3/10+3/800*x
>> subs(dr2,40)                            % 求二阶导数在 x=40 时的导数值
ans=
    -0.1500
>> x=40;  p=(3-(x/40))^2
p=
    4
```

案例 2.7.3 设某商品需求量 Q 对价格 p 的函数关系为 $Q=1\ 600\left(\frac{1}{4}\right)^p$.求需求量 Q 对价格 p 的弹性函数,并分析当价格 p 上涨 1%时,需求量 Q 将减少多少.

解 $\frac{EQ}{Ep}=-\frac{p}{Q}\cdot Q'(p)=\frac{p}{1\ 600\cdot\left(\frac{1}{4}\right)^p}\cdot 1\ 600\cdot\left(\frac{1}{4}\right)^p\ln 4=p\ln 4.$

当价格 p 上涨 1%时,需求量 Q 将减少 $p\ln 4\%$.

MATLAB 程序如下:

```
>> syms p
>> Q1=diff(1600*(1/4)^p)                   % 边际需求
Q1=
    -1600*(1/4)^p*log(4)
```

```
>> Q2=-(p/(1600*(1/4)^p))*Q1          %需求弹性函数
Q2=
    p*log(4)
```

案例 2.7.4 假设某种商品的需求量 Q 是单价 p(单位:元)的函数,即 $Q=12\ 000-80p$,商品的总成本 C 是需求量 Q 的函数,即 $C=25\ 000+50Q$.若每单位商品需要纳税 2 元,试求使销售利润最大的商品单价和最大利润额.

解 易知,利润函数 L 为需求量 Q 的函数,即

$$L(Q)=pQ-(25\ 000+50Q)-2Q=\frac{12\ 000-Q}{80}\cdot Q-(25\ 000+50Q)-2Q(Q>0).$$

求导,得

$$L'(Q)=98-\frac{Q}{40}.$$

令 $L'(Q)=0$,得 $Q=3\ 920$,它是唯一驻点.

又因为 $L''(Q)=-\frac{1}{40}<0$,所以当 $Q=3\ 920$ 时,销售利润最大,此时 $p=101$(元),最大利润为 167 080 元.

MATLAB 程序如下:

```
>> syms p q
>> L=((12000-q)/80)*q-(25000+50*q)-2*q;
>> dL=diff(L)
dL=
    -1/40*q+98
>> Pq=solve(dL)
Pq=
    3920
>> dL2=diff(dL)
dL2=
    -1/40
>> P1=solve(12000-80*p-3920)
P1=
    101
>> L0=((12000-Pq)/80)*Pq-(25000+50*Pq)-2*Pq
L0=
       167080
```

综合应用二

第一部分　基础巩固与案例实践

1. 求下列函数的导数.

(1) $y=3x-\frac{e^x}{2}+1$;　　　　(2) $y=\frac{1-2x}{x+2}$;

(3) $y=(3x+2)^2$;　　　　(4) $y=\sqrt{4-x^2}$;

(5) $y=\sin(3-2x)$;　　　　(6) $y=x\ln(1+2x)+1$.

2. 若 $y=2e^x-x\sin x$,求二阶导数 y''.

3. 求函数 $y=\sqrt{1+x^2}$ 在点 $x=1$ 处的微分.

4. 设某商品的总收益 R 关于销售量 Q 的函数为 $R(Q)=104Q-0.4Q^2$.试求:

(1) 销售量为 Q 时的边际收入;

(2) 销售量 $Q=50$ 个单位时的边际收入;

(3) 销售量 $Q=100$ 个单位时总收入对 Q 的弹性.

5. 某化工厂日产能力最高为 1 000 t,每日产品的总成本 C(单位:元)是日产量 x(单位:t)的函数 $C(x)=1\ 000+7x+50\sqrt{x}$, $x\in[0,1\ 000]$.试求:

(1) 当日产量为 100 t 时的边际成本;

(2) 当日产量为 100 t 时的平均成本.

6. 某商品的价格 P 关于需求量 Q 的函数为 $P=10-\frac{Q}{5}$,试确定:

(1) 总收益函数、平均收益函数和边际收益函数;

(2) 当 $Q=20$ 个单位时的总收益、平均收益和边际收益.

7. 某厂生产产品的总成本 C(单位:千元)是产量 Q(单位:百件)的函数 $C=C(Q)=100+12Q+Q^2$.如果每百件产品的销售价格为 4 万元,试写出利润函数及边际利润为零时的产量.

8. 设巧克力糖每周的需求量 Q(单位:kg)是价格 P(单位:元)的函数 $Q=f(P)=\frac{1\ 000}{(2P+1)^2}$. 试求当 $P=10$(元)时,巧克力糖的边际需求量,并说明其经济含义.

9. 设某商品的需求函数为 $Q=e^{-\frac{P}{5}}$,其中,Q 为需求量,P 为价格.试确定:

(1) 需求弹性函数;

(2) $P=3,5,6$ 时的需求弹性,并说明其经济含义.

10. 设某商品的需求函数为 $Q=100-5P$,其中,Q 为需求量,P 为价格,试分别确定出需求弹性大于

1 和等于 1 时的商品价格的取值范围.

11. 设某商品的供给函数 $Q=4+5P$,其中,Q 为供给量,P 为价格.求供给弹性函数及 $P=2$ 时的供给弹性.

12. 某企业生产一种商品,年需求量 Q 是价格 P 的线性函数 $Q=a-bP$,其中 $a,b>0$,试求:

(1) 需求弹性函数;

(2) 需求弹性等于 1 时的价格.

13. 已知某产品的成本函数和收入函数分别为 $C(x)=100+5x+2x^2$,$R(x)=200x+x^2$,其中,x 表示产品的产量.

(1) 试确定边际成本函数、边际收入函数和边际利润函数;

(2) 若已生产并销售了 25 个单位产品,那么销售第 26 个单位产品会产生多少利润?

14. 某商品的需求量 Q 为价格 P 的函数 $Q=150-2P^2$.

(1) 试确定 $P=6$ 时的边际需求,并说明其经济含义.

(2) 试确定当 $P=6$ 时的需求弹性,并说明其经济含义.

(3) 当 $P=6$ 时,若价格下降 1%,总收益将变化百分之几?是增加还是减少?

15. 生产 x 台洗衣机的成本为 $C(x)=2\,000+100x-0.1x^2$.

(1) 试确定生产前 100 台洗衣机的平均成本;

(2) 试确定当生产 100 台洗衣机时的边际成本;

(3) 通过直接计算证明当生产 100 台洗衣机的边际成本近似等于在 100 台之后多生产一台洗衣机的成本.

16. 设某产品生产 x 单位的总收益 R 为 x 的函数 $R(x)=200x-0.01x^2$,求生产 50 单位产品时的总收益及边际收益.

17. 某工厂生产某产品,其中固定成本为 50 元,每生产一单位产品,成本增加 10 元.该商品的需求函数为 $Q=50-2P$,其中,Q 为需求量,P 为价格.问:Q 为多少时工厂日总利润 L 最大?

18. 某糖果厂生产的奶糖每袋售价 5.4 元,如果每周销售量为 Q(单位:千袋)时,每周成本 $C=2\,400+4\,000Q+100Q^2$(单位:元).设价格不变,试确定:

(1) 可以获利的销售量范围;

(2) 每周销售多少袋时,可获得的最大利润.

19. 设价格函数为 $P=15e^{-\frac{x}{3}}$(x 为产量),试确定最大收益时的产量、价格和收益.

20. 设某企业在生产一种商品 x 件时的总收益为 $R(x)=100x-x^2$,总成本函数为 $C(x)=200+50x+x^2$,问:政府对每件商品征收税额为多少时,在企业获得最大利润的情况下,总税收额最大?

21. 某商场一年内要分批购进某商品 2 400 件,每件商品批发价为 12 元(购进),每件商品每年占用银行资金为 10%利率,每批商品的采购费用为 160 元,问:分几批购进时,才能使上述两项费用之和最少(不考虑商品批发价且占用资金年底归还)?最少费用为多少?

22. 某企业生产产品 x 件时,总成本函数为 $C(x)=ax^2+bx+c$,总收益函数为 $R(x)=\alpha x^2+\beta x$ $(a,b,c,\alpha,\beta>0)$,当企业按最大利润投产时,对每件产品征收税额为多少才能使总税额最大?

23. 商品的需求函数为 $Q(P)=75-P^2$,其中,Q 为需求量,P 为价格.

(1) 确定 $P=4$ 时的边际需求,并说明其经济含义.

(2) 确定 $P=4$ 时的需求弹性,并说明其经济含义.

(3) 当 $P=4$ 时,若价格上涨 1%,总收益将变化百分之几？是增加还是减少？

(4) 当 $P=6$ 时,若价格 P 上涨 1%,总收益将变化百分之几？是增加还是减少？

(5) P 为多少时,总收益最大？

24. 某公司经销商品,向银行贷款 100 万元,年利息 10%,且按年复利计算.若每年该商品的销售量 Q 与商品价格 P(单位:万元/t)有关,$Q=7-0.2P$,商品成本 $C=3Q+1$.又每年政府从商家利润中每万元收 0.1 万元的税.如果每年按最大利润计算,问:3 年后能否还清贷款？

25. 某公司的总成本函数与总收益函数分别为 $C(Q)=Q^2+2Q+1$,　$R(Q)=30Q-Q^2$,其中,Q 为产品的产量.在经济活动中,公司要追求最大利润,而政府要对产品进行征税,试确定：

(1) 公司纳税前的最大利润及相应的产品产量和价格；

(2) 政府征税所获得的最大收益及单位产品的税额；

(3) 公司纳税后的最大利润及相应的产品产量和价格.

26. 某不动产商行能以 5%的年利率借得贷款,然后又把贷款贷给顾客.若能贷出的款额与贷出的利率的平方成反比.问:以多大的年利率贷出能使商行获得最大利润？

27. 一个银行的统计资料表明,存放在银行中的总存款量正比于银行付给存户利率的平方.现在假设银行可以用 12%的利率再投资这笔钱.试问:为得到最大利润,银行所付给存户的利率应定为多少？

文本 综合应用二第一部分基础巩固及案例实践答案

视频 案例与练习讲解二 A

视频 案例与练习讲解二 B

视频 案例与练习讲解二 C

第二部分　数学实验

用 MATLAB 求解 1. (1)~(6),2,4,5,18~21,23 和 26 题.

文本 第 2 章 MATLAB 实验解答

第 3 章 积分及其经济应用

☆☆☆导言

不定积分和定积分是微积分学的重要内容,是科学计算和解决实际问题的重要工具,有着非常广泛的应用.本章主要介绍不定积分和定积分的概念、方法及其在经济中的应用.

想知道如何计算曲边梯形的面积吗?想知道如何计算消费者和生产者剩余?想知道税收在消费者和生产者之间如何分摊吗?请开启本章的学习之旅吧.

知识目标

(1) 掌握不定积分概念,会简单的不定积分计算.

(2) 掌握定积分思想、性质及积分公式,会进行简单的定积分计算.

(3) 会利用积分解答经济生活中的相关问题.

(4) 会利用 MATLAB 软件计算积分.

能力目标

学习本章后,学生应能解决如下实际问题:

(1) 已知经济量的边际变化条件下,计算经济量的累积变化、总量及平均量.

(2) 计算资金流在连续计息时的现值与终值.

(3) 计算市场均衡时的消费者剩余和生产者剩余,计算政府征收消费税时的市场均衡点及消费者和生产者分摊的税收,并在此基础上研究税收政策的制订.

(4) 在社会调查的基础上,拟合反映社会收入分配状况的洛伦茨曲线并计算基尼系数.

素养培育点

(1) 深刻理解积分的哲学思想(从细分到整体计算,从近似计算到精确结果,从无限分割到有限的结果).

(2) 通过积分、导数与极限的关系,认识世界是普遍联系的,体会微积分整体结构的精妙,领会数学之美.

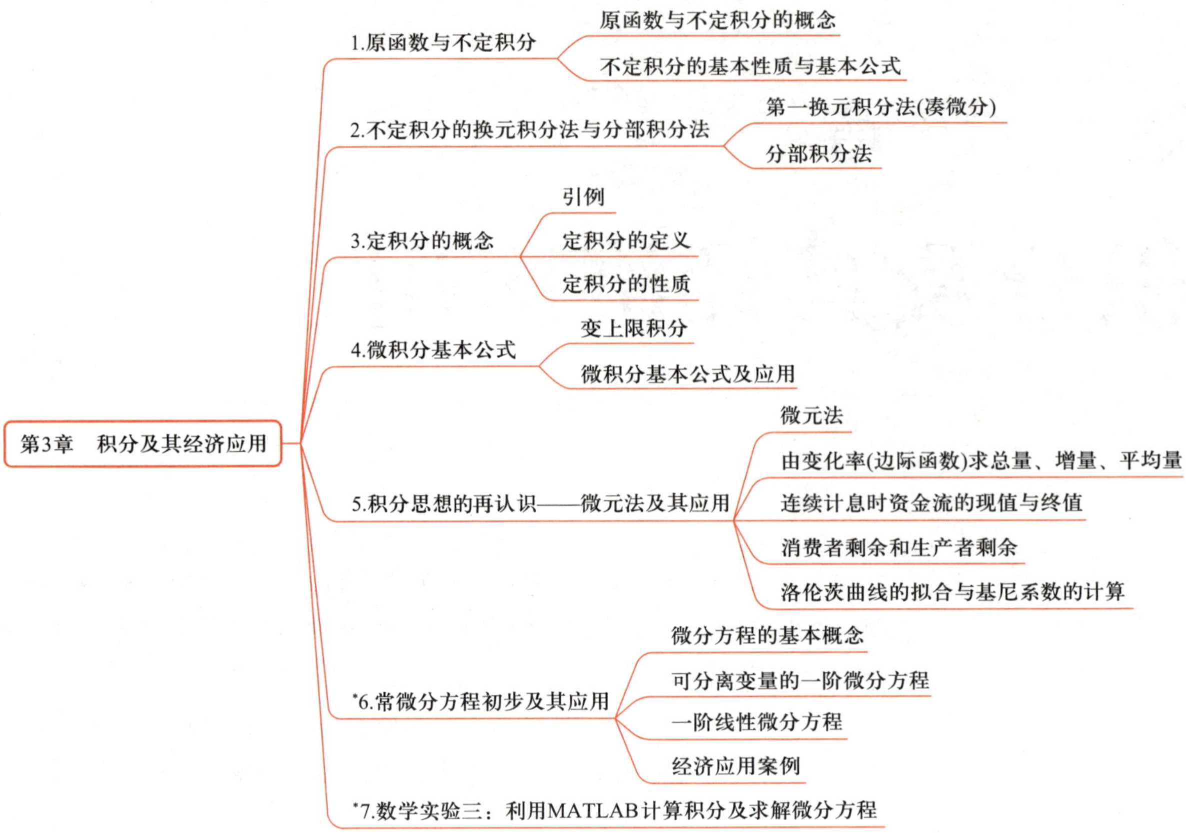

§3.1 原函数与不定积分

3.1.1 原函数与不定积分的概念

不定积分的概念

已知$(x^2)'=2x$,通常我们称$2x$为x^2的导数,称x^2为$2x$的一个原函数,显然x^2+1也是$2x$的一个原函数(因为$(x^2+1)'=2x$),同样x^2+2也是$2x$的一个原函数……

情境引例 3.1.1　商品的成本函数为$C(x)=10x$(x为产量),则称边际成本函数为成本函数的导数$C'(x)=10$,称成本函数$C(x)=10x$为边际成本函数$C'(x)=10$的一个原函数.又成本函数$C(x)=10x+1$(x为产量)的导数也为$C'(x)=10$,故成本函数$C(x)=10x+1$也为边际成本函数$C'(x)=10$的一个原函数.

一般地,成本函数$C(x)=10x+C_0$(x为产量,C_0为常数)的导数也为$C'(x)=10$,故成本函数$C(x)=10x+C_0$也为边际成本$C'(x)=10$的一个原函数.

一般地,原函数可定义如下.

定义 3.1　在区间I上,若$F'(x)=f(x)$,则称$F(x)$是$f(x)$在区间I上的一个**原函数**.

显然,若$F(x)$是$f(x)$在区间I上的一个原函数,则$F(x)+C$(C为任意常数)都是$f(x)$在区间I上的原函数.且可以证明$f(x)$的全体原函数可表示为$F(x)+C$.

事实上,若$F(x)$和$G(x)$都是$f(x)$的原函数,则

$$F'(x)=f(x),\qquad G'(x)=f(x),$$

$$[G(x)-F(x)]'=G'(x)-F'(x)=0,$$

故

$$G(x)-F(x)=C(C\text{ 为常数}),$$

即

$$G(x)=F(x)+C.$$

定义 3.2 $f(x)$在区间 I 上的全体原函数称为$f(x)$在区间 I 上的**不定积分**,记为

$$\int f(x)\mathrm{d}x,$$

其中,“$\int$”称为**积分号**,$f(x)$称为**被积函数**,$f(x)\mathrm{d}x$ 称为**被积表达式**,x 称为**积分变量**.

显然,若 $F(x)$是$f(x)$在区间 I 上的一个原函数,则

$$\int f(x)\mathrm{d}x=F(x)+C(C\text{ 为任意常数}).$$

小贴士

(1) 由定义知,求$f(x)$的不定积分实际上只需求出它的一个原函数 $F(x)$,再加上任意常数 C 即可.在求不定积分时,一定要“$+C$”,否则只是求了一个原函数.

(2) 不定积分与导数(微分)互为逆运算.因此,当判断积分结果是否正确时,只需对不定积分的运算结果求导数,看是否与被积函数相等即可.

案例 3.1.1 设某商品的边际收益函数为 $R'(x)=10-5x$,试求收益函数.

解 因为

$$\left(10x-\frac{5}{2}x^2\right)'=10-5x,$$

所以 $10x-\frac{5}{2}x^2$ 是 $R'(x)=10-5x$ 的一个原函数.又收益函数是边际收益函数的原函数,所以

$$R(x)=\int(10-5x)\mathrm{d}x=10x-\frac{5}{2}x^2+C.$$

由于 $R(0)=0$,所以 $C=0$,所以

$$R(x)=10x-\frac{5}{2}x^2.$$

案例 3.1.2 已知某产品产量对时间的变化率是时间 t 的函数 $q(t)=\frac{1}{5}t+1$,设此产品在时间 t 时的产量为 $Q(t)$,且 $Q(0)=0$,求 $Q(t)$.

解 因为

$$\left(\frac{1}{10}t^2+t\right)'=\frac{1}{5}t+1,$$

所以 $\frac{1}{10}t^2+t$ 是 $q(t)=\frac{1}{5}t+1$ 的一个原函数,所以

$$Q(t)=\int\left(\frac{1}{5}t+1\right)\mathrm{d}t=\frac{1}{10}t^2+t+C.$$

将 $Q(0)=0$ 代入，得 $C=0$，所以

$$Q(t)=\frac{1}{10}t^2+t.$$

案例 3.1.3 设某工厂生产 x 单位产品的总成本 C 是 x 的函数，已知成本的变化率是 0.01，当生产 1 000 单位产品时，成本是 490 元，求总成本与产量的函数关系式.

解 设总成本函数为 $C(x)$，则 $C'(x)=0.01$. 因为 $(0.01x)'=0.01$，所以$0.01x$是 $C'(x)=0.01$ 的一个原函数，又总成本函数是边际成本的原函数，所以

$$C(x)=\int 0.01\mathrm{d}x=0.01x+C.$$

又 $C(1\ 000)=490$，代入上式，得 $C=480$，所以

$$C(x)=\int 0.01\mathrm{d}x=0.01x+480.$$

已知边际成本、边际收益、边际需求函数，求总成本函数、收益函数及需求函数，都要用到求不定积分的方法.

同步实践 3.1.1

1. 因为(　　)$'=\frac{1}{2}x$，所以 $\int\frac{1}{2}x\mathrm{d}x=$________.

2. 因为(　　)$'=\sin x$，所以 $\int\sin x\mathrm{d}x=$________.

3. 因为(　　)$'=x^4$，所以 $\int x^4\mathrm{d}x=$________.

4. 若 $f(x)$ 的一个原函数为 $\frac{1}{x}$，则 $f(x)=$(　　).

A. $\frac{2}{x^3}$　　B. $-\frac{1}{x^2}$　　C. $-\frac{1}{x}x^3$　　D. $\ln|x|$

5. 若 $\int f(x)\mathrm{d}x=\sin x+C$，则 $f(x)=$(　　).

A. $\sin x$　　B. $-\cos x$　　C. $\cos x$　　D. $-\sin x$

不定积分的运算法则

3.1.2 不定积分的基本性质与基本公式

1. 不定积分的基本性质

根据不定积分的定义，可以得到不定积分的以下运算性质.

性质 1 导数(或微分)运算与不定积分运算是互逆的关系，即

$$\left[\int f(x)\mathrm{d}x\right]'=f(x)\quad 或\quad \mathrm{d}\left[\int f(x)\mathrm{d}x\right]=f(x)\mathrm{d}x;$$

$$\int F'(x)\mathrm{d}x=F(x)+C\quad 或\quad \int \mathrm{d}F(x)=F(x)+C.$$

小贴士

对函数 $f(x)$，若先积分后微分，则两者的作用互相抵消；若先微分后积分，则应在抵消后加上任意常数 C.

性质 2 两个函数代数和的不定积分，等于它们不定积分的代数和，即

$$\int[f(x)\pm g(x)]\mathrm{d}x=\int f(x)\mathrm{d}x\pm\int g(x)\mathrm{d}x.$$

推论 有限个函数的代数和的不定积分等于各个函数不定积分的代数和，即

$$\int[f_1(x)\pm f_2(x)\pm\cdots\pm f_n(x)]\mathrm{d}x=\int f_1(x)\mathrm{d}x\pm\int f_2(x)\mathrm{d}x\pm\cdots\pm\int f_n(x)\mathrm{d}x.$$

性质 3 被积函数中非零常数因子可以提到积分号外面，即

$$\int kf(x)\mathrm{d}x=k\int f(x)\mathrm{d}x\quad(k\neq 0).$$

思考

函数的积(商)的不定积分为什么不等于它们不定积分的积(商)？也就是注意以下两个式子是不成立的：

$$\int[f(x)\cdot g(x)]\mathrm{d}x\neq\int f(x)\mathrm{d}x\cdot\int g(x)\mathrm{d}x;$$

$$\int\frac{f(x)}{g(x)}\mathrm{d}x\neq\frac{\int f(x)\mathrm{d}x}{\int g(x)\mathrm{d}x}.$$

2. 不定积分的基本公式

由于求导数(微分)与求不定积分互为逆运算，所以可以直接由导数(微分)的基本公式推导出不定积分的基本公式(C 为任意常数).

(1) $\int 0\mathrm{d}x=C$;

(2) $\int x^{\alpha}\mathrm{d}x=\frac{1}{\alpha+1}x^{\alpha+1}+C\quad(\alpha\neq-1)$;

(3) $\int\frac{1}{x}\mathrm{d}x=\ln|x|+C$;

(4) $\int a^{x}\mathrm{d}x=\frac{1}{\ln a}a^{x}+C\quad(a>0,a\neq 1)$;

(5) $\int \mathrm{e}^{x}\mathrm{d}x=\mathrm{e}^{x}+C$;

(6) $\int\cos x\mathrm{d}x=\sin x+C$;

(7) $\int\sin x\mathrm{d}x=-\cos x+C$;

(8) $\int\sec^2 x\mathrm{d}x=\tan x+C$;

(9) $\int \csc^2 x\mathrm{d}x=-\cot x+C$;

(10) $\int \sec x\tan x\mathrm{d}x=\sec x+C$;

(11) $\int \csc x\cot x\mathrm{d}x=-\csc x+C$;

(12) $\int \frac{1}{1+x^2}\mathrm{d}x=\arctan x+C=-\mathrm{arccot}\ x+C$;

(13) $\int \frac{1}{\sqrt{1-x^2}}\mathrm{d}x=\arcsin x+C=-\arccos x+C$.

以上公式都可以利用导数与不定积分的互逆关系来进行验证.

案例 3.1.4 已知边际成本为 $C'(x)=7+\frac{25}{\sqrt{x}}$,其中,$x$ 为产量,固定成本为 100,求总成本函数.

解 因为总成本函数是边际成本的原函数,所以

$$C(x)=\int\left(7+\frac{25}{\sqrt{x}}\right)\mathrm{d}x=\int 7\mathrm{d}x+\int 25x^{-\frac{1}{2}}\mathrm{d}x$$

$$=7x+25\int x^{-\frac{1}{2}}\mathrm{d}x=7x+50x^{\frac{1}{2}}+C.$$

将 $C(0)=100$ 代入上式,得 $C=100$.所以总成本函数为

$$C(x)=7x+50x^{\frac{1}{2}}+100.$$

案例 3.1.5 设某商品的需求量 Q 是价格 p 的函数,该商品的最大需求量为1 000(即 $p=0$时的需求量),已知需求对价格的变化率(边际需求)为 $Q'(p)=-1\ 000\ln 3\left(\frac{1}{3}\right)^p$,求需求量与价格的函数关系.

解 因为需求函数是边际需求的原函数,所以

$$Q(p)=\int -1\ 000\ln 3\left(\frac{1}{3}\right)^p\mathrm{d}p=-1\ 000\ln 3\int\left(\frac{1}{3}\right)^p\mathrm{d}p$$

$$=-1\ 000\ln 3\frac{\left(\frac{1}{3}\right)^p}{-\ln 3}=1\ 000\left(\frac{1}{3}\right)^p+C.$$

将 $Q(0)=1\ 000$ 代入上式,得 $C=0$.所以需求函数为

$$Q(p)=1\ 000\left(\frac{1}{3}\right)^p.$$

案例 3.1.6 某公司经营的边际收益函数为 $R'(x)=60-2x-2x^2$,其中,x 为销售量,求总收益函数.

解 因为总收益函数是边际收益的原函数,所以

$$R(x)=\int(60-2x-2x^2)\mathrm{d}x=\int 60\mathrm{d}x-\int 2x\mathrm{d}x-\int 2x^2\mathrm{d}x$$

$$=60x-2\int x\mathrm{d}x-2\int x^2\mathrm{d}x$$

$$=60x-x^2-\frac{2}{3}x^3+C.$$

将 $R(0)=0$ 代入上式，得 $C=0$.所以总收益函数为

$$R(x)=60x-x^2-\frac{2}{3}x^3.$$

案例 3.1.7 某工厂生产某产品的边际成本函数为 $C'(x)=3x^2-14x+100$，固定成本 $C(0)=10\ 000$.求生产 x 个产品的总成本函数.

解 因为总成本函数是边际成本函数的原函数，所以

$$C(x)=\int(3x^2-14x+100)\mathrm{d}x=\int 3x^2\ \mathrm{d}x-\int 14x\mathrm{d}x+\int 100\mathrm{d}x$$

$$=3\int x^2\ \mathrm{d}x-14\int x\mathrm{d}x+100x=x^3-7x^2+100x+C.$$

将 $C(0)=10\ 000$ 代入上式，得 $C=10\ 000$.所以总成本函数为

$$C(x)=x^3-7x^2+100x+10\ 000.$$

同步实践 3.1.2

1. 计算下列不定积分.

(1) $\int(\sin x-2\cos x)\mathrm{d}x$；　(2) $\int\left(\frac{1}{1+x^2}+1\right)\mathrm{d}x$；

(3) $\int(500-0.5y^2)\mathrm{d}y$；　(4) $\int\left(\frac{x^3}{3}-\frac{2}{x^2}\right)\mathrm{d}x$；

*(5) $\int\frac{x^4}{x^2+1}\mathrm{d}x$；　*(6) $\int\frac{(1-x)^3}{x^2}\mathrm{d}x$.

2. 填空题.

(1) $\int \mathrm{d}f(x)=$____________；　(2) $\int\left(\frac{\cos x}{x}\right)'\mathrm{d}x=$____________；

(3) $\mathrm{d}\left(\int \mathrm{e}^{-x^2}\mathrm{d}x\right)=$____________；　(4) $\frac{\mathrm{d}}{\mathrm{d}x}\left(\int\ln x\mathrm{d}x\right)=$____________；

*(5) 设 $\int f(x)\mathrm{d}x=\ln(2x)+C$，则 $f'(x)=$____________；

*(6) 若 $\int f(x)\mathrm{d}x=\cos(\ln x)+C$，则 $f(x)=$____________.

3. 下列式子正确的是（　　）.

A. $\int(\sqrt{x}-\cos x)\mathrm{d}x=\frac{1}{2\sqrt{x}}+\sin x+C$　B. $\int(\sqrt{x}-\cos x)\mathrm{d}x=\frac{1}{2\sqrt{x}}-\sin x+C$

C. $\int(\sqrt{x}-\cos x)\mathrm{d}x=\frac{2}{3}\sqrt{x^3}-\sin x+C$　D. $\int(\sqrt{x}-\cos x)\mathrm{d}x=\frac{2}{3}\sqrt{x^3}+\sin x+C$

扩展阅读

数学史上著名的公案

3.1 原函数与不定积分同步实践答案

§3.2 不定积分的换元积分法与分部积分法

3.2.1 第一类换元积分法(凑微分)

当被积函数中含有复合函数时,有时可将复合函数对自变量的积分换元为对中间变量的积分.

换元积分法

例 3.2.1 计算不定积分

$$\int e^{2x}dx.$$

解 由于被积函数中,e^{2x}是复合函数,而积分变量是 x,不能直接积分.设中间变量 $u=2x$,则

$$x=\frac{u}{2},dx=\frac{1}{2}du.$$

故

$$\int e^{2x}dx=\int e^{u}\frac{1}{2}du=\frac{1}{2}e^{u}+C=\frac{1}{2}e^{2x}+C.$$

小贴士

第一类换元积分法(凑微分法)是与复合函数求导相对应的一种积分法,它的基本思想是通过适当的变量代换,统一积分变量后,把较难求解的不定积分化为基本积分公式表中已有的基本公式的形式,算出原函数后,再换回原来的变量.

例 3.2.2 计算下列不定积分.

(1) $\int(2x+1)^5dx$; (2) $\int\frac{x}{x^2+2}dx$.

解 (1) 被积函数中,$(2x+1)^5$ 是复合函数,设中间变量 $u=2x+1$,则

$$x=\frac{u-1}{2},\quad dx=\frac{1}{2}du.$$

故

$$\int(2x+1)^5dx=\frac{1}{2}\int u^5du=\frac{1}{12}u^6+C=\frac{1}{12}(2x+1)^6+C.$$

(2) 被积函数中,$\frac{1}{x^2+2}$是复合函数,设中间变量 $u=x^2+2$,则 $du=2xdx$,所以

$$xdx=\frac{1}{2}du.$$

故

$$\int\frac{x}{x^2+2}\mathrm{d}x=\int\frac{1}{u}\frac{1}{2}\mathrm{d}u=\frac{1}{2}\ln|u|+C=\frac{1}{2}\ln(x^2+2)+C.$$

例 3.2.3 求下列不定积分.

(1) $\int x\mathrm{e}^{x^2}\mathrm{d}x$; (2) $\int\frac{1}{3-2x}\mathrm{d}x$.

解 (1) $\int x\mathrm{e}^{x^2}\mathrm{d}x=\frac{1}{2}\int\mathrm{e}^{x^2}\mathrm{d}(x^2)\xlongequal{u=x^2}\frac{1}{2}\int\mathrm{e}^u\mathrm{d}u=\frac{1}{2}\mathrm{e}^u+C=\frac{1}{2}\mathrm{e}^{x^2}+C.$

(2)
$$\begin{aligned}\int\frac{1}{3-2x}\mathrm{d}x&=-\frac{1}{2}\int\frac{1}{3-2x}\mathrm{d}(3-2x)\\&\xlongequal{u=3-2x}-\frac{1}{2}\int\frac{1}{u}\mathrm{d}u=-\frac{1}{2}\ln|u|+C\\&=-\frac{1}{2}\ln|3-2x|+C.\end{aligned}$$

例 3.2.4 求下列不定积分.

(1) $\int x\sqrt{1+x^2}\mathrm{d}x$; (2) $\int\frac{x}{\sqrt{1-x^2}}\mathrm{d}x$.

解 (1)
$$\begin{aligned}\int x\sqrt{1+x^2}\mathrm{d}x&=\frac{1}{2}\int\sqrt{1+x^2}\mathrm{d}(1+x^2)\\&\xlongequal{u=1+x^2}\frac{1}{2}\int u^{\frac{1}{2}}\mathrm{d}u=\frac{1}{3}(1+x^2)^{\frac{3}{2}}+C.\end{aligned}$$

(2)
$$\begin{aligned}\int\frac{x}{\sqrt{1-x^2}}\mathrm{d}x&=-\frac{1}{2}\int\frac{1}{\sqrt{1-x^2}}\mathrm{d}(1-x^2)\\&\xlongequal{u=1-x^2}-\frac{1}{2}\int u^{-\frac{1}{2}}\mathrm{d}u=-\sqrt{1-x^2}+C.\end{aligned}$$

计算熟练时,各例中引进中间变量 u 的步骤可以省略,即可以直接得到结论.

小贴士

以上例题的解法都是第一类换元积分法(凑微分法)."凑微分"的过程是统一积分变量的过程,首先在微分算子 d 后尝试凑成被积函数的内函数的微分,然后换元再利用积分公式求解.计算熟练后,可略去引进中间变量 u 的步骤,直接凑微分成积分公式的形式.

常见的"凑微分"(或统一变量)的形式如下:

① $\int x^{n-1}f(x^n)\mathrm{d}x=\frac{1}{n}\int f(x^n)\mathrm{d}x^n\quad(n>1)$;

② $\int\frac{1}{\sqrt{x}}f(\sqrt{x})\mathrm{d}x=2\int f(\sqrt{x})\mathrm{d}(\sqrt{x})$;

③ $\int\mathrm{e}^xf(\mathrm{e}^x)\mathrm{d}x=\int f(\mathrm{e}^x)\mathrm{d}(\mathrm{e}^x)$;

④ $\int\frac{1}{x}f(\ln x)\mathrm{d}x=\int f(\ln x)\mathrm{d}(\ln x)$;

⑤ $\int f(\sin x)\cos x\mathrm{d}x=\int f(\sin x)\mathrm{d}(\sin x)$；

⑥ $\int f(\cos x)\sin x\mathrm{d}x=-\int f(\cos x)\mathrm{d}(\cos x)$；

⑦ $\int f(\tan x)\sec^2 x\mathrm{d}x=\int f(\tan x)\mathrm{d}(\tan x)$；

⑧ $\int f(\cot x)\csc^2 x\mathrm{d}x=-\int f(\cot x)\mathrm{d}(\cot x)$；

⑨ $\int f(\arcsin x)\frac{1}{\sqrt{1-x^2}}\mathrm{d}x=\int f(\arcsin x)\mathrm{d}(\arcsin x)$；

⑩ $\int f(\arctan x)\frac{1}{1+x^2}\mathrm{d}x=\int f(\arctan x)\mathrm{d}(\arctan x)$.

同步实践 3.2.1

1. 填空题.

(1) $\mathrm{d}x=$________ $\mathrm{d}(1-3x)$；　(2) $x\mathrm{d}x=$________ $\mathrm{d}(2-3x^2)$；

(3) $\frac{1}{1-3x}\mathrm{d}x=$________ $\mathrm{d}[\ln(1-3x)]$；　(4) $\frac{\ln x}{x}\mathrm{d}x=$________ $\ln x\mathrm{d}($________$)$；

(5) $\mathrm{e}^{-x}\mathrm{d}x=$________ $\mathrm{d}(\mathrm{e}^{-x})$；　(6) $\frac{1}{\sqrt{x}}\mathrm{d}x=$________ $\mathrm{d}(1-\sqrt{x})$.

2. 求下列不定积分.

(1) $\int(2x-3)^6\mathrm{d}x$；　(2) $\int\mathrm{e}^{-3x}\mathrm{d}x$；　(3) $\int\sin(4x)\mathrm{d}x$；　*(4) $\int\frac{1}{1+\sqrt{x}}\mathrm{d}x$.

3.2.2 分部积分法

分部积分法

前面介绍的不定积分的换元积分法，可以解决很多积分问题，但有些看似很简单的积分，如 $\int\ln x\mathrm{d}x$，$\int x\cos x\mathrm{d}x$，$\int x\mathrm{e}^x\mathrm{d}x$，用前面的方法却难以求解.也就是说，当被积函数是两种不同类型函数的乘积时，往往需要用**分部积分法**来解决. 分部积分法就是两个乘积函数导数的逆运算.下面我们根据两个函数乘积的导数公式（这里的函数 $u(x)$ 与 $v(x)$ 都是可导函数），推出分部积分公式.

由于

$$(uv)'=u'v+uv',$$

两边取不定积分，得

$$uv=\int u'v\mathrm{d}x+\int uv'\mathrm{d}x,$$

于是

$$\int uv'\mathrm{d}x=uv-\int u'v\mathrm{d}x,$$

即

$$\int u\mathrm{d}v=uv-\int v\mathrm{d}u. \tag{3.1}$$

式(3.1)称为**分部积分公式**.

小贴士

(1) 一般地,分部积分公式(3.1)常用来计算两个不同类型函数的乘积的积分.把左侧不易计算的不定积分 $\int u\mathrm{d}v$ 变为右侧容易计算的不定积分 $\int v\mathrm{d}u$.

(2) 使用分部积分的关键:① 被积函数中 u 和 $\mathrm{d}v$ 的选择,以由 v' 易求 v 为原则;② 使用公式后右边的积分 $\int v\mathrm{d}u$ 以容易计算为原则.

下面几种被积函数表达式的类型常用分部积分法,在这里分别举例介绍(假设 $P(x)$ 是幂函数).

类型 1　被积表达式为 $P(x)\sin x\mathrm{d}x$ 或 $P(x)\cos x\mathrm{d}x$ 形式

例 3.2.5　求不定积分 $\int x\cos x\mathrm{d}x$.

解　$\int x\cos x\mathrm{d}x=\int x\mathrm{d}(\sin x)=x\sin x-\int \sin x\mathrm{d}x=x\sin x+\cos x+C.$

思考

如果第一步凑为 $\int x\cos x\mathrm{d}x=\frac{1}{2}\int \cos x\mathrm{d}(x^2)$ 会出现什么情况呢?

小贴士

当被积表达式为 $P(x)\sin x\mathrm{d}x$ 或 $P(x)\cos x\mathrm{d}x$ 形式时,可以将被积表达式分别凑微分为 $-P(x)\mathrm{d}(\cos x)$ 或 $P(x)\mathrm{d}(\sin x)$.

类型 2　被积表达式为 $P(x)\mathrm{e}^x\mathrm{d}x$ 形式

例 3.2.6　求不定积分 $\int x^2\mathrm{e}^x\mathrm{d}x$.

解

$$\begin{aligned}\int x^2\mathrm{e}^x\mathrm{d}x&=\int x^2\mathrm{d}(\mathrm{e}^x)=x^2\mathrm{e}^x-\int \mathrm{e}^x\mathrm{d}(x^2)\\&=x^2\mathrm{e}^x-2\int x\mathrm{e}^x\mathrm{d}x=x^2\mathrm{e}^x-2\int x\mathrm{d}\mathrm{e}^x\\&=x^2\mathrm{e}^x-2\left(x\mathrm{e}^x-\int \mathrm{e}^x\mathrm{d}x\right)\\&=x^2\mathrm{e}^x-2x\mathrm{e}^x+2\mathrm{e}^x+C.\end{aligned}$$

小贴士

(1) 当被积表达式为 $P(x)\mathrm{e}^x\mathrm{d}x$ 时,可以将被积表达式凑微分为 $P(x)\mathrm{d}(\mathrm{e}^x)$;

(2) 通过求解例 3.2.6 可知,同一道例题可以重复使用分部积分公式.

类型 3　被积表达式为 $P(x)\ln x\mathrm{d}x$ 形式

例 3.2.7　求不定积分 $\int \ln x\mathrm{d}x$.

解 $\int \ln x\mathrm{d}x=x\ln x-\int x\mathrm{d}(\ln x)=x\ln x-\int x\cdot\frac{1}{x}\mathrm{d}x=x\ln x-x+C.$

例 3.2.8 求不定积分 $\int x^2\ln x\mathrm{d}x.$

解 $\int x^2\ln x\mathrm{d}x=\int \ln x\mathrm{d}\left(\frac{1}{3}x^3\right)=\frac{1}{3}\int \ln x\mathrm{d}(x^3)=\frac{1}{3}\left[x^3\ln x-\int x^3\mathrm{d}(\ln x)\right]$

$$=\frac{1}{3}\left(x^3\ln x-\int x^3\cdot\frac{1}{x}\mathrm{d}x\right)=\frac{1}{3}\left(x^3\ln x-\int x^2\mathrm{d}x\right)$$

$$=\frac{1}{3}\left(x^3\ln x-\frac{1}{3}x^3\right)+C=\frac{1}{3}x^3\ln x-\frac{1}{9}x^3+C.$$

小贴士

当被积表达式为 $P(x)\ln x\mathrm{d}x$ 时，总是选 $u=\ln x$，将 $P(x)\mathrm{d}x$ 凑微分.

*类型 4　被积表达式为 $\mathrm{e}^x\sin x\mathrm{d}x$ 或 $\mathrm{e}^x\cos x\mathrm{d}x$ 形式

例 3.2.9 求不定积分 $\int \mathrm{e}^x\cos x\mathrm{d}x.$

解 $\int \mathrm{e}^x\cos x\mathrm{d}x=\int \cos x\mathrm{d}\mathrm{e}^x=\mathrm{e}^x\cos x-\int \mathrm{e}^x\mathrm{d}\cos x$

$$=\mathrm{e}^x\cos x+\int \mathrm{e}^x\sin x\mathrm{d}x=\mathrm{e}^x\cos x+\int \sin x\mathrm{d}(\mathrm{e}^x)$$

$$=\mathrm{e}^x\cos x+\left[\mathrm{e}^x\sin x-\int \mathrm{e}^x\mathrm{d}(\sin x)\right]$$

$$=\mathrm{e}^x\cos x+\mathrm{e}^x\sin x-\int \mathrm{e}^x\cos x\mathrm{d}x.$$

这时，右边出现了与左边相同的积分，移项，得

$$2\int \mathrm{e}^x\cos x\mathrm{d}x=\mathrm{e}^x\cos x+\mathrm{e}^x\sin x+C_1,$$

即

$$\int \mathrm{e}^x\cos x\mathrm{d}x=\frac{1}{2}\mathrm{e}^x(\cos x+\sin x)+C\quad\left(\text{其中 } C=\frac{1}{2}C_1\right).$$

小贴士

当被积表达式为 $\mathrm{e}^x\sin x\mathrm{d}x$ 或 $\mathrm{e}^x\cos x\mathrm{d}x$ 形式时，可任意选取 u 和 $\mathrm{d}v$. 但在多次应用分部积分公式中，必须选取相同类型的 u，以便产生循环，从而得解.

积分的基本公式还有如下几个补充公式.

(14) $\int \tan x\mathrm{d}x=-\ln|\cos x|+C$;　　(15) $\int \cot x\mathrm{d}x=\ln|\sin x|+C$;

(16) $\int \frac{1}{x^2+a^2}\mathrm{d}x=\frac{1}{a}\arctan\frac{x}{a}+C$;　　(17) $\int \frac{\mathrm{d}x}{x^2-a^2}=\frac{1}{2a}\ln\left|\frac{x-a}{x+a}\right|+C.$

(18) $\int \frac{1}{\sqrt{a^2-x^2}}\mathrm{d}x=\arcsin\frac{x}{a}+C.$

同步实践 3.2.2

1. 填空题.

(1) $\int xf''(x)\mathrm{d}x=$________________________.

*(2) 已知$f(x)$的一个原函数是 e^{-x^2},求 $\int xf'(x)\mathrm{d}x$.

2. 计算下列不定积分.

(1) $\int x\sin x\mathrm{d}x$;　　(2) $\int x\mathrm{e}^x\mathrm{d}x$;

(3) $\int x\sin 4x\mathrm{d}x$;　　*(4) $\int x^2\sin x\mathrm{d}x$.

3. 下列用部分积分法求解的过程正确的是(　　).

A. $\int x^2\sin x\mathrm{d}x=\frac{1}{2}\int \sin x\mathrm{d}(x^3)$　　B. $\int x\mathrm{e}^x\mathrm{d}x=\int x\mathrm{d}(\mathrm{e}^x)$

C. $\int x\cos 2x\mathrm{d}x=\int x\mathrm{d}(\sin 2x)$　　D. $\int x\ln x\mathrm{d}x=\int x\mathrm{d}\left(\frac{1}{x}\right)$

3.2 不定积分的换元积分法与分部积分法同步实践答案

§3.3 定积分的概念

3.3.1 引例

定积分的概念

情境引例 3.3.1(求曲边梯形的面积)　如图 3-1,考察平面直角坐标系下,由闭区间$[a,b]$上的连续曲线 $y=f(x)$ $(f(x)\geqslant 0)$,直线 $x=a$, $x=b$ 及 x 轴所围成的曲边梯形的面积的计算问题.

分析　根据公式

$$矩形的面积=底\times高$$

可解决多边形面积的计算问题.

对于曲边梯形不能直接应用上述公式.但由于曲线$f(x)$在$[a, b]$上是连续的,在很小一段区间上$f(x)$的变化很小,几乎不变.基于这一认识,用平行于 y 轴的一组直线将曲边梯形分割成若干小曲边梯形(图 3-2),对于每个小曲边梯形,由于底边很窄,其高 $f(x)$几乎不变,因而可以直代曲,近似地看作一个小矩形,其底边与小曲边梯形的底边相同,而高为底边上任一点的函数值.所有这些小矩形面积的和可作为曲边梯形面积的一个近似值.显然,分割得越细，近似程度也就越高.依此，将曲边梯形无限细分，所有小矩形面积之和的极限就是曲边梯形面积的精确值.

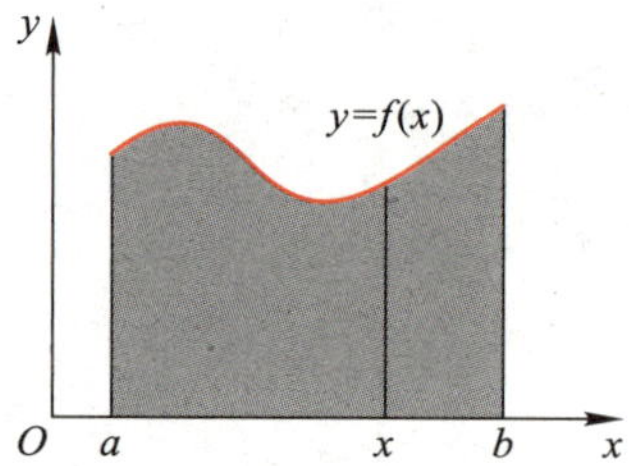

图 3-1

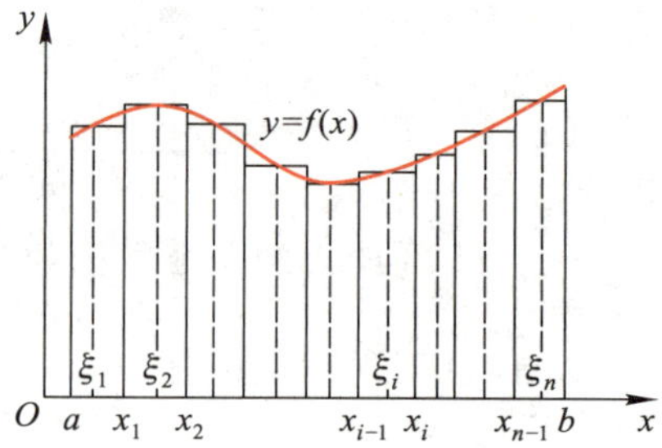

图 3-2

根据以上分析，可按下面四步计算曲边梯形的面积 A.

（1）**分割**　在区间 $[a,b]$ 中任意插入 $n-1$ 个分点

$$a=x_0<x_1<\cdots<x_{n-1}<x_n=b,$$

将 $[a,b]$ 分割成 n 个小区间：

$$[x_0,x_1],[x_1,x_2],\cdots,[x_{n-1},x_n].$$

记这些区间的长度为 $\Delta x_i=x_i-x_{i-1}(i=1,2,\cdots,n)$.

（2）**近似代替**　任取 $\xi_i\in[x_{i-1},x_i]$，用区间 $[x_{i-1},x_i]$ 的长度为底，以 $f(\xi_i)$ 为高的矩形面积近似代替第 i 个小曲边梯形的面积 ΔA_i，即

$$\Delta A_i\approx f(\xi_i)\Delta x_i(i=1,2,\cdots,n).$$

（3）**求和**　把 n 个小矩形的面积加起来，便得到整个曲边梯形面积的近似值，即

$$A\approx\sum_{i=1}^{n}f(\xi_i)\Delta x_i.$$

（4）**取极限**　当各小区间的长度最大者 $\lambda=\max_i\{\Delta x_i\}$ 趋于 0 时，上述和式的极限便是曲边梯形面积的精确值，即

$$A=\lim_{\lambda\to 0}\sum_{i=1}^{n}f(\xi_i)\Delta x_i.$$

情境引例 3.3.2　设某种产品的产量对时间 t 的边际产量是时间 t 的连续函数 $Q'(t)=P(t)$，现求从时刻 a 起到时刻 b 的总产量.

分析　如果边际产量 $P(t)$ 为常数 P（即产量均匀），则总产量 $Q=P(b-a)$.现在边际产量 $P(t)$ 随时间变化（即产量不均匀），为解决“不均匀”的问题，可将时间 $[a,b]$ 分割为若干小区间，当区间长度非常小时，$P(t)$ 在小区间上几乎不变，从而可将 $P(t)$ 近似看成均匀产量来计算，当这种分割无限细，通过取极限便可得到总产量.具体过程如下.

（1）**分割**　在 $[a,b]$ 中任意插入 $n-1$ 个分点 $a=t_0<t_1<\cdots<t_{n-1}<t_n=b$，把区间 $[a,b]$ 分成 n 个小区间，每个时间段 $[t_{i-1},t_i]$ $(i=1,2,\cdots,n)$ 的时间长度为

$$\Delta t_i=t_i-t_{i-1}\quad(i=1,2,\cdots,n).$$

(2) **近似代替** 任取 $\xi_i \in [t_{i-1}, t_i]$，用 $P(\xi_i)$ 近似替代 $P(t)$ 在整个小区间上每点的值，则在 $[t_{i-1}, t_i]$ $(i=1,2,\cdots,n)$ 这段时间内的产量为

$$\Delta Q_i \approx P(\xi_i)\Delta t_i \quad (i=1,2,\cdots,n).$$

(3) **求和** 对所有时间段内的产量求和，得到总产量 Q 的近似值为

$$Q=\sum_{i=1}^{n}\Delta Q_i \approx \sum_{i=1}^{n}P(\xi_i)\Delta t_i.$$

(4) **取极限** 令 $\Delta t=\max\limits_{1\leqslant i\leqslant n}\{\Delta t_i\}$，当 $\Delta t\to 0$ 时，上述和式的极限就是总产量 Q，即

$$Q=\lim_{\Delta t\to 0}\sum_{i=1}^{n}P(\xi_i)\Delta t_i.$$

情境引例 3.3.3 设某商品的边际收益 R' 是销售量 x 的连续函数 $R'=R'(x)$，当销售量从 a 变动到 b 时的收益 R 为多少？

分析 如果商品的边际收益 R' 为常数，则总收益 $R=R'(b-a)$. 现在商品的边际收益 R' 随销售量的变动而变动，因此可以细分 $[a,b]$ 为若干小区间，使得 $R'(x)$ 在每个小区间上几乎不变，从而可用 $R'(x)$ 在小区间上任意点的值代替整个小区间上其他点的值来计算这小区间上的收益，当这种分割无限细，通过求和取极限便可得到总收益值. 具体过程如下.

(1) **分割** 在 $[a,b]$ 中任意插入 $n-1$ 个分点 $a=x_0<x_1<\cdots<x_{n-1}<x_n=b$，把区间 $[a,b]$ 分成 n 个小区间，每个销售段 $[x_{i-1},x_i]$ $(i=1,2,\cdots,n)$ 的销售量为

$$\Delta x_i=x_i-x_{i-1}(i=1,2,\cdots,n).$$

(2) **近似代替** 在每个销售段 $[x_{i-1},x_i]$ $(i-1,2,\cdots,n)$ 中，任取 $\xi_i\in[x_{i-1},x_i]$，把 $R'(\xi_i)$ 作为该段 $[x_{i-1},x_i]$ $(i=1,2,\cdots,n)$ 的近似边际收益，则该销售段收益 ΔR_i 的近似值为

$$\Delta R_i\approx R'(\xi_i)\Delta x_i(i-1,2,\cdots,n).$$

(3) **求和** 对所有销售段内的收益求和，得到总收益 R 的近似值为

$$R=\sum_{i=1}^{n}\Delta R_i\approx\sum_{i=1}^{n}R'(\xi_i)\Delta x_i.$$

(4) **取极限** 令 $\Delta x=\max\limits_{1\leqslant i\leqslant n}\{\Delta x_i\}$，当 $\Delta x\to 0$ 时，上述和式的极限就是总收益 R，即

$$R=\lim_{\Delta x\to 0}\sum_{i=1}^{n}R'(\xi_i)\Delta x_i.$$

上述引例所具有的实际意义虽不相同，但所述问题都表现为“曲”与“直”、“变”与“不变”的矛盾，解决问题的思路与方法也是相同的，都是通过“分割、近似代替、求和、取极限”这四个步骤，得到一个具有相同结构的和式的极限，数学上称之为定积分.

3.3.2 定积分的定义

定义 3.3 设函数 $f(x)$ 在区间 $[a,b]$ 上有定义，在 $[a,b]$ 中任意插入 $n-1$ 个分点 $a=$

$x_0<x_1<\cdots<x_{n-1}<x_n=b$，把区间$[a,b]$分成 n 个小区间$[x_{i-1},x_i](i=1,2,\cdots,n)$，每个小区间的长为 $\Delta x_i=x_i-x_{i-1}(i=1,2,\cdots,n)$．记 $\lambda=\max\limits_{1\leqslant i\leqslant n}\{\Delta x_i\}$，任取 $\xi_i\in[x_{i-1},x_i]$，若

$$\lim_{\lambda\to 0}\sum_{i=1}^{n} f(\xi_i)\Delta x_i$$

存在，则称此极限值为函数 $f(x)$ 在区间$[a,b]$上的**定积分**，记为 $\int_a^b f(x)\mathrm{d}x$，即

$$\int_a^b f(x)\mathrm{d}x=\lim_{\lambda\to 0}\sum_{i=1}^{n} f(\xi_i)\Delta x_i,$$

其中，$\int$ 称为**积分号**，$f(x)$ 称为**被积函数**，$f(x)\mathrm{d}x$ 称为**被积表达式**，x 称为**积分变量**，a 称为**积分下限**，b 称为**积分上限**，$[a,b]$称为**积分区间**．函数 $f(x)$ 在区间$[a,b]$上的定积分存在，也称函数 $f(x)$ 在区间$[a,b]$上**可积**．

小贴士

（1）情境引例 3.3.1 中，曲边梯形的面积 A 就是曲线 $y=f(x)$ 在区间$[a,b]$上的定积分，即

$$A=\int_a^b f(x)\mathrm{d}x\quad (f(x)\geqslant 0).$$

（2）情境引例 3.3.2 中，随时间 t 变化而变化的产量从时刻 a 到时刻 b 的总产量 Q 就是边际产量在区间$[a,b]$上的定积分，即

$$Q=\int_a^b Q'(t)\mathrm{d}t\quad (Q(t)\geqslant 0).$$

（3）情境引例 3.3.3 中，随销售量 x 变化而变化的收益从销售量 a 到销售量 b 的总收益 R 就是边际收益在区间$[a,b]$上的定积分，即

$$R=\int_a^b R'(x)\mathrm{d}x\quad (R(x)\geqslant 0).$$

案例 3.3.1　某工厂生产某商品，在时刻 t 的总产量变化率为 $P(t)=100+12t$（单位：h）．求 $t=2$ 到 $t=4$ 这两个小时内的总产量的表达式．

解　设总产量为 Q，根据定积分的概念，得

$$Q=\int_2^4(100+12t)\mathrm{d}t.$$

案例 3.3.2　生产某产品的边际成本为 $C'(x)=150-0.2x$，问：当产量 x 由 200 增加到 300 时，需追加的成本的表达式．

解　设产量 x 由 200 增加到 300 时，追加的成本为 C，根据定积分概念，得

$$C=\int_{200}^{300}(150-0.2x)\mathrm{d}x.$$

案例 3.3.3　已知销售某种产品 x 件时，边际收益为 $R'(x)=1\,000-\dfrac{x}{2}\ (x\geqslant 0)$，求销售 100 件该产品时的总收益（单位：元）的表达式．

解　设总收益为 R，根据定积分的概念，得

$$R=\int_0^{100}\left(1\,000-\frac{x}{2}\right)\mathrm{d}x.$$

案例 3.3.4 设某企业的某种产品总产量 Q 的年变化率为 $Q'(t)=2t+7$,求第一个 5 年和第二个 5 年的总产量的表达式.

解 设总产量为 Q,根据定积分的概念得,第一个 5 年的总产量为

$$Q_1=\int_0^5 (2t+7)\,\mathrm{d}t.$$

第二个 5 年的总产量为

$$Q_2=\int_5^{10} (2t+7)\,\mathrm{d}t.$$

小贴士

(1) 定积分是一种和式的极限,其值是一个数值,它的大小只与被积函数和积分区间有关,而与积分变量所用的符号无关,即

$$\int_a^b f(x)\,\mathrm{d}x=\int_a^b f(t)\,\mathrm{d}t=\int_a^b f(u)\,\mathrm{d}u=\cdots.$$

(2) 积分区间的上、下限可以调换,且满足

$$\int_a^b f(x)\,\mathrm{d}x=-\int_b^a f(x)\,\mathrm{d}x,$$

即互换定积分的上、下限,定积分要变号.特别地,当 $a=b$ 时,规定

$$\int_a^a f(x)\,\mathrm{d}x=0.$$

(3) 闭区间上的连续函数是可积的,闭区间上只有有限个间断点的有界函数也是可积的.

同步实践 3.3.2

1. 填空题.

(1) 定积分 $\int_0^2 \sin x\mathrm{d}x$ 的积分上限是________,积分下限是________,积分区间是________.

(2) 由曲线 $y=\ln x$ 与直线 $x=1,x=\mathrm{e}$ 及 x 轴围成的曲边梯形的面积,用定积分表示为________.

(3) 设一个物体以速度 $v=5t+3$ 做直线运动,则该物体从时间 $t=0$ 到 $t=3$ 的位移用定积分表示为________.

(4) 某工厂生产某商品在时刻 t 的总产量变化率为 $x'(t)=100+12t$(单位/h),则由 $t=2$ 到 $t=4$ 这两个小时的总产量用定积分可表示为________.

2. 根据定积分的几何意义,定积分 $\int_{-1}^1 \sqrt{1-x^2}\,\mathrm{d}x$ 表示(   ).

A. 半径为 1 的圆的面积　　B. 半径为 1 的上半圆的面积

C. 边长为 2 的正方形的面积　　D. 底边长为 2,高为 1 的三角形的面积

3. 设 $y=f(x)$ 在 $[a,b]$ 上连续,则 $\int_a^b f(x)\,\mathrm{d}x-\int_a^b f(t)\,\mathrm{d}t$ 的值(   ).

A. 小于 0　　B. 等于 0　　C. 大于 0　　D. 不确定

定积分的性质

3.3.3 定积分的性质

设函数 $f(x),g(x)$ 在给定区间上都可积.

性质 1 $\int_a^b kf(x)\mathrm{d}x=k\int_a^b f(x)\mathrm{d}x$（$k$ 为常数）.

性质 2 $\int_a^b [f(x)\pm g(x)]\mathrm{d}x=\int_a^b f(x)\mathrm{d}x\pm\int_a^b g(x)\mathrm{d}x.$

性质 3 如果被积函数 $f(x)=C$（C 为常数），则

$$\int_a^b C\mathrm{d}x=C(b-a).$$

特别地，当 $C=1$ 时，有 $\int_a^b \mathrm{d}x=b-a.$

性质 4（对区间可加性） 对于任意 $c\in\mathbf{R}$，有

$$\int_a^b f(x)\mathrm{d}x=\int_a^c f(x)\mathrm{d}x+\int_c^b f(x)\mathrm{d}x.$$

性质 5（保序性） 在区间 $[a,b]$ 上，若 $f(x)\geqslant g(x)$，则

$$\int_a^b f(x)\mathrm{d}x\geqslant\int_a^b g(x)\mathrm{d}x.$$

案例 3.3.5 生产某产品的边际成本为 $C'(x)=3(150-0.2x)$，问：当产量 x 由 200 增加到 300 时，需追加多少成本？

解 设产量 x 由 200 增加到 300 时，需追加的成本为 C，根据定积分的概念，得

$$C=\int_{200}^{300} 3(150-0.2x)\mathrm{d}x=3\int_{200}^{300}(150-0.2x)\mathrm{d}x.$$

案例 3.3.6 某食品厂生产某种食品的边际成本 $C'(x)=2$ 元/件（固定成本为 0），边际收入 $R'(x)=20-0.02x$ 元/件，求产量为 800 件时的总利润的表达式.

解 设总利润为 L，则

$$L(x)=R(x)-C(x),$$

所以

$$L'(x)=R'(x)-C'(x).$$

根据定积分的概念，得

$$\begin{aligned}L&=\int_0^{800} L'(x)\mathrm{d}x=\int_0^{800}[R'(x)-C'(x)]\mathrm{d}x\\&=\int_0^{800} R'(x)\mathrm{d}x-\int_0^{800} C'(x)\mathrm{d}x\\&=\int_0^{800}(20-0.02x)\mathrm{d}x-\int_0^{800} 2\mathrm{d}x.\end{aligned}$$

案例 3.3.7 某工厂生产两种商品，在时刻 t 的总产量变化率分别为 $q_1'(t)=100+12t$（单位：h），$q_2'(t)=80+12t$（单位：h）.不用计算比较两种商品由 $t=2$ 到 $t=4$ 这两小时总产量的大小.

解 设生产第一种商品总产量为 Q_1，根据定积分的概念，得

$$Q_1=\int_2^4 (100+12t)\,dt.$$

设生产第二种商品总产量为 Q_2，根据定积分的概念，得

$$Q_2=\int_2^4 (80+12t)\,dt.$$

在时间段[2,4]中，由于 $q_1'(t)=100+12t>q_2'(t)=80+12t$，所以有

$$Q_1=\int_2^4 (100+12t)\,dt>\int_2^4 (80+12t)\,dt=Q_2,$$

即第一种产品的总产量更大.

同步实践 3.3.3

1. 设下列定积分都存在，则下列选项中错误的是（　　）.

A. $\int_a^b kf(x)\,dx=k\int_a^b f(x)\,dx$（$k$ 为常数）

B. $\int_a^b (f(x)\pm g(x))\,dx=\int_a^b f(x)\,dx\pm\int_a^b g(x)\,dx$

C. $\int_a^b f(x)\,dx=\int_a^c f(x)\,dx+\int_c^b f(x)\,dx$

D. $\int_a^b (f(x)\cdot g(x))\,dx=\int_a^b f(x)\,dx\cdot\int_a^b g(x)\,dx$

2. 下列不等式中，正确的是（　　）.

A. $\int_0^1 e^x dx\leqslant\int_0^1 e^{x^2}dx$　　B. $\int_0^1 e^x dx\geqslant\int_0^1 e^{x^2}dx$

C. $\int_0^1 e^x dx=\int_0^1 e^{x^2}dx$　　D. 以上都不对

3. 下列结论错误的是（　　）.

A. $\int_a^a f(x)\,dx=0$　　B. $\int_a^b f(x)\,dx=\int_b^a f(x)\,dx$

C. $\int_a^b dx=b-a$　　D. $\left(\int_1^8 e^x\sin x\,dx\right)'=0$

4. 已知 $\int_0^5 f(x)\,dx=m$，$\int_5^0 g(x)\,dx=n$，则 $\int_0^5 [4f(x)+5g(x)]\,dx=$________.

5. 已知 $f(x)=\begin{cases}1, & -1\leqslant x<0,\\ 2, & 0\leqslant x\leqslant 1,\end{cases}$ 求 $\int_{-1}^1 f(x)\,dx$.

扩展阅读

定积分中的数学文化价值　　3.3 定积分的概念同步实践答案

§3.4 微积分基本公式

*3.4.1 变上限积分

情境引例 3.4.1 设某种产品总产量 Q 的变化率(即边际产量)是时间 t 的连续函数 $Q'=f(t)$,求从第 a 年到第 x 年这期间的总产量.

解 由定积分的概念,知从第 a 年到第 x 年这期间的总产量 Q 为

$$\int_a^x f(t)\,dt=Q(x)-Q(a).$$

两边同时对 x 求导,且因为 $Q'(t)=f(t)$,于是有

$$\frac{d}{dx}\int_a^x f(t)\,dt=[Q(x)-Q(a)]'=Q'(x)=f(x).$$

情境引例 3.4.2 设某商品的边际收益 R'是销售量 t 的连续函数 $R'=f(t)$,问:当销售量从 a 变动到 x 时的收益 R 为多少?

解 由定积分的概念知,销售量从 a 变动到 x 时的收益 R 为

$$\int_a^x f(t)\,dt=R(x)-R(a).$$

两边同时对 x 求导,且因为 $R'(t)=f(t)$,于是有

$$\frac{d}{dx}\int_a^x f(t)\,dt=[R(x)-R(a)]'=R'(x)=f(x).$$

一般地,给出变积分上限函数的定义.

定义 3.4 设函数 $f(x)$ 在区间 $[a,b]$ 上可积,任意 $x\in[a,b]$,变上限积分

$$\int_a^x f(t)\,dt\ \ (a\leqslant x\leqslant b)$$

是上限 x 的函数,称为**变上限积分函数**,记作

$$\Phi(x)=\int_a^x f(t)\,dt.$$

定理 3.1 设函数 $f(x)$ 在区间 $[a,b]$ 上连续,则变上限积分函数

$$\Phi(x)=\int_a^x f(t)\,dt$$

在区间 $[a,b]$ 上可导,且

$$\Phi'(x)=\frac{d}{dx}\left[\int_a^x f(t)\,dt\right]=f(x)\ \ (a\leqslant x\leqslant b).$$

小贴士

(1) 定理 3.1 表明,如果 $f(x)$ 在 $[a,b]$ 上连续,则函数 $\Phi(x)=\int_a^x f(t)\,dt$ 就是 $f(x)$ 在 $[a,b]$ 上的一个原函数,它揭示了定积分与原函数的关系,为利用原函数计算定积分奠定了基础.

(2) 对于变下限积分 $\int_x^b f(t)\,dt$,有 $\left[\int_x^b f(t)\,dt\right]'=\left[-\int_b^x f(t)\,dt\right]'=-f(x)$.

(3) 若函数 $f(x)$ 在区间 $[a,b]$ 上连续,$\varphi(x)$ 为可导函数,则有 $\left[\int_a^{\varphi(x)} f(t)\,dt\right]'=f[\varphi(x)]\cdot\varphi'(x)$.

同步实践 3.4.1

1. $\left(\int_0^1 \arctan x\mathrm{d}x\right)'=$______.

2. $\left[\int_0^x (-\sqrt{a^2-t^2}\sin t)\mathrm{d}t\right]'=$______.

*3. $\left(\int_x^1 \frac{\sin t}{1+t^2}\mathrm{d}t\right)'=$______.

*4. $\left(\int_0^{x^2} \sin \mathrm{e}^t\mathrm{d}t\right)'=$______.

3.4.2 微积分基本公式及应用

微积分基本公式

定理 3.2 若函数 $F(x)$ 是连续函数 $f(x)$ 在区间 $[a,b]$ 上的一个原函数，则

$$\int_a^b f(x)\mathrm{d}x=F(b)-F(a)=F(x)\Big|_a^b. \tag{3.2}$$

式(3.2)称为微积分基本公式，也称为**牛顿-莱布尼茨公式**.

小贴士

式(3.2)揭示了定积分与不定积分之间的内在联系，给出了计算连续函数定积分的一种简便有效的方法，把求定积分 $\int_a^b f(x)\mathrm{d}x$ 的问题归结为求 $f(x)$ 的一个原函数(不定积分) $F(x)$ 和函数值差 $F(b)-F(a)$ 的问题，所以不定积分的计算方法，在定积分计算中均有对应的方法.

案例 3.4.1 已知销售某种产品 x 件时，总收入 $R(x)$ 的变化率(边际收入)(单位：元/件)为

$$R'(x)=1\ 000-\frac{x}{2}\quad (x\geqslant 0).$$

求：(1) 销售 100 件该产品时的总收入；

(2) 销售量从 200 件增加到 400 件时，总收入增加了多少？

解 (1) 因为销售 100 件该产品时的总收入是 $R(100)$，所以

$$R(100)-R(0)=\int_0^{100} R'(x)\mathrm{d}x=\int_0^{100}\left(1\ 000-\frac{x}{2}\right)\mathrm{d}x.$$

又因为

$$\int\left(1\ 000-\frac{x}{2}\right)\mathrm{d}x=1\ 000x-\frac{x^2}{4}+C,$$

所以

$$R(100)=\int_0^{100}\left(1\ 000-\frac{x}{2}\right)\mathrm{d}x+R(0)=\left(1\ 000x-\frac{x^2}{4}\right)\Big|_0^{100}=97\ 500(\text{元}).$$

(2) 销量从 200 件增加到 400 件时，总收入的增量为

$$\Delta R=R(400)-R(200)=\int_{200}^{400}\left(1\ 000-\frac{x}{2}\right)\mathrm{d}x$$

$$=\left(1\ 000x-\frac{x^2}{4}\right)\Big|_{200}^{400}=170\ 000(\text{元}).$$

案例 3.4.2 某水泥厂生产水泥的边际成本为 $C'(x)=100+\frac{50}{\sqrt{x}}$(单位:元/t),其中,$x$ 为产量(单位:t).求产量从 6 400 t 增加到 10 000 t 时,总成本的增量.

解 设产量从 6 400 t 增加到 10 000 t 时,总成本的增量为 ΔC,则

$$\Delta C=\int_{6\ 400}^{10\ 000}C'(x)\,dx=\int_{6\ 400}^{10\ 000}\left(100+\frac{50}{\sqrt{x}}\right)dx.$$

又因为

$$\int\left(100+\frac{50}{\sqrt{x}}\right)dx=100x+100\sqrt{x}+C,$$

所以

$$\Delta C=\int_{6\ 400}^{10\ 000}\left(100+\frac{50}{\sqrt{x}}\right)dx=(100x+100\sqrt{x})\Big|_{6\ 400}^{10\ 000}=362\ 000(\text{元}).$$

所以总成本的增量为 36.2 万元.

案例 3.4.3 已知某产品的边际成本函数为 $C'(x)=400+\frac{3x}{2}$(单位:元/台),边际收入函数为 $R'(x)=1\ 000+x$(单位:元/台),其中 x 为产量(单位:台). 问:

(1) 生产多少台时总利润最大?

(2) 总利润最大时的总收入为多少?

解 (1) 由于利润函数 $L(x)=R(x)-C(x)$,所以

$$L'(x)=R'(x)-C'(x)=1\ 000+x-400-\frac{3x}{2}=600-\frac{x}{2}.$$

令 $L'(x)=0$,得唯一驻点

$$x=1\ 200,$$

又因为

$$L''(x)=-\frac{1}{2}<0.$$

所以当 $x=1\ 200$ 台时利润最大.

(2) 由式(3.2),得

$$R(1\ 200)-R(0)=\int_{0}^{1\ 200}R'(x)\,dx=\int_{0}^{1\ 200}(1\ 000+x)\,dx$$

$$=\left(1\ 000x+\frac{x^2}{2}\right)\Big|_{0}^{1\ 200}=1\ 920\ 000.$$

因为 $R(0)=0$,所以

$$R(1\ 200)=1\ 920\ 000.$$

所以当产量为 1 200 台时,所获利润最大,此时的总收入为 192 万元.

案例 3.4.4　某工厂生产某商品总产量在时刻 t 的变化率为 $x'(t)=100+12t$(单位:h).求从 $t=2$ 到 $t=4$ 这两小时的总产量.

解　设总产量为 $x(t)$,则

$$x(t)=\int_2^4 x'(t)\,\mathrm{d}t=\int_2^4 (100+12t)\,\mathrm{d}t=(100t+6t^2)\Big|_2^4=272.$$

所以从 $t=2$ 到 $t=4$ 这两小时的总产量为 272.

案例 3.4.5　在某地区当消费者个人收入为 x 时,消费支出 $W(x)$ 的变化率 $W'(x)=\frac{15}{\sqrt{x}}$,当个人收入由 90 000 元增加到 160 000 元时,消费支出增加了多少?

解　消费支出增量为

$$W=\int_{90\,000}^{160\,000}\frac{15}{\sqrt{x}}\,\mathrm{d}x=30\sqrt{x}\Big|_{90\,000}^{160\,000}=3\,000.$$

所以当个人收入由 90 000 元增加到 160 000 元时,消费支出增加了 3 000 元.

案例 3.4.6　设某种服装的销售量在时刻 t 的变化率为 $Q'(t)=4t-0.3t^2$(单位:千件/月),试求一年内的总销售量.

解　所求的总销售量为

$$Q=\int_0^{12} Q'(t)\,\mathrm{d}t=\int_0^{12}(4t-0.3t^2)\,\mathrm{d}t=(2t^2-0.1t^3)\Big|_0^{12}=115.2.$$

所以一年内的总销售量为 115.2 千件.

案例 3.4.7　某工厂已购置一台机器,已知收益与时间的函数关系为 $R(t)=81-\frac{1}{4}t^2$(单位:万元),维修成本与时间的函数关系为 $C(t)=2t^2$(单位:万元).假定机器报废时没有任何成本或残留价值.试问:当利用率最高(即累积利润最大)时,这台机器应使用多少年?并计算此时的累积利润.

解　设利润与时间的关系为 $L(t)$,则

$$L(t)=R(t)-C(t).$$

投入使用 t 年的累积利润为 $\mathrm{TL}(t)=\int_0^t L(x)\,\mathrm{d}x$.

当 $[\mathrm{TL}(t)]'=L(t)=0$,即收益等于维修成本时,机器报废,累积利润最大. 因此

$$81-\frac{1}{4}t^2=2t^2,$$

解得 $t=6$(年). 所以这台机器使用 6 年后应报废,6 年的累积利润为

$$\mathrm{TL}(6)=\int_0^6[R(t)-C(t)]\,\mathrm{d}t=\int_0^6\left(81-\frac{9}{4}t^2\right)\mathrm{d}t$$

$$=\left(81t-\frac{3}{4}t^3\right)\Big|_0^6=324.$$

所以这台机器使用 6 年后应报废,6 年的累积利润为 324 万元.

案例 3.4.8 某厂生产某种产品的边际成本为 $C'(x)=2$(单位:元/件),固定成本为1 000元,而边际收入为 $R'(x)=20-0.02x$(单位:元/件),其中,x 为产量.求:

(1) 总利润最大时的产量;

(2) 总利润的最大值;

(3) 生产1 000件产品时的总利润.

解 (1) 由于边际利润等于边际收入和边际成本的差,所以

$$L'(x)=R'(x)-C'(x)=20-0.02x-2=18-0.02x.$$

令 $L'(x)=0$,得唯一驻点 $x=900$.又 $L''(x)=-0.02<0$,所以当 $x=900$ 件时总利润最大.

(2) 由微积分基本公式,得

$$L(900)-L(0)=\int_0^{900}L'(x)\,\mathrm{d}x=\int_0^{900}(18-0.02x)\,\mathrm{d}x$$

$$=(18x-0.01x^2)\Big|_0^{900}=8\ 100(元).$$

因为

$$L(0)=R(0)-C(0)=-1\ 000,$$

所以最大利润

$$L(900)=8\ 100-1\ 000=7\ 100\ (元).$$

(3) 由微积分基本公式,得

$$L(1\ 000)-L(0)=\int_0^{1\ 000}L'(x)\,\mathrm{d}x=\int_0^{1\ 000}(18-0.02x)\,\mathrm{d}x$$

$$=(18x-0.01x^2)\Big|_0^{1\ 000}=8\ 000(元).$$

因为

$$L(0)=R(0)-C(0)=-1\ 000,$$

所以生产1 000件产品的总利润为

$$L(1\ 000)=8\ 000-1\ 000=7\ 000\ (元).$$

同步实践 3.4.2

1. 计算下列定积分.

(1) $\int_0^1(3x^2+\mathrm{e}^x)\,\mathrm{d}x$;　　(2) $\int_0^1(x^2+x+3)\,\mathrm{d}x$;

(3) $\int_{-\pi}^{\pi}\sin x\,\mathrm{d}x$.

2. 若 $\int_0^1 x(2a-x)\,\mathrm{d}x=\frac{1}{3}$,则 $a=$________.

3. 某产品的边际成本为 $C'(x)=300-0.6x$,则产量 x 由100增加到400追加的成本为(　　).

A. 46 000　　B. 45 000　　C. 47 000　　D. 48 000

4. 已知某商场销售电视机的边际利润为 $L'(x)=250-\frac{x}{40}$（x 为产量，$x>20$），则从生产 60 台到生产 100 台所增加的利润为（　　）.

A. 9 980　　B. 9 960　　C. 9 920　　D. 9 950

扩展阅读

定积分中蕴含的哲学思想

3.4 微积分基本公式同步实践答案

§3.5 积分思想的再认识——微元法及其应用

为了更好地运用定积分方法解决实际问题，3.3 节中介绍的分割、近似代替、求和、取极限的定积分思想，可以用微元累积的思想进行再认识.

定积分几何应用——微元法

3.5.1 微元法

首先回顾一下解决曲边梯形面积问题的过程.

（1）**分割**　将区间 $[a, b]$ 任意分割为 n 个小区间 $[x_0, x_1]$，$[x_1, x_2]$，…，$[x_{n-1}, x_n]$，此时，曲边梯形被相应地分割成 n 个小曲边梯形 ΔA_1，ΔA_2，…，ΔA_n，且

$$A=\sum_{i=1}^{n}\Delta A_i.$$

（2）**近似代替**　不妨取 $[x_{i-1}, x_i]$ 的左端点 x_{i-1} 作为 ξ_i，用小矩形作为小曲边梯形面积 ΔA_i 的近似值，即

$$\Delta A_i\approx f(x_{i-1})\Delta x_i.$$

（3）**求和**　曲边梯形的面积为

$$A\approx\sum_{i=1}^{n}f(x_{i-1})\Delta x_i.$$

（4）**取极限**

$$A=\lim_{\lambda\to 0}\sum_{i=1}^{n}f(x_{i-1})\Delta x_i=\int_a^b f(x)\,\mathrm{d}x.$$

上述四步可简化为如下两步：

（1）如图 3-3，在分割的基础上确定微元（即小矩形的面积）：

$$\Delta A\approx f(x)\Delta x=f(x)\,\mathrm{d}x.$$

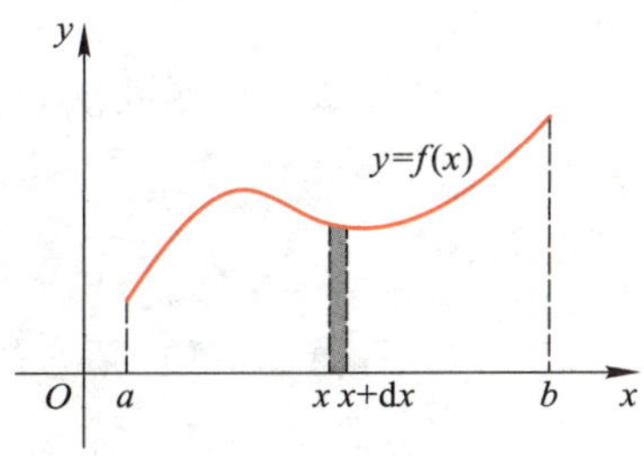

图 3-3

（2）先累积微元再求极限（对所求小矩形面积求和并求极限），从而得到 $[a, b]$ 上对微元的积分：

$$A=\int_a^b f(x)\,dx.$$

这种先求整体量的微元,再用定积分求整体量的方法称为**微元法**.

一般地,要求连续函数 $f(x)$ 在闭区间 $[a,b]$ 上的总量,可分两步完成:

(1) 求微元 $f(x)\,dx$;

(2) 求总量(积分) $\int_a^b f(x)\,dx$.

在经济学中,常见的问题是已知边际函数求原函数在某区间上的总量,如已知边际成本求总成本、已知边际利润求总利润、已知边际产量求总产量等.这类问题只需将边际函数视为图 3-3 中的函数 $f(x)$(边际函数也是函数),确定微元后积分即可.

情境引例 3.5.1 设某种产品其总产量的变化率(即边际产量)是时间 t 的连续函数 $P=P(t)$,求从第 a 年到第 b 年的总产量.

分析 用微元法求解这个问题,先求微元再积分.

(1) **求微元** 时间段 $[a,b]$ 中任意一小时间段 $[t,t+dt]$ $(t\in[a,b])$ 上产量近似值(也就是**微元**)为

$$dQ=P(t)\,dt.$$

(2) **求积分**(相当于求微元累加再求极限) 将微元在 $[a,b]$ 上积分,即得第 a 年到第 b 年的总产量为

$$Q=\sum_{t\in[a,b]}dQ=\int_a^b dQ=\int_a^b P(t)\,dt.$$

定积分在几何方面有着广泛的应用,可以利用定积分的微元法计算平面图形的面积、旋转体的体积、平面曲线的弧长等,这里只介绍利用定积分微元法计算不规则平面图形的面积的基本方法.

例 3.5.1 计算由两条抛物线 $y^2=x$ 与 $y=x^2$ 所围成的图形的面积.

解 法 1 如图 3-4 所示,解方程组 $\begin{cases}y^2=x,\\ y=x^2\end{cases}$ 得两抛物线的交点为 $(0,0)$ 和 $(1,1)$.

由微元法,在所围图形区域内任取一个小窄条矩形微元(图中阴影部分),微元的面积为

$$dS=(\sqrt{x}-x^2)\,dx.$$

再将微元在区间 $[0,1]$ 上积分,即得所围区域的积分表达式为

$$S=\int_0^1(\sqrt{x}-x^2)\,dx.$$

最后通过牛顿-莱布尼茨公式计算得

$$S=\int_0^1(\sqrt{x}-x^2)\,dx=\left(\frac{2}{3}x^{\frac{3}{2}}-\frac{1}{3}x^3\right)\Bigg|_0^1=\frac{1}{3}.$$

法 2　所要求的区域是由两个曲边三角形 $OMBA$ 与 $OmBA$ 相减得来，由定积分的几何意义，这两个曲边三角形的面积分别对应两个定积分：

$$S_{OMBA}=\int_0^1\sqrt{x}\,\mathrm{d}x \text{ 与 } S_{OmBA}=\int_0^1 x^2\,\mathrm{d}x,$$

它们相减，即为所求，即

$$S=\int_0^1\sqrt{x}\,\mathrm{d}x-\int_0^1 x^2\,\mathrm{d}x=\left(\frac{2}{3}x^{\frac{3}{2}}-\frac{1}{3}x^3\right)\Big|_0^1=\frac{1}{3}.$$

例 3.5.2　求由抛物线 $y^2=2x$ 与直线 $y=x-4$ 围成的平面图形的面积.

解　如图 3-5，先求抛物线与直线的交点，解方程组 $\begin{cases}y^2=2x,\\ y=x-4\end{cases}$ 得交点 $(2,-2)$ 和 $(8,4)$. 可选择 y 作积分变量，$y\in[-2,4]$，则所求面积

$$S=\int_{-2}^{4}\left[(y+4)-\frac{y^2}{2}\right]\mathrm{d}y=\left(\frac{y^2}{2}+4y-\frac{y^3}{6}\right)\Big|_{-2}^{4}=18.$$

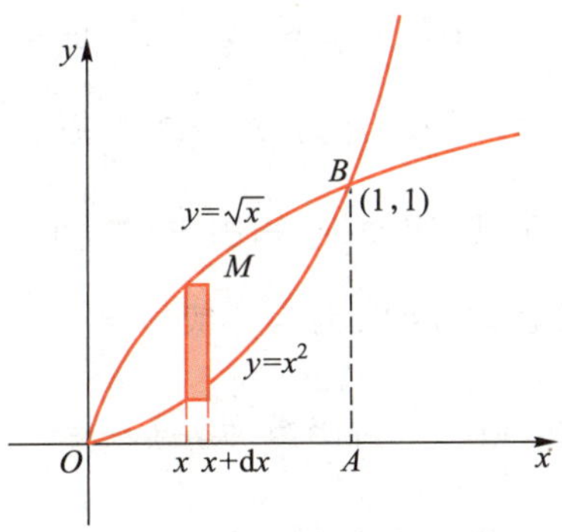

图 3-4

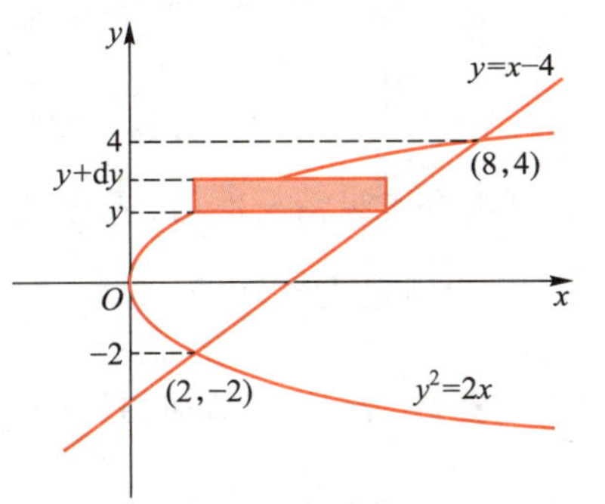

图 3-5

思考

例 3.5.2 的求解中如果选择 x 作积分变量，会怎样求解呢？

如果选择 x 作积分变量，$x\in[0,8]$，则所求平面图形的面积要分块，即

$$S=\int_0^2\left[\sqrt{2x}-(-\sqrt{2x})\right]\mathrm{d}x+\int_2^8\left[\sqrt{2x}-(x-4)\right]\mathrm{d}x=18.$$

显然求解过程比较复杂. 因此，在求平面图形面积时，要选择适当的积分变量，使计算简便.

小贴士

微元法求不规则平面图形面积的基本步骤可归纳如下：

(1) 画草图；

(2) 求曲线交点坐标；

(3) 根据图形的形状选择积分变量，确定积分上、下限与被积函数；

(4) 计算定积分.

同步实践 3.5.1

1. 曲线 $y^2=\frac{1}{2}x$ 与直线 $x=0, y=2$ 所围成的图形的面积为(　　).

A. $\frac{26}{3}$　　B. $\frac{46}{3}$　　C. $\frac{16}{3}$　　D. $\frac{56}{3}$

2. 曲线 $y=\frac{1}{x}$ 与直线 $y=x, x=2$ 所围成的图形面积为(　　).

A. $\frac{2}{3}$　　B. $\frac{2}{3}-\ln 2$　　C. $\frac{3}{2}-\ln 2$　　D. 1

3. 曲线 $y=\ln x$ 与直线 $y=\ln 2, y=\ln 7$ 及 $x=0$ 所围成的图形面积为(　　).

A. $\frac{2}{3}$　　B. 1　　C. 3　　D. 5

由变化率求总量、增量、平均量

3.5.2 由变化率(边际函数)求总量、增量、平均量

由微元法知,已知函数 $u(x)$ 的变化率(边际函数) $u'(x)$,则在区间 $[a,b]$ 上,$u(x)$ 的增量为 $\Delta u=\int_a^b u'(x)\mathrm{d}x$;在 $x=b$ 时总量为 $u(b)=\int_a^b u'(x)\mathrm{d}x+u(a)$;总量函数 $u(x)=\int_a^x u'(t)\mathrm{d}t+u(a)$. a 可根据实际情况取值,通常以 $u(a)$ 已知为原则.例如,已知固定成本时,通常取 $a=0$,因为 $u(0)$ 为固定成本;再如,求收益函数时,通常也取 $a=0$,因为一般情况下,$R(0)=0$.

案例 3.5.1 已知销售某产品 x 单位时,边际收益函数为 $R'(x)=200-\frac{x}{50}$(单位:元/单位),试求销售这种产品 2 000 单位时的总收益和平均收益.

解 (1) **求微元** 总收益在产量为 x 时的微元为

$$\mathrm{d}R=R'(x)\mathrm{d}x=\left(200-\frac{x}{50}\right)\mathrm{d}x.$$

(2) **求积分** 在区间 $[0,2\,000]$ 上累积收益为

$$\begin{aligned}R(2\,000)-R(0)&=\int_0^{2\,000}\left(200-\frac{x}{50}\right)\mathrm{d}x\\&=\left(200x-\frac{1}{100}x^2\right)\Big|_0^{2\,000}\\&=360\,000(\text{元}).\end{aligned}$$

因为 $R(0)=0$,所以销量为 2 000 单位时的总收益 $R(2\,000)=360\,000$(元).

销量为 2 000 单位时的平均收益为

$$\overline{R}(2\,000)=\frac{R(2\,000)}{2\,000}=\frac{360\,000}{2\,000}=180(\text{元/单位}).$$

案例 3.5.2 已知生产某产品 x 单位时,边际成本函数为 $C'(x)=200$(单位:元/单位),固定成本为 100 000(单位:元),试求生产这种产品 1 000 单位时的总成本和平均成本.

解 $x=1\ 000$ 单位时的总成本为

$$C(1\ 000)=\int_0^{1\ 000}200\mathrm{d}x+C(0)=200x\Big|_0^{1\ 000}+100\ 000=300\ 000(\text{元}).$$

$x=1\ 000$ 时平均成本为

$$\overline{C}(1\ 000)=\frac{C(1\ 000)}{1\ 000}=300(\text{元/单位}).$$

同步实践 3.5.2

1. 已知生产某种商品时，边际成本为 $C(Q)=Q^2-4Q+4$（单位：万元/t），其中，Q 为产量，固定成本为 6 万元，则成本函数为________.

2. 已知生产某种商品时，边际收益为 $R'(Q)=15-2Q$（单位：万元/t），其中，Q 为产量，则产量为 10 t 时的总收益为________.

3. 在月球上，由重力产生的加速度是 1.6 $\mathrm{m/s^2}$，如果一块岩石下落，它在 30 s 后快撞击底部之前的速度等于（　　）

A. 31.6　　B. 33.2　　C. 58　　D. 48

4. 已知生产某款服装的边际成本函数为 $C'(Q)=600-2Q$（单位：元/件），其中，Q 为产量，固定成本为 1 万元，则该服装产量从 100 件再增加 100 件时，需要追加的投资为（　　）万元.

A. 3　　B. 8　　C. 5　　D. 6

*5. 已知销售某种产品 x 件时，总收益 $R(x)$ 的变化率（边际收益）为 $R'(x)=1\ 000-\dfrac{x}{2}$（$x\geqslant0$），求平均收益函数.

3.5.3 连续计息时资金流的现值与终值

股市的成交额、银行系统存款额等都是随时间变化的资金流，若已知资金流为 $A(t)(t\in[0,T])$，如何按连续复利计算该资金流的现值与终值呢？

现值与终值

由 1.5 节知，有 a 元货币，按年利率 r 进行连续复利计算，t 年后的终值即本息和为 $a\mathrm{e}^{rt}$元；反过来，若 t 年后有货币 a 元，则按连续复利计算，现值应为 $a\mathrm{e}^{-rt}$元.

情境引例 3.5.2 设在时间段 $[0,T]$ 内的资金流为 $A(t)$，按年利率 r 进行连续复利计算，求在 $[0,T]$ 内资金流的现值与终值.

分析 （1）**求微元** 在时刻 t 资金流的金额的微元为 $A(t)\mathrm{d}t$，对应的现值的微元为

$$\mathrm{d}R_0=[A(t)\mathrm{d}t]\mathrm{e}^{-rt}=A(t)\mathrm{e}^{-rt}\mathrm{d}t.$$

在时刻 t 资金流的金额的微元 $A(t)\mathrm{d}t$ 对应的终值的微元为

$$\mathrm{d}R_T=A(t)\mathrm{e}^{r(T-t)}\mathrm{d}t.$$

（2）**求积分** 在 $[0,T]$ 内资金流现值的总量为

$$R_0=\int_0^T \mathrm{d}R_0=\int_0^T A(t)\mathrm{e}^{-rt}\mathrm{d}t. \tag{3.3}$$

若资金流是稳定的,即 $A(t)=A$(常数),则

$$R_0=\int_0^T A\mathrm{e}^{-rt}\mathrm{d}t=-\frac{A}{r}\mathrm{e}^{-rt}\Big|_0^T=\frac{A}{r}(1-\mathrm{e}^{-rT}). \tag{3.4}$$

在 $[0,T]$ 内资金流的终值的总量为

$$R_T=\int_0^T A(t)\mathrm{e}^{r(T-t)}\mathrm{d}t. \tag{3.5}$$

若资金流是稳定的,即 $A(t)=A$(常数),则

$$R_T=\int_0^T A\mathrm{e}^{r(T-t)}\mathrm{d}t=\frac{-A\mathrm{e}^{rT}}{r}\mathrm{e}^{-rt}\Big|_0^T=\frac{A\mathrm{e}^{rT}}{r}(1-\mathrm{e}^{-rT})=\frac{A}{r}(\mathrm{e}^{rT}-1). \tag{3.6}$$

显然有

$$R_T=R_0\mathrm{e}^{rT}.$$

情境引例 3.5.3 设连续 3 年内各时刻有稳定的收益流 15 000(元),且年利率为 7.5%,用连续复利计算其收益现值.

解 这里 $A(t)=15\ 000$, $r=0.075$,由式(3.3),知其现值为

$$\begin{aligned}R_0&=\int_0^3 A(t)\mathrm{e}^{-rt}\mathrm{d}t=\int_0^3 15\ 000\mathrm{e}^{-0.075t}\mathrm{d}t\\&=-\frac{15\ 000}{0.075}\mathrm{e}^{-0.075t}\Big|_0^3\approx 40\ 297(\text{元}).\end{aligned}$$

案例 3.5.3 设某企业投资 400 万元,经测算,该企业在 $T=10$ 年中可以有稳定的收益流 $A(t)=100$ 万元,若年利率为 $r=10\%$,试求:

(1) 该投资纯收益的现值;

(2) 收回该笔投资的年限.

解 (1) 投资 $T=10$ 年中获得收益的现值是

$$\begin{aligned}R_0&=\int_0^T A\mathrm{e}^{-rt}\mathrm{d}t=\int_0^{10}100\mathrm{e}^{-0.1t}\mathrm{d}t=-\frac{100}{0.1}\mathrm{e}^{-0.1t}\Big|_0^{10}\\&=1\ 000(1-\mathrm{e}^{-1})\approx 632.1(\text{万元}).\end{aligned}$$

所以投资获得的纯收益的现值为

$$R_0-400=632.1-400=232.1(\text{万元}).$$

(2) 收回投资的时间也就是总收益现值等于投资额的时间,设 T 年后收回投资,则

$$\begin{aligned}R_0&=\int_0^T A\mathrm{e}^{-rt}\mathrm{d}t=\int_0^T 100\mathrm{e}^{-0.1t}\mathrm{d}t=-\frac{100}{0.1}\mathrm{e}^{-0.1t}\Big|_0^T\\&=1\ 000(1-\mathrm{e}^{-0.1T})=400.\end{aligned}$$

整理,得

$$\mathrm{e}^{-0.1T}=0.6.$$

两边取自然对数,得

$$T\approx 5.1(\text{年}).$$

所以该投资 10 年中所得的纯利润的现值为 232.1 万元，资金的回收期约为 5.1 年.

同步实践 3.5.3

1. 假设银行的年利率为 5%，每年的收益流为 1 000 元，10 年的连续收益流的现值为(　　).(已知 $e^{-0.15}\approx 0.860\ 708$，$e^{-0.5}\approx 0.606\ 531$，$e^{-5.0}\approx 0.006\ 738$)

A. 7 871.4　　B. 7 869.38　　C. 7 870　　D. 7 880

2. 设某项投资连续 3 年保持收益为 10 000 元/年，且连续复利的年利率稳定在 6.5%，则其收益现值为(　　).(已知 $e^{-0.195}\approx 0.822\ 835$，$e^{-0.065}\approx 0.937\ 067$，$e^{-6.5}\approx 0.001\ 503$)

A. 9 682　　B. 27 256.15　　C. 153 614　　D. 153 614.92

3. 某投资公司做一笔投资，如果投资成本为 0.7 亿元，每年均匀收益 1 千万元，投资年利率为 5%，则该投资 10 年的纯收益的现值为(　　).(已知 $e^{-0.15}\approx 0.860\ 708$，$e^{-0.5}\approx 0.606\ 531$，$e^{-5.0}\approx 0.006\ 738$)

A. 0.836 9 亿元　　B. 0.086 9 亿元　　C. -0.086 9 亿元　　D. 0.368 2 亿元

*3.5.4 消费者剩余和生产者剩余

消费者剩余与生产者剩余

在市场经济中，商品的需求量与供给量都是价格的函数，在经济学中，常用纵坐标表示价格 P，横坐标表示需求量(或供给量)Q. 用需求曲线表示需求函数 $P=D(Q)$，用供给曲线表示供给函数 $P=S(Q)$. 在市场机制下，商品数量和价格在不断调整，最后达到需求量与供给量的均衡，需求量和供给量相等时的数量和价格称为**均衡数量**和**均衡价格**，分别用 Q^* 和 P^* 表示. Q^* 和 P^* 正好是供给曲线与需求曲线的交点(**供需平衡点**)E 的横坐标和纵坐标，如图 3-6 所示.

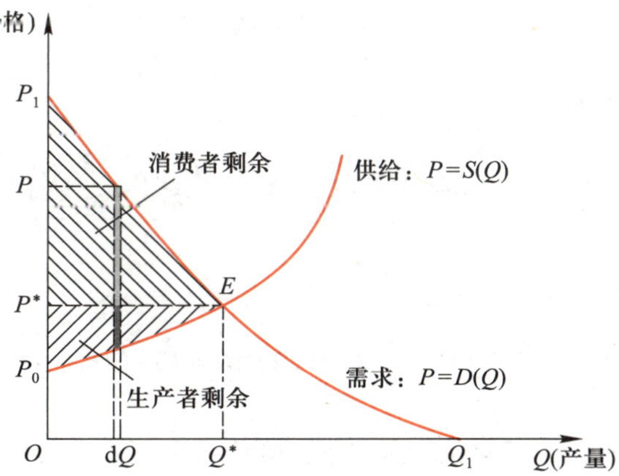

图 3-6

在图 3-6 中，P_0 是供给曲线在价格坐标轴上的截距，也就是当价格为 P_0 时，供给量是零，只有价格高于 P_0 时，才有供给量. 而 P_1 是需求曲线的截距，当价格为 P_1 时，需求量为零，只有价格低于 P_1 时，才有需求. Q_1 表示当商品赠送(免费)时的最大需求量.

在市场经济中，有时某些消费者对某种商品愿意付出比市场价格 P^* 更高的价格，但实际所支付的是市场价格 P^*，因此，他们可节省费用，所节省的费用总量称为**消费者剩余**（**CS**）. 如图 3-6，在需求量 Q ($Q\in[0,Q^*]$)时，消费者剩余的微元为

$$[D(Q)-P^*]\mathrm{d}Q,$$

故消费者剩余为

$$\mathrm{CS}=\int_0^{Q^*}[D(Q)-P^*]\mathrm{d}Q=\int_0^{Q^*}D(Q)\mathrm{d}Q-P^*Q^*,$$

其中，$\int_0^{Q^*}D(Q)\mathrm{d}Q$ 表示愿意付出比 P^* 更高价格的消费者的总消费额，P^*Q^* 表示实际消费额，两者之差为消费者节省的费用，即消费者剩余.

同理，对生产者来说，有时也有一些生产者愿意以比市场价格 P^* 更低的价格出售他们的商品，但实际按市场价出售他们的产品. 实际销售额高于生产者的意愿销售额，超出部分即为**生产者剩余**（**PS**）. 如图 3-6，在供给量为 Q ($Q\in[0,Q^*]$)时，生产者剩余的微元为

$$[P^*-S(Q)]\mathrm{d}Q,$$

故生产者剩余为

$$\mathrm{PS}=\int_0^{Q^*}[P^*-S(Q)]\mathrm{d}Q=P^*Q^*-\int_0^{Q^*}S(Q)\mathrm{d}Q.$$

案例 3.5.4　设某商品的需求函数为 $P=D(Q)=24-3Q$，供给函数为 $P=S(Q)=2Q+9$，其中，Q 为需求量（供给量），如图 3-7 所示. 求：

(1) 市场均衡点及消费者剩余和生产者剩余；

(2) 若政府对该商品征收消费税 2 元/单位产品，求新的市场均衡点、政府征收到的消费税总额，以及消费者和生产者各分摊的税收额.

解　(1) 首先求出均衡价格 P^* 与均衡数量 Q^*，由 $24-3Q=2Q+9$，解得

$$P^*=15,Q^*=3.$$

所以消费者剩余为

$$\mathrm{CS}=\int_0^3(24-3Q)\mathrm{d}Q-15\times3=\left(24Q-\frac{3}{2}Q^2\right)\Big|_0^3-45=\frac{27}{2};$$

生产者剩余为

$$\mathrm{PS}=45-\int_0^3(2Q+9)\mathrm{d}Q=45-(Q^2+9Q)\Big|_0^3=9.$$

(2) 政府对该商品征收消费税 2 元/单位产品后，厂家将消费税计入成本，产生新的供给曲线 S_1: $P=2Q+11$，如图 3-8 所示，与需求曲线的新交点为 E_1，消费税总额为四边形 $GCE_1P_1^*$ 的面积，消费者分摊的税收为四边形 $P^*FE_1P_1^*$ 的面积，生产者分摊的税收为四边形 $GCFP^*$ 的面积. 先求均衡价格及数量，由

$$2Q+11=24-3Q,$$

解得

$$Q^*=\frac{13}{5}.$$

所以消费税总额为

$$T=2Q_1^*=2\times\frac{13}{5}=\frac{26}{5}.$$

消费者分摊的税收为

$$T_C=(P_1^*-P^*)Q_1^*=\left(\frac{81}{5}-15\right)\times\frac{13}{5}=\frac{78}{25};$$

生产者分摊的税收为

$$T_S=[2-(P_1^*-P^*)]Q_1^*=T-T_C=\frac{26}{5}-\frac{78}{25}=\frac{52}{25}.$$

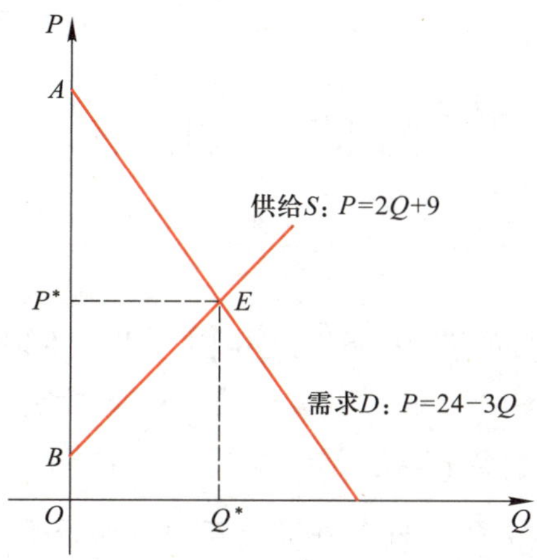

图 3-7

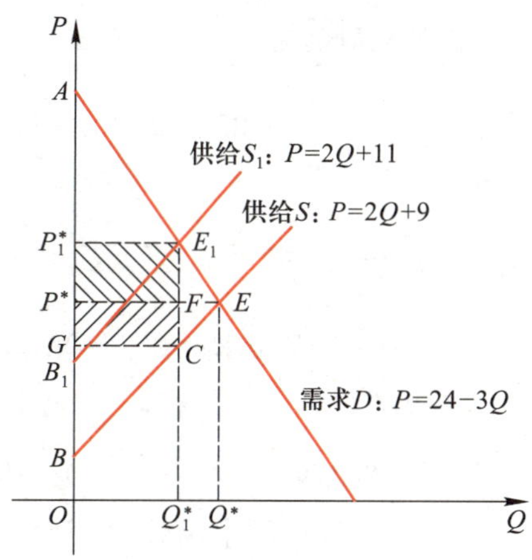

图 3-8

小贴士

案例 3.5.4 中，由于需求曲线比较陡，供给曲线比较平，故消费者分摊的税收较多.也就是说，当需求弹性比供给弹性小时，消费者分摊的税收较多；若需求曲线比较平，供给曲线比较陡，即供给弹性比需求弹性小时，生产者分摊的税收较多.

例如，香烟的需求缺乏弹性，香烟的供给富于弹性，故对香烟征收消费税，主要是吸烟者承担.国家对香烟征收较高的消费税，提高了吸烟者的成本，从而可以在一定程度上减少吸烟者的数量，是科学合理的.而汽车的需求富于弹性，汽车的供给缺乏弹性，故对汽车征收消费税，主要是汽车的生产厂家承担.如果国家对汽车征收过高的消费税，则会影响汽车生产厂家的技术革新，影响汽车生产厂家的竞争力.因而国家在制定税收政策时，必须综合考虑消费者和生产者承担税收的情况，才能制定出科学合理的政策.

案例 3.5.5 设某种商品的需求曲线的点集和供给曲线的点集分别是

$$D=\{(Q,P)\mid Q+200P=2\,600\},\quad S=\{(Q,P)\mid Q-100P=-1\,000\},$$

求在市场均衡价格和均衡数量基础上的消费者剩余和生产者剩余.

解 由

$$\begin{cases}Q+200P=2\,600,\\ Q-100P=-1\,000,\end{cases}$$

得均衡价格 $P^*=12$ 和均衡数量 $Q^*=200$.

由需求曲线的点集和供给曲线的点集，可得需求函数为

$$P=D(Q)=\frac{2\,600-Q}{200}=13-\frac{Q}{200},$$

供给函数为

$$P=S(Q)=\frac{1\,000+Q}{100}=10+\frac{Q}{100}.$$

故消费者剩余为

$$\mathrm{CS}=\int_0^{200}\left(13-\frac{Q}{200}\right)\mathrm{d}Q-12\times200=\left(13Q-\frac{Q^2}{400}\right)\Big|_0^{200}-2\,400=100,$$

生产者剩余为

$$\mathrm{PS}=12\times200-\int_0^{200}\left(10+\frac{Q}{100}\right)\mathrm{d}Q=2\,400-\left(10Q+\frac{Q^2}{200}\right)\Big|_0^{200}=200.$$

同步实践 3.5.4

1. 已知需求函数 $P=25-2Q$，其中，P 为价格，Q 为需求量，则当 $P^*=5$ 时的消费者剩余为（　　）.

A. 100　　B. 10　　C. 50　　D. 20

2. 给定需求函数 $P=35-Q^2$ 和供给函数 $P=3+Q^2$，在完全竞争的假设下，生产者剩余为（　　）.

A. $\frac{128}{5}$　　B. $\frac{128}{3}$　　C. $\frac{138}{3}$　　D. $\frac{138}{5}$

3. 已知需求函数为 $P=30-4Q$，其中，P 为价格，Q 为需求量，则当均衡价格 $P^*=10$ 时的消费者剩余为（　　）.

A. 100　　B. 20　　C. 10　　D. 50

*3.5.5 洛伦茨曲线的拟合与基尼系数的计算

经济学中，常用洛伦茨曲线与基尼系数来刻画社会收入分配的公平状况，在社会抽样调查的基础上，得到社会收入分配的原始数据，再根据这些数据用幂函数来拟合洛伦茨曲线，并在此基础上计算基尼系数.

设抽样调查得到社会收入分配的原始数据为 $a_i(i=1,2,\cdots,n)$，将这些数据按从小到大排列为递增数列 $b_i(i=1,2,\cdots,n)$，记 $S_k=\sum\limits_{i=1}^{k}b_i(k=1,2,\cdots,n)$，并记 $y_k=\frac{S_k}{S_n}(k=1,2,\cdots,n)$，$x_k=\frac{k}{n}\ (k=1,2,\cdots,n)$. 在以占人口的百分数为 x 轴、以占收入的百分数为 y 轴的直角坐标系

中描点列(x_k,y_k) $(k=1,2,\cdots,n)$，作这些点列的拟合曲线，即为洛伦茨曲线，如图 3-9 所示. 为了方便计算基尼系数，常用幂函数 x^α 来拟合洛伦茨曲线，在点列(x_k,y_k) $(k=1,2,\cdots,n)$的基础上，可利用 MATLAB 拟合出参数 α.

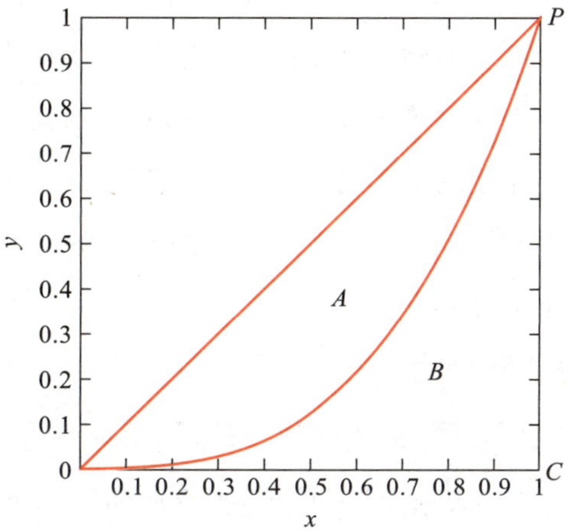

图 3-9

图 3-9 中，曲线$\overset{\frown}{OP}$为洛伦茨曲线（为简单，视其为幂函数 $y=x^\alpha$ 的图像）. 在洛伦茨曲线上横坐标间隔相等（如 10%）的两点随着横坐标增加，对应的纵坐标的差也增加，即同样百分数的人口占收入的百分数不同，说明社会收入分配不平等，且洛伦茨曲线越凹，社会收入分配越不平等.

设对角线 OP 与曲线$\overset{\frown}{OP}$围成的面积为 A，曲边三角形 OCP 面积为 B，则基尼系数为

$$G=\frac{A}{A+B}=\frac{\frac{1}{2}-\int_0^1 x^\alpha\mathrm{d}x}{\frac{1}{2}}=1-2\int_0^1 x^\alpha\mathrm{d}x=1-\frac{2}{\alpha+1}.$$

显然，基尼系数介于 0 和 1 之间，且基尼系数越小，社会收入分配越平等；基尼系数越大，社会收入分配越不平等. 基尼系数、幂指数 α 和社会收入分配状况的对应关系如表 3-1 所示.

表 3-1

基尼系数	0~0.2	0.2~0.3	0.3~0.4	0.4	0.4~0.5	0.5~1
分配的公平状况	绝对平均	比较平均	基本合理	临界点	差距较大	差距悬殊
幂指数 α	1~1.5	1.5~1.86	1.86~2.34	2.34	2.34~3	3~

扩展阅读
定积分中的古代与近现代中国元素

扩展阅读
积分学习中蕴藏的优秀品质

3.5 积分思想的再认识——微元法及应用同步实践答案

*§3.6 常微分方程初步及其应用

常微分方程的概念

在自然科学、经济管理、工程技术等领域中，常常需要从实际问题或事物的发展过程中研究变量之间的函数关系.一般情况下，这种关系是不容易建立起来的.但将已知条件经过适当处理后，往往会得到一个含有未知函数的导数或微分运算的关系式，这样的关系式就是微分方程.微分方程有着深刻的实际背景，它从生产实践与科学研究中产生，又成为现代科学技术以及经济生活中分析与解决问题的一个强有力的工具.本节将介绍微分方程的一些最基本概念、解决方法和若干应用.

3.6.1 微分方程的基本概念

情境引例 3.6.1 已知某厂生产一种产品，固定成本为100(单位:万元)，边际成本为 $C'(Q)=2Q+1$(单位:万元)，其中，Q 为产量，求该产品的成本函数 $C(Q)$.

分析 由题知，$C'(Q)=2Q+1$(单位:万元)就是一个微分方程，即

$$\frac{\mathrm{d}C(Q)}{\mathrm{d}Q}=2Q+1,$$

即

$$\mathrm{d}C(Q)=(2Q+1)\mathrm{d}Q.$$

对上式两边积分，得 $\int \mathrm{d}C(Q)=\int (2Q+1)\mathrm{d}Q$，解得

$$C(Q)=Q^2+Q+C. \tag{3.7}$$

因为固定成本为100万元，因此式(3.7)还应满足条件

$$C(0)=100,\quad 即\ C=100. \tag{3.8}$$

所以该产品的成本函数为

$$C(Q)=Q^2+Q+100. \tag{3.9}$$

可以看到，情境引例3.6.1是已知未知函数的导数(或微分)所满足的方程，求未知函数的问题，这类问题就是微分方程问题.

定义 3.5 含有未知函数的导数或微分的方程，称为**微分方程**.

例如，

$$C'(Q)=2Q+1, \tag{3.10}$$

$$y'-2x+6=0, \tag{3.11}$$

$$y''+y'=2x, \tag{3.12}$$

$$(y'')^2-3y=x. \tag{3.13}$$

未知函数是一元函数的微分方程，称为**常微分方程(简称微分方程)**，上述方程均为常微分方程.未知函数是多元函数的微分方程，称为**偏微分方程**，属于多元函数微积分的内容.

本教材只介绍常微分方程.

微分方程中,未知函数导数的最高阶数,称为这个方程的**阶**.例如,式(3.10)、(3.11)为一阶常微分方程,(3.12)、(3.13)为二阶常微分方程.

一般地,n 阶微分方程的形式是 $F(x,y,y',\cdots,y^{(n)})=0$,其中,$y^{(n)}$ 是必须出现的,而 $x,y,y',\cdots,y^{(n-1)}$ 可以不出现.

定义 3.6 如果将一个函数代入微分方程中,使方程成为恒等式,则这个函数称为该**微分方程的解**.求微分方程的解的过程称为**解微分方程**.

如果微分方程的解中含有任意常数,且独立的任意常数的个数与微分方程的阶数相同,则把这样的解称为**微分方程的通解**,如式(3.7).

利用给定的一些条件将通解中的任意常数确定后所得到的解,称为微分方程满足这些条件的**特解**,如式(3.9),并把这些条件称为微分方程的**初始条件**,如式(3.8).

小贴士

(1) 如果不特别声明,也没有给出初始条件,解微分方程就是求微分方程的通解.

(2) 特解与通解都是方程的解,特解中不含任意常数,而通解中含有任意常数,且含独立的任意常数的个数和微分方程的阶数相等.

(3) 一个函数是否为微分方程的解(含通解和特解),可以通过将函数及其各阶导数代入微分方程的左、右两端进行验证,如果能使方程两端恒等,则所验证的函数就是该微分方程的解,否则不是.

微分方程由于阶数不同,有不同的解法,本节接下来只讨论一些特殊类型的一阶常微分方程的解法.

同步实践 3.6.1

1. 微分方程 $(y'')^3+(y')^2-x=0$ 的阶数是(　　).

A. 一阶　　B. 二阶　　C. 三阶　　D. 四阶

2. 下列方程中是常微分方程的是(　　).

A. $x^2+y^2=a^2$　　B. $y+\dfrac{\mathrm{d}}{\mathrm{d}x}(\mathrm{e}^{\arctan x})=0$

C. $\dfrac{\partial^2 u}{\partial x^2}+\dfrac{\partial^2 u}{\partial y^2}=0$　　D. $\sin x\mathrm{d}y+y^2\mathrm{d}x=0$

3. 已知函数 $y=\dfrac{1}{2}\ln^2 x+C$ 是微分方程 $xy'=\ln x$ 的通解,则满足初始条件 $y|_{x=1}=3$ 的特解是________.

4. 指出下列微分方程的阶数.

(1) $y'=y^2+x^3$;　(2) $y^2y'''+1=0$;　(3) $(y')^2-4=0$;　(4) $y^{(4)}-2y'''+y'=0$.

可分离变量的一阶微分方程

3.6.2 可分离变量的一阶微分方程

定义 3.7 形如

$$\frac{\mathrm{d}y}{\mathrm{d}x}=f(x)g(y) \tag{3.14}$$

的微分方程，称为可分离变量的微分方程，其中，$f(x)$，$g(y)$都是连续函数，根据这种方程的特点，可以通过积分来求解.

(1) 如果 $g(y)\neq 0$，式(3.14)两端同乘 $\mathrm{d}x$，同除以 $g(y)$，得

$$\frac{\mathrm{d}y}{g(y)}=f(x)\mathrm{d}x.$$

上式的左边只含变量 y，右边只含变量 x，因此这一步称为分离变量.对上式两边积分，得

$$\int\frac{\mathrm{d}y}{g(y)}=\int f(x)\mathrm{d}x,$$

$$G(y)=F(x)+C,$$

其中，$G(y)$，$F(x)$分别为$\dfrac{1}{g(y)}$，$f(x)$的一个原函数，C 为任意常数.

可以证明，上式就是微分方程$\dfrac{\mathrm{d}y}{\mathrm{d}x}=f(x)g(y)$的通解.

(2) 如果 $g(y)=0$，则可验证 $y=y_0$ 也是微分方程$\dfrac{\mathrm{d}y}{\mathrm{d}x}=f(x)g(y)$的解，此解也可不含在通解之中，这种解称为微分方程的**奇解**.本书中不讨论微分方程的奇解，在以后的求解过程中，我们均认为 $g(y)\neq 0$.

例 3.6.1 求微分方程 $\dfrac{\mathrm{d}y}{\mathrm{d}x}=-\dfrac{x}{y}$的通解.

解 将已知方程分离变量，得到

$$y\mathrm{d}y=-x\mathrm{d}x,$$

将上式两边积分，即得

$$\int y\mathrm{d}y=-\int x\mathrm{d}x,$$

$$\frac{y^2}{2}=-\frac{x^2}{2}+\frac{C}{2},$$

因而，所求微分方程的通解为

$$x^2+y^2=C \quad (C\text{ 为任意常数}).$$

例 3.6.2 求微分方程 $y'=xy$ 的通解.

解 将方程改写为

$$\frac{\mathrm{d}y}{\mathrm{d}x}=xy,$$

分离变量，得

$$\frac{\mathrm{d}y}{y}=x\mathrm{d}x,$$

两边积分，得

$$\int \frac{1}{y}\mathrm{d}y=\int x\mathrm{d}x,$$

$$\ln|y|=\frac{1}{2}x^2+C_1,$$

即

$$|y|=\mathrm{e}^{\frac{1}{2}x^2+C_1}=\mathrm{e}^{\frac{1}{2}x^2}\cdot \mathrm{e}^{C_1}=C\mathrm{e}^{\frac{1}{2}x^2}(C=\mathrm{e}^{C_1}).$$

将 $y=0$ 代入原微分方程，等式成立，所以原微分方程的通解为

$$y=C\mathrm{e}^{\frac{1}{2}x^2}(C\text{ 为任意常数}).$$

例 3.6.3 求微分方程$\frac{\mathrm{d}y}{\mathrm{d}x}=\frac{\cos x}{2y+\mathrm{e}^y}$的通解和当 $x=\pi,y=0$ 时的特解.

解 这是一个可分离变量的微分方程，将方程改写为

$$(2y+\mathrm{e}^y)\mathrm{d}y=\cos x\mathrm{d}x,$$

两边积分，得

$$\int(2y+\mathrm{e}^y)\mathrm{d}y=\int\cos x\mathrm{d}x,$$

$$y^2+\mathrm{e}^y=\sin x+C,$$

即为所求方程的通解.

将 $x=\pi,y=0$ 代入上式，得 $C=1$，故所求方程的特解为

$$y^2+\mathrm{e}^y=\sin x+1.$$

同步实践 3.6.2

1. 下列不是可分离变量的微分方程的是（ ）.

A. $y'=2x^2y$　　B. $3x^2+2x-y'=0$

C. $(x^2+y^2)\mathrm{d}x=xy\mathrm{d}y$　　D. $y'=2^{x+y}$

2. 判断给出的函数是否为相应微分方程的解.

(1) $xy'=2y,y=5x$;

(2) $xy'-y\ln y=0,y=\mathrm{e}^x$.

3. 微分方程 $y'=\frac{y}{x}$的通解为（ ）.

A. $y=Cx$　　B. $y=\frac{C}{x}$　　C. $y=Cx^2$　　D. $y=C\sqrt{x}$

4. 求下列微分方程的通解.

(1) $y\mathrm{d}y=x\mathrm{d}x$;　　(2) $\frac{\mathrm{d}y}{\mathrm{d}x}=\mathrm{e}^{x-y}$.

一阶线性微分方程

3.6.3 一阶线性微分方程

定义 3.8 形如

$$y'+P(x)y=Q(x) \tag{3.15}$$

的微分方程称为**一阶线性微分方程**,其中,$P(x)$,$Q(x)$都是 x 的连续函数.

当 $Q(x)\equiv 0$ 时,

$$y'+P(x)y=0,$$

称为**一阶线性齐次微分方程**;

当 $Q(x)\neq 0$ 时,

$$y'+P(x)y=Q(x),$$

称为**一阶线性非齐次微分方程**.

这类方程的特点是它所含的未知函数 y 及其导数 y'都是一次的,下面我们来讨论一阶线性微分方程的解法.

先求一阶线性齐次微分方程 $y'+P(x)y=0$ 的通解.

由于 $y'+P(x)y=0$ 是可分离变量的微分方程,于是可化为

$$\frac{\mathrm{d}y}{y}=-P(x)\mathrm{d}x,$$

两边积分,得

$$\int\frac{\mathrm{d}y}{y}=-\int P(x)\mathrm{d}x,$$

即

$$\ln|y|=-\int P(x)\mathrm{d}x+C_1,$$

整理,得

$$y=C\mathrm{e}^{-\int P(x)\mathrm{d}x}(C=\pm\mathrm{e}^{C_1},C\neq 0).$$

很明显,在上式中,当 $C=0$ 时,得到 $y=0$,它也是齐次微分方程 $y'+P(x)y=0$ 的解,所以一阶线性齐次微分方程的通解为

$$y=C\mathrm{e}^{-\int P(x)\mathrm{d}x}(C\text{ 为任意常数}). \tag{3.16}$$

再求一阶线性非齐次微分方程 $y'+P(x)y=Q(x)$ 的通解.很明显,它不是可分离变量的微分方程,因此不能应用前面的方法求解,我们利用**常数变易法**,将式(3.16)中的常数 C 换为待定函数 $C(x)$,即设方程(3.15)的一个解为

$$y=C(x)\mathrm{e}^{-\int P(x)\mathrm{d}x},$$

代入式(3.15)中,则有

$$[C(x)\mathrm{e}^{-\int P(x)\mathrm{d}x}]'+P(x)C(x)\mathrm{e}^{-\int P(x)\mathrm{d}x}=Q(x),$$

$$C'(x)\mathrm{e}^{-\int P(x)\mathrm{d}x}-P(x)C(x)\mathrm{e}^{-\int P(x)\mathrm{d}x}+P(x)C(x)\mathrm{e}^{-\int P(x)\mathrm{d}x}=Q(x),$$

即

$$C'(x)\mathrm{e}^{-\int P(x)\mathrm{d}x}=Q(x),$$

$$C'(x)=Q(x)\mathrm{e}^{\int P(x)\mathrm{d}x},$$

由此可得

$$C(x)=\int Q(x)\mathrm{e}^{\int P(x)\mathrm{d}x}\mathrm{d}x+C.$$

于是得到式(3.15)的通解公式为

$$y=\mathrm{e}^{-\int P(x)\mathrm{d}x}\left[\int Q(x)\mathrm{e}^{\int P(x)\mathrm{d}x}\mathrm{d}x+C\right].\tag{3.17}$$

小贴士

在求解具体的一阶线性非齐次微分方程通解时，可直接利用公式(3.17)求通解.

例 3.6.4 求微分方程 $y'+y=\mathrm{e}^{-x}$ 的通解.

解 根据一阶线性微分方程的标准形式(3.15)，知 $P(x)=1$, $Q(x)=\mathrm{e}^{-x}$，直接代入通解公式(3.17)，得

$$\begin{aligned}y&=\mathrm{e}^{-\int P(x)\mathrm{d}x}\left[\int Q(x)\mathrm{e}^{\int P(x)\mathrm{d}x}\mathrm{d}x+C\right],\\&=\mathrm{e}^{-\int \mathrm{d}x}\left(\int \mathrm{e}^{-x}\mathrm{e}^{\int \mathrm{d}x}\mathrm{d}x+C\right).\end{aligned}$$

所以所求微分方程的通解为

$$y=\mathrm{e}^{-x}\left(\int \mathrm{e}^{-x}\mathrm{e}^{x}\mathrm{d}x+C\right)=\mathrm{e}^{-x}\left[\int\frac{1}{\mathrm{e}^{x}}\mathrm{d}(\mathrm{e}^{x})+C\right]=\mathrm{e}^{-x}(x+C).$$

小贴士

在用通解公式(3.17)求解具体的一阶线性非齐次微分方程通解时，主要掌握两个关键：

(1) 把一阶线性微分方程化为标准式(3.15)的形式；

(2) 将 $P(x)$，$Q(x)$代入通解公式(3.17)，并计算.

例 3.6.5 求微分方程 $y'+2xy=2x\mathrm{e}^{-x^2}$ 满足初始条件 $y(0)=1$ 的特解.

解 对应标准形式知，$P(x)=2x$，$Q(x)=2x\mathrm{e}^{-x^2}$，由公式(3.17)，得所求的通解为

$$\begin{aligned}y&=\mathrm{e}^{-\int P(x)\mathrm{d}x}\left[\int Q(x)\mathrm{e}^{\int P(x)\mathrm{d}x}\mathrm{d}x+C\right]\\&=\mathrm{e}^{-\int 2x\mathrm{d}x}\left(\int 2x\mathrm{e}^{-x^2}\mathrm{e}^{\int 2x\mathrm{d}x}\mathrm{d}x+C\right)\\&=\mathrm{e}^{-x^2}\left(\int 2x\mathrm{e}^{-x^2}\mathrm{e}^{x^2}\mathrm{d}x+C\right)\\&=\mathrm{e}^{-x^2}\left(\int 2x\mathrm{d}x+C\right)\\&=\mathrm{e}^{-x^2}(x^2+C).\end{aligned}$$

因为 $y(0)=1$，所以 $C=1$，所以所求方程的特解为 $y=\mathrm{e}^{-x^2}(x^2+1)$.

同步实践 3.6.3

1. 下列微分方程中,为一阶线性微分方程的是(   ).

A. $xy'-y+x^2=0$ B. $y'-y^2+x^2=0$

C. $x(y')^2+y'-xy=0$ D. $y''-2y'+y=0$

2. 求下列微分方程的通解.

(1) $y'+\frac{1}{x}y=x^2 \quad (x>0)$; (2) $y'+\frac{1}{x}y=\frac{\sin x}{x} \quad (x>0)$.

微分方程在经济中的应用

3.6.4 经济应用案例

许多经济问题往往可以转化为微分方程来求解,在学习了简单的微分方程的解法后,进一步通过实例来学习微分方程在经济生活中的应用.

在经济领域中,已知边际函数,可利用不定积分求它们的原函数,一般地,有以下常见的情况(设 Q 为产量):

(1) 已知边际成本 $C'(Q)$,固定成本 C_0,则总成本函数 $C=C(Q)$ 为微分方程

$$\begin{cases}\frac{\mathrm{d}C}{\mathrm{d}Q}=C'(Q),\\ C(0)=C_0\end{cases}$$

的特解;

(2) 已知边际收益 $R'(Q)$,则总收益函数 $R=R(Q)$ 为微分方程

$$\begin{cases}\frac{\mathrm{d}R}{\mathrm{d}Q}=R'(Q),\\ R(0)=0\end{cases}$$

的特解;

(3) 已知固定成本 C_0,边际利润 $L'(Q)$,则总利润函数 $L=L(Q)$ 为微分方程

$$\begin{cases}\frac{\mathrm{d}L}{\mathrm{d}Q}=L'(Q),\\ L(0)=-C_0\end{cases}$$

的特解;

案例 3.6.1 已知某产品的纯利润 L 对广告费用 x 的变化率 $\frac{\mathrm{d}L}{\mathrm{d}x}$ 与常数 A 和纯利润 L 之差成正比,当 $x=0$ 时,$L=L_0$,试求纯利润 L 与广告费用 x 之间的函数关系.

解 根据题意,建立微分方程

$$\frac{\mathrm{d}L}{\mathrm{d}x}=k(A-L),$$

分离变量,得

$$\frac{\mathrm{d}L}{A-L}=k\mathrm{d}x,$$

两边积分,得

$$\int \frac{\mathrm{d}L}{A-L}=\int k\mathrm{d}x,$$

$$-\ln(A-L)=kx+\ln C_1,$$

$$A-L=C\mathrm{e}^{-kx}\quad\left(其中\ C=\frac{1}{C_1}\right),$$

即

$$L=A-C\mathrm{e}^{-kx}.$$

由初始条件 $x=0$ 时,$L=L_0$,解得

$$C=A-L_0.$$

所以纯利润与广告费用的函数关系为

$$L=A-(A-L_0)\mathrm{e}^{-kx}.$$

小贴士

利用微分方程解决实际问题的步骤如下:

(1) 分析问题,建立相应的微分方程,确定初始条件;

(2) 求解微分方程(包括通解和特解);

(3) 利用所得的结果解释实际问题.

案例 3.6.2 已知某产品的销售量为 Q 时,收益变化率为 $R'(Q)=100-2Q$,求销售量为 20 时的总收益.

解 由题意,知

$$\frac{\mathrm{d}R(Q)}{\mathrm{d}Q}=100-2Q,$$

分离变量,得

$$\mathrm{d}R(Q)=(100-2Q)\mathrm{d}Q,$$

于是

$$R(Q)=\int(100-2Q)\mathrm{d}Q=100Q-Q^2+C.$$

又 $R(0)=0$,所以 $C=0$,故

$$R(Q)=100Q-Q^2.$$

因此销售量为 20 时的总收益为

$$R(20)=100\times 20-20^2=1\ 600.$$

案例 3.6.3 某地区在一个已知的时期内国民收入 y 的增长率为 $\frac{1}{10}$,国民债务 N 的增长率为国民收入的 $\frac{1}{20}$,若 $t=0$ 时,国民收入为 10(单位:亿元),国民债务为 0.2(单位:亿元),求国民收入及国民债务与时间 t 的函数关系.

解 根据题意,得

$$\frac{\mathrm{d}y}{\mathrm{d}t}=\frac{1}{10},$$

所以国民收入函数为

$$y=\frac{1}{10}t+C,$$

由初始条件 $y|_{t=0}=10$,解得

$$C=10.$$

所以国民收入函数为

$$y=\frac{1}{10}t+10.$$

又由已知得

$$\frac{\mathrm{d}N}{\mathrm{d}t}=\frac{1}{20}y=\frac{1}{20}\left(\frac{1}{10}t+10\right),$$

解此微分方程得

$$N=\frac{1}{400}t^2+\frac{1}{2}t+C_1.$$

由初始条件 $N|_{t=0}=0.2$,解得

$$C_1=0.2.$$

所以国民债务函数为

$$N=\frac{1}{400}t^2+\frac{1}{2}t+\frac{1}{5}.$$

*案例 3.6.4 假设 2020 年甲省的 GDP(国民生产总值)约为 8.56 万亿元,乙省的 GDP 约为 12.53 万亿元.若甲省能保持每年 9.2%的相对增长率,乙省能保持每年 4.8%的相对增长率,那么到 2030 年,甲省的 GDP 能否超过乙省?

分析 根据已知条件,我们要把每年 GDP 的相对增长率(每年 GDP 的相对增长率指 GDP 的增长率和当年 GDP 的比值)作为突破口,建立微分方程.

解 根据题意,令 $t=0$ 代表 2020 年,并设第 t 年的 GDP 为 $p(t)$,自 2020 年起,甲省 $p(t)$ 的相对增长率为 9.2%,所以$\frac{p'(t)}{p(t)}=9.2\%$,从而得微分方程

$$\frac{\frac{\mathrm{d}p(t)}{\mathrm{d}t}}{p(t)}=9.2\%.$$

分离变量,得

$$\frac{\mathrm{d}p(t)}{p(t)}=9.2\%\mathrm{d}t.$$

两边积分,得

$$\ln p(t)=0.092t+\ln C,$$

即通解为

$$p(t)=Ce^{0.092t}.$$

由题意,将初始条件 $p(0)=8.56$ 代入通解,得 $C=8.56$.所以,从 2020 年起,第 t 年甲省

的 GDP 为

$$p(t)=8.56\mathrm{e}^{0.092t}.$$

将 $t=2\ 030-2\ 020=10$ 代入上式,得 2030 年甲省 GDP 的预测值为

$$p(10)=8.56\mathrm{e}^{0.092\times10}\approx21.48(\text{万亿元}).$$

同理,可求得 2030 年乙省 GDP 的预测值为

$$p(10)=12.53\mathrm{e}^{0.048\times10}\approx20.25(\text{万亿元}).$$

由此可以看出,甲省只要每年能保持 9.2%的相对增长率,到 2030 年,其 GDP 就会超过乙省.

同步实践 3.6.4

1. 设某产品当产量为 Q 时的边际成本函数是 $C'(Q)=100+\dfrac{2}{\sqrt{Q}}$,生产该产品的固定成本是 20,则总成本函数 $C(Q)=($　　$)$.

A. $C(Q)=100Q+2\sqrt{Q}+20$　　B. $C(Q)=100Q+\sqrt{Q}+20$

C. $C(Q)=100Q+4\sqrt{Q}-20$　　D. $C(Q)=100Q+4\sqrt{Q}+20$

2. 已知某产品的总利润 L 与广告支出 x 的函数关系为 $\dfrac{\mathrm{d}L}{\mathrm{d}x}=1-L-x$,当 $x=0$ 时,$L(0)=3$,求总利润函数.

3.6　常微分方程初步及其应用同步实践答案

*§3.7　数学实验三　利用 MATLAB 计算积分及求解微分方程

利用 MATLAB 计算积分

3.7.1　利用 MATLAB 计算积分

求积分的运算命令如表 3-2 所示.

表 3-2

运算命令	积分
int(f(x))或 int(f(x),x)	$\int f(x)\mathrm{d}x$
int(f(x),a,b)或 int(f(x),x,a,b)	$\int_a^b f(x)\mathrm{d}x$
int(f(x),a,inf)	$\int_a^{+\infty} f(x)\mathrm{d}x$

案例 3.7.1 已知某产品的边际成本函数 $C'(x)=x^{-\frac{1}{2}}+\frac{1}{2\ 000}$，$x$ 表示产量，且知 10 000 件产品的总成本是 1 200 元，求总成本函数.

解 由题意知，要求的总成本函数为

$$C(x)=\int\left(x^{-\frac{1}{2}}+\frac{1}{2\ 000}\right)\mathrm{d}x.$$

在 MATLAB 窗口输入

```
>> syms x
>> int(x^(-1/2)+1/2 000,x)
ans =
   2 * x^(1/2)+1/2 000 * x
```

所以

$$C(x)=2\sqrt{x}+\frac{1}{2\ 000}x+C.$$

再将 $C(10\ 000)=1\ 200$ 代入，即在 MATLAB 窗口输入

```
>> x=10 000,c=1 200-2 * x^(1/2)-1/2 000 * x
x=
     10000
  c=
     995
```

所以总成本函数为

$$C(x)=2\sqrt{x}+\frac{1}{2\ 000}x+995.$$

案例 3.7.2 已知某产品总产量的变化率为 $Q'(t)=70+10t-\frac{3}{10}t^2$（单位：年），求前 5 年的总产量.

解 由题意知，前 5 年的总产量为

$$Q(t)=\int_0^5\left(70+10t-\frac{3}{10}t^2\right)\mathrm{d}t.$$

在 MATLAB 窗口输入

```
>> clear
>> syms t Q
>> Q=int(70+10 * t-3/10 * t^2,t,0,5)
Q=
    925/2
```

所以前 5 年的总产量为 462.5.

案例 3.7.3 已知某产品的边际成本和边际收入分别为

$$C'(x)=x^2-4x+6,\quad R'(x)=105-2x,$$

且固定成本为 100,其中,x 为销售量.当销售量为多少时有最大利润?最大利润是多少?

解 利润函数为 $L(x)=R(x)-C(x)$,令 $L'(x)=R'(x)-C'(x)=0$.

在 MATLAB 窗口输入

```
>> clear
>> syms x dR dC dL
>> dR=105-2*x;dC=x^2-4*x+6;dL=dR-dC
dL =
  99+2*x-x^2
>> x0=solve(dL)
  x0 =
      [ -9]
      [ 11]
```

由问题的实际意义解得驻点 $x_0=11$,即销售量为 11 时利润最大. 最大利润为

$$L=\int_0^{11} L'(x)\,dx.$$

在 MATLAB 窗口输入

```
>> L=int(dL,x,0,11)
L=
  2299/3
```

所以最大利润为 766.3.

3.7.2 利用 MATLAB 求解微分方程

案例 3.7.4 求微分方程的运算命令如表 3-3.

表 3-3

运算命令	积分
ySol(x)=dsolve(ode)	$\frac{dy}{dx}=f(x,y)$
ySol(x)=dsolve(ode)	$\frac{dy}{dx}+P(x)y=Q(x)$
ySol(x)=dsolve(ode)	$ay''+by'+cy=0$
ySol_hom=dsolve(a * D2y+b * Dy+c * y==0); ySol=dsolve(ode);	$ay''+by'+cy=Q(x)$

案例 3.7.5 求微分方程 $\frac{dy}{dx}=\frac{y}{x}$ 的通解.

解 在 MATLAB 窗口输入

```
syms y(x)
ode=diff(y,x)==y/x  % 定义微分方程
ySol(x)=dsolve(ode)  % 求解微分方程(不带初始条件)
disp(ySol(x))  % 显示结果
```

解得 $y(x)=Cx$.

案例 3.7.6 求微分方程$\frac{dy}{dx}=\frac{\cos x}{2y+e^y}$的通解和当 $x=\pi, y=0$ 时的特解.

解 在 MATLAB 窗口输入

```
syms y(x)
ode=diff(y,x)==cos(x) /(2*y+exp(y))  % 定义微分方程
ySol(x)=dsolve(ode)
disp('通解:') disp(ySol(x))  % 求解微分方程(通解)
cond=y(pi)==0  % 定义初始条件
ySolCond(x)=dsolve(ode,cond)
disp('特解:')
disp(ySolCond(x))  % 求特解
```

解得 $y^2+e^y=\sin x+1$.

案例 3.7.7 求微分方程$\frac{dy}{dx}+y=e^{-x}$的通解.

解 在 MATLAB 窗口输入

```
syms y(x)
P=1  % 定义 P(x)
Q=exp(-x)  % 定义 Q(x)
ode=diff(y,x)+P*y==Q  % 定义微分方程
ySol(x)=dsolve(ode)  % 求解微分方程(通解)
disp('通解:')
disp(ySol(x))
```

解得 $y=e^{-x}(x+C)$.

案例 3.7.8 求微分方程$\frac{dy}{dx}+2xy=2xe^{-x^2}$当 $y(0)=1$ 时的特解.

解 在 MATLAB 窗口输入

```
syms y(x)
P=2*x     % 定义 P(x)
Q=2*x*exp(-x^2)    % 定义 Q(x)
ode=diff(y,x)+P*y==Q    % 定义微分方程
cond=y(0)==1    % 定义初始条件
```

```
ySol(x)=dsolve(ode,cond)     % 求解带初始条件的微分方程(特解)
disp('特解:')
disp(ySol(x))
```

解得 $y=e^{-x^2}(x^2+1)$.

案例 3.7.9　求微分方程 $y''+3y'+2y=e^x$ 的通解.

解　在 MATLAB 窗口输入

```
syms y(x)
Dy=diff(y,x)
D2y=diff(y,x,2)
ode=D2y+3*Dy+2*y==exp(x)  % 定义微分方程
ySol_hom=dsolve(D2y+3*Dy+2*y==0)  % 求解齐次方程
ySol=dsolve(ode)  % 求解非齐次方程
disp('齐次方程的通解:')  % 显示通解
disp(ySol_hom)
disp('非齐次方程的通解:')
disp(ySol)
```

解得 $y=\frac{1}{6}e^x+C_1e^{-x}+C_2e^{-2x}$

案例 3.7.10　求微分方程 $y''+4y'+4y=e^{-2x}$ 当 $y(0)=1,y'(0)=0$ 时的特解.

解　在 MATLAB 窗口输入

```
syms y(x)
Dy=diff(y,x)
D2y=diff(y,x,2)
ode=D2y+4*Dy+4*y==exp(-2*x)     % 定义微分方程
conds=[y(0)==1,Dy(0)==0]     % 定义初始条件
ySol(x)=dsolve(ode,conds)     % 求解微分方程
disp('带初始条件的特解:')     % 显示通解
disp(ySol(x))
```

解得 $y=e^{-2x}+2xe^{-2x}+\frac{1}{2}x^2e^{-2x}$.

综合应用三

第一部分 基础巩固与案例实践

1. 求下列不定积分.

(1) $\int e^{5t}dt$; (2) $\int \cos(2x-1)dx$; (3) $\int (3-2x)^3 dx$;

(4) $\int \frac{dx}{1-2x}$; (5) $\int \frac{x}{\sqrt{x^2+1}}dx$; (6) $\int \frac{x}{(1+x^2)^2}dx$.

2. 已知边际收益为 $R'(x)=78-2x$,其中,x 为产量.设 $R(0)=0$,求收益函数 $R(x)$.

3. 已知某产品的总成本的变化率(即边际成本)是 $C'(x)=5+\frac{23}{\sqrt{x}}$,其中,$x$ 为产量.又已知固定成本是 1 000元,求总成本函数.

4. 设某工厂生产 x 件产品的边际费用为 $160x^{-\frac{1}{2}}$元,现制造 400 件产品的费用为 6 800 元,试求费用函数.

5. 已知边际成本为 $C'(x)=100-2x$,求产量由 $x=20$ 增加到 $x=30$ 时,应追加的成本数.

6. 某地区居民购买冰箱的消费支出对收入 x 的变化率为 $W'(x)=\frac{1}{200\sqrt{x}}$,当居民收入由 4 亿元增加至 9 亿元时,购买冰箱的消费支出增加了多少?

7. 已知某商场销售电视机的边际利润为 $L'(x)=250-\frac{x}{40}$ (x 为销售量,$x>0$),固定成本为1 000.试求:

(1) 售出 40 台电视机的总利润;

(2) 当售出 60 台电视机时,前 30 台电视机与后 30 台电视机的平均利润各为多少?

8. 已知销售某种产品 x 件时,总收益 $R(x)$的变化率(边际收益)为

$$R'(x)=1\,000-\frac{x}{2},\ x\geqslant 0.$$

求平均收益.

9. 在研究某地区的投资问题时,发现其净投资(资本形成率)流量(单位:亿元)是时间 t(单位:年)的函数 $f(t)=9\sqrt{t}$,试求:

(1) 9 年后的资本积累及年平均投资量;

(2) 若初始资本为 50 亿元,则 9 年后该地区的资本总和是多少?

10. 已知生产某产品 x 件时,其边际收入为 $R'(x)=200-\frac{x}{25}$(单位:元/件).求:

(1) 生产 100 件时的总收入和平均收入;

(2) 从生产 100 件到生产 200 件所增加的收入.

11. 已知某工厂单位时间内生产某种产品 x 台时，其边际成本是 $C'(x)=\frac{1}{5}x-16$（单位：万元/台）. 如果这种产品的固定成本 $C(0)=20$ 万元，且每台卖 4 万元，求总利润函数，并求在单位时间内生产多少台时，才能获得最大利润?

12. 已知边际成本为 $C'(x)=30+4x$，边际收益为 $R'(x)=60-2x$，其中，x 为产量，求最大利润（设固定成本为 0）.

*13. 某房现售价 15 万元，分期付款购买（零首付），10 年付清，每年末付款数相同，年利率为 4%，按连续复利计算，问：每年末应该付款多少元?

*14. 设有一项计划现在（$t=0$）需要投入 1 000 万元，年利率为 5%.

(1) 若在 10 年中每年末的收益为 200 万元，则按连续复利计算该投资计划的净现值；

(2) 若在 10 年中有稳定的收益流 $A(t)=100$ 万元，则按连续复利计算该投资计划的净现值.

*15. 设某产品的需求函数和供应函数分别是

$$P=D(Q)=70-Q-Q^2,\quad P=S(Q)=12Q+2,\quad 0\leqslant Q\leqslant 6,$$

其中，Q 为产量，单位为万件，P 为价格，单位为元. 求在市场均衡价格基础上的消费者剩余和生产者剩余.

*16. 如果某种商品的需求函数和供给函数分别是

$$Q=-3+\frac{48}{P},Q=P-11,$$

其中，Q 为需求量（供给量），P 为价格，试计算消费者剩余.

17. 设在冷库中存储的某蔬菜有 A（吨），已发现其中有些开始腐败，其腐败率为未腐败的 λ 倍（$0<\lambda<1$），设腐败的数量为 x（吨）是时间 t 的函数，试求此函数 $x(t)$.

18. 某商品的需求量 x 对价格 p 的弹性为 $p\ln 3$，若该商品的最大需求量为 2 700，即 $p=0$ 时，$x=2\ 700$（p 的单位为元，x 的单位为千克）. 试求需求量 x 与价格 p 的函数关系，并求当价格为 3 元时该商品的需求量.

综合应用三第一部分基础巩固与案例实践答案

案例与练习讲解三 A

案例与练习讲解三 B

第二部分　数学实验

1. 利用 MATLAB 求下列不定积分.

(1) $\int\frac{e^{\frac{1}{x}}}{x^2}dx$;　　(2) $\int\frac{1}{x\ln x}dx$;　　(3) $\int\frac{x}{\sqrt{x^2+1}}dx$;

(4) $\int \frac{\sin\sqrt{t}}{\sqrt{t}}\,\mathrm{d}t$; (5) $\int \mathrm{e}^x \sin \mathrm{e}^x \mathrm{d}x$; (6) $\int \frac{1}{1+\mathrm{e}^x}\,\mathrm{d}x$;

(7) $\int \frac{\mathrm{d}x}{\mathrm{e}^x+\mathrm{e}^{-x}}$; (8) $\int \frac{\cos x}{\mathrm{e}^{\sin x}}\,\mathrm{d}x$; (9) $\int \cos^3 x\mathrm{d}x$.

2. 利用 MATLAB 求下列定积分.

(1) $\int_0^3 \frac{x}{\sqrt{x+1}}\mathrm{d}x$; (2) $\int_1^2 \frac{1}{1+\sqrt{x-1}}\mathrm{d}x$; (3) $\int_1^{16} \frac{1}{\sqrt{x}+\sqrt[4]{x}}$;

(4) $\int_1^{\mathrm{e}} x\ln x\mathrm{d}x$; (5) $\int_0^1 x\mathrm{e}^{2x}\mathrm{d}x$; (6) $\int_1^{+\infty} \frac{1}{x^2(1+x^2)}\mathrm{d}x$.

3. 求 $y''=\frac{1}{x}y'+x\mathrm{e}^x$ 的通解.

4. 求 $y'\cos^2 x+y-\tan x=0$ 满足初始条件 $y\big|_{x=0}=0$ 的特解.

文本

第 3 章 MATLAB
实验解答

*第 4 章

偏导数及其经济应用

☆☆☆导言

在前几章中，仅讨论的是一元函数，即经济函数中只包含一个自变量的情形.事实上，很多经济现象涉及多个变量.例如，经济学中，消费者在市场上对某种商品的需求量，不仅取决于商品的价格，而且取决于消费者的收入以及替代商品的价格.因此，为了更好地描述经济现象，需要研究多元函数的相关知识.

想知道商品边际效用如何计算吗？想知道多要素投入的最佳组合点吗？请开启本章的学习之旅吧！

知识目标

(1) 掌握二元函数概念及柯布-道格拉斯生产函数、消费者效用函数.

(2) 理解偏导数概念，并会计算简单的偏导数.

(3) 掌握利用 MATLAB 计算偏导数的知识.

(4) 会利用 MATLAB 软件求解多元函数的极值问题.

能力目标

学习本章后，学生应能解决如下实际问题：

(1) 核算柯布-道格拉斯生产函数下对劳动及资本的边际产量.

(2) 核算已知消费者效用函数时消费某商品的边际效用.

(3) 在微观经济学中消费者均衡条件的分析.

(4) 分析市场机制的作用，核算均衡数量与均衡价格.

(5) 多种生产要素投入的最佳组合点的决策.

(6) 多种产品成本最低点的决策.

素养培育点

(1) 通过多元函数，体会影响事物因素的多样性.

(2) 通过一元函数与多元函数的关系，体会科学的不断发展性.

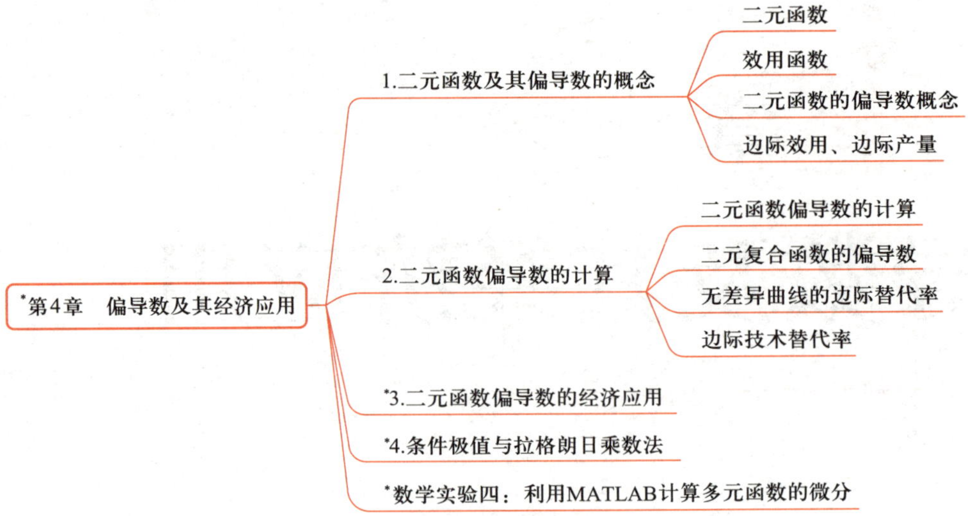

§4.1 二元函数及其偏导数的概念

二元函数及其偏导数的概念

经济现象中,有的经济变量的变化,要由另外两个或两个以上的经济变量的取值共同确定.观察下面的案例.

情境引例 4.1.1 某厂生产 A、B 两种产品的单位可变成本分别为 5 元/kg、3 元/kg,在生产过程中还需要支付机器设备折旧费和维护费等固定成本 60 000 元.若该厂下月生产 A、B 两种产品的产量分别为 x kg 和 y kg,则该厂下月生产 A、B 两种产品的总成本为多少?

分析 设总成本为 C,则

$$C=C(x,y)=5x+3y+60\ 000.$$

情境引例 4.1.2(柯布-道格拉斯生产函数) 在经济学中,生产产量 Q 的多少由生产过程中消耗的各种生产要素确定,在约定其他生产要素不变的条件下,产量 Q 主要由投入的劳动量 L 和资本量 K 这两种生产要素确定,其函数可表示为

$$Q=f(L,K),$$

经济学中称之为生产函数.著名的**柯布-道格拉斯生产函数**

$$Q=AL^{\alpha}K^{1-\alpha}$$

就是生产函数的一种具体形式,其中,A 与 α 是常数,且 $0<\alpha<1$.

一般地,可得到如下二元函数的定义.

定义 4.1 对于两个变量 x,y 在平面点集 D 内的每一对值(即$(x,y)\in D$),另一个变量 z 有唯一确定的值与之对应,则称变量 z 为定义在 D 上的**二元函数**,记为

$$z=f(x,y),\quad (x,y)\in D. \tag{4.1}$$

其中,x,y 为自变量,D 为定义域.若用 P 表示点(x,y),则式(4.1)也可记为

$$z=f(P),\quad P\in D.$$

类似地,若 D 为三维空间的点集,则称 $f(P)(P\in D)$为**三元函数**.二元及以上的函数统

称为**多元函数**，本书主要研究二元函数.

情境引例 4.1.1 中的成本函数 $C=C(x,y)=5x+3y+60\ 000$ 和情境引例 4.1.2 中的柯布-道格拉斯生产函数 $Q=AL^{\alpha}K^{1-\alpha}$ 都是二元函数.

情境引例 4.1.3（消费者行为理论中的效用函数） 消费者从消费的几种商品中获得的满足程度称为效用.设消费者从消费 X 商品的数量 x 和消费 Y 商品的数量 y 中获得的总效用为 TU，则总效用 TU 与两种商品的消费量 x,y 间的关系即为**效用函数**，记为

$$\mathrm{TU}=U(x,y).$$

效用函数 TU 也是一个二元函数.

一元函数用导数进行边际分析，对二元函数则可用偏导数进行边际分析.

定义 4.2 对于二元函数(4.1)，若 y 固定取值 y_0，只有 x 变化，则

$$z=f(x,y_0),\quad (x,y_0)\in D$$

为 x 的一元函数，若此一元函数在点 x_0（$(x_0,y_0)\in D$）处的导数

$$\left.\frac{\mathrm{d}f(x,y_0)}{\mathrm{d}x}\right|_{x=x_0} \tag{4.2}$$

存在，则称此导数为二元函数(4.1)在点(x_0,y_0)处**对 x 的偏导数**，记为

$$\left.\frac{\partial z}{\partial x}\right|_{\substack{x=x_0\\y=y_0}}=\left.\frac{\partial f}{\partial x}\right|_{\substack{x=x_0\\y=y_0}}=z'_x(x_0,y_0)=f'_x(x_0,y_0). \tag{4.3}$$

类似地，可定义二元函数(4.1)在点(x_0,y_0)处**对 y 的偏导数**为

$$\left.\frac{\partial z}{\partial y}\right|_{\substack{x=x_0\\y=y_0}}=\left.\frac{\partial f}{\partial y}\right|_{\substack{x=x_0\\y=y_0}}=z'_y(x_0,y_0)=f'_y(x_0,y_0). \tag{4.3$'$}$$

式(4.3′)表示 x 固定取值 x_0 时，z 对 y 的导数，即

$$\left.\frac{\mathrm{d}f(x_0,y)}{\mathrm{d}y}\right|_{y=y_0}. \tag{4.2$'$}$$

类似于一元函数的导函数，可定义二元函数(4.1)对 **x 或 y 的偏导函数**：

$$\frac{\partial z}{\partial x}=\frac{\partial f}{\partial x}=z'_x=f'_x,$$

$$\frac{\partial z}{\partial y}=\frac{\partial f}{\partial y}=z'_y=f'_y,\quad (x,y)\in D.$$

偏导函数有时也简称为**偏导数**.

小贴士

由偏导数的定义可知，求二元函数对某个自变量的偏导数，只需要将另一个变量看成常数，用一元函数的求导法求导即可. 并且 $f'_x(x_0,y_0)$ 就是偏导函数 $f'_x(x,y)$ 在点(x_0,y_0)处的函数值，$f'_y(x_0,y_0)$ 就是偏导函数 $f'_y(x,y)$ 在点(x_0,y_0)处的函数值.

以此类推，求多元函数对某个自变量的偏导数，只需要把它看成这个自变量的函数，而把其余的自变量都当作常数，然后用一元函数的求导法则对这个自变量求导即可.

研究二元经济函数时，常将一个自变量固定地取某个值，然后研究经济函数对另一个自变量的变化率，即经济函数对另一个自变量的偏导数，也称为经济函数对该自变量（没有固定取值的那一个）的**边际变化**.

根据偏导数定义，对于情境引例 4.1.3 中的效用函数 $TU=U(x,y)$，若 Y 商品的消费数量固定地取某个值 y，则总效用 TU 对 X 商品的消费数量 x 的变化率 $\frac{\mathrm{d}U(x,y)}{\mathrm{d}x}$，即总效用 TU 对 X 商品的数量 x 的偏导数 $\frac{\partial U}{\partial x}=U'_x$，称为总效用 TU 对 X 商品的数量 x 的边际变化，也称为对 X 商品的数量 x 的边际效用，记为 M_xU，即

$$M_xU=\frac{\mathrm{d}U(x,y)}{\mathrm{d}x}=\frac{\partial U}{\partial x}=U'_x.$$

若 X 商品的数量 x 固定地取某个值 x，则总效用 TU 对 Y 商品的数量 y 的变化率 $\frac{\mathrm{d}U(x,y)}{\mathrm{d}y}$，即总效用 TU 对 Y 商品的数量 y 的偏导数 $\frac{\partial U}{\partial y}=U'_y$，称为总效用 TU 对 Y 商品的数量 y 的边际变化，也称为对 Y 商品的数量 y 的边际效用，记为 M_yU，即

$$M_yU=\frac{\mathrm{d}U(x,y)}{\mathrm{d}y}=\frac{\partial U}{\partial y}=U'_y.$$

对于情境引例 4.1.2 中的生产函数 $Q=f(L,K)$，若资本固定地取某个值 K，则产量 Q 对劳动 L 的变化率 $\frac{\mathrm{d}f(L,K)}{\mathrm{d}L}$，即产量 Q 对劳动 L 的偏导数 $\frac{\partial Q}{\partial L}=\frac{\partial f}{\partial L}=Q'_L=f'_L$，称为产量对劳动 L 的边际变化，也称为对劳动 L 的边际产量，记为 M_LQ，即

$$M_LQ=\frac{\mathrm{d}f(L,K)}{\mathrm{d}L}=\frac{\partial Q}{\partial L}=\frac{\partial f}{\partial L}=Q'_L=f'_L.$$

若劳动 L 固定地取某个值 L，则产量 Q 对资本 K 的变化率 $\frac{\mathrm{d}f(L,K)}{\mathrm{d}K}$，即产量 Q 对资本 K 的偏导数 $\frac{\partial Q}{\partial K}=\frac{\partial f}{\partial K}=Q'_K=f'_K$，称为产量对资本 K 的边际变化或对资本 K 的边际产量，记为 M_KQ，即

$$M_KQ=\frac{\mathrm{d}f(L,K)}{\mathrm{d}K}=\frac{\partial Q}{\partial K}=\frac{\partial f}{\partial K}=Q'_K=f'_K.$$

同步实践 4.1

1. 判断题.

(1) 生产函数 $Q(L,K)=3L+2K+LK-L^2-K^3$ 是二元函数.(　　)

(2) 效用函数 $U(x,y)=\ln x+\ln y$ 对 x 的边际效用是 $\frac{\partial U}{\partial x}$.(　　)

2. 设二元函数 $z=x^2-\sin y$，则 $\frac{\partial z}{\partial x}=$________，$\frac{\partial z}{\partial y}=$________.

3. 设生产函数 $Q(L,K)=3L+2K+LK-L^2-K^3$，则对劳动量 L 的边际产量为(　　).

A. $3+K-2L$　　　　B. $3+2K+K-2L-K^3$

C. $5+K-2L-3K^2$　　　　D. $2+L-3K^2$

4.1　二元函数及其偏导数的概念同步实践答案

§4.2 二元函数偏导数的计算

二元函数偏导数的计算

1. 简单二元函数偏导数的计算

计算二元函数对某个自变量的偏导数时，只需把另一个自变量看成常数，用一元函数求导数的方法求导即可.

例 4.2.1　求函数 $z=(2x+y)\mathrm{e}^{-3y}$ 在点 $(1,0)$ 处的偏导数.

解　法 1　先求偏导函数

$$\frac{\partial z}{\partial x}=2\mathrm{e}^{-3y},\quad \frac{\partial z}{\partial y}=-6x\mathrm{e}^{-3y}+\mathrm{e}^{-3y}-3y\mathrm{e}^{-3y}.$$

将点 $(1,0)$ 代入，得

$$\left.\frac{\partial z}{\partial x}\right|_{\substack{x=1\\y=0}}=\left.2\mathrm{e}^{-3y}\right|_{\substack{x=1\\y=0}}=2,$$

$$\left.\frac{\partial z}{\partial y}\right|_{\substack{x=1\\y=0}}=\left.\left(-6x\mathrm{e}^{-3y}+\mathrm{e}^{-3y}-3y\mathrm{e}^{-3y}\right)\right|_{\substack{x=1\\y=0}}=-5.$$

法 2　设

$$z=f(x,y)=(2x+y)\mathrm{e}^{-3y}.$$

先固定 $y=0$，得一元函数

$$f(x,0)=(2x+0)\mathrm{e}^{-3\times 0}=2x,$$

对 x 求导，得

$$\frac{\mathrm{d}f(x,0)}{\mathrm{d}x}=(2x)'=2,$$

所以

$$f_x'(1,0)=\left.\frac{\mathrm{d}f(x,0)}{\mathrm{d}x}\right|_{x=1}=2.$$

再固定 $x=1$，得一元函数

$$f(1,y)=(2+y)\mathrm{e}^{-3y}.$$

对 y 求导，得

$$\frac{\mathrm{d}f(1,y)}{\mathrm{d}y}=(-5-3y)\mathrm{e}^{-3y},$$

所以

$$f'_y(1,0)=\frac{\mathrm{d}f(1,y)}{\mathrm{d}y}\bigg|_{y=0}=-5.$$

例 4.2.2 设 $z=\tan\left(\frac{x}{y}+\frac{y}{x}\right)$，求函数 z 的偏导数.

解 $\frac{\partial z}{\partial x}=\left(\frac{1}{y}-\frac{y}{x^2}\right)\sec^2\left(\frac{x}{y}+\frac{y}{x}\right)$，

$\frac{\partial z}{\partial y}=\left(\frac{1}{x}-\frac{x}{y^2}\right)\sec^2\left(\frac{x}{y}+\frac{y}{x}\right)$.

例 4.2.3 $z=x\mathrm{e}^{-xy}+\sin(xy)$，求函数 z 的偏导数.

解 $\frac{\partial z}{\partial x}=\mathrm{e}^{-xy}-xy\mathrm{e}^{-xy}+y\cos(xy)$，

$\frac{\partial z}{\partial y}=-x^2\mathrm{e}^{-xy}+x\cos(xy)$.

对于情境引例 4.1.2 中的柯布–道格拉斯生产函数 $Q=AL^{\alpha}K^{1-\alpha}$，对劳动的边际产量为

$$M_LQ=\frac{\partial Q}{\partial L}=\alpha AL^{\alpha-1}K^{1-\alpha};$$

对资本的边际产量为

$$M_KQ=\frac{\partial Q}{\partial K}=(1-\alpha)AL^{\alpha}K^{-\alpha}.$$

案例 4.2.1 某厂生产甲、乙两种产品，已知生产甲产品 x 件和生产乙产品 y 件的总成本函数为

$$C(x,y)=0.2\sqrt{x}+100x+0.1y^2+120y+6\,000\ (\text{单位：元}),$$

求当 $x=100$，$y=120$ 时的边际成本.

解 对 x 的边际成本为

$$\frac{\partial C}{\partial x}=\frac{0.1}{\sqrt{x}}+100,$$

对 y 的边际成本为

$$\frac{\partial C}{\partial y}=0.2y+120,$$

故

$$\frac{\partial C}{\partial x}\bigg|_{\substack{x=100\\y=120}}=\left(\frac{0.1}{\sqrt{x}}+100\right)\bigg|_{\substack{x=100\\y=120}}=100.01,$$

$$\frac{\partial C}{\partial y}\bigg|_{\substack{x=100\\y=120}}=(0.2y+120)\bigg|_{\substack{x=100\\y=120}}=144.$$

它表示,当甲产品生产 100 件同时乙产品生产 120 件时,若甲产品再多生产 1 件,则总成本增加 100.01 元;乙产品再多生产 1 件,则总成本增加 144 元.

2. 二元复合函数偏导数的计算

对于二元复合函数 $z=f(u,v)$,且 $u=u(x,y)$,$v=v(x,y)$,若对应的偏导数存在,则 z 对 x,y 的偏导数可用如下公式(4.4)计算.

$$\begin{cases}\dfrac{\partial z}{\partial x}=\dfrac{\partial f}{\partial u}\dfrac{\partial u}{\partial x}+\dfrac{\partial f}{\partial v}\dfrac{\partial v}{\partial x},\\[2ex]\dfrac{\partial z}{\partial y}=\dfrac{\partial f}{\partial u}\dfrac{\partial u}{\partial y}+\dfrac{\partial f}{\partial v}\dfrac{\partial v}{\partial y}.\end{cases}\tag{4.4}$$

特别地,对于二元复合函数 $z=f(u,v)$,且 $u=u(x)$,$v=v(x,y)$,若对应的导数与偏导数都存在,则 z 对 x,y 的偏导数可用如下公式(4.5)计算.

$$\begin{cases}\dfrac{\partial z}{\partial x}=\dfrac{\partial f}{\partial u}\dfrac{\mathrm{d}u}{\mathrm{d}x}+\dfrac{\partial f}{\partial v}\dfrac{\partial v}{\partial x},\\[2ex]\dfrac{\partial z}{\partial y}=\dfrac{\partial f}{\partial u}\dfrac{\partial u}{\partial y}+\dfrac{\partial f}{\partial v}\dfrac{\partial v}{\partial y}=\dfrac{\partial f}{\partial v}\dfrac{\partial v}{\partial y}.\end{cases}\tag{4.5}$$

更特别地,对于二元复合函数 $z=f(u,v)$,且 $u=u(x)$,$v=v(x)$,若对应的导数与偏导数都存在,则 z 对 x 的**全导数**可用如下公式(4.5′)计算.

$$\frac{\mathrm{d}z}{\mathrm{d}x}=\frac{\partial f}{\partial u}\frac{\mathrm{d}u}{\mathrm{d}x}+\frac{\partial f}{\partial v}\frac{\mathrm{d}v}{\mathrm{d}x}.\tag{4.5′}$$

例 4.2.4 设 $z=\mathrm{e}^u\sin v$,而 $u=xy$,$v=x+y$,求 $\dfrac{\partial z}{\partial x}$和$\dfrac{\partial z}{\partial y}$.

解 由式(4.4),得

$$\begin{aligned}\frac{\partial z}{\partial x}&=\frac{\partial z}{\partial u}\cdot\frac{\partial u}{\partial x}+\frac{\partial z}{\partial v}\cdot\frac{\partial v}{\partial x}=\mathrm{e}^u\sin v\cdot y+\mathrm{e}^u\cos v\cdot 1\\&=\mathrm{e}^{xy}[y\sin(x+y)+\cos(x+y)],\\\frac{\partial z}{\partial y}&=\frac{\partial z}{\partial u}\cdot\frac{\partial u}{\partial y}+\frac{\partial z}{\partial v}\cdot\frac{\partial v}{\partial y}=\mathrm{e}^u\sin v\cdot x+\mathrm{e}^u\cos v\cdot 1\\&=\mathrm{e}^{xy}[x\sin(x+y)+\cos(x+y)].\end{aligned}$$

例 4.2.5 设 $z=uv+\sin t$,而 $u=\mathrm{e}^t$,$v=\cos t$,求全导数$\dfrac{\mathrm{d}z}{\mathrm{d}t}$.

解 由式(4.5′),得

$$\begin{aligned}\frac{\mathrm{d}z}{\mathrm{d}t}&=\frac{\partial z}{\partial u}\cdot\frac{\mathrm{d}u}{\mathrm{d}t}+\frac{\partial z}{\partial v}\cdot\frac{\mathrm{d}v}{\mathrm{d}t}+\frac{\partial z}{\partial t}\\&=v\mathrm{e}^t-u\sin t+\cos t\\&=\mathrm{e}^t(\cos t-\sin t)+\cos t.\end{aligned}$$

例 4.2.6 设 $z=f(x+y+z,xyz)$,求$\dfrac{\partial z}{\partial x},\dfrac{\partial x}{\partial y},\dfrac{\partial y}{\partial z}$.

分析 把 z 看成 x,y 的函数,对 x 求偏导数得$\dfrac{\partial z}{\partial x}$,把 x 看成 y,z 的函数,对 y 求偏导数得$\dfrac{\partial x}{\partial y}$,把 y 看成 x,z 的函数,对 z 求偏导数得$\dfrac{\partial y}{\partial z}$.

解 令 $u=x+y+z$, $v=xyz$, 则 $z=f(u,v)$.

把 z 看成 x,y 的函数,对 x 求偏导数,得

$$\frac{\partial z}{\partial x}=f_u\cdot\left(1+\frac{\partial z}{\partial x}\right)+f_v\cdot\left(yz+xy\frac{\partial z}{\partial x}\right),$$

整理,得

$$\frac{\partial z}{\partial x}=\frac{f_u+yzf_v}{1-f_u-xyf_v}.$$

把 x 看成 z,y 的函数,对 y 求偏导数,得

$$0=f_u\cdot\left(\frac{\partial x}{\partial y}+1\right)+f_v\cdot\left(xz+yz\frac{\partial x}{\partial y}\right),$$

整理,得

$$\frac{\partial x}{\partial y}=-\frac{f_u+xzf_v}{f_u+yzf_v}.$$

把 y 看成 x,z 的函数,对 z 求偏导数,得

$$1=f_u\cdot\left(\frac{\partial y}{\partial z}+1\right)+f_v\cdot\left(xy+xz\frac{\partial y}{\partial z}\right),$$

整理,得

$$\frac{\partial y}{\partial z}=\frac{1-f_u-xyf_v}{f_u+xzf_v}.$$

案例 4.2.2(无差异曲线的边际替代率) 如图 4-1 所示,无差异曲线即情境引例 4.1.3 中的效用函数值为常数时,两种商品的消费量 x 与 y 的不同的组合点组成的曲线,其方程为

$$U(x,y)=C. \tag{4.6}$$

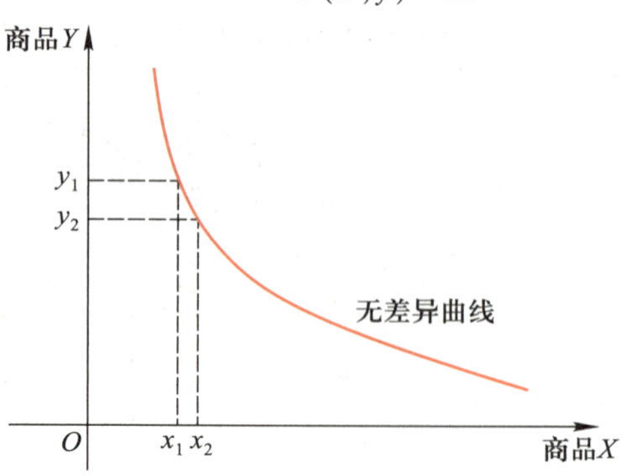

图 4-1 边际替代率

此曲线在点(x,y)处的切线的斜率为$\frac{\mathrm{d}y}{\mathrm{d}x}$,即为在无差异曲线上点$(x,y)$处两种商品的**边际替代率**.而在点$(x,y)$处两种商品边际效用的比为$\frac{M_XU}{M_YU}$,可以证明

$$\frac{\mathrm{d}y}{\mathrm{d}x}=-\frac{M_XU}{M_YU}. \tag{4.7}$$

事实上,将式(4.6)两边对x求导数,由式(4.5′)得

$$\frac{\partial U}{\partial x}\frac{\mathrm{d}x}{\mathrm{d}x}+\frac{\partial U}{\partial y}\frac{\mathrm{d}y}{\mathrm{d}x}=0,$$

即

$$\frac{\mathrm{d}y}{\mathrm{d}x}=-\frac{\frac{\partial U}{\partial x}}{\frac{\partial U}{\partial y}}=-\frac{M_XU}{M_YU}.$$

情境引例 4.2.1(边际技术替代率) 对二元生产函数$f(x,y)$,当一种要素的投入量y减少时,另一种要素的投入量x必须增加,用增加的x替代减少的y,才能保持产量Q不变.经济学中用边际技术替代率来研究当产量Q确定时x与y之间的替代规律.设

$$Q=f(x,y)=C,$$

两边对x求导,可以得到

$$\frac{\partial f(x,y)}{\partial x}+\frac{\partial f(x,y)}{\partial y}\frac{\mathrm{d}y}{\mathrm{d}x}=0,$$

从而得到

$$\frac{\mathrm{d}y}{\mathrm{d}x}=-\frac{\frac{\partial f}{\partial x}}{\frac{\partial f}{\partial y}}.$$

上式即为x替代y时**边际技术替代率**.

例如,求生产函数$f(L,K)=AL^{\alpha}K^{1-\alpha}$中,劳动替代资本的边际技术替代率的过程如下.

因为

$$\frac{\partial f}{\partial L}=\alpha AL^{\alpha-1}K^{1-\alpha},\quad \frac{\partial f}{\partial K}=(1-\alpha)AL^{\alpha}K^{-\alpha},$$

所以劳动替代资本的边际技术替代率为

$$\frac{\mathrm{d}K}{\mathrm{d}L}=-\frac{\frac{\partial f}{\partial L}}{\frac{\partial f}{\partial K}}=-\frac{\alpha AL^{\alpha-1}K^{1-\alpha}}{(1-\alpha)AL^{\alpha}K^{-\alpha}}=-\frac{\alpha K}{(1-\alpha)L}.$$

同步实践 4.2

1. 设 $z=x^{y}(x>0,x\neq 1)$，则 z 对 y 的偏导数是(　　).

A. yx^{y-1}　　B. $\frac{1}{x^{y}}$　　C. $x^{y}\ln x$　　D. $x^{y}\ln y$

2. 柯布-道格拉斯生产函数 $Q=AL^{\alpha}K^{1-\alpha}$，其中，$A,\alpha$ 是常数，则其对劳动量 L 和对资本量 K 的边际产量分别为(　　).

A. $AL^{\alpha-1}K^{1-\alpha},AL^{\alpha}K^{-\alpha}$　　B. $\alpha AL^{\alpha-1}K^{1-\alpha},(1-\alpha)AL^{\alpha}K^{-\alpha}$

C. $AK^{1-\alpha},AL^{\alpha}$　　D. $(1-\alpha)AL^{\alpha-1}K^{1-\alpha},\alpha AL^{\alpha}K^{-\alpha}$

3. 函数 $z=(2x+y)e^{-3y}$ 在点 $(1,0)$ 处的偏导数为(　　).

A. 2,−5　　B. 2,−3　　C. 2,0　　D. 3,2

4. 设生产函数为 $Q(x,y)=6x^{2}+3xy+y^{2}+x^{2}y+y^{2}x$，当 $x=5,y=3$ 时，生产函数对 x 和 y 的边际产量分别为(　　).

A. $12x+3y+2xy+y^{2},3x+2y+x^{2}+2xy$　　B. 103,52

C. 108,76　　D. 76,108

*5. 设效用函数 $U(x,y)=x^{2}y$，则 x 替代 y 的边际替代率为(　　).

A. $2xy$　　B. $\frac{2y}{x}$　　C. x^{2}　　D. $\frac{x}{2y}$

*6. 设生产函数为 $Q=2L^{\alpha}K^{\beta}$，则资本替代劳力的边际技术替代率为(　　).

A. $-\frac{\alpha K}{\beta L}$　　B. $-\frac{\alpha L}{\beta K}$　　C. $-\frac{\beta K}{\alpha L}$　　D. $-\frac{\beta L}{\alpha K}$

7. 求 $z=f(x,y)=x^{2}+3xy+y^{2}$ 在点 $(1,2)$ 处的偏导数.

扩展阅读

方向导数在天气预报中的应用与思考

4.2 二元函数偏导数的计算同步实践答案

*§4.3 二元函数偏导数的经济应用

二元函数偏导数的经济应用

类似于一元函数在可导点处取得极值的必要条件定理，有如下二元函数取得极值的必要条件定理.

定理 4.1 设函数 $z=f(x,y)$ 在点 (x_0,y_0) 处的偏导数都存在，则函数 $f(x,y)$ 在点 (x_0,y_0) 处取得极值的必要条件是 $\left.\frac{\partial z}{\partial x}\right|_{\substack{x=x_0\\y=y_0}}=0$ 且 $\left.\frac{\partial z}{\partial y}\right|_{\substack{x=x_0\\y=y_0}}=0$. 此时称 (x_0,y_0) 为**驻点**.

例 4.3.1 求由方程 $x^2+y^2+z^2-2x+2y-4z-10=0$ 确定的函数 $z=f(x,y)$ 的驻点.

解 将方程两边分别对 x,y 求偏导,得

$$\begin{cases}2x+2z\cdot z'_x-2-4z'_x=0,\\2y+2z\cdot z'_y+2-4z'_y=0.\end{cases}$$

由函数取极值的必要条件知，驻点为 $P(1,-1)$.

案例 4.3.1 利用边际效用理论证明消费均衡条件.

证明 若消费者的收入为定值 M,X、Y 两种商品的价格分别为 P_X,P_Y,故消费者消费 X、Y 两种商品的数量 x,y 需满足限制条件

$$xP_X+yP_Y=M. \tag{4.8}$$

设消费者消费 X、Y 两种商品的数量分别为 x,y 时,消费的总效用 $\mathrm{TU}=U(x,y)$ 取得最大值.当消费的总效用最大时,会实现消费均衡,其均衡条件为

$$\frac{M_XU}{P_X}=\frac{M_YU}{P_Y}. \tag{4.9}$$

事实上,在式(4.8)中,将 y 用 x 代入总效用 $\mathrm{TU}=U(x,y)$ 中,得到总效用 TU 为 x 的一元函数,TU 取得最大值时,由一元函数取得极值的必要条件定理,必有

$$\frac{\mathrm{dTU}}{\mathrm{d}x}=0.$$

由式(4.5′),得

$$\frac{\partial U}{\partial x}\frac{\mathrm{d}x}{\mathrm{d}x}+\frac{\partial U}{\partial y}\frac{\mathrm{d}y}{\mathrm{d}x}=0. \tag{4.10}$$

由式(4.8),得

$$\frac{\mathrm{d}y}{\mathrm{d}x}=-\frac{P_X}{P_Y},$$

代入式(4.10),得

$$\frac{\partial U}{\partial x}+\frac{\partial U}{\partial y}\left(-\frac{P_X}{P_Y}\right)=0,$$

即

$$\frac{M_XU}{P_X}=\frac{M_YU}{P_Y}.$$

故消费的总效用最大时,消费均衡条件(4.9)成立.

案例 4.3.2 利用无差异曲线证明消费均衡条件.

证明 若消费者的收入为定值 M,X、Y 两种商品的价格分别为 P_X,P_Y,故消费者消费 X、Y 两种商品可能的数量分别为 x,y 时,得到消费可能线

$$xP_X+yP_Y=M. \tag{4.11}$$

在微观经济学中,无差异曲线 $U(x,y)=C$ 随着总效用 C 取不同的值,在 XOY 坐标面上得到无数条无差异曲线,这些无差异曲线互不相交,凸向原点,且离原点越远的无差异曲线表示

的总效用越大.当把消费可能线(4.11)也画在 XOY 坐标面上时,该消费可能线与无数条无差异曲线中的某一条相切,设切点为 $E(x_0,y_0)$,则对于消费可能线上的各点,以点 E 处的总效用最大,即 X、Y 两种商品的数量分别为 x_0,y_0 时,消费者的总效用取得最大值.此时,可证明消费均衡条件(4.9)仍成立.

事实上,对于式(4.7)

$$\frac{\mathrm{d}y}{\mathrm{d}x}=-\frac{M_XU}{M_YU},$$

式中,$\frac{\mathrm{d}y}{\mathrm{d}x}$为无差异曲线在点$(x,y)$处的切线的斜率,即在无差异曲线上点$(x,y)$处两种商品的边际替代率.消费可能线(4.11)即为无差异曲线在点(x,y)处的切线,其斜率

$$\frac{\mathrm{d}y}{\mathrm{d}x}=-\frac{P_X}{P_Y},$$

故有

$$-\frac{P_X}{P_Y}=-\frac{M_XU}{M_YU},$$

即

$$\frac{M_XU}{P_X}=\frac{M_YU}{P_Y}.$$

所以在微观经济学中,当消费的总效用最大时,消费均衡条件(4.9)仍成立.

案例 4.3.3 如果消费者的收入是他所做工作的报酬,消费者的满足程度取决于他的收入和闲暇时间的多少,他的效用函数为 $U=U(L,y)$,其中,L 为闲暇时间,y 为收入.再设 r 为时薪.求证:收入与闲暇时间的边际替代率等于时薪时,消费者的效用达到最大.

证明 由案例 4.2.2 可知,收入对闲暇时间的替代率

$$\frac{\mathrm{d}y}{\mathrm{d}L}=-\frac{\frac{\partial U}{\partial L}}{\frac{\partial U}{\partial y}}. \tag{4.12}$$

设消费者一天的时间为 T,每天工作 W 小时,则闲暇时间 $L=T-W$, 而收入$y=rW$,代入效用函数,得 W 的一元函数

$$U=U(T-W,rW),$$

所以

$$\frac{\mathrm{d}U}{\mathrm{d}W}=\frac{\mathrm{d}U}{\mathrm{d}L}\frac{\mathrm{d}L}{\mathrm{d}W}+\frac{\mathrm{d}U}{\mathrm{d}y}\frac{\mathrm{d}y}{\mathrm{d}W}=-\frac{\mathrm{d}U}{\mathrm{d}L}+r\frac{\mathrm{d}U}{\mathrm{d}y}. \tag{4.13}$$

当效用函数 $U=U(L,y)$取得最大值时,得

$$\frac{\mathrm{d}U}{\mathrm{d}W}=-\frac{\mathrm{d}U}{\mathrm{d}L}+r\frac{\mathrm{d}U}{\mathrm{d}y}=0,$$

即

$$\frac{\frac{\partial U}{\partial L}}{\frac{\partial U}{\partial y}}=r.$$

结合式(4.12),可得

$$-\frac{\mathrm{d}y}{\mathrm{d}L}=r.$$

所以当收入与闲暇时间的边际替代率等于时薪时,消费者的效用达到最大.

同步实践 4.3

1. 若点(x_0,y_0)是二元函数$z=f(x,y)$的极值点,则该点(　　).

A. 一定是函数的可导点　　B. 一定是函数的不可导点

C. 一定是函数的驻点　　D. 或是驻点或是不可导点

2. 判断:若$f_x'(x_0,y_0)=0,f_y'(x_0,y_0)=0$,则点$(x_0,y_0)$是函数$z=f(x,y)$的驻点.(　　)

3. 函数$f(x,y)=x^2+y^2-2\ln x-2\ln y$的驻点及可能的极值为(　　).

A. $(1,1),2$　　B. $(\mathrm{e},\mathrm{e}),2\mathrm{e}^2-2$　　C. $(1,\mathrm{e}),\mathrm{e}^2$　　D. $(1,\mathrm{e}),1$

4. 已知一个矩形的周长为12,则矩形的长、宽分别为(　　)时,该矩形绕一边旋转而形成的圆柱体的体积最大.

A. 1,5　　B. 2,4　　C. 3,3　　D. 不确定

5. 已知某消费者每年用于商品X和商品Y的收入为540元,两种商品的价格分别为20元和30元,该消费者的效用函数为$U=XY^2$,则该消费者每年购买商品X和商品Y的数量分别为(　　)时,总效用最大.

A. 12,10　　B. 10,12　　C. 9,12　　D. 12,9

4.3　二元函数偏导数的经济应用同步实践答案

*§4.4　条件极值与拉格朗日乘数法

条件极值与拉格朗日乘数法

在实际问题中,自变量的取值往往有一定的约束条件,这类附加有约束条件的极值问题,称为**条件极值**.例如,在求二元函数$z=f(x,y)$的极值时,如果自变量x,y必须满足一定的条件$g(x,y)=0$,这样的极值问题就称为条件极值问题,且$g(x,y)=0$称为**约束条件**或**约束方程**.下面介绍一种直接求条件极值的方法——**拉格朗日乘数法**.

函数 $z=f(x,y)$ 在约束条件 $g(x,y)=0$ 下求条件极值的步骤如下：

(1) 建立拉格朗日函数

$$F(x,y)=f(x,y)+\lambda g(x,y),$$

其中，常数 λ 称为拉格朗日乘数.

(2) 求 $F(x,y)$ 对 x 与 y 的一阶偏导数并令其为零，并与 $g(x,y)=0$ 联立，即

$$\begin{cases}F'_x=f'_x+\lambda g'_x=0,\\ F'_y=f'_y+\lambda g'_y=0,\\ g(x,y)=0,\end{cases}$$

解出 x,y,λ，即得 $z=f(x,y)$ 可能的极值点.

案例 4.4.1　用拉格朗日乘数法证明案例 4.3.2 中的消费者均衡条件.

解　问题是求效用函数 $\mathrm{TU}=U(x,y)$ 在限制条件

$$g(x,y)=xP_X+yP_Y-M=0 \tag{4.14}$$

下的极值.建立拉格朗日函数：

$$F(x,y)=U(x,y)+\lambda g(x,y)=U(x,y)+\lambda(xP_X+yP_Y-M).$$

解方程组

$$\begin{cases}F_x=\dfrac{\partial U}{\partial x}+\lambda P_X=0,\\ F_y=\dfrac{\partial U}{\partial y}+\lambda P_Y=0,\\ F_\lambda=xP_X+yP_Y-M=0\end{cases}$$

得

$$-\lambda=\frac{\dfrac{\partial U}{\partial x}}{P_X}=\frac{\dfrac{\partial U}{\partial y}}{P_Y},$$

即效用函数 $\mathrm{TU}=U(x,y)$ 在限制条件

$$xP_X+yP_Y=M \tag{4.15}$$

下取得极值，实现消费者均衡的条件为

$$\frac{M_XU}{P_X}=\frac{M_YU}{P_Y}.$$

案例 4.4.2　已知某企业生产某种产品的生产函数是 $f(x,y)=100x^{\frac{3}{4}}y^{\frac{1}{4}}$，每个劳动力及每个单位资本的成本分别是 150 元和 250 元，该企业的总投资预算是 50 000.如何分配这笔资金用于安排劳动力与单位资本投入，才能使生产量最高？最高生产量是多少？

解　问题即求在条件 $150x+250y=50\ 000$ 下函数 $f(x,y)=100x^{\frac{3}{4}}y^{\frac{1}{4}}$ 的最大值.建立拉格朗日函数：

$$F(x,y,\lambda)=100x^{\frac{3}{4}}y^{\frac{1}{4}}+\lambda(50\ 000-150x-250y),$$

解方程组

$$\begin{cases} F_x = 75x^{-\frac{1}{4}}y^{\frac{1}{4}} - 150\lambda = 0, & (4.16) \\ F_y = 25x^{\frac{3}{4}}y^{-\frac{3}{4}} - 250\lambda = 0, & (4.17) \\ F_\lambda = 50\ 000 - 150x - 250y = 0, & (4.18) \end{cases}$$

由(4.16)和(4.17)两式,可得

$$x^{-\frac{1}{4}}y^{\frac{1}{4}} = 2\lambda = \frac{1}{5}x^{\frac{3}{4}}y^{-\frac{3}{4}} \Rightarrow x = 5y,$$

再代入式(4.18),得

$$y = 50, \quad x = 250.$$

因为(250,50)是唯一可能的极值点,又由问题的实际意义知应有最大值,所以此极值点也是最值点,所以企业应安排250个劳动力,并把其余的资金作为资本投入方可获得最高生产量,最高生产量为

$$f(250,50) = 16\ 719.$$

例 4.4.1 求定点 $P(x_0,y_0,z_0)$ 到平面 $Ax+By+Cz+D=0$ 的最短距离.

解 由距离公式

$$r^2 = (x-x_0)^2 + (y-y_0)^2 + (z-z_0)^2$$

和约束条件

$$Ax+By+Cz+D=0$$

建立拉格朗日函数:

$$F(x,y,z) = (x-x_0)^2 + (y-y_0)^2 + (z-z_0)^2 + \lambda(Ax+By+Cz+D).$$

联立方程组

$$\begin{cases} F'_x = 2(x-x_0) + \lambda A = 0, \\ F'_y = 2(y-y_0) + \lambda B = 0, \\ F'_z = 2(z-z_0) + \lambda C = 0, \\ F'_\lambda = Ax+By+Cz+D = 0, \end{cases}$$

解得

$$x-x_0 = -\frac{A\lambda}{2}, \quad y-y_0 = -\frac{B\lambda}{2}, \quad z-z_0 = -\frac{C\lambda}{2},$$

$$\lambda = \frac{2(Ax_0+By_0+Cz_0+D)}{A^2+B^2+C^2},$$

代入距离公式,从而得距离的最小值为

$$r = \frac{|Ax_0+By_0+Cz_0+D|}{\sqrt{A^2+B^2+C^2}}.$$

同步实践 4.4

1. 判断题.

(1) 拉格朗日乘数法只给出函数取极值的必要条件,因此,按照这种方法所求的点是否为极值点,还需要讨论.(　　)

（2）求函数 $z=xy$ 在条件 $x+y=1$ 下的极大值，可用拉格朗日乘数法求解，构造拉格朗日函数为 $L(x,y,\lambda)=xy+\lambda(x+y)$.（　　）

2. 设销售收入 R（单位：万元）与花费在两种广告宣传上的费用 x,y（单位：万元）之间的关系为 $R=\dfrac{200x}{x+5}+\dfrac{100y}{10+y}$，利润额等于五分之一的销售收入再扣除广告费用.已知广告费用总预算现金是 25 万元，要求如何分配广告费用才能使利润最大，可作拉格朗日函数为（　　）.

A. $L(x,y,\lambda)=\dfrac{200x}{x+5}+\dfrac{100y}{10+y}+\lambda(x+y-25)$

B. $L(x,y,\lambda)=\dfrac{40x}{x+5}+\dfrac{20y}{10+y}+\lambda(x+y-25)$

C. $L(x,y,\lambda)=\dfrac{200x}{x+5}+\dfrac{100y}{10+y}-x-y+\lambda(x+y-25)$

D. $L(x,y,\lambda)=\dfrac{40x}{x+5}+\dfrac{20y}{10+y}-x-y+\lambda(x+y-25)$

3. 小王有 400 元，他决定用来购买两种急需物品：笔记本和文件夹.设他购买 x 个笔记本，y 个文件夹，效用函数 $U(x,y)=\ln x+\ln y$，设每个笔记本 8 元，每个文件夹 10 元，利用拉格朗日乘数法求解效用最大时的资金安排，可构造拉格朗日函数为（　　）.

A. $L(x,y,\lambda)=\ln x+\ln y+\lambda(8x+10y)$

B. $L(x,y,\lambda)=\ln x+\ln y+\lambda(10x+8y)$

C. $L(x,y,\lambda)=\ln x+\ln y+\lambda(8x+10y-400)$

D. $L(x,y,\lambda)=\ln x+\ln y+\lambda(10x+8y-400)$

4. 小王有 400 元用来购买笔记本和文件夹.设他购买 x 个笔记本，y 个文件夹，效用函数 $U(x,y)=\ln x+\ln y$，设每个笔记本 8 元，每个文件夹 10 元，则购买笔记本和文件夹分别为（　　）时，效用最大.

A. 15 个，28 个　　B. 25 个，20 个

C. 35 个，12 个　　D. 45 个，4 个

5. 设生产某种产品的数量与所用两种原料 A、B 的数量 x,y 之间有关系式 $P(x,y)=0.005x^2y$，欲用 150 元购料，已知 A、B 原料的单价分别为 1 元、2 元，则购进两种原料的数量分别为（　　）时，可使生产两种产品的数量最多.

A. 50,50　　B. 60,45　　C. 80,35　　D. 100,25

*4.4 条件极值与拉格朗日乘数法同步实践答案

*§4.5 数学实验四　利用 MATLAB 计算多元函数的微分

4.5.1　利用 MATLAB 计算偏导数

对于多元函数 F,可以使用命令 diff 求对变量 x 的偏导数.命令格式为

```
diff(F,x),
```

其中,F 为多元函数,x 为其中的某个变量.此命令的功能为对 F 函数中的变量 x 求偏导数.

案例 4.5.1　求拉格朗日函数 $L=x_1x_2+\lambda(5x_1+3x_2+2-100)$ 对 x_1,x_2,λ 的偏导数.

解　MATLAB 程序如下,其中,la 表示 λ.

```
>>syms x1 x2 la
>>L=x1*x2+la*(5*x1+3*x2-98);
>>diff(L,x1)

ans=x2+5*la

>> diff(L,x2)

ans=x1+3*la
>> diff(L,la)

ans=5*x1+3*x2-98
```

所以结果为

$$\frac{\partial L}{\partial x_1}=x_2+5\lambda,\quad \frac{\partial L}{\partial x_2}=x_1+3\lambda,\quad \frac{\partial L}{\partial \lambda}=5x_1+3x_2-98$$

例 4.5.1　求 $U(x,y)=(x+2)^{\alpha}(y+3)^{\beta}$ 对 x,y 的偏导数.

解　MATLAB 程序如下,其中,α 为 al,β 为 be.

```
>> syms al be
>> syms x y
>> U=(x+2)^al*(y+3)^be



>> diff(U,x)
ans=
```

```
(x+2)^al * al /(x+2) * (y+3)^be
>> diff(U,y)
ans =
(x+2)^al * (y+3)^be * be /(y+3)
```

所以结果为

$$MU_x=\alpha(x+2)^{\alpha-1}(y+3)^{\beta},$$

$$MU_y=\beta(y+3)^{\beta-1}(x+2)^{\alpha}.$$

对于多元函数 F,可以使用 jacobian 命令求所有变量的偏导数,命令格式为

```
jacobian(F)
```

其中 F 为多元函数.此命令的功能为对 F 中的所有变量求偏导数.

案例 4.5.2 求拉格朗日函数 $L=x_1x_2+\lambda(5x_1+3x_2+2-100)$ 中所有变量的偏导数.

解 MATLAB 程序如下, 其中,la 表示 λ.

```
>> syms x1 x2 la;
>> L = x1 * x2 + la * (5 * x1 + 3 * x2 -98);
>>gL = jacobian(L)
gL =
    [ 5 * x1 + 3 * x2 -98,   x2 + 5 * la,   x1 + 3 * la]
```

所以结果为

$$\frac{\partial L}{\partial \lambda}=5x_1+3x_2-98,\quad \frac{\partial L}{\partial x_1}=x_2+5\lambda,\quad \frac{\partial L}{\partial x_2}=x_1+3\lambda.$$

4.5.2 利用 MATLAB 求解最优化问题

求解最优化,也即是求解拉格朗日函数的稳定点(即驻点),可以综合使用命令 jacobian 和 slove 求解.命令格式为

```
F = jacobian(F)(其中 F 为待求极值原函数)
[x,y,z,…] = solve(F(1),F(2),…)(F 为雅可比矩阵)
```

案例 4.5.3 求拉格朗日函数 $L=x_1x_2+\lambda(5x_1+3x_2+2-100)$ 的稳定点.

解 MATLAB 程序如下,其中,la 表示 λ.

```
>>syms x1 x2 la;
>>L = x1 * x2 + la * (5 * x1 + 3 * x2 -98);
>>gL = jacobian(L)
>> [la,x1,x2] = solve(gL(1),gL(2),gL(3))
```

显示结果为

```
la = -49/15
x1 = 49/5
x2 = 49/3
```

所以结果为

$$\lambda \approx -3.2667, \quad x_1 \approx 9.8, \quad x_2 \approx 16.3.$$

综合应用四

第一部分　基础巩固与案例实践

1. 求 $z=x^2+3xy+y^2$ 在点(1,2)处的偏导数.

2. 设 $z=x^y(x>0,x\neq1)$,求证 $\frac{x}{y}\frac{\partial z}{\partial x}+\frac{1}{\ln x}\frac{\partial z}{\partial y}=2z$.

3. 设 $z=\arcsin\frac{x}{\sqrt{x^2+y^2}}$,求$\frac{\partial z}{\partial x},\frac{\partial z}{\partial y}$.

4. 求下列生产函数对劳动 L 的边际产量和对资本 K 的边际产量.

$$Q(L,K)=3L+2K+LK-L^2-K^3.$$

5. 设生产函数为 $Q(x,y)=6x^2+3xy+y^2+x^2y+y^2x$.求:

(1) x 和 y 的边际产量;

(2) 当 $x=5,y=3$ 时的边际产量.

6. 求效用函数 $U(x,y)=x^2y$ 的 x 替代 y 的边际替代率.

7. 求生产函数 $Q=2L^{\alpha}K^{\beta}$ 的资本替代劳力的边际技术替代率和劳力替代资本的边际技术替代率.

综合应用四第一部分基础巩固与案例实践答案

第二部分　数学实验

1. 利用 MATLAB 求解案例 4.2.1.

2. 利用 MATLAB 求解例 4.2.1.

3. 利用 jacobian 命令求出生产函数 $Q(L,K)=3L+2K+LK-L^2-K^3$ 的所有偏导数.

4. 利用 MATLAB 求解 $Q(x,y)=6x^2+3xy+y^2+x^2y+y^2x$ 的极值点.

文本

第 4 章 MATLAB 实验解答

第 5 章

线性代数与线性规划

☆☆☆导言

行列式产生于线性方程组的求解，它在其他数学问题中有着广泛的应用，因而成为线性代数的基本概念之一.矩阵是和行列式有着密切联系的概念，也是重要的数学工具，在经济工作中也有着广泛的应用.有些性质完全不同，表面上毫无联系的问题，归结为矩阵模式后，却是相同的.这就使矩阵成为数学中一个极其重要而且应用广泛的工具.本章还将学习在有限资源的约束下，如何分配资源，制定最优的分配方案.

想知道如何解决人员安排问题、运输问题、下料问题、配料问题等优化问题吗？请开启本章的学习之旅吧！

知识目标

(1) 会根据实际问题列出矩阵.

(2) 会进行矩阵的加、减、乘运算.

(3) 会计算方阵的行列式.

(4) 会计算逆矩阵.

(5) 会建立线性规划的数学模型.

(6) 会利用 MATLAB 计算相关内容.

能力目标

学习本章后，学生应能解决如下实际问题：

(1) 表示各类报表与表格.

(2) 用表格表示的经济量间关系的计算.

(3) 能分析并求解规划问题如生产计划、物资调动方案、投资规划、营养配餐等，寻找其最优方案.

素养培育点

(1) 体会线性代数发展中的中国智慧、中国贡献.

(2) 发现线性代数课程里蕴含的数学美.

(3) 体会线性代数中变与不变的辩证统一.

(4) 通过线性规划的学习，培养解决问题的全局观.

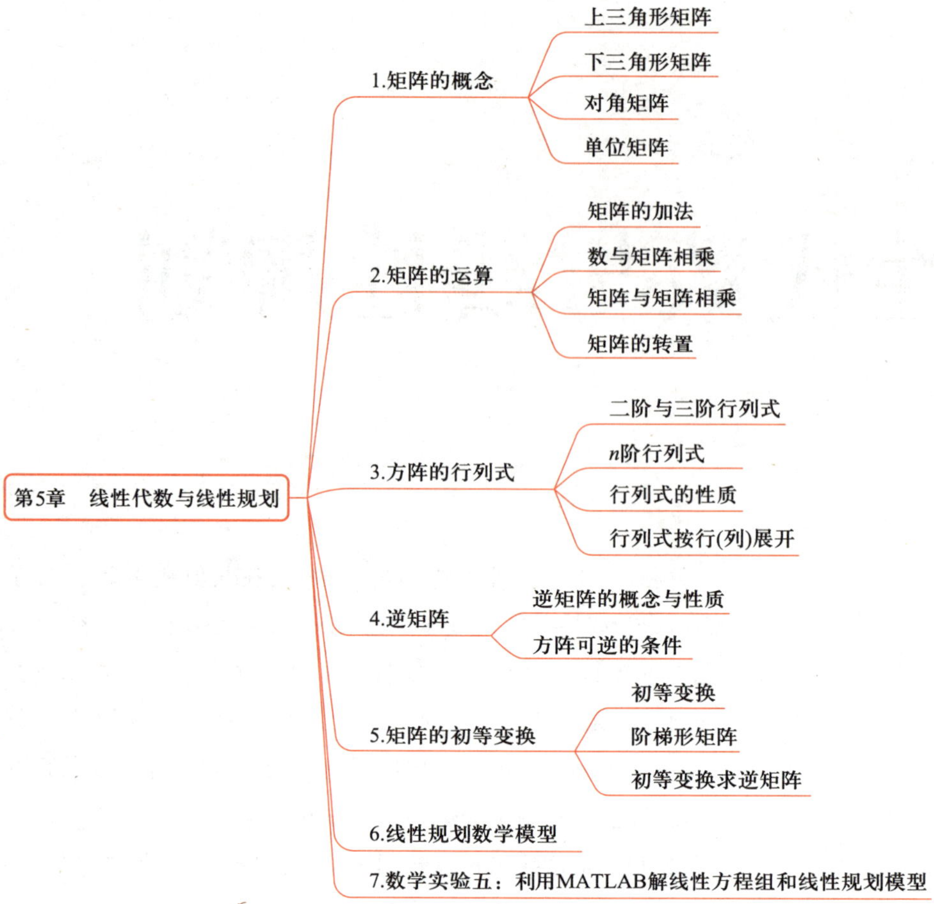

§5.1 矩阵的概念

矩阵的概念

现实生活中的许多数量关系可用数的表格表示.

情境引例 5.1.1 设某企业三个部门上年各季度的营业额完成情况如表 5-1 所示.

表 5-1　　单位:万元

部门	营业额			
	第一季度	第二季度	第三季度	第四季度
1	80	76	78	81
2	67	68	72	70
3	88	90	87	86

如果取出表 5-1 中的营业额数据并保持原来的相对位置,则可得到一个数表:

$$
\begin{array}{cccc}
80 & 76 & 78 & 81 \\
67 & 68 & 72 & 70 \\
88 & 90 & 87 & 86
\end{array}
$$

数学上将这样的矩形数表称为矩阵.因此,矩阵可以看作数字表格的抽象形式.

定义 5.1 由 $m\times n$ 个数 $a_{ij}(i=1,2,\cdots,m;j=1,2,\cdots,n)$ 排成的 m 行 n 列的数表

$$\begin{matrix} a_{11} & a_{12} & \cdots & a_{1n} \\ a_{21} & a_{22} & \cdots & a_{2n} \\ \vdots & \vdots & & \vdots \\ a_{m1} & a_{m2} & \cdots & a_{mn} \end{matrix}$$

称为 m 行 n 列矩阵，简称 $m\times n$ **矩阵**.本书中用大写黑体字母 $\boldsymbol{A},\boldsymbol{B},\boldsymbol{C},\cdots$表示矩阵，记作

$$\boldsymbol{A}=\begin{pmatrix} a_{11} & a_{12} & \cdots & a_{1n} \\ a_{21} & a_{22} & \cdots & a_{2n} \\ \vdots & \vdots & & \vdots \\ a_{m1} & a_{m2} & \cdots & a_{mn} \end{pmatrix}.$$

矩阵 $\boldsymbol{A}$ 中的横排称为**行**，纵排称为**列**.这 $m\times n$ 个数称为矩阵 $\boldsymbol{A}$ 的**元素**，数 a_{ij}位于矩阵 $\boldsymbol{A}$ 的第 i 行第 j 列.在需要标明矩阵 $\boldsymbol{A}$ 的行数 m 和列数 n 时，可写成 $\boldsymbol{A}_{m\times n}$.在涉及矩阵 $\boldsymbol{A}$ 的元素时可记作(a_{ij})或者$(a_{ij})_{m\times n}$.

所有元素均为零的矩阵称为**零矩阵**，记作 $\boldsymbol{O}$.

行数与列数都等于 n 的矩阵 $\boldsymbol{A}$ 称为 n 阶矩阵或 n 阶方阵，有时为强调阶数，可记作 $\boldsymbol{A}_n$.

方阵 $\boldsymbol{A}$ 中从左上角到右下角的元素组成方阵 $\boldsymbol{A}$ 的主对角线.

特别地，规定一阶方阵就是一个数，即

$$\boldsymbol{A}=[a]=a.$$

方阵在矩阵的理论及应用中有着重要的意义，下面介绍几种特殊的方阵.

1. 上二角形矩阵

如果方阵 $\boldsymbol{A}$ 中主对角线左下方的元素均为零，则称 $\boldsymbol{A}$ 为**上三角形矩阵**，即

$$\boldsymbol{A}=\begin{pmatrix} a_{11} & a_{12} & \cdots & a_{1n} \\ & a_{22} & \cdots & a_{2n} \\ & & \ddots & \vdots \\ & & & a_{nn} \end{pmatrix}.$$

上面这种记法表示主对角线左下方没有注明的元素均为零.

2. 下三角形矩阵

如果方阵 $\boldsymbol{A}$ 中主对角线右上方的元素均为零，则称 $\boldsymbol{A}$ 为**下三角形矩阵**，即

$$\boldsymbol{A}=\begin{pmatrix} a_{11} & & & \\ a_{21} & a_{22} & & \\ \vdots & \vdots & \ddots & \\ a_{n1} & a_{n2} & \cdots & a_{nn} \end{pmatrix}$$

3. 对角矩阵

如果方阵 $\boldsymbol{A}$ 中除了主对角线上的元素以外，其他元素均为零，则称 $\boldsymbol{A}$ 为**对角矩阵**，即

$$A=\begin{pmatrix}a_{11}&&&\\&a_{22}&&\\&&\ddots&\\&&&a_{nn}\end{pmatrix}.$$

4. 单位矩阵

如果对角矩阵中主对角线上的元素均为 1,则称为**单位矩阵**,记作 $\boldsymbol{E}$,即

$$E=\begin{pmatrix}1&&&\\&1&&\\&&\ddots&\\&&&1\end{pmatrix}.$$

案例 5.1.1　设有某种物资要从 m 个产地运往 n 个销地,如果用 c_{ij} 表示从第 i 个产地 $(i=1,2,\cdots,m)$ 运往第 j 个销地 $(j=1,2,\cdots,n)$ 的物资数量,则相应的物资调运方案就可表示成一个 $m\times n$ 矩阵:

$$\begin{array}{c}\\ C=\\ \\ \text{销地}\end{array}\begin{array}{c}\\ \begin{pmatrix}c_{11}&c_{12}&\cdots&c_{1n}\\c_{21}&c_{22}&\cdots&c_{2n}\\\vdots&\vdots&&\vdots\\c_{m1}&c_{m2}&\cdots&c_{mn}\end{pmatrix}\\ \begin{matrix}1&\quad 2&\quad\cdots&\quad n\end{matrix}\end{array}\begin{array}{c}\text{产地}\\1\\2\\\vdots\\m\\ \\ \end{array}.$$

案例 5.1.2　某厂向三个商店发送四种产品的数量可列成矩阵

$$A=\begin{pmatrix}a_{11}&a_{12}&a_{13}&a_{14}\\a_{21}&a_{22}&a_{23}&a_{24}\\a_{31}&a_{32}&a_{33}&a_{34}\end{pmatrix},$$

其中,a_{ij} 表示工厂向第 i 个商店发送第 j 种产品的数量.

两个矩阵的行数相等、列数也相等时,称它们是同型矩阵.如果 $\boldsymbol{A}=(a_{ij})$ 与 $\boldsymbol{B}=(b_{ij})$ 是同型矩阵,并且它们的对应元素相等,即

$$a_{ij}=b_{ij}\quad(i=1,2,\cdots,m;\ j=1,2,\cdots,n),$$

则称矩阵 $\boldsymbol{A}$ 与矩阵 $\boldsymbol{B}$ 相等,记作 $\boldsymbol{A}=\boldsymbol{B}$.

同步实践 5.1

1. 某工厂生产的两种产品 A_1、A_2 在 12 月份出口到三个地区的数量如表 5-2 所示.

表 5-2　　单位:万件

产品	出口量		
	非洲	东南亚	西欧
A_1	3 000	5 600	7 800
A_2	4 300	3 800	2 600

试将该工厂两种产品的出口量用矩阵表示.

2. 已知 $\boldsymbol{A}=\begin{pmatrix} a+b & 2 \\ 3 & 4 \end{pmatrix}$, $\boldsymbol{B}=\begin{pmatrix} 6 & 2 \\ 3 & a-b \end{pmatrix}$,且 $\boldsymbol{A}=\boldsymbol{B}$,求 a,b.

3. 下列矩阵为下三角矩阵的是(　　).

A. $\begin{pmatrix} 1 & 3 & 3 \\ 0 & 2 & 1 \\ 0 & 0 & 1 \end{pmatrix}$　　B. $\begin{pmatrix} 1 & 3 \\ 0 & 1 \end{pmatrix}$　　C. $\begin{pmatrix} 1 & 0 \\ 3 & 1 \end{pmatrix}$　　D. $\begin{pmatrix} 0 & 1 \\ 1 & 2 \end{pmatrix}$

5.1　矩阵的概念同步实践答案

§5.2　矩阵的运算

5.2.1　矩阵的加法

用矩阵表示有关的实际问题不仅形式简洁,更重要的是可以对矩阵进行具有实际意义的各种运算.

情境引例 5.2.1　设将某物资(单位:t)从四个产地运往两个销地的两次调运方案分别用矩阵 $\boldsymbol{A}$ 和矩阵 $\boldsymbol{B}$ 表示为

$$\boldsymbol{A}=\begin{pmatrix} 6 & 5 \\ 4 & 1 \\ 2 & 3 \\ 8 & 5 \end{pmatrix},\quad \boldsymbol{B}=\begin{pmatrix} 5 & 3 \\ 4 & 0 \\ 1 & 7 \\ 8 & 6 \end{pmatrix},$$

那么,从各产地运往各销地的两次调运的总调运方案是矩阵 $\boldsymbol{A}$ 与矩阵 $\boldsymbol{B}$ 的和,即

$$\boldsymbol{A}+\boldsymbol{B}=\begin{pmatrix} 6 & 5 \\ 4 & 1 \\ 2 & 3 \\ 8 & 5 \end{pmatrix}+\begin{pmatrix} 5 & 3 \\ 4 & 0 \\ 1 & 7 \\ 8 & 6 \end{pmatrix}=\begin{pmatrix} 6+5 & 5+3 \\ 4+4 & 1+0 \\ 2+1 & 3+7 \\ 8+8 & 5+6 \end{pmatrix}=\begin{pmatrix} 11 & 8 \\ 8 & 1 \\ 3 & 10 \\ 16 & 11 \end{pmatrix}.$$

定义 5.2　设有两个 $m\times n$ 矩阵 $\boldsymbol{A}=(a_{ij})_{m\times n}$,$\boldsymbol{B}=(b_{ij})_{m\times n}$,那么矩阵 $\boldsymbol{A}$ 与 $\boldsymbol{B}$ 的和记作 $\boldsymbol{A}+\boldsymbol{B}$,规定:

$$\boldsymbol{A}+\boldsymbol{B}=\begin{pmatrix} a_{11}+b_{11} & a_{12}+b_{12} & \cdots & a_{1n}+b_{1n} \\ a_{21}+b_{21} & a_{22}+b_{22} & \cdots & a_{2n}+b_{2n} \\ \vdots & \vdots & & \vdots \\ a_{m1}+b_{m1} & a_{m2}+b_{m2} & \cdots & a_{mn}+b_{mn} \end{pmatrix}.$$

小贴士

只有当两个矩阵的行数和列数均相同,即同型矩阵时才能进行加法运算.

矩阵加法满足下列运算规律:

(1) $\boldsymbol{A}+\boldsymbol{B}=\boldsymbol{B}+\boldsymbol{A}$;

(2) $(\boldsymbol{A}+\boldsymbol{B})+\boldsymbol{C}=\boldsymbol{A}+(\boldsymbol{B}+\boldsymbol{C})$.

设矩阵 $\boldsymbol{A}=(a_{ij})$,记

$$-\boldsymbol{A}=(-a_{ij}),$$

则 $-\boldsymbol{A}$ 称为矩阵 $\boldsymbol{A}$ 的负矩阵,显然有

$$\boldsymbol{A}+(-\boldsymbol{A})=\boldsymbol{O}.$$

并规定矩阵的减法为

$$\boldsymbol{A}-\boldsymbol{B}=\boldsymbol{A}+(-\boldsymbol{B}).$$

案例 5.2.1 设某厂生产的甲、乙、丙、丁四种产品,上个月的销售收入及生产成本(单位:万元)分别用矩阵 $\boldsymbol{A}$ 和矩阵 $\boldsymbol{B}$ 表示为

$$\boldsymbol{A}=(35\quad 24\quad 30\quad 18),\quad \boldsymbol{B}=(30\quad 19\quad 24\quad 13).$$

那么,该厂上个月生产这四种产品的利润(单位:万元)是矩阵 $\boldsymbol{A}$ 与矩阵 $\boldsymbol{B}$ 的差,即

$$\begin{aligned}\boldsymbol{A}-\boldsymbol{B}&=(35\quad 24\quad 30\quad 18)-(30\quad 19\quad 24\quad 13)\\&=(35-30\quad 24-19\quad 30-24\quad 18-13)\\&=(5\quad 5\quad 6\quad 5).\end{aligned}$$

同步实践 5.2.1

设 $\boldsymbol{A}=\begin{pmatrix}2&5&-1\\5&2&3\end{pmatrix}$, $\boldsymbol{B}=\begin{pmatrix}1&-5&4\\4&3&6\end{pmatrix}$,求 $\boldsymbol{A}+\boldsymbol{B}$,$\boldsymbol{A}-\boldsymbol{B}$.

5.2.2 数与矩阵相乘

矩阵的运算(一)

定义 5.3 数 λ 与矩阵 $\boldsymbol{A}$ 的乘积记作 $\lambda\boldsymbol{A}$ 或 $\boldsymbol{A}\lambda$,规定:

$$\lambda\boldsymbol{A}=\boldsymbol{A}\lambda=\begin{pmatrix}\lambda a_{11}&\lambda a_{12}&\cdots&\lambda a_{1n}\\\lambda a_{21}&\lambda a_{22}&\cdots&\lambda a_{2n}\\\vdots&\vdots&&\vdots\\\lambda a_{m1}&\lambda a_{m2}&\cdots&\lambda a_{mn}\end{pmatrix}.$$

情境引例 5.2.2 设某两个地区与另外四个地区之间的里程(单位:km)可用矩阵表示为

$$\boldsymbol{A}=\begin{pmatrix}25&30&35&45\\20&40&28&36\end{pmatrix},$$

如果货物每吨千米的运价为 3 元,则上述地区之间每吨货物的运费(单位:元 / t)应是数 3 与矩阵 $\boldsymbol{A}$ 的乘积,即

$$3\boldsymbol{A}=3\begin{pmatrix}25&30&35&45\\20&40&28&36\end{pmatrix}=\begin{pmatrix}3\times25&3\times30&3\times35&3\times45\\3\times20&3\times40&3\times28&3\times36\end{pmatrix}=\begin{pmatrix}75&90&105&135\\60&120&84&108\end{pmatrix}.$$

容易验证,数乘矩阵满足下列运算规律(设 $\boldsymbol{A},\boldsymbol{B}$ 为 $m\times n$ 矩阵,λ,μ 为常数):

(1) $(\lambda\mu)\boldsymbol{A}=\lambda(\mu\boldsymbol{A})$;

(2) $(\lambda+\mu)\boldsymbol{A}=\lambda\boldsymbol{A}+\mu\boldsymbol{A}$;

(3) $\lambda(\boldsymbol{A}+\boldsymbol{B})=\lambda\boldsymbol{A}+\lambda\boldsymbol{B}$.

例 5.2.1 设矩阵

$$\boldsymbol{A}=\begin{pmatrix}4&3&7\\6&1&5\end{pmatrix},\quad \boldsymbol{B}=\begin{pmatrix}4&-1&5\\-2&9&7\end{pmatrix}.$$

(1) 计算 $2\boldsymbol{A}+3\boldsymbol{B}$;

(2) 如果 $3\boldsymbol{A}-2\boldsymbol{X}=\boldsymbol{B}$,求 $\boldsymbol{X}$.

解 (1) $$2\boldsymbol{A}+3\boldsymbol{B}=2\begin{pmatrix}4&3&7\\6&1&5\end{pmatrix}+3\begin{pmatrix}4&-1&5\\-2&9&7\end{pmatrix}=\begin{pmatrix}8+12&6-3&14+15\\12-6&2+27&10+21\end{pmatrix}=\begin{pmatrix}20&3&29\\6&29&31\end{pmatrix}.$$

(2) $$\boldsymbol{X}=\frac{1}{2}(3\boldsymbol{A}-\boldsymbol{B})=\frac{1}{2}\left(3\begin{pmatrix}4&3&7\\6&1&5\end{pmatrix}-\begin{pmatrix}4&-1&5\\-2&9&7\end{pmatrix}\right)=\frac{1}{2}\begin{pmatrix}8&10&16\\20&-6&8\end{pmatrix}=\begin{pmatrix}4&5&8\\10&-3&4\end{pmatrix}.$$

同步实践 5.2.2

已知 $\boldsymbol{A}=\begin{pmatrix}3&-1&2&0\\1&5&7&9\\2&4&6&8\end{pmatrix}$, $\boldsymbol{B}=\begin{pmatrix}7&5&-2&4\\5&1&9&7\\3&2&-1&6\end{pmatrix}$,并且 $\boldsymbol{A}+2\boldsymbol{X}=\boldsymbol{B}$,求矩阵 $\boldsymbol{X}$.

5.2.3 矩阵与矩阵相乘

情境引例 5.2.3 某镇有三个村,今年农作物产量如表 5-3 所示.

表 5-3　　单位:t

村名	作物			
	小麦	玉米	大豆	棉花
一村	600	800	400	30
二村	550	700	500	20
三村	500	600	600	40

农作物运输价格及收购价格如表 5-4 所示.

表 5-4　　单位:元/t

作物	价格	
	运输价格	收购价格
小麦	12	1 200
玉米	10	1 000
大豆	11	1 500
棉花	90	8 000

由表 5-3 和表 5-4,容易计算得到费用表 5-5.

表 5-5　　单位:元

村名	费用类别	
	运输费用	收购费用
一村	22 300	2 360 000
二村	20 900	2 270 000
三村	22 200	2 420 000

将表 5-3 写为产量矩阵 $\boldsymbol{A}$,表 5-4 写为价格矩阵 $\boldsymbol{B}$,表 5-5 写为费用矩阵 $\boldsymbol{C}$,则表 5-5 对应的费用矩阵 $\boldsymbol{C}$ 就是矩阵 $\boldsymbol{A}$ 与矩阵 $\boldsymbol{B}$ 的乘积:

$$\boldsymbol{C}=\boldsymbol{AB}=\begin{pmatrix}600&800&400&30\\550&700&500&20\\500&600&600&40\end{pmatrix}\begin{pmatrix}12&1\ 200\\10&1\ 000\\11&1\ 500\\90&8\ 000\end{pmatrix}$$

$$=\begin{pmatrix}600\times12+800\times10+400\times11+30\times90&600\times1\ 200+800\times1\ 000+400\times1\ 500+30\times8\ 000\\550\times12+700\times10+500\times11+20\times90&550\times1\ 200+700\times1\ 000+500\times1\ 500+20\times8\ 000\\500\times12+600\times10+600\times11+40\times90&500\times1\ 200+600\times1\ 000+600\times1\ 500+40\times8\ 000\end{pmatrix}$$

$$
=\begin{pmatrix} 22\ 300 & 2\ 360\ 000 \\ 20\ 900 & 2\ 270\ 000 \\ 22\ 200 & 2\ 420\ 000 \end{pmatrix}.
$$

定义 5.4 设 $\boldsymbol{A}=(a_{ij})_{m\times s}$ 是一个 m 行 s 列矩阵，$\boldsymbol{B}=(b_{jk})_{s\times n}$ 是一个 s 行 n 列矩阵，则矩阵 $\boldsymbol{A}$ 与矩阵 $\boldsymbol{B}$ 的乘积 $\boldsymbol{AB}$ 是一个 m 行 n 列矩阵 $\boldsymbol{C}=(c_{ik})_{m\times n}$.其中，

$$
\begin{aligned}
c_{ik} &= a_{i1}b_{1k}+a_{i2}b_{2k}+\cdots+a_{is}b_{sk} \\
&= \sum_{j=1}^{s} a_{ij}b_{jk}\ (i=1,2,\cdots,m;k=1,2,\cdots,n).
\end{aligned}
$$

并把此乘积记作

$$
\boldsymbol{C}=\boldsymbol{AB}.
$$

小贴士

进行矩阵乘法时应当注意：

(1) 只有当第一个矩阵 $\boldsymbol{A}$ 的列数等于第二个矩阵 $\boldsymbol{B}$ 的行数时，两个矩阵才能相乘.

(2) 乘积矩阵 $\boldsymbol{C}$ 的行数等于矩阵 $\boldsymbol{A}$ 的行数，列数等于矩阵 $\boldsymbol{B}$ 的列数.

(3) 乘积矩阵 $\boldsymbol{C}$ 的第 i 行第 j 列元素 c_{ij} 等于 $\boldsymbol{A}$ 的第 i 行与 $\boldsymbol{B}$ 的第 j 列的对应元素的乘积之和.

案例 5.2.2 设甲、乙两厂均生产型号为Ⅰ，Ⅱ，Ⅲ的三种机床，其年产量(单位：台)可用矩阵 $\boldsymbol{A}$ 表示为

$$
\boldsymbol{A}=\begin{pmatrix} 200 & 250 & 180 \\ 160 & 240 & 270 \end{pmatrix}\begin{matrix} 甲 \\ 乙 \end{matrix},
$$

$$
\begin{matrix} \text{Ⅰ} & \text{Ⅱ} & \text{Ⅲ} \end{matrix}
$$

生产这三种机床每台的利润(单位：万元/台)可用矩阵 $\boldsymbol{B}$ 表示为

$$
\boldsymbol{B}=\begin{pmatrix} 0.2 \\ 0.5 \\ 0.7 \end{pmatrix}\begin{matrix} \text{Ⅰ} \\ \text{Ⅱ} \\ \text{Ⅲ} \end{matrix},
$$

则甲、乙两厂的年利润(单位：万元)应是矩阵 $\boldsymbol{A}$ 与矩阵 $\boldsymbol{B}$ 的积，即

$$
\boldsymbol{AB}=\begin{pmatrix} 200 & 250 & 180 \\ 160 & 240 & 270 \end{pmatrix}\begin{pmatrix} 0.2 \\ 0.5 \\ 0.7 \end{pmatrix}=\begin{pmatrix} 200\times0.2+250\times0.5+180\times0.7 \\ 160\times0.2+240\times0.5+270\times0.7 \end{pmatrix}
$$

$$
=\begin{pmatrix} 291 \\ 341 \end{pmatrix}\begin{matrix} 甲 \\ 乙 \end{matrix}.
$$

例 5.2.2 设矩阵

$$
\boldsymbol{A}=(1\quad 2\quad 3),\quad \boldsymbol{B}=\begin{pmatrix} 1 \\ 2 \\ 3 \end{pmatrix},
$$

计算 $\boldsymbol{AB},\boldsymbol{BA}$.

解 $\boldsymbol{AB}=(1\quad 2\quad 3)\begin{pmatrix}1\\2\\3\end{pmatrix}=1\times1+2\times2+3\times3=14$,

$$\boldsymbol{BA}=\begin{pmatrix}1\\2\\3\end{pmatrix}(1\quad 2\quad 3)=\begin{pmatrix}1&2&3\\2&4&6\\3&6&9\end{pmatrix}.$$

例 5.2.3 设矩阵

$$\boldsymbol{A}=\begin{pmatrix}-2&4\\1&-2\end{pmatrix},\quad \boldsymbol{B}=\begin{pmatrix}2&4\\-3&-6\end{pmatrix},\quad \boldsymbol{C}=\begin{pmatrix}-2&0\\-5&-8\end{pmatrix},$$

计算 $\boldsymbol{AB},\boldsymbol{BA},\boldsymbol{AC}$.

解 $\boldsymbol{AB}=\begin{pmatrix}-2&4\\1&-2\end{pmatrix}\begin{pmatrix}2&4\\-3&-6\end{pmatrix}=\begin{pmatrix}-16&-32\\8&16\end{pmatrix}$,

$$\boldsymbol{BA}=\begin{pmatrix}2&4\\-3&-6\end{pmatrix}\begin{pmatrix}-2&4\\1&-2\end{pmatrix}=\begin{pmatrix}0&0\\0&0\end{pmatrix},$$

$$\boldsymbol{AC}=\begin{pmatrix}-2&4\\1&-2\end{pmatrix}\begin{pmatrix}-2&0\\-5&-8\end{pmatrix}=\begin{pmatrix}-16&-32\\8&16\end{pmatrix}.$$

小贴士

关于矩阵乘法的运算律,必须注意:

(1) 矩阵的乘法不满足交换律.在一般情况下,矩阵的乘法不可以交换,即 $\boldsymbol{AB}\neq\boldsymbol{BA}$.这是因为 $\boldsymbol{AB}$ 有意义时,$\boldsymbol{BA}$ 未必有意义.并且,即使 $\boldsymbol{AB}$ 与 $\boldsymbol{BA}$ 都有意义,两者也未必相等.因此,矩阵相乘时有左乘与右乘的区别,通常将 $\boldsymbol{AB}$ 称为 $\boldsymbol{A}$ 左乘 $\boldsymbol{B}$,或称为 $\boldsymbol{B}$ 右乘 $\boldsymbol{A}$.

(2) 矩阵的乘法不满足消去律.两个非零矩阵的积也可能是零矩阵.例如,设

$$\boldsymbol{A}=\begin{pmatrix}1&0\\0&0\end{pmatrix},\quad \boldsymbol{B}=\begin{pmatrix}3&2\\4&6\end{pmatrix},\quad \boldsymbol{C}=\begin{pmatrix}3&2\\2&-1\end{pmatrix},$$

则

$$\boldsymbol{AB}=\begin{pmatrix}3&2\\0&0\end{pmatrix}=\boldsymbol{AC}.$$

虽然 $\boldsymbol{A}\neq\boldsymbol{O}$,但不能在等式两边消去 $\boldsymbol{A}$,得 $\boldsymbol{B}=\boldsymbol{C}$,事实上,$\boldsymbol{B}\neq\boldsymbol{C}$.

又例如,设

$$\boldsymbol{A}=\begin{pmatrix}1&1\\-1&-1\end{pmatrix}\neq\boldsymbol{O},\quad \boldsymbol{B}=\begin{pmatrix}1&-1\\-1&1\end{pmatrix}\neq\boldsymbol{O},$$

但

$$\boldsymbol{AB}=\boldsymbol{O}.$$

矩阵的乘法满足以下运算律:

(1) $(\boldsymbol{AB})\boldsymbol{C}=\boldsymbol{A}(\boldsymbol{BC})$;

(2) $\boldsymbol{A}(\boldsymbol{B}+\boldsymbol{C})=\boldsymbol{AB}+\boldsymbol{AC}$;

(3) $(\boldsymbol{B}+\boldsymbol{C})\boldsymbol{A}=\boldsymbol{BA}+\boldsymbol{CA}$;

(4) $k(\boldsymbol{AB})=(k\boldsymbol{A})\boldsymbol{B}=\boldsymbol{A}(k\boldsymbol{B})$；

(5) $\boldsymbol{AE}=\boldsymbol{A}$；

(6) $\boldsymbol{EA}=\boldsymbol{A}$.

可见单位矩阵在矩阵乘法中的作用类似于数 1.

在矩阵乘法的基础上，可以定义矩阵的幂.设 $\boldsymbol{A}$ 是一个 n 阶方阵，用 $\boldsymbol{A}^k(k\in\mathbf{N})$ 表示 k 个 $\boldsymbol{A}$ 的连乘积，称为 $\boldsymbol{A}$ 的 k 次幂，容易看出，

$$\boldsymbol{A}^k\boldsymbol{A}^l=\boldsymbol{A}^{k+l},\quad (\boldsymbol{A}^k)^l=\boldsymbol{A}^{kl}\quad (k,l\in\mathbf{N}).$$

然而由于矩阵的乘法不满足交换律，所以一般说来，

$$(\boldsymbol{AB})^k\neq\boldsymbol{A}^k\boldsymbol{B}^k.$$

同步实践 5.2.3

1. 已知 $\boldsymbol{A}=\begin{pmatrix}4 & 6\\1 & -2\end{pmatrix}$，$\boldsymbol{B}=\begin{pmatrix}1 & 3 & 5\\2 & 4 & 6\end{pmatrix}$，下列运算可运行的是（　　）.

A. $\boldsymbol{A}+\boldsymbol{B}$　　B. $\boldsymbol{A}-\boldsymbol{B}$　　C. $\boldsymbol{AB}$　　D. $\boldsymbol{AB}-\boldsymbol{BA}$

2. 设 $\boldsymbol{A},\boldsymbol{B},\boldsymbol{X},\boldsymbol{Y}$ 都是 n 阶方阵，则下列等式正确的是（　　）.

A. 若 $\boldsymbol{A}^2=\boldsymbol{O}$，则 $\boldsymbol{A}=\boldsymbol{O}$　　B. $(\boldsymbol{AB})^2=\boldsymbol{A}^2\boldsymbol{B}^2$

C. 若 $\boldsymbol{AX}=\boldsymbol{AY}$，则 $\boldsymbol{X}=\boldsymbol{Y}$　　D. 若 $\boldsymbol{A}+\boldsymbol{X}=\boldsymbol{B}$，则 $\boldsymbol{X}=\boldsymbol{B}-\boldsymbol{A}$

3. $\begin{pmatrix}a_1 & & \\ & a_2 & \\ & & a_3\end{pmatrix}^n=$________.

4. 设 $\boldsymbol{A}=\begin{pmatrix}1 & 2\\3 & 4\end{pmatrix}$，$\boldsymbol{B}=\begin{pmatrix}3 & 1 & 4\\1 & 5 & 9\end{pmatrix}$，求 $\boldsymbol{AB}$ 和 $\boldsymbol{BA}$.

5.2.4 矩阵的转置

矩阵的运算（二）

定义 5.5 把矩阵 $\boldsymbol{A}$ 的行列互换就得到一个新的矩阵，称为这个矩阵 $\boldsymbol{A}$ 的**转置矩阵**，记作 $\boldsymbol{A}^{\mathrm{T}}$.例如，矩阵

$$\boldsymbol{A}=\begin{pmatrix}1 & 2 & 0\\3 & -1 & 1\end{pmatrix}$$

的转置矩阵为

$$\boldsymbol{A}^{\mathrm{T}}=\begin{pmatrix}1 & 3\\2 & -1\\0 & 1\end{pmatrix}.$$

矩阵的转置也是一种运算，满足下述运算规律（假设运算都是可行的）：

(1) $(\boldsymbol{A}^{\mathrm{T}})^{\mathrm{T}}=\boldsymbol{A}$；

(2) $(\boldsymbol{A}+\boldsymbol{B})^{\mathrm{T}}=\boldsymbol{A}^{\mathrm{T}}+\boldsymbol{B}^{\mathrm{T}}$；

(3) $(k\boldsymbol{A})^{\mathrm{T}}=k\boldsymbol{A}^{\mathrm{T}}$；

(4) $(\boldsymbol{AB})^{\mathrm{T}}=\boldsymbol{B}^{\mathrm{T}}\boldsymbol{A}^{\mathrm{T}}$.

例 5.2.4 已知

$$\boldsymbol{A}=\begin{pmatrix}2&0&-1\\1&3&2\end{pmatrix},\quad \boldsymbol{B}=\begin{pmatrix}1&7&-1\\4&2&3\\2&0&1\end{pmatrix},$$

求$(\boldsymbol{AB})^{\mathrm{T}}$.

解 法1 因为

$$\boldsymbol{AB}=\begin{pmatrix}2&0&-1\\1&3&2\end{pmatrix}\begin{pmatrix}1&7&-1\\4&2&3\\2&0&1\end{pmatrix}=\begin{pmatrix}0&14&-3\\17&13&10\end{pmatrix},$$

所以

$$(\boldsymbol{AB})^{\mathrm{T}}=\begin{pmatrix}0&17\\14&13\\-3&10\end{pmatrix}.$$

法 2

$$(\boldsymbol{AB})^{\mathrm{T}}=\boldsymbol{B}^{\mathrm{T}}\boldsymbol{A}^{\mathrm{T}}=\begin{pmatrix}1&4&2\\7&2&0\\-1&3&1\end{pmatrix}\begin{pmatrix}2&1\\0&3\\-1&2\end{pmatrix}=\begin{pmatrix}0&17\\14&13\\-3&10\end{pmatrix}.$$

同步实践 5.2.4

1. 矩阵 $\boldsymbol{A},\boldsymbol{B},\boldsymbol{C}$ 是同阶方阵,则$(\boldsymbol{ABC})^{\mathrm{T}}=($ $)$.

A. $\boldsymbol{A}^{\mathrm{T}}\boldsymbol{B}^{\mathrm{T}}\boldsymbol{C}^{\mathrm{T}}$　　B. $\boldsymbol{C}^{\mathrm{T}}\boldsymbol{B}^{\mathrm{T}}\boldsymbol{A}^{\mathrm{T}}$　　C. $\boldsymbol{C}^{\mathrm{T}}\boldsymbol{A}^{\mathrm{T}}\boldsymbol{B}^{\mathrm{T}}$　　D. $\boldsymbol{A}^{\mathrm{T}}\boldsymbol{C}^{\mathrm{T}}\boldsymbol{B}^{\mathrm{T}}$

2. 设 $\boldsymbol{A}$ 是 $k\times p$ 矩阵,$\boldsymbol{B}$ 是 $m\times n$ 矩阵,如果 $\boldsymbol{AC}^{\mathrm{T}}\boldsymbol{B}$ 有意义,则矩阵 $\boldsymbol{C}$ 的行数和列数应分别为( ).

A. k,m　　B. k,n　　C. m,p　　D. p,m

3. 设 $\boldsymbol{A}$ 是 $m\times n$ 矩阵,$\boldsymbol{B}$ 是 $p\times m$ 矩阵,则 $\boldsymbol{A}^{\mathrm{T}}\boldsymbol{B}^{\mathrm{T}}$ 是________阶矩阵.

4. 设 $\boldsymbol{A}=\begin{pmatrix}\cos\theta&-\sin\theta\\\sin\theta&\cos\theta\end{pmatrix}$,求 $\boldsymbol{A}^{\mathrm{T}}\boldsymbol{A}=$________.

5. 设矩阵 $\boldsymbol{A}=\begin{pmatrix}2&0&-1\\1&3&2\end{pmatrix}$,$\boldsymbol{B}=\begin{pmatrix}1&7&-1\\4&2&3\\2&0&1\end{pmatrix}$,求$(\boldsymbol{AB})^{\mathrm{T}}$与 $\boldsymbol{B}^{\mathrm{T}}\boldsymbol{A}^{\mathrm{T}}$.

5.2 矩阵的运算同步实践答案

§5.3 方阵的行列式

行列式是关于方阵的元素所定义的一种运算，其运算的结果是一个数，称为方阵行列式的值，简称为**方阵的行列式**.

方阵 $\boldsymbol{A}$ 的行列式通常记作 $|\boldsymbol{A}|$.

5.3.1 二阶与三阶行列式

二阶、三阶方阵的行列式相应地称为二阶、三阶行列式.现分别介绍如下.

1. 二阶行列式

对于二阶方阵

$$\boldsymbol{A}=\begin{pmatrix} a_{11} & a_{12} \\ a_{21} & a_{22} \end{pmatrix},$$

规定二阶行列式的值为

$$|\boldsymbol{A}|=\begin{vmatrix} a_{11} & a_{12} \\ a_{21} & a_{22} \end{vmatrix}=a_{11}a_{22}-a_{12}a_{21}.$$

二阶行列式的计算方法可按图 5-1 记忆，即实线连接的元素乘积减去虚线连接的元素乘积.

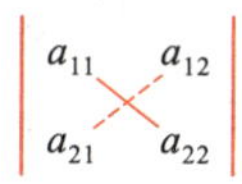

图 5-1

例 5.3.1 计算下列二阶方阵的行列式

$$\boldsymbol{A}=\begin{pmatrix} 3 & -2 \\ 2 & 1 \end{pmatrix}.$$

解 $|\boldsymbol{A}|=\begin{vmatrix} 3 & -2 \\ 2 & 1 \end{vmatrix}=3\times1-2\times(-2)=7.$

2. 三阶行列式

对于三阶方阵

$$\boldsymbol{A}=\begin{pmatrix} a_{11} & a_{12} & a_{13} \\ a_{21} & a_{22} & a_{23} \\ a_{31} & a_{32} & a_{33} \end{pmatrix},$$

规定三阶行列式的值为

$$|\boldsymbol{A}|=\begin{vmatrix} a_{11} & a_{12} & a_{13} \\ a_{21} & a_{22} & a_{23} \\ a_{31} & a_{32} & a_{33} \end{vmatrix}$$

$$=a_{11}a_{22}a_{33}+a_{12}a_{23}a_{31}+a_{13}a_{21}a_{32}-a_{13}a_{22}a_{31}-a_{12}a_{21}a_{33}-a_{11}a_{23}a_{32}.$$

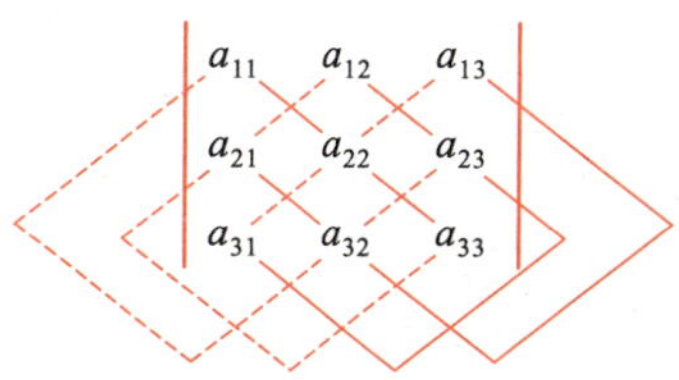

图 5-2

三阶行列式的计算方法可按图 5-2 记忆，即实线连接的元素乘积之和减去虚线连接的元素乘积之和.

小贴士

三阶行列式是 6 项的代数和，每一项都是位于不同行不同列的三个元素的乘积，其中三项为正，三项为负.

例 5.3.2 计算下列三阶方阵的行列式

$$A=\begin{pmatrix}1 & 2 & -4\\ -2 & 2 & 1\\ -3 & 4 & -2\end{pmatrix}.$$

解
$$|A|=\begin{vmatrix}1 & 2 & -4\\ -2 & 2 & 1\\ -3 & 4 & -2\end{vmatrix}$$
$$=1\times2\times(-2)+2\times1\times(-3)+(-4)\times(-2)\times4-1\times1\times4$$
$$-2\times(-2)\times(-2)-(-4)\times2\times(-3)$$
$$=-4-6+32-4-8-24=-14.$$

同步实践 5.3.1

1. $\begin{vmatrix}\sin\theta & -\cos\theta\\ \cos\theta & \sin\theta\end{vmatrix}=$(　　).

A. -1　　B. 1　　C. $2\sin^2\theta$　　D. $2\cos^2\theta$

2. 计算下列行列式.

(1) $\begin{vmatrix}n+1 & n\\ n & n-1\end{vmatrix}$;　　(2) $\begin{vmatrix}2 & -1 & 3\\ -1 & 2 & 1\\ 4 & 1 & 2\end{vmatrix}$.

5.3.2　n 阶行列式

对于 n 阶方阵

$$A=\begin{pmatrix}a_{11} & a_{12} & \cdots & a_{1n}\\ a_{21} & a_{22} & \cdots & a_{2n}\\ \vdots & \vdots & & \vdots\\ a_{n1} & a_{n2} & \cdots & a_{nn}\end{pmatrix},$$

其行列式记作

$$|A|=\begin{vmatrix}a_{11} & a_{12} & \cdots & a_{1n}\\ a_{21} & a_{22} & \cdots & a_{2n}\\ \vdots & \vdots & & \vdots\\ a_{n1} & a_{n2} & \cdots & a_{nn}\end{vmatrix}.$$

n 阶方阵的行列式称为 n **阶行列式**，方阵的有关术语，如行、列、元素、主对角线、转置，以及方阵的有关名称，如上三角、下三角、对角等对行列式也都通用.

为了给出 n 阶行列式的定义，先来研究三阶行列式与二阶行列式的关系.三阶行列式可用二阶行列式表示如下：

$$\begin{vmatrix} a_{11} & a_{12} & a_{13} \\ a_{21} & a_{22} & a_{23} \\ a_{31} & a_{32} & a_{33} \end{vmatrix} = a_{11}\begin{vmatrix} a_{22} & a_{23} \\ a_{32} & a_{33} \end{vmatrix} - a_{12}\begin{vmatrix} a_{21} & a_{23} \\ a_{31} & a_{33} \end{vmatrix} + a_{13}\begin{vmatrix} a_{21} & a_{22} \\ a_{31} & a_{32} \end{vmatrix}. \tag{5.1}$$

式(5.1)给了我们一个启示，高阶行列式可由低阶行列式来表示.

定义 5.6　对于 n 阶方阵 $\boldsymbol{A}=(a_{ij})_{n\times n}(i=1,2,\cdots,n;j=1,2,\cdots,n)$ 构成的 n 阶行列式

$$|\boldsymbol{A}| = \begin{vmatrix} a_{11} & a_{12} & \cdots & a_{1n} \\ a_{21} & a_{22} & \cdots & a_{2n} \\ \vdots & \vdots & & \vdots \\ a_{n1} & a_{n2} & \cdots & a_{nn} \end{vmatrix}$$

是一个数：

(1) $n=1$ 时，$|\boldsymbol{A}|=a_{11}$；

(2) $n>1$ 时，

$$|\boldsymbol{A}| = a_{11}\begin{vmatrix} a_{22} & a_{23} & \cdots & a_{2n} \\ a_{32} & a_{33} & \cdots & a_{3n} \\ \vdots & \vdots & & \vdots \\ a_{n2} & a_{n3} & \cdots & a_{nn} \end{vmatrix} - a_{12}\begin{vmatrix} a_{21} & a_{23} & \cdots & a_{2n} \\ a_{31} & a_{33} & \cdots & a_{3n} \\ \vdots & \vdots & & \vdots \\ a_{n1} & a_{n3} & \cdots & a_{nn} \end{vmatrix} + \cdots$$

$$+(-1)^{n+1}a_{1n}\begin{vmatrix} a_{21} & a_{22} & \cdots & a_{2,n-1} \\ a_{31} & a_{32} & \cdots & a_{3,n-1} \\ \vdots & \vdots & & \vdots \\ a_{n1} & a_{n2} & \cdots & a_{n,n-1} \end{vmatrix}.$$

按此定义的二阶、三阶行列式，与前面定义的二阶、三阶行列式，显然是一致的.

小贴士

当 $n=1$ 时，定义一阶行列式 $|a_{11}|=a_{11}$，注意与绝对值符号的区别.

思考

行列式和矩阵有何区别?

例 5.3.3 计算下三角形行列式

$$|\boldsymbol{A}|=\begin{vmatrix} a_{11} & & & \\ a_{21} & a_{22} & & \\ \vdots & \vdots & \ddots & \\ a_{n1} & a_{n2} & \cdots & a_{nn} \end{vmatrix}.$$

解

$$|\boldsymbol{A}|=\begin{vmatrix} a_{11} & & & \\ a_{21} & a_{22} & & \\ \vdots & \vdots & \ddots & \\ a_{n1} & a_{n2} & \cdots & a_{nn} \end{vmatrix}$$

$$=a_{11}(-1)^{1+1}\begin{vmatrix} a_{22} & & & \\ a_{32} & a_{33} & & 0 \\ \vdots & \vdots & \ddots & \\ a_{n2} & a_{n3} & \cdots & a_{nn} \end{vmatrix}+0+\cdots+0$$

$$=a_{11}a_{22}(-1)^{1+1}\begin{vmatrix} a_{33} & & & \\ a_{43} & a_{44} & & 0 \\ \vdots & \vdots & \ddots & \\ a_{n3} & a_{n4} & \cdots & a_{nn} \end{vmatrix}+0+\cdots+0$$

$$=\cdots$$

$$=a_{11}a_{22}\cdots a_{nn}.$$

同理,上三角形行列式的值也等于主对角线上的元素的乘积.

同步实践 5.3.2

计算行列式 $\begin{vmatrix} 2 & 0 & 0 & -4 \\ 7 & -1 & 0 & 5 \\ -2 & 6 & 1 & 0 \\ 8 & 4 & -3 & -5 \end{vmatrix}$.

5.3.3 行列式的性质

行列式的性质

在一般情况下,n 阶行列式可按照定义化为 n 个 $n-1$ 阶行列式计算,但当 n 比较大时,计算相当困难.为了简化 n 阶行列式的计算,下面介绍行列式的有关性质.

记

$$|\boldsymbol{A}|=\begin{vmatrix} a_{11} & a_{12} & \cdots & a_{1n} \\ a_{21} & a_{22} & \cdots & a_{2n} \\ \vdots & \vdots & & \vdots \\ a_{n1} & a_{n2} & \cdots & a_{nn} \end{vmatrix},\quad |\boldsymbol{A}^{\mathrm{T}}|=\begin{vmatrix} a_{11} & a_{21} & \cdots & a_{n1} \\ a_{12} & a_{22} & \cdots & a_{n2} \\ \vdots & \vdots & & \vdots \\ a_{1n} & a_{2n} & \cdots & a_{nn} \end{vmatrix},$$

行列式 $|A^{\mathrm{T}}|$ 称为矩阵 A 的**转置行列式**.

性质 1　行列式与它的转置行列式相等.

例如，$\begin{vmatrix} 1 & 0 & -1 \\ 0 & 2 & -2 \\ 0 & 0 & 3 \end{vmatrix} = \begin{vmatrix} 1 & 0 & 0 \\ 0 & 2 & 0 \\ -1 & -2 & 3 \end{vmatrix}$.

性质 2　互换行列式的两行(列)，行列式变号.

以 r_i 表示行列式的第 i 行，以 c_i 表示第 i 列. 交换 i,j 两行记作 $r_i \leftrightarrow r_j$，交换 i,j 两列记作 $c_i \leftrightarrow c_j$.

例如，$\begin{vmatrix} 1 & 2 & 3 \\ 2 & 1 & 3 \\ 3 & 4 & 5 \end{vmatrix} \xlongequal{r_1 \leftrightarrow r_2} -\begin{vmatrix} 2 & 1 & 3 \\ 1 & 2 & 3 \\ 3 & 4 & 5 \end{vmatrix}$.

推论　如果行列式有两行(列)完全相同，则此行列式等于零.

例如，$\begin{vmatrix} 1 & 2 & 3 \\ 4 & 5 & 6 \\ 4 & 5 & 6 \end{vmatrix} = 0$.

性质 3　行列式的某一行(列)中所有的元素都乘同一数 k，等于用数 k 乘此行列式.

例如，$\begin{vmatrix} 2a_1 & 2b_1 & 2c_1 \\ a_2 & b_2 & c_2 \\ a_3 & b_3 & c_3 \end{vmatrix} = 2\begin{vmatrix} a_1 & b_1 & c_1 \\ a_2 & b_2 & c_2 \\ a_3 & b_3 & c_3 \end{vmatrix}$.

第 i 行(列)提出公因子 k，记作 $r_i \div k$(或 $c_i \div k$).

性质 4　行列式中如果有两行(列)元素成比例，则此行列式等于零.

例如，$\begin{vmatrix} 1 & 2 & 3 \\ 2 & 4 & 6 \\ 1 & 3 & 4 \end{vmatrix} = 2\begin{vmatrix} 1 & 2 & 3 \\ 1 & 2 & 3 \\ 1 & 3 & 4 \end{vmatrix} = 2\times 0 = 0$.

性质 5　若行列式的某一行(列)的元素都可分成两数之和，则行列式可分成两个对应行列式的和.

例如，$\begin{vmatrix} a_1 & b_1 & c_1 \\ a_2+a_2' & b_2+b_2' & c_2+c_2' \\ a_3 & b_3 & c_3 \end{vmatrix} = \begin{vmatrix} a_1 & b_1 & c_1 \\ a_2 & b_2 & c_2 \\ a_3 & b_3 & c_3 \end{vmatrix} + \begin{vmatrix} a_1 & b_1 & c_1 \\ a_2' & b_2' & c_2' \\ a_3 & b_3 & c_3 \end{vmatrix}$.

性质 6　把行列式的某一行(列)的各元素乘同一数后加到另一行(列)对应的元素上去，行列式的值不变.

如用数 k 乘第 i 行加到第 j 行上，记作 $r_j + kr_i$.

例如，$\begin{vmatrix} 1 & -4 & -1 \\ 2 & 0 & 1 \\ -1 & 8 & 3 \end{vmatrix} \xlongequal{r_2 - 2r_1} \begin{vmatrix} 1 & -4 & -1 \\ 0 & 8 & 3 \\ -1 & 8 & 3 \end{vmatrix}$.

小贴士

性质 2、性质 3 和性质 6 介绍了行列式关于行或列的三种运算，即 $r_i \leftrightarrow r_j, r_i \times k, r_j + kr_i$ 和 $c_i \leftrightarrow c_j, c_i \times k, c_j + kc_i$，这些运算可简化行列式的计算，特别是运算 $r_i + kr_j$（或 $c_i + kc_j$）可以把行列式中某些元素化为 0. 从而把行列式化为上三角形行列式，求得行列式的值.

例 5.3.4 计算

$$|\boldsymbol{A}| = \begin{vmatrix} 1 & 2 & 0 & 1 \\ 2 & 3 & 10 & 0 \\ 0 & 3 & 5 & 18 \\ 5 & 10 & 15 & 4 \end{vmatrix}.$$

解

$$|\boldsymbol{A}| \xlongequal[r_2-2r_1]{r_4-5r_1} \begin{vmatrix} 1 & 2 & 0 & 1 \\ 0 & -1 & 10 & -2 \\ 0 & 3 & 5 & 18 \\ 0 & 0 & 15 & -1 \end{vmatrix} \xlongequal{r_3+3r_2} \begin{vmatrix} 1 & 2 & 0 & 1 \\ 0 & -1 & 10 & -2 \\ 0 & 0 & 35 & 12 \\ 0 & 0 & 15 & -1 \end{vmatrix}$$

$$\xlongequal{r_3-2r_4} \begin{vmatrix} 1 & 2 & 0 & 1 \\ 0 & -1 & 10 & -2 \\ 0 & 0 & 5 & 14 \\ 0 & 0 & 15 & -1 \end{vmatrix} \xlongequal{r_4-3r_3} \begin{vmatrix} 1 & 2 & 0 & 1 \\ 0 & -1 & 10 & -2 \\ 0 & 0 & 5 & 14 \\ 0 & 0 & 0 & -43 \end{vmatrix}$$

$$= 1 \times (-1) \times 5 \times (-43) = 215.$$

例 5.3.5 计算

$$|\boldsymbol{A}| = \begin{vmatrix} 3 & 1 & 1 & 1 \\ 1 & 3 & 1 & 1 \\ 1 & 1 & 3 & 1 \\ 1 & 1 & 1 & 3 \end{vmatrix}.$$

解 这个行列式的特点是各列 4 个数之和都是 6. 先把第 2~4 行同时加到第 1 行，提出公因子 6，然后各行减去第一行，得

$$|\boldsymbol{A}| \xlongequal[\substack{r_1+r_3 \\ r_1+r_2}]{r_1+r_4} \begin{vmatrix} 6 & 6 & 6 & 6 \\ 1 & 3 & 1 & 1 \\ 1 & 1 & 3 & 1 \\ 1 & 1 & 1 & 3 \end{vmatrix} \xlongequal{r_1 \div 6} 6 \begin{vmatrix} 1 & 1 & 1 & 1 \\ 1 & 3 & 1 & 1 \\ 1 & 1 & 3 & 1 \\ 1 & 1 & 1 & 3 \end{vmatrix} \xlongequal[\substack{r_3-r_1 \\ r_4-r_1}]{r_2-r_1} 6 \begin{vmatrix} 1 & 1 & 1 & 1 \\ 0 & 2 & 0 & 0 \\ 0 & 0 & 2 & 0 \\ 0 & 0 & 0 & 2 \end{vmatrix} = 48.$$

同步实践 5.3.3

1. 设 $\boldsymbol{A}$ 为 n 阶方阵，λ 为实数，则 $|\lambda \boldsymbol{A}| =$（　　）.

A. $\lambda|\boldsymbol{A}|$　　B. $|\lambda||\boldsymbol{A}|$　　C. $\lambda^n|\boldsymbol{A}|$　　D. $|\lambda|^n|\boldsymbol{A}|$

2. 设 $\boldsymbol{A}=\begin{pmatrix}1 & 0 & -1\\ 3 & 5 & 0\\ 0 & 4 & 1\end{pmatrix}$，则 $|\boldsymbol{A}\boldsymbol{A}^{\mathrm{T}}|=($　　$)$.

A. -49　　B. -7　　C. 7　　D. 49

3. 设 $\boldsymbol{A}=\begin{vmatrix}a_1 & b_1 & c_1\\ a_2 & b_2 & c_2\\ a_3 & b_3 & c_3\end{vmatrix}=2$，则 $\begin{vmatrix}2a_1 & 4a_1-3b_1 & c_1\\ 2a_2 & 4a_2-3b_2 & c_2\\ 2a_3 & 4a_3-3b_3 & c_3\end{vmatrix}=($　　$)$.

A. 6　　B. 2　　C. -12　　D. -48

4. 直接应用行列式的性质计算下列行列式.

(1) $\begin{vmatrix}-2 & 3 & 1\\ 503 & 201 & 298\\ 5 & 2 & 3\end{vmatrix}$；

(2) $\begin{vmatrix}0 & 0 & 0 & a\\ 0 & 0 & b & 0\\ 0 & c & 0 & 0\\ d & 0 & 0 & 0\end{vmatrix}$；

(3) 设 $\begin{vmatrix}a_{11} & a_{12} & a_{13}\\ a_{21} & a_{22} & a_{23}\\ a_{31} & a_{32} & a_{33}\end{vmatrix}=1$，求 $\begin{vmatrix}6a_{11} & -2a_{12} & -10a_{13}\\ -3a_{21} & a_{22} & 5a_{23}\\ -3a_{31} & a_{32} & 5a_{33}\end{vmatrix}$.

5.3.4 行列式按行（列）展开

按定义 n 阶行列式可以化为第一行元素与对应的 $n-1$ 阶行列式之积的代数和来计算，称为行列式按第一行展开.行列式也能按其他行(列)展开.为此，先引进余子式和代数余子式的概念.

在 n 阶行列式中，把元素 a_{ij}所在的第 i 行和第 j 列划去后，留下来的 $n-1$ 阶行列式称为元素 a_{ij}的**余子式**，记作 M_{ij}，记

$$A_{ij}=(-1)^{i+j}M_{ij},$$

称为元素 a_{ij}的**代数余子式**.

例如，四阶行列式

$$|\boldsymbol{A}|=\begin{vmatrix}a_{11} & a_{12} & a_{13} & a_{14}\\ a_{21} & a_{22} & a_{23} & a_{24}\\ a_{31} & a_{32} & a_{33} & a_{34}\\ a_{41} & a_{42} & a_{43} & a_{44}\end{vmatrix}$$

中元素 a_{32} 的余子式和代数余子式分别为

$$M_{32}=\begin{vmatrix} a_{11} & a_{13} & a_{14} \\ a_{21} & a_{23} & a_{24} \\ a_{41} & a_{43} & a_{44} \end{vmatrix},$$

$$A_{32}=(-1)^{3+2}M_{32}=-M_{32}.$$

定理 5.1 行列式等于它的任一行(列)的各元素与其对应的代数余子式乘积之和,即

$$|\boldsymbol{A}|=a_{i1}A_{i1}+a_{i2}A_{i2}+\cdots+a_{in}A_{in},$$

或

$$|\boldsymbol{A}|=a_{1j}A_{1j}+a_{2j}A_{2j}+\cdots+a_{nj}A_{nj}.$$

小贴士

定理 5.1 称为**行列式按行(列)展开法则**.从理论上讲,行列式可以按照任一行或列展开,但是为了计算简单,利用这一法则并结合行列式的性质,应尽量选 0 较多的行或列展开.这样可以简化行列式的计算.

例 5.3.6 计算行列式

$$|\boldsymbol{A}|=\begin{vmatrix} 3 & 1 & -1 & 2 \\ -5 & 1 & 3 & -4 \\ 2 & 0 & 1 & -1 \\ 1 & -5 & 3 & -3 \end{vmatrix}.$$

解 $|\boldsymbol{A}| \xlongequal[c_4+c_3]{c_1-2c_3} \begin{vmatrix} 5 & 1 & -1 & 1 \\ -11 & 1 & 3 & -1 \\ 0 & 0 & 1 & 0 \\ -5 & -5 & 3 & 0 \end{vmatrix}$

$$=(-1)^{3+3}\begin{vmatrix} 5 & 1 & 1 \\ -11 & 1 & -1 \\ -5 & -5 & 0 \end{vmatrix} \xlongequal{r_2+r_1} \begin{vmatrix} 5 & 1 & 1 \\ -6 & 2 & 0 \\ -5 & -5 & 0 \end{vmatrix}$$

$$=(-1)^{1+3}\begin{vmatrix} -6 & 2 \\ -5 & -5 \end{vmatrix} \xlongequal[c_1-c_2]{} \begin{vmatrix} -8 & 2 \\ 0 & -5 \end{vmatrix}=40.$$

例 5.3.7 计算

$$|\boldsymbol{A}|=\begin{vmatrix} 1 & 4 & 6 & -2 \\ 4 & 2 & 3 & 1 \\ 0 & 2 & -1 & 0 \\ 1 & 3 & 2 & 4 \end{vmatrix}.$$

解 $$|\boldsymbol{A}| \xlongequal{c_2+2c_3} \begin{vmatrix} 1 & 16 & 6 & -2 \\ 4 & 8 & 3 & 1 \\ 0 & 0 & -1 & 0 \\ 1 & 7 & 2 & 4 \end{vmatrix} = (-1)\times(-1)^{3+3}\begin{vmatrix} 1 & 16 & -2 \\ 4 & 8 & 1 \\ 1 & 7 & 4 \end{vmatrix}$$

$$\xlongequal[r_1+2r_2]{r_3-4r_2} -\begin{vmatrix} 9 & 32 & 0 \\ 4 & 8 & 1 \\ -15 & -25 & 0 \end{vmatrix} = -1\times(-1)^{2+3}\begin{vmatrix} 9 & 32 \\ -15 & -25 \end{vmatrix} = 255.$$

小贴士

若例 5.3.6 与例 5.3.7 直接按行(列)展开计算行列式,运算量比较大.因此,可先用行列式的性质将行列式的某一行(列)化为仅含有一个非零元素,然后按此行(列)展开.这样就可把 n 阶行列式降为 $n-1$ 阶的行列式,如此进行下去,直到化为三阶或者二阶行列式,这种计算行列式的方法称为降阶法.

定理 5.2 设 $\boldsymbol{A},\boldsymbol{B}$ 均为 n 阶方阵,则 $\boldsymbol{A}$ 与 $\boldsymbol{B}$ 的乘积矩阵的行列式等于 $\boldsymbol{A}$ 的行列式与 $\boldsymbol{B}$ 的行列式的乘积,即

$$|\boldsymbol{AB}| = |\boldsymbol{A}|\,|\boldsymbol{B}|.$$

同步实践 5.3.4

计算行列式 $\begin{vmatrix} 0 & -1 & -1 & 2 \\ 1 & -1 & 0 & 2 \\ -1 & 2 & -1 & 0 \\ 2 & 1 & 1 & 0 \end{vmatrix}$.

5.3 方阵的行列式同步实践答案

§5.4 逆矩阵

上面讨论了矩阵的加法、数乘和乘法三种运算及它们的实际背景.下面从线性方程组的求解问题引入逆矩阵的概念.

设给定线性方程组

$$\begin{cases} a_{11}x_1+a_{12}x_2+\cdots+a_{1n}x_n=b_1, \\ a_{21}x_1+a_{22}x_2+\cdots+a_{2n}x_n=b_2, \\ \cdots\cdots\cdots\cdots \\ a_{m1}x_1+a_{m2}x_2+\cdots+a_{mn}x_n=b_m, \end{cases}$$

根据矩阵的乘法，以上线性方程组可表示成矩阵形式：

$$\boldsymbol{AX}=\boldsymbol{B},$$

其中，

$$\boldsymbol{A}=\begin{pmatrix} a_{11} & a_{12} & \cdots & a_{1n} \\ a_{21} & a_{22} & \cdots & a_{2n} \\ \vdots & \vdots & & \vdots \\ a_{m1} & a_{m2} & \cdots & a_{mn} \end{pmatrix},\quad \boldsymbol{X}=\begin{pmatrix} x_1 \\ x_2 \\ \vdots \\ x_n \end{pmatrix},\quad \boldsymbol{B}=\begin{pmatrix} b_1 \\ b_2 \\ \vdots \\ b_m \end{pmatrix}.$$

给定线性方程组还可写成增广矩阵形式

$$(\boldsymbol{A}\quad \boldsymbol{B})=\begin{pmatrix} a_{11} & a_{12} & \cdots & a_{1n} & b_1 \\ a_{21} & a_{22} & \cdots & a_{2n} & b_2 \\ \vdots & \vdots & & \vdots & \vdots \\ a_{m1} & a_{m2} & & a_{mn} & b_m \end{pmatrix}.$$

矩阵方程 $\boldsymbol{AX}=\boldsymbol{B}$ 在形式上与最简单的代数方程 $ax=b$ 非常类似，分析代数方程 $ax=b$ 的求解过程，对于求解矩阵方程会有启发.

当 $a\neq 0$ 时，存在着 a 的倒数 $a^{-1}=\dfrac{1}{a}$（a^{-1} 也称为 a 的逆元素）.以 a^{-1} 乘方程 $ax=b$ 的两端，由于 $aa^{-1}=a^{-1}a=1$，所以得到方程的解 $x=a^{-1}b$.如果对 n 阶方阵 $\boldsymbol{A}$ 也定义它的逆方阵 $\boldsymbol{A}^{-1}$，使之满足 $\boldsymbol{AA}^{-1}=\boldsymbol{A}^{-1}\boldsymbol{A}=\boldsymbol{E}$，那么，用 $\boldsymbol{A}^{-1}$ 乘矩阵方程 $\boldsymbol{AX}=\boldsymbol{B}$ 的两端就得到方程的解 $\boldsymbol{X}=\boldsymbol{A}^{-1}\boldsymbol{B}$.

5.4.1 逆矩阵的概念与性质

矩阵的逆（一）

定义 5.7 对于 n 阶矩阵 $\boldsymbol{A}$，如果有矩阵 $\boldsymbol{B}$，使得

$$\boldsymbol{AB}=\boldsymbol{BA}=\boldsymbol{E},$$

则说矩阵 $\boldsymbol{A}$ 是可逆的，并称矩阵 $\boldsymbol{B}$ 为 $\boldsymbol{A}$ 的**逆矩阵**.$\boldsymbol{A}$ 的逆矩阵记作 $\boldsymbol{A}^{-1}$，则 $\boldsymbol{B}=\boldsymbol{A}^{-1}$.

如果矩阵 $\boldsymbol{A}$ 是可逆的，那么 $\boldsymbol{A}$ 的逆矩阵是唯一的.这是因为，设 $\boldsymbol{B},\boldsymbol{C}$ 都是 $\boldsymbol{A}$ 的逆矩阵，则有

$$\boldsymbol{B}=\boldsymbol{BE}=\boldsymbol{B}(\boldsymbol{AC})=(\boldsymbol{BA})\boldsymbol{C}=\boldsymbol{EC}=\boldsymbol{C},$$

所以 $\boldsymbol{A}$ 的逆矩阵是唯一的.

关于矩阵的逆运算具有下列性质.

性质 1 可逆矩阵 $\boldsymbol{A}$ 的逆矩阵 $\boldsymbol{A}^{-1}$ 也是可逆矩阵，并且

$$(\boldsymbol{A}^{-1})^{-1}=\boldsymbol{A}.$$

性质 2 非零数 k 与可逆矩阵 $\boldsymbol{A}$ 的乘积矩阵 $k\boldsymbol{A}$ 也是可逆矩阵，并且

$$(k\boldsymbol{A})^{-1}=\frac{1}{k}\boldsymbol{A}^{-1}.$$

性质 3 两个同阶可逆矩阵的乘积矩阵是可逆矩阵，并且

$$(\boldsymbol{AB})^{-1}=\boldsymbol{B}^{-1}\boldsymbol{A}^{-1}.$$

性质 4 可逆矩阵的转置矩阵是可逆矩阵，并且

$$(\boldsymbol{A}^{\mathrm{T}})^{-1}=(\boldsymbol{A}^{-1})^{\mathrm{T}}.$$

同步实践 5.4.1

1. $\begin{pmatrix}1&&&\\&2&&\\&&3&\\&&&4\end{pmatrix}^{-1}=$__________.

2. 设 $\boldsymbol{A},\boldsymbol{B},\boldsymbol{C}$ 均为 n 阶方阵，下列命题正确的是（　　）.

A. 若 $\boldsymbol{A}$ 是可逆矩阵，则从 $\boldsymbol{AB}=\boldsymbol{AC}$ 可推出 $\boldsymbol{BA}=\boldsymbol{CA}$

B. 若 $\boldsymbol{A}$ 是可逆矩阵，则必有 $\boldsymbol{AB}=\boldsymbol{BA}$

C. 若 $\boldsymbol{A}\neq\boldsymbol{O}$，则从 $\boldsymbol{AB}=\boldsymbol{AC}$ 可推出 $\boldsymbol{B}=\boldsymbol{C}$

D. 若 $\boldsymbol{B}\neq\boldsymbol{C}$，则必有 $\boldsymbol{AB}\neq\boldsymbol{AC}$

3. 设 $\boldsymbol{A},\boldsymbol{B}$ 均为 n 阶方阵，则必有（　　）.

A. $|\boldsymbol{A}+\boldsymbol{B}|=|\boldsymbol{A}|+|\boldsymbol{B}|$　　B. $\boldsymbol{AB}=\boldsymbol{BA}$

C. $(\boldsymbol{A}+\boldsymbol{B})^{-1}=\boldsymbol{A}^{-1}+\boldsymbol{B}^{-1}$　　D. $|\boldsymbol{AB}|=|\boldsymbol{BA}|$

4. 设 $\boldsymbol{A},\boldsymbol{B},\boldsymbol{C}$ 均为 n 阶方阵，$\boldsymbol{E}$ 为 n 阶单位矩阵，若 $\boldsymbol{ABC}=\boldsymbol{E}$，则有（　　）.

A. $\boldsymbol{CAB}=\boldsymbol{E}$　　B. $\boldsymbol{BCA}=\boldsymbol{E}$　　C. $\boldsymbol{BAC}=\boldsymbol{E}$　　D. $\boldsymbol{ACB}=\boldsymbol{E}$

5.4.2 方阵可逆的条件

设 n 阶方阵

$$\boldsymbol{A}=\begin{pmatrix}a_{11}&a_{12}&\cdots&a_{1n}\\a_{21}&a_{22}&\cdots&a_{2n}\\\vdots&\vdots&&\vdots\\a_{n1}&a_{n2}&\cdots&a_{nn}\end{pmatrix},$$

由方阵 $\boldsymbol{A}$ 中元素 a_{ij} 的代数余子式 $A_{ij}(i=1,2,\cdots,n;j=1,2,\cdots,n)$ 按转置方式排成的 n 阶方阵，称为方阵 $\boldsymbol{A}$ 的**伴随矩阵**，记作

$$\boldsymbol{A}^{*}=\begin{pmatrix}A_{11}&A_{21}&\cdots&A_{n1}\\A_{12}&A_{22}&\cdots&A_{n2}\\\vdots&\vdots&&\vdots\\A_{1n}&A_{2n}&\cdots&A_{nn}\end{pmatrix}.$$

定理 5.3 n 阶方阵 $\boldsymbol{A}$ 可逆的充分必要条件是 $|\boldsymbol{A}|\neq0$. 当 $\boldsymbol{A}$ 可逆时，$\boldsymbol{A}$ 的逆矩阵可表示为

$$\boldsymbol{A}^{-1}=\frac{1}{|\boldsymbol{A}|}\boldsymbol{A}^{*},$$

其中，A^* 是 A 的伴随矩阵.

例如，$A=\begin{pmatrix} a & b \\ c & d \end{pmatrix}$，其代数余子式分别为 $A_{11}=d, A_{12}=-c, A_{21}=-b, A_{22}=a$，故

$$A^*=\begin{pmatrix} A_{11} & A_{21} \\ A_{12} & A_{22} \end{pmatrix}=\begin{pmatrix} d & -b \\ -c & a \end{pmatrix}.$$

又如，当 $D=\begin{pmatrix} 2 & 5 \\ 3 & 4 \end{pmatrix}$ 时，可算得 $D^*=\begin{pmatrix} 4 & -5 \\ -3 & 2 \end{pmatrix}$.

定理 5.3 不仅说明了 n 阶方阵可逆的条件，而且在方阵可逆的情况下，给出了应用伴随矩阵求逆矩阵的方法.

例 5.4.1 设 $A=\begin{pmatrix} 1 & 2 & 3 \\ 2 & 2 & 1 \\ 3 & 4 & 3 \end{pmatrix}$，求 A^{-1}.

解 先求伴随矩阵中的各代数余子式：

$$A_{11}=\begin{vmatrix} 2 & 1 \\ 4 & 3 \end{vmatrix}=2,\quad A_{21}=-\begin{vmatrix} 2 & 3 \\ 4 & 3 \end{vmatrix}=6,\quad A_{31}=\begin{vmatrix} 2 & 3 \\ 2 & 1 \end{vmatrix}=-4,$$

$$A_{12}=-\begin{vmatrix} 2 & 1 \\ 3 & 3 \end{vmatrix}=-3,\quad A_{22}=\begin{vmatrix} 1 & 3 \\ 3 & 3 \end{vmatrix}=-6,\quad A_{32}=-\begin{vmatrix} 1 & 3 \\ 2 & 1 \end{vmatrix}=5,$$

$$A_{13}=\begin{vmatrix} 2 & 2 \\ 3 & 4 \end{vmatrix}=2,\quad A_{23}=-\begin{vmatrix} 1 & 2 \\ 3 & 4 \end{vmatrix}=2,\quad A_{33}=\begin{vmatrix} 1 & 2 \\ 2 & 2 \end{vmatrix}=-2.$$

从而得

$$A^*=\begin{pmatrix} 2 & 6 & -4 \\ -3 & -6 & 5 \\ 2 & 2 & -2 \end{pmatrix},$$

再求 $|A|$，解得 $|A|=2$，所以

$$A^{-1}=\frac{1}{|A|}A^*=\begin{pmatrix} 1 & 3 & -2 \\ -\frac{3}{2} & -3 & \frac{5}{2} \\ 1 & 1 & -1 \end{pmatrix}.$$

例 5.4.2 求矩阵 X，使其满足

$$AXB=C,$$

其中，

$$A=\begin{pmatrix} 1 & 2 & 3 \\ 2 & 2 & 1 \\ 3 & 4 & 3 \end{pmatrix},\quad B=\begin{pmatrix} 2 & 1 \\ 5 & 3 \end{pmatrix},\quad C=\begin{pmatrix} 1 & 3 \\ 2 & 0 \\ 3 & 1 \end{pmatrix}.$$

解 若 A^{-1}, B^{-1} 存在，则用 A^{-1} 左乘上式，B^{-1} 右乘上式，有

$$A^{-1}AXBB^{-1}=A^{-1}CB^{-1},$$

即

$$X=A^{-1}CB^{-1}.$$

可解得 $|A|=2$，$|B|=1$，故知 A,B 都可逆. 由例 5.4.1，知

$$A^{-1}=\frac{1}{|A|}A^{*}=\begin{pmatrix}1 & 3 & -2\\ -\frac{3}{2} & -3 & \frac{5}{2}\\ 1 & 1 & -1\end{pmatrix}.$$

同样可得出

$$B^{-1}=\frac{1}{|B|}B^{*}=\begin{pmatrix}3 & -1\\ -5 & 2\end{pmatrix},$$

于是

$$X=A^{-1}CB^{-1}=\begin{pmatrix}1 & 3 & -2\\ -\frac{3}{2} & -3 & \frac{5}{2}\\ 1 & 1 & -1\end{pmatrix}\begin{pmatrix}1 & 3\\ 2 & 0\\ 3 & 1\end{pmatrix}\begin{pmatrix}3 & -1\\ -5 & 2\end{pmatrix}$$

$$=\begin{pmatrix}1 & 1\\ 0 & -2\\ 0 & 2\end{pmatrix}\begin{pmatrix}3 & -1\\ -5 & 2\end{pmatrix}=\begin{pmatrix}-2 & 1\\ 10 & -4\\ -10 & 4\end{pmatrix}.$$

同步实践 5.4.2

1. n 阶矩阵 A 是可逆矩阵的充要条件是____________.

2. $\begin{pmatrix}\cos\theta & -\sin\theta\\ \sin\theta & \cos\theta\end{pmatrix}^{-1}=$____________.

3. 设 $A=\begin{pmatrix}a & b\\ c & d\end{pmatrix}$，且 $ad-bc\neq 0$，求 A^{-1}.

*4. 判断矩阵 $A=\begin{pmatrix}1 & 2 & 3\\ 2 & 0 & 1\\ -1 & 1 & 0\end{pmatrix}$ 是否可逆，如果可逆，求 A^{-1}.

5.4 逆矩阵
同步实践答案

§5.5 矩阵的初等变换

矩阵的初等变换是矩阵的一种十分重要的运算，它在解线性方程组、求逆矩阵及矩阵理论的探讨中都起到重要的作用.为引进矩阵的初等变换，先来分析用消元法解线性方程组的例子.

情境引例 5.5.1　求解线性方程组

$$\begin{cases}2x_1-x_2-x_3+x_4=2, ①\\ x_1+x_2-2x_3+x_4=4, ②\\ 4x_1-6x_2+2x_3-2x_4=4, ③\\ 3x_1+6x_2-9x_3+7x_4=9. ④\end{cases} \tag{5.2}$$

解

$$(1)\xrightarrow[③\div 2]{①\leftrightarrow②}\begin{cases}x_1+x_2-2x_3+x_4=4, ①\\ 2x_1-x_2-x_3+x_4=2, ②\\ 2x_1-3x_2+x_3-x_4=2, ③\\ 3x_1+6x_2-9x_3+7x_4=9. ④\end{cases} \tag{5.3}$$

$$\xrightarrow[④-3①]{\substack{②-③\\ ③-2①}}\begin{cases}x_1+x_2-2x_3+x_4=4, ①\\ 2x_2-2x_3+2x_4=0, ②\\ -5x_2+5x_3-3x_4=-6, ③\\ 3x_2-3x_3+4x_4=-3, ④\end{cases} \tag{5.4}$$

$$\xrightarrow[\substack{③+5②\\ ④-3②}]{②\times\frac{1}{2}}\begin{cases}x_1+x_2-2x_3+x_4=4, ①\\ x_2-x_3+x_4=0, ②\\ 2x_4=-6, ③\\ x_4=-3, ④\end{cases} \tag{5.5}$$

$$\xrightarrow[④-2③]{③\leftrightarrow④}\begin{cases}x_1+x_2-2x_3+x_4=4, ①\\ x_2-x_3+x_4=0, ②\\ x_4=-3, ③\\ 0=0. ④\end{cases} \tag{5.6}$$

这里，(5.2)→(5.3)是为消去 x_1 做准备；(5.3)→(5.4)是保留①中的 x_1，消去②~④中的 x_1；(5.4)→(5.5)是保留②中的 x_2 并把它的系数变为1，然后消去③④中的 x_2，此时恰好把 x_3 也消去了；(5.5)→(5.6)是消去 x_4，此时恰好把常数也消去了，得到恒等式 $0=0$(如果常数项不能消去，就将得到矛盾方程 $0=d(d\neq 0)$，则说明方程组无解).至此消元完毕. (5.6)形式的线性方程组称为**阶梯形方程组**.

方程组(5.6)是4个未知量3个有效方程的方程组.这样,只需用“回代”的方法便能求出解:

$$\begin{cases}x_1=x_3+4,\\x_2=x_3+3,\\x_4=-3,\end{cases}$$

其中,x_3 可任意取值.或令 $x_3=c$,则方程组的解可记作

$$\begin{cases}x_1=c+4,\\x_2=c+3,\\x_3=c,\\x_4=-3,\end{cases}$$

其中,c 为任意常数.

消元法解方程组所进行的变换,可归纳为三种**基本变换**:

(1) 互换两个方程的位置;

(2) 用一个非零的数乘一个方程;

(3) 用一个数乘一个方程后加到另一个方程上.

变换(1)~(3)称为**线性方程组的同解变换**.

在上述变换过程中,实际上只对方程组的系数和常数进行运算,未知量并未参与运算.把方程组的上述三种同解变换移植到矩阵上,就得到矩阵的三种初等变换.

定义 5.8 下面三种变换称为矩阵的**初等行变换**:

(1) 对调两行(对调 i,j 两行,记作 $r_i\leftrightarrow r_j$);

(2) 以数 $k\neq0$ 乘某一行中的所有元素(第 i 行乘 k,记作 $r_i\times k$);

(3) 把某一行所有元素的 k 倍加到另一行对应的元素上(第 j 行的 k 倍加到第 i 行上,记作 r_i+kr_j).

把定义 5.8 中的“行”换成“列”,即得矩阵的**初等列变换**的定义(所用记号是把 r 换成 c).矩阵的初等行变换与初等列变换,统称**初等变换**.

用矩阵的初等行变换解线性方程组更简便.

例如,对于情境引例 5.5.1 中求解的线性方程组

$$\begin{cases}2x_1-x_2-x_3+x_4=2,① \\ x_1+x_2-2x_3+x_4=4,② \\ 4x_1-6x_2+2x_3-2x_4=4,③ \\ 3x_1+6x_2-9x_3+7x_4=9.④\end{cases}$$

对其增广矩阵进行初等行变换如下:

$$(\boldsymbol{A}\quad\boldsymbol{B})=\begin{pmatrix}2&-1&-1&1&2\\1&1&-2&1&4\\4&-6&2&-2&4\\3&6&-9&7&9\end{pmatrix}$$

$$\xrightarrow[r_3\div 2]{r_1\leftrightarrow r_2}\begin{pmatrix}1&1&-2&1&4\\2&-1&-1&1&2\\2&-3&1&-1&2\\3&6&-9&7&9\end{pmatrix}\xrightarrow{\substack{r_2-r_3\\r_3+(-2)r_1\\r_4+(-3)r_1}}\begin{pmatrix}1&1&-2&1&4\\0&2&-2&2&0\\0&-5&5&-3&-6\\0&3&-3&4&-3\end{pmatrix}$$

$$\xrightarrow{\substack{r_2\times\frac{1}{2}\\r_3+5r_2\\r_4-3r_2}}\begin{pmatrix}1&1&-2&1&4\\0&1&-1&1&0\\0&0&0&2&-6\\0&0&0&1&-3\end{pmatrix}\xrightarrow[r_4-2r_3]{r_3\leftrightarrow r_4}\begin{pmatrix}1&1&-2&1&4\\0&1&-1&-1&6\\0&0&0&1&-3\\0&0&0&0&0\end{pmatrix}.$$

这最后的矩阵称为**阶梯形矩阵**(全为零的行在矩阵的最下面,且不全为零的行的第一个不为零的元素的列标随着行标增加而严格增加).阶梯形矩阵所对应的方程组为**阶梯形方程组**

$$\begin{cases}x_1+x_2-2x_3+x_4=4,\\ \qquad x_2-x_3-x_4=6,\\ \qquad\qquad\quad x_4=-3,\end{cases}$$

回代,即得方程组的解

$$\begin{cases}x_1=x_3+4,\\x_2=x_3+3,\\x_4=-3,\end{cases}$$

其中,x_3 可取任意实数.

回代的过程也可用初等变换来完成,即

$$\begin{pmatrix}1&1&-2&1&4\\0&1&-1&-1&6\\0&0&0&1&-3\\0&0&0&0&0\end{pmatrix}\xrightarrow[r_1-r_3]{r_2+r_3}\begin{pmatrix}1&1&-2&0&7\\0&1&-1&0&3\\0&0&0&1&-3\\0&0&0&0&0\end{pmatrix}\xrightarrow{r_1-r_2}\begin{pmatrix}1&0&-1&0&4\\0&1&-1&0&3\\0&0&0&1&-3\\0&0&0&0&0\end{pmatrix}.$$

最后一个矩阵对应的正是方程组的解.

矩阵经过初等行变换化为的阶梯形矩阵中,不全为零的行的行数称为矩阵的**秩**,与对应的阶梯形方程组中有效的方程的个数相同.矩阵 $\boldsymbol{A}$ 的秩通常记为$R(\boldsymbol{A})$.关于初等行变换有一个结论:初等变换不会改变矩阵的秩,所以阶梯形矩阵的秩与其所对应的原矩阵的秩是相同的.

用伴随矩阵的方法求逆矩阵,需要计算众多的代数余子式,这对于阶数较大的矩阵来说是相当困难的.下面介绍应用**初等行变换求逆矩阵**的方法.

矩阵的逆(二)

将 n 阶可逆矩阵 $\boldsymbol{A}$ 与 n 阶单位矩阵 $\boldsymbol{E}$ 并列,构成一个 $n\times 2n$ 矩阵$(\boldsymbol{A}\quad\boldsymbol{E})$.对$(\boldsymbol{A}\quad\boldsymbol{E})$施行初等行变换,就相当于对 $\boldsymbol{A}$ 和 $\boldsymbol{E}$ 施行相同的初等行变换,当将左边的矩阵 $\boldsymbol{A}$ 化为 $\boldsymbol{E}$ 时,右边的 $\boldsymbol{E}$ 就随之化为 $\boldsymbol{A}^{-1}$了,即

$$(\boldsymbol{A}\quad\boldsymbol{E})\xrightarrow{\text{初等行变换}}(\boldsymbol{E}\quad\boldsymbol{A}^{-1}).$$

在事先不知道方阵 $\boldsymbol{A}$ 是否可逆的情况下,应用上述方法可以同时判断 $\boldsymbol{A}$ 的可逆性.如果

经过若干次初等行变换后,发现在左边的方阵中有一行元素全为零,则意味着 $\boldsymbol{A}$ 不可逆,此时 $\boldsymbol{A}^{-1}$不存在.

例 5.5.1 用初等行变换的方法判断下列方阵是否可逆,如果可逆,求其逆矩阵.

$$\boldsymbol{A}=\begin{pmatrix}1&-1&2\\0&1&-1\\2&1&0\end{pmatrix},\quad \boldsymbol{B}=\begin{pmatrix}1&2&3\\4&5&6\\7&8&9\end{pmatrix}.$$

解 因为

$$(\boldsymbol{A}\quad \boldsymbol{E})=\left(\begin{array}{ccc:ccc}1&-1&2&1&0&0\\0&1&-1&0&1&0\\2&1&0&0&0&1\end{array}\right)$$

$$\xrightarrow{r_3+(-2)r_1}\left(\begin{array}{ccc:ccc}1&-1&2&1&0&0\\0&1&-1&0&1&0\\0&3&-4&-2&0&1\end{array}\right)$$

$$\xrightarrow{r_3+(-3)r_2}\left(\begin{array}{ccc:ccc}1&-1&2&1&0&0\\0&1&-1&0&1&0\\0&0&-1&-2&-3&1\end{array}\right)$$

$$\xrightarrow[r_2+(-1)r_3]{r_1+2r_3}\left(\begin{array}{ccc:ccc}1&-1&0&-3&-6&2\\0&1&0&2&4&-1\\0&0&-1&-2&-3&1\end{array}\right)$$

$$\xrightarrow[(-1)r_3]{r_1+r_2}\left(\begin{array}{ccc:ccc}1&0&0&-1&-2&1\\0&1&0&2&4&-1\\0&0&1&2&3&-1\end{array}\right)=[\boldsymbol{E}\quad \boldsymbol{A}^{-1}],$$

于是求得 $\boldsymbol{A}$ 的逆矩阵为

$$\boldsymbol{A}^{-1}=\begin{pmatrix}-1&-2&1\\2&4&-1\\2&3&-1\end{pmatrix}.$$

同理,得

$$(\boldsymbol{B}\quad \boldsymbol{E})=\left(\begin{array}{ccc:ccc}1&2&3&1&0&0\\4&5&6&0&1&0\\7&8&9&0&0&1\end{array}\right)$$

$$\xrightarrow[r_3+(-7)r_1]{r_2+(-4)r_1}\left(\begin{array}{ccc:ccc}1&2&3&1&0&0\\0&-3&-6&-4&1&0\\0&-6&-12&-7&0&1\end{array}\right)$$

$$\xrightarrow{r_3+(-2)r_2}\left(\begin{array}{ccc:ccc}1&2&3&1&0&0\\0&-3&-6&-4&1&0\\0&0&0&1&-2&1\end{array}\right).$$

至此,左边的方阵中最后一行元素全部为零,所以 $\boldsymbol{B}$ 不可逆,即 $\boldsymbol{B}^{-1}$不存在.

同步实践 5.5

1. 矩阵 $A=\begin{pmatrix}1&2&m&4\\0&0&1-m&-1\\0&0&0&0\end{pmatrix}$ 的秩为(　　).

A. 2　　B. 3　　C. 1　　D. 不确定

2. 矩阵 $\begin{pmatrix}1&0\\2&0\end{pmatrix}$ 的逆矩阵为(　　).

A. $\begin{pmatrix}1&0\\2&0\end{pmatrix}$　　B. $\begin{pmatrix}1&0\\1&0\end{pmatrix}$　　C. $\begin{pmatrix}1&0\\-1&1\end{pmatrix}$　　D. 不存在

3. 矩阵 A 的秩是其阶梯矩阵中________行的行数.

4. 若 $A=\begin{pmatrix}1&3&-1&-2\\2&-1&2&3\\3&2&1&1\\1&-4&3&5\end{pmatrix}$,则 $r(A)=$________.

5. 判断方阵 $A=\begin{pmatrix}0&1&2\\1&1&-1\\2&4&0\end{pmatrix}$ 是否可逆,若可逆,试利用矩阵的初等变换求它的逆矩阵.

5.5　矩阵的初等变换同步实践答案

§5.6 线性规划数学模型

线性规划(linear programming,LP)是理论上比较成熟,且在实际中应用非常广泛的一个数学内容.它所探讨的问题是在有限资源形成的一系列约束条件下,如何把有限的资源进行合理分配,制订最优的实施方案.求解线性规划问题都要建立数学模型.所谓数学模型就是把现实问题转化为抽象的数学表达式,它有助于认识问题的本质和寻找解决问题的途径.

线性规划研究的问题主要有两类:第一类是对于一项确定的任务,如何统筹安排,才能用最少的人力物力资源去完成;第二类是对于已有的人力物力资源,如何安排,才能使完成的任务最多.在实际生活中,这类问题很多,如运输问题、生产的组织与计划问题、合理下料问题、配料问题、布局问题、时间和人员安排问题等.尽管问题各种各样,但它们都有相似的数学模型.

先考虑下面的案例.

案例 5.6.1(生产计划的问题)　某工厂在计划期内要安排生产Ⅰ、Ⅱ两种产品,已知生产单位产品所需的设备台时,A、B 两种原材料的消耗以及每件产品可获得的利润如表 5-6 所示.问:应如何安排生产计划使该工厂获利最多,试建立相应的数学模型.

表 5-6

	Ⅰ	Ⅱ	资源限量
设备	1	2	8(台时)
原材料 A	4	0	16(kg)
原材料 B	0	4	12(kg)
单位产品利润/万元	2	3	

分析　该问题就是在有限资源的约束下,如何安排生产方案使利润取得最大值.

解　设 x_1,x_2(称为**决策变量**)分别表示在计划期内产品Ⅰ、Ⅱ的产量.由于资源的限制,所以有

$$\left.\begin{aligned}&\text{机器设备台时的限制条件:}\quad x_1+2x_2\leqslant 8\\&\text{原材料 A 的限制条件:}\quad 4x_1\leqslant 16\\&\text{原材料 B 的限制条件:}\quad 4x_2\leqslant 12\end{aligned}\right\}\ (\text{变量所满足的条件}),$$

同时,产品Ⅰ、Ⅱ的产量不能是负数,所以有

$$x_1\geqslant 0,\quad x_2\geqslant 0\quad(\text{变量的非负约束}).$$

显然,在满足上述约束条件下的每一组变量的取值,均能构成可行方案,称为**可行解**.而工厂的目标是在所有资源的约束条件下,如何确定产量 x_1,x_2 以得到最大的利润,即使**目标函数**(利润)$z=2x_1+3x_2$取得最大值.综上所述,该生产计划安排问题可用以下数学模型表示:

$$\max\ z=2x_1+3x_2;\qquad(\text{目标函数})$$

$$\text{s.t.}\begin{cases}x_1+2x_2\leqslant 8,\\4x_1\leqslant 16,\\4x_2\leqslant 12,\\x_1\geqslant 0,x_2\geqslant 0.\end{cases}\qquad(\text{约束条件})$$

其中,s.t.是 subject to 的缩写,表示满足或服从.

案例 5.6.2(营养配餐问题)　假定一个成年人每天需要从食物中获取3 000 cal(1 cal=4.184 J)热量,55 g 蛋白质和 800 mg 钙.如果市场上只有四种食品可供选择,它们每千克所含的热量和营养成分以及市场价格如表 5-7 所示.试建立满足营养的前提下使购买食品费用最小的数学模型.

表 5-7

序号	食品名称	热量/cal	蛋白质/g	钙/mg	价格/元
1	猪肉	1 000	50	400	10
2	鸡蛋	800	60	200	6
3	大米	900	20	300	3
4	白菜	200	10	500	2

解 设 $x_j(j=1,2,3,4)$ 为第 j 种食品每天的购买量，则配餐问题的数学模型为

$$\min z=10x_1+6x_2+3x_3+2x_4;$$

$$\text{s.t.}\begin{cases}1\,000x_1+800x_2+900x_3+200x_4\geqslant 3\,000,\\50x_1+60x_2+20x_3+10x_4\geqslant 55,\\400x_1+200x_2+300x_3+500x_4\geqslant 800,\\x_j\geqslant 0\ (j=1,2,3,4).\end{cases}$$

化简，得

$$\min z=10x_1+6x_2+3x_3+2x_4;$$

$$\text{s.t.}\begin{cases}10x_1+8x_2+9x_3+2x_4\geqslant 30,\\5x_1+6x_2+2x_3+x_4\geqslant 5.5,\\4x_1+2x_2+3x_3+5x_4\geqslant 8,\\x_j\geqslant 0\ (j=1,2,3,4).\end{cases}$$

案例 5.6.3(投资问题) 某公司有一批资金用于 4 个工程项目的投资，其投资各项目时所得的净收益如表 5-8 所示.

表 5-8

工程项目	A	B	C	D
收益/%	15	10	8	12

由于某种原因，决定用于项目 A 的投资不大于其他各项目投资之和，而用于项目 B 和 C 的投资要大于项目 D 的投资.试建立该公司收益最大的投资分配方案的数学模型.

解 设 x_1,x_2,x_3,x_4 分别代表用于项目 A、B、C、D 的投资百分数，则有

$$\max f=0.15x_1+0.1x_2+0.08x_3+0.12x_4;$$

$$\text{s.t.}\begin{cases}x_1-x_2-x_3-x_4\leqslant 0,\\x_2+x_3-x_4\geqslant 0,\\x_1+x_2+x_3+x_4=1,\\x_j\geqslant 0(j=1,2,3,4).\end{cases}$$

案例 5.6.4(下料问题) 如表 5-9 所示，车间有一批长度为 500 cm 的条材，要截成长度分别为 85 cm 和 70 cm 的两种毛坯，共有 6 种截取方案.已知需要85 cm 的毛坯 3 000 根，70 cm的毛坯 5 000 根.试建立使所用原料数量最少的下料方案的数学模型.

表 5-9

毛坯数 \ 方案 / 规格	1	2	3	4	5	6	毛坯需要量
85	5	4	3	2	1	0	3 000
70	1	2	3	4	5	7	5 000
余料长度	5	20	35	50	65	10	

解　设需按第 i 种方案截料 x_i 根($i=1,2,3,4,5,6$),则上述问题可表示为

$$\min f=x_1+x_2+x_3+x_4+x_5+x_6;$$

$$\text{s.t.}\begin{cases}5x_1+4x_2+3x_3+2x_4+x_5\geqslant 3\ 000,\\x_1+2x_2+3x_3+4x_4+5x_5+7x_6\geqslant 5\ 000,\\x_i\in\mathbf{N}(i=1,2,3,4,5,6).\end{cases}$$

案例 5.6.5(运输问题)　有两个煤场 A、B,每月分别进煤 60 t,100 t,它们负责供应三个居民区的用煤任务.这三个居民区每月需用煤分别为 45 t,75 t,40 t.A 煤场离这三居民区距离分别为 10 km,5 km,6 km,B 煤场离这三居民区距离分别为 4 km,8 km,15 km.试建立使运输量(t · km)最小的运输方案的数学模型.

解　各煤场的进煤量、居民区需求量及煤场与居民区的距离可用表 5-10 表示.

表 5-10

距离/km \ 居民区 / 煤场	1	2	3	供应量/t
A	10	5	6	60
B	4	8	15	100
需求量/t	45	75	40	

设 x_{ij} 为煤场 i 运往第 j 个居民区的运煤量,则运输方案的数学模型为

$$\min f=10x_{11}+5x_{12}+6x_{13}+4x_{21}+8x_{22}+15x_{23};$$

$$\text{s.t.}\begin{cases}x_{11}+x_{12}+x_{13}=60,\\x_{21}+x_{22}+x_{23}=100,\\x_{11}+x_{21}=45,\\x_{12}+x_{22}=75,\\x_{13}+x_{23}=40,\\x_{ij}\geqslant 0\quad(i=1,2;j=1,2,3)\end{cases}\qquad\text{(供销平衡的运输问题).}$$

在本例中，由于煤场供应量正好等于居民区需求量，煤场的煤正好卖出，居民区的需求量也正好得到满足，所以各约束条件均为等式.我们把这样的运输问题称为**供销平衡问题**.如果供应量大于需求量，如 A 煤场的进煤量为70 t，B 煤场的进煤量为 120 t，其他条件不变，则上述运输模型应变为

$$\min f=10x_{11}+5x_{12}+6x_{13}+4x_{21}+8x_{22}+15x_{23};$$

$$\text{s.t.}\begin{cases}x_{11}+x_{12}+x_{13}\leqslant 70,\\ x_{21}+x_{22}+x_{23}\leqslant 120,\\ x_{11}+x_{21}=45,\\ x_{12}+x_{22}=75,\\ x_{13}+x_{23}=40,\\ x_{ij}\geqslant 0\quad (i=1,2;j=1,2,3)\end{cases}\qquad \text{（供销不平衡的运输问题）.}$$

类似地，如果供应量小于需求量，也可相应地写出其数学模型.

上述各案例，具有如下共同特征：

(1) 每个问题的解决方案都可用一组决策变量 $x_1,x_2,\cdots,x_n$（称为**决策变量**）的值表示，其具体的值代表一个具体方案.通常可根据决策变量的实际意义，对变量的取值加以约束，如产量需大于等于零等.

(2) 存在一组线性等式或不等式（称为**约束条件**）.

(3) 有一个用决策变量组成的线性函数（称为**目标函数**）.按问题的不同，分别求目标函数的最大值或最小值.

满足以上三个条件的数学模型称为**线性规划数学模型**（**简记为** LP），其一般形式为

$$\max(\text{或}\min)f=c_1x_1+c_2x_2+\cdots+c_nx_n; \tag{5.7}$$

$$\text{s.t.}\begin{cases}a_{11}x_1+a_{12}x_2+\cdots+a_{1n}x_n\leqslant(=,\geqslant)b_1,\\ a_{21}x_1+a_{22}x_2+\cdots+a_{2n}x_n\leqslant(=,\geqslant)b_2,\\ \cdots\cdots\cdots\cdots\\ a_{m1}x_1+a_{m2}x_2+\cdots+a_{mn}x_n\leqslant(=,\geqslant)b_m,\\ x_1,x_2,\cdots,x_n\geqslant 0,\end{cases} \tag{5.8}$$

或缩写形式

$$\max(\text{或}\min)\ f=\sum_{j=1}^{n}c_jx_j; \tag{5.9}$$

$$\begin{cases}\sum\limits_{j=1}^{n}a_{ij}x_j\leqslant(=,\geqslant)b_i\quad (i=1,2,\cdots,m),\\ x_j\geqslant 0\quad (j=1,2,\cdots,n),\end{cases} \tag{5.10}$$

或矩阵形式

$$\max(\text{或}\min)\ \boldsymbol{f}=\boldsymbol{CX};$$

$$\begin{cases}AX \leqslant (=, \geqslant) b,\\ X \geqslant 0.\end{cases} \tag{5.11}$$

其中，$C=(c_1,c_2,\cdots,c_n)$ 称为**价值系数向量**，$X=(x_1,x_2,\cdots,x_n)^{\mathrm{T}}$ 称为**决策变量向量**，$A=(a_{ij})_{m\times n}$称为**技术系数矩阵**，$b=(b_1,b_2,\cdots,b_m)^{\mathrm{T}}$ 称为**限定系数向量**.

满足所有约束条件的决策变量的值称为 LP 问题的**可行解**，使目标函数达到最优值的可行解称为**最优解**.一个 LP 问题可能没有可行解，也可能有有限个或无穷多个可行解.同样一个 LP 问题可能没有最优解，也只有一个最优解，还可能有无穷多个最优解.从制订生产计划的角度来看，可行解就是一个生产安排的方案，最优解就是一个最好的生产安排方案.

§5.7 数学实验五　利用 MATLAB 解线性方程组和线性规划模型

利用 MATLAB 处理矩阵和向量运算特别方便，关于矩阵和向量的一些基本运算命令有以下几种：

zeros(m,n)	生成 m 行 n 列元素全为 0 的矩阵；
ones(m,n)	生成 m 行 n 列元素全为 1 的矩阵；
rand(m,n)	生成 m 行 n 列的随机矩阵；
det(A)	方阵 A 的行列式；
diag(n)	生成 n 阶对角阵；
rank(A)	矩阵 A 的秩；
eye(n)	生成 n 阶单位矩阵；
rref(A)	矩阵 A 的行最简形；
inv(A)	方阵 A 的逆；
A\B	左除法，结果为 $A^{-1}B$；
B/A	右除法，结果为 BA^{-1}.

5.7.1　利用 MATLAB 计算行列式

在 MATLAB 中用命令函数 det 求行列式的值，格式如下：

```
det (A)
```

其中，A 为 n 阶方阵.

例 5.7.1　求矩阵 $A=\begin{pmatrix}1&0&2&1\\-1&2&2&3\\2&3&3&1\\0&1&2&1\end{pmatrix}$的行列式的值.

解 MATLAB 程序如下：

```
>> clear
>> A=[1 0 2 1;-1 2 2 3; 2 3 3 1;0 1 2 1];
>> det (A)
```

运行结果：

```
ans =
     14
```

程序说明：

矩阵的输入可以有两种格式，除程序中的输入方式外，还可以如下输入

```
A=[1,0,2,1;-1,2,2,3;2,3,3,1;0,1,2,1]
```

例 5.7.2 计算行列式 $\begin{vmatrix} a & 1 & 0 & 0 \\ -1 & b & 1 & 0 \\ 0 & -1 & c & 1 \\ 0 & 0 & -1 & d \end{vmatrix}$.

解 MATLAB 程序如下：

```
>> clear
>> syms a b c d                                  % 生成变量
>> A=[a 1 0 0;-1 b 1 0;0 - 1 c 1;0 0 - 1 d]; % 生成符号矩阵
>> DA=det (A)
```

运行结果：

```
DA =
   a*b*c*d+a*b+a*d+c*d+1
```

程序说明：

函数 det 也可以用于计算含有变量的行列式.

5.7.2 利用 MATLAB 计算矩阵

1. 矩阵的运算

例 5.7.3 求矩阵 $\boldsymbol{A}=\begin{pmatrix} 1 & 2 & 3 \\ 2 & 1 & 2 \\ 3 & 3 & 1 \end{pmatrix}$ 与矩阵 $\boldsymbol{B}=\begin{pmatrix} 3 & 2 & 4 \\ 2 & 5 & 3 \\ 2 & 3 & 1 \end{pmatrix}$ 的和与差.

解 MATLAB 程序如下：

```
>> clear
>> A=[1 2 3;2 1 2;3 3 1];
>> B=[3 2 4;2 5 3;2 3 1];
```

```
>> C=A+B;
>> D=A-B;
>> C,D
```

运行结果：

```
C =
   4   4   7
   4   6   5
   5   6   2
D =
  -2   0  -1
   0  -4  -1
   1   0   0
```

例 5.7.4　求矩阵 $\boldsymbol{A}=\begin{pmatrix}1&0&1\\2&1&1\\1&2&1\end{pmatrix}$ 与 5 的乘积.

解　MATLAB 程序如下：

```
>> clear
>> A=[1 0 1;2 1 1;1 2 1];
>> B=5*A
>> C=A*5
```

运行结果：

```
B =
    5    0    5
   10    5    5
    5   10    5
C =
    5    0    5
   10    5    5
    5   10    5
```

例 5.7.5　求矩阵 $\boldsymbol{A}=\begin{pmatrix}1&2&3\\2&1&2\\3&3&1\end{pmatrix}$ 与矩阵 $\boldsymbol{B}=\begin{pmatrix}3&2&4\\2&5&3\\2&3&1\end{pmatrix}$ 的乘积.

解　MATLAB 程序如下：

```
>> clear
```

```
>> A=[1 2 3;2 1 2;3 3 1];
>> B=[3 2 4;2 5 3;2 3 1];
>> C=A*B , D=B*A
```

运行结果：

```
C =
   13    21    13
   12    15    13
   17    24    22
D =
   19    20    17
   21    18    19
   11    10    13
```

例 5.7.6　求矩阵 $A=\begin{pmatrix}1 & -1 & 2\\ 0 & 1 & -1\\ 2 & 1 & 0\end{pmatrix}$的逆矩阵.

解　MATLAB 程序如下：

```
>> clear
>> A=[1 -1 2;0 1 -1;2 1 0];
>> C= inv (A)
```

运行结果：

```
C =
    -1    -2    1
     2     4   -1
     2     3   -1
```

例 5.7.7　利用矩阵的初等行变换求例 5.5.1 中矩阵的逆.

解　MATLAB 程序如下：

```
>> clear
>> B=[1 -1 2 1 0 0;0 1 -1 0 1 0;2 1 0 0 0 1];% 矩阵 A 的增广矩阵
>> format rat                                  % 以有理格式输出
>> C=rref (B)                                  % 给出矩阵 B 的行最简形
C =
   1    0    0   -1   -2    1
   0    1    0    2    4   -1
   0    0    1    2    3   -1
```

```
>> D=C(:,4:6)   % 取矩阵 C 的 4 到 6 列,D 即为矩阵 A 的逆矩阵
D=
    -1   -2    1
     2    4   -1
     2    3   -1
```

在 MATLAB 中,矩阵相除可以利用运算符"\"(左除)和"/"(右除)进行.

例 5.7.8 求矩阵 $\boldsymbol{A}=\begin{pmatrix}1&2&3\\4&2&1\\2&1&3\end{pmatrix}$和 $\boldsymbol{B}=\begin{pmatrix}2&1&2\\1&2&1\\3&2&1\end{pmatrix}$相除.

解 MATLAB 程序如下:

```
>> clear
>> A=[1 2 3;4 2 1;2 1 3];
>> B=[2 1 2;1 2 1;3 2 1];
>> C=A\B     % 矩阵左除,相当于 inv (A) * B,inv (A)为矩阵 A 的逆
C=
     0.3333    0.6000   -0.2000
    -0.6667   -0.4000    0.8000
     1.0000    0.40000   0.2000
>> D=A/B              % 矩阵右除,相当于 A * inv (B)
D=
    1.3333    1.3333   -1.0000
         0   -0.5000    1.5000
    1.6667    0.1667   -0.50000
```

说明:

(1) 矩阵的左除和右除概念完全不同,要注意区分.

(2) 可以利用矩阵的左除求解线性方程组 $\boldsymbol{AX}=\boldsymbol{b}$,其中,$\boldsymbol{X}=\boldsymbol{A}\backslash\boldsymbol{b}$.

(3) 可以利用矩阵的右除求解线性方程组 $\boldsymbol{XA}=\boldsymbol{b}$,其中,$\boldsymbol{X}=\boldsymbol{b}/\boldsymbol{A}$.

2. 求矩阵的秩

可以用命令函数 rank(A)求矩阵的秩,其格式如下

$$\text{rank}(A)$$

例 5.7.9 求矩阵 $\boldsymbol{A}=\begin{pmatrix}2&1&1&2\\1&2&2&1\\1&2&1&2\\2&2&1&1\end{pmatrix}$的秩.

解　MATLAB 程序如下：

```
>>clear;
>>A=[2 1 1 2;1 2 2 1;1 2 1 2;2 2 1 1];
>>rank(A)
```

运行结果：

```
ans=
     4
```

5.7.3　利用 MATLAB 解线性方程组

对于齐次线性方程组 $\boldsymbol{AX}=\mathbf{0}$,可以通过求系数矩阵 $\boldsymbol{A}$ 的秩来判断解的情况：

(1) 如果系数矩阵的秩为 n(方程组中未知数的个数),则方程组只有零解；

(2) 如果系数矩阵的秩小于 n,则方程组有无穷多解.

对于非齐次线性方程组 $\boldsymbol{AX}=\boldsymbol{b}$,可根据系数矩阵 $\boldsymbol{A}$ 的秩、增广矩阵 $\overline{\boldsymbol{A}}=(\boldsymbol{A}\ \boldsymbol{b})$ 的秩和未知数个数 n 的关系,来判断方程组 $\boldsymbol{AX}=\boldsymbol{b}$ 的解的情况：

(1) 如果系数矩阵的秩等于增广矩阵的秩且等于 n,则方程组有唯一解；

(2) 如果系数矩阵的秩等于增广矩阵的秩且小于 n,则方程组有无穷多解；

(3) 如果系数矩阵的秩小于增广矩阵的秩,则方程组无解.

例 5.7.10　求解方程组 $\begin{cases}-x_1-2x_2+4x_3=0,\\ 2x_1+x_2+x_3=0,\\ x_1+x_2-x_3=0.\end{cases}$

解　MATLAB 程序如下：

```
>>clear
>>A=[-1 -2 4;2 1 1;1 1 -1];
>>rank(A)
ans=
     2
>>rref(A)
ans=
     1    0    2
     0    1   -3
     0    0    0
```

上述结果说明方程组有无穷多解,并且解为 $(-2k\ 3k\ k)^{\mathrm{T}}$.

注意：rref(A) 表示矩阵 $\boldsymbol{A}$ 的行最简形矩阵.

例 5.7.11 解方程组 $\boldsymbol{AX}=\boldsymbol{b}$,其中,$\boldsymbol{A}=\begin{pmatrix}2&1&2\\2&1&4\\3&2&1\end{pmatrix},\boldsymbol{b}=\begin{pmatrix}3\\1\\7\end{pmatrix}$.

解 MATLAB 程序如下:

```
>> clear
>> A=[2 1 2;2 1 4;3 2 1];
>> b=[3 1 7]';
>> X=A\b
X=
  2
  1
 -1
```

上述结果说明,方程组的解为

$$x_1=2,x_2=1,x_3=-1.$$

例 5.7.12 解方程组 $\begin{cases}x_1-x_2+x_3-x_4=1,\\-x_1+x_2+x_3-x_4=1,\\2x_1-2x_2-x_3+x_4=-1.\end{cases}$

解 MATLAB 程序如下:

```
>>clear
>>A=[1 -1 1 -1;-1 1 1 -1;2 -2 -1 1];
>>b=[1 1 -1]';
>>C=[rank(A) rank([A b])]
C=
        2   2
```

上述结果表示 $R(\boldsymbol{A})=2,R((\boldsymbol{A}\ \boldsymbol{b}))=2$,小于未知数的个数 4.于是再输入

```
>>rref([A b]);
ans=
      1   -1    0    0    0
      0    0    1   -1    1
      0    0    0    0    0
```

上述结果表示行最简形矩阵,从而得通解

$$x_1=x_2,x_3=x_4+1\quad(x_2,x_4\text{ 为自由未知数}).$$

5.7.4 用 MATLAB 求解线性规划数学模型

用 MATLAB 求解线性规划问题的命令为

```
linprog().
```

具体的命令格式和功能如表 5-11 所示.

表 5-11

序号	命令格式	功能
(1)	X = linprog(f, A, b, Aeq, Beq)	求解 LP 问题 $\min_X \boldsymbol{f}^{\mathrm{T}}\boldsymbol{X}$ $\begin{cases}\boldsymbol{AX}\leqslant\boldsymbol{b}\\ \mathbf{Aeq}\cdot\boldsymbol{X}=\mathbf{Beq}\end{cases}$
(2)	[X, fval] = linprog(f, A, b, Aeq, Beq, lb, ub)	求解 LP 问题 $\min_X \boldsymbol{f}^{\mathrm{T}}\boldsymbol{X}$ $\begin{cases}\boldsymbol{AX}\leqslant\boldsymbol{b}\\ \mathbf{Aeq}\cdot\boldsymbol{X}=\mathbf{Beq}\\ \mathbf{lb}\leqslant\boldsymbol{X}\leqslant\mathbf{ub}\end{cases}$

函数说明:

这里 $\boldsymbol{f}$ 为由目标函数的系数组成的向量, $\boldsymbol{X}$ 是由决策变量组成的列向量, $\boldsymbol{A}$ 是一个矩阵, $\boldsymbol{b}$ 是一个向量, $\boldsymbol{A}$ 和 $\boldsymbol{b}$ 组成线性规划的不等式约束条件 $\boldsymbol{AX}\leqslant\boldsymbol{b}$.返回的 $\boldsymbol{X}$ 值为满足目标函数取得极值的一组变量的值. **Aeq** 是一个矩阵, **Beq** 是一个向量, **Aeq** 和 **Beq** 组成线性规划的等式约束条件 $\mathbf{Aeq}\cdot\boldsymbol{X}=\mathbf{Beq}$. lb 和 ub 分别是变量的下界和上界约束.

例 5.7.13　求解案例 5.6.1 中关于生产计划的 LP 问题.

解　原 LP 问题为

$$\max\ z=2x_1+3x_2,$$
$$\text{s.t.}\begin{cases}x_1+2x_2\leqslant 8,\\ 4x_1\leqslant 16,\\ 4x_2\leqslant 12,\\ x_1\geqslant 0,x_2\geqslant 0.\end{cases}$$

由于 MATLAB 命令的标准形是求目标函数的最小值,我们通常将 $\max f$ 转变为 $\min(-f)$ 来编程求解.于是,原问题可转化为

$$\min(-z)=-2x_1-3x_2,$$
$$\text{s.t.}\begin{cases}x_1+2x_2\leqslant 8,\\ 4x_1\leqslant 16,\\ 4x_2\leqslant 12,\\ x_1\geqslant 0,x_2\geqslant 0.\end{cases}$$

在 MATLAB 窗口输入：

```
>> clear
>> f=-[2,3];
>> A=[1,2;4,0;0,4];
>> B=[8,16,12];
>> lb=[0,0];
>> [X,fval]=linprog(f,A,B,[],[],lb)
```

按 Enter 键，显示最优解及目标函数最优值.

```
Optimization terminated successfully.
X =
    4.0000
     2.0000
fval =
    -14.0000
```

所以工厂应选择生产第 I 种产品 4 件，第 II 种产品 2 件，工厂最多可获利 14 万元.

例 5.7.14 求解案例 5.6.2 中关于营养配餐的 LP 问题.

解 原 LP 模型为

$$\min z=10x_1+6x_2+3x_3+2x_4,$$
$$\text{s.t.}\begin{cases}1\,000x_1+800x_2+900x_3+200x_4\geqslant 3\,000,\\50x_1+60x_2+20x_3+10x_4\geqslant 55,\\400x_1+200x_2+300x_3+500x_4\geqslant 800,\\x_j\geqslant 0\ (j=1,2,3,4).\end{cases}$$

在 MATLAB 窗口输入：

```
>>clear
>>f=[10,6,3,2];
>>A=[-1000,-800,-900,-200;-50,-60,-20,-10;-400,-200,-300,-500];b=
[-3000,-55,-800];
>> lb=[0,0,0,0];
>> [X,fval]=linprog(f,A,b,[],[],lb)
```

按 Enter 键，显示最优解及目标函数最优值.

```
Optimization terminated successfully.
X =
     0.0000
     0.0000
```

```
     3.3333
     0.0000
fval =
     10.0000
```

所以购买 3.3333 kg 大米既能满足营养需求，又能使购买食品的费用最小.

例 5.7.15 求解案例 5.6.3 中的关于投资的 LP 问题.

解 原 LP 模型为

$$\max f=0.15x_1+0.1x_2+0.08x_3+0.12x_4,$$

$$\text{s.t.}\begin{cases}x_1-x_2-x_3-x_4\leqslant 0,\\ x_2+x_3-x_4\geqslant 0,\\ x_1+x_2+x_3+x_4=1,\\ x_j\geqslant 0,\quad j=1,2,3,4.\end{cases}$$

在 MATLAB 窗口输入：

```
>> clear
>> f = [-0.15;-0.1;-0.08;-0.12];
>> A = [1 -1 -1 -1
        0 -1 -1   1];
>> b = [0  0];
>> Aeq=[1 1 1 1];
>> beq=[1];
>> lb = zeros(4,1);
>> [x,fval,exitflag] = linprog(f,A,b,Aeq,beq,lb)
```

按 Enter 键后，结果显示

```
Optimization terminated successfully.
x =
    0.5000
    0.2500
    0.0000
    0.2500
fval =
    -0.1300
exitflag =

     1
```

所以当 A,B,C,D 4 个工程项目的投资百分数分别为 50%，25%，0，25%时，可使该公司获得最大的收益,最大收益可达 13%.

例 5.7.16 求解案例 5.6.4 中关于下料 LP 问题.

解 该问题的数学模型为

$$\min f = x_1+x_2+x_3+x_4+x_5+x_6,$$

$$\text{s.t.}\begin{cases}5x_1+4x_2+3x_3+2x_4+x_5 \geqslant 3\,000,\\ x_1+2x_2+3x_3+4x_4+5x_5+7x_6 \geqslant 5\,000,\\ x_i \in \mathbf{N}(i=1,2,3,4,5,6).\end{cases}$$

在 MATLAB 窗口输入:

```
>> clear
>> f=[1,1,1,1,1,1];
>> aeq=[5,4,3,2,1,0;1,2,3,4,5,7];
>> beq=[3000,5000];
>> lb=[0,0,0,0,0,0];
>> [X,fval]=linprog(f,[],[],aeq,beq,lb)
```

按 Enter 键后,结果显示:

```
Optimization terminated successfully.
X =
  600.0000
    0.0001
    0.0000
    0.0000
    0.0000
  628.5714
fval =
    1.2286e+003
```

由于 x_i 需取整数,所以最优策略为应按第 1 种方案截料 600 根,按第 6 种方案截料629 根.

例 5.7.17
解答

例 5.7.17 求解案例 5.6.5 中的关于运输的 LP 问题.

MATLAB 程序可通过扫描二维码学习.

综合应用五

第一部分　基础巩固与案例实践

1. 设有 A、B 两种物资(单位:t),要从产地 1 和产地 2 运往三个销地.物资 A 由产地 1 运往各销地的数量依次为 8,0,5,由产地 2 运往各销地的数量依次为 3,7,0;物资 B 由产地 1 运往各销地的数量依次为 1,7,2,由产地 2 运往各销地的数量依次为 2,0,8.试用矩阵表示两种物资的调运方案以及各产地运往各销地的物资总数量情况.

2. 设甲、乙两家公司生产 1、2、3 三种型号的计算机,月产量(单位:台)分别为 25,20,18 和 24,16,27.已知生产这三种型号的计算机的利润依次为 500,200,600(单位:元),试用矩阵及其运算表示两家公司的月生产和月利润情况.

3. 甲、乙、丙三个工厂,每个工厂都生产Ⅰ、Ⅱ、Ⅲ、Ⅳ四种产品,每个工厂年产量如表 5-12 所示.

表 5-12　　单位:台

工厂	产品			
	Ⅰ	Ⅱ	Ⅲ	Ⅳ
甲	20	30	10	45
乙	15	10	70	20
丙	20	15	35	25

四种产品的单价和利润如表 5-13 所示.

表 5-13

产品	项目	
	单价/元	每台利润/元
Ⅰ	100	20
Ⅱ	150	45
Ⅲ	300	120
Ⅳ	200	60

求各工厂的总收入和总利润.

4. 两名儿童玩游戏,双方可分别出拳头(代表石头)、手掌(代表布)、两个手指(代表剪刀).游戏规则:剪刀赢布,布赢石头,石头赢剪刀,赢者得一分;若双方所出相同则为和局,都不得分.试用矩阵描述一名儿童可能的结果情况.

5. 试用矩阵表示我国战国时期“田忌与齐王赛马”故事中齐王可能的比赛结果情况.比赛中双方约定:从各自的上、中、下三个等级的马中各选一匹参赛;每匹马均只能参赛一次;每一次比赛双方各出一匹马,负者要付给胜者千金(用“1”表示).已知在同等级的马中,田忌的马不如齐王的马,但如果田忌的马比齐王的马高一等级,则田忌的马可胜出.

6. 已知矩阵 $\boldsymbol{A}=\begin{pmatrix}1 & 2 & -3\\ 4 & 0 & 5\end{pmatrix}$,$\boldsymbol{B}=\begin{pmatrix}7 & 0 & 5\\ 6 & 4 & 1\end{pmatrix}$,若已知矩阵 $\boldsymbol{X}$ 满足:$2\boldsymbol{X}-\boldsymbol{A}=\boldsymbol{B}$,求矩阵 $\boldsymbol{X}$.

7. 计算 $D=\begin{vmatrix}1 & 2 & 0 & 1\\ 2 & 5 & 2 & 0\\ 0 & 3 & 8 & -4\\ 5 & 10 & 8 & 4\end{vmatrix}$.

8. 设 $\boldsymbol{A}=\begin{pmatrix}1 & -1 & 2\\ 0 & 1 & -1\\ 2 & 1 & 0\end{pmatrix}$,求 $\boldsymbol{A}$ 的逆矩阵 $\boldsymbol{A}^{-1}$.

9. 设有两个砖厂 A_1,A_2,产量分别为 23 万块与 27 万块.它们生产的砖供应 B_1,B_2,B_3 三个工地,需求量分别为 17 万块、18 万块和 15 万块.而自各产地到各工地的每万块砖运价如表 5-14 所示.

表 5-14

砖　厂	工地		
	B_1	B_2	B_3
A_1	50	60	70
A_2	60	110	160

试写出使总运费最省的数学模型.

10. 某车间用机床 A_1、A_2、A_3 加工零件 B_1、B_2 分别为 50 个和 70 个,各机床必须加工的零件数:A_1 为 40 个,A_2 为 35 个,A_3 为 45 个.各种机床加工各种零件的单价(单位:元/个)如表 5-15 所示.试用数学模型表示如何分配这三台机床加工这两种零件的任务,才能使总的加工费用最少.

表 5-15

机　床	零件	
	B_1	B_2
A_1	0.4	0.3
A_2	0.3	0.5
A_3	0.2	0.2

11. 某木器厂生产圆桌和衣柜两种产品.现有两种木料,第一种为 72 m^3,第二种为 56 m^3.假设生产每种产品都需要用这两种木料.生产一个圆桌和一个衣柜所需木料如表 5-16 所示.

表 5-16

产　　品	木料数量/m^3	
	第一种	第二种
圆　　桌	0.18	0.08
衣　　柜	0.09	0.28

每生产一个圆桌可获利 60 元，每生产一个衣柜可获利润 100 元.试用数学模型表示现有条件下生产多少圆桌和衣柜，才能使获得的利润最多.

12. 某钢厂两个炼钢炉同时各用一种方法炼钢.第一种炼法每炉需用 a 小时，第二种炼法每炉需用 b 小时(包括清炉时间).假定这两种炼法每炉的出钢量都是 k kg，而炼 1 kg 钢的平均燃料费用第一种方法为 m 元，第二种方法为 n 元.若要求在 c 小时内炼钢不少于 d kg，试列出燃料费用最省的两种方法的分配方案的数学模型.

13. 某养鸡场有 1 万只鸡，用动物饲料和谷类饲料混合喂养.每天每只鸡平均吃混合饲料 0.5 kg，要求动物饲料占的比例不得少于$\frac{1}{5}$.已知动物饲料 0.9 元/kg，谷类饲料0.28 元/kg，饲料公司每周只保证供应谷类饲料 50 000 kg.试列出数学模型表示成本最低的饲料混合的方案.

综合应用五第一部分基础巩固与案例实践答案

第二部分　数学实验

1. 利用 MATLAB 解下列线性方程组.

(1) $\begin{cases} x_1-x_2+x_3-x_4=0, \\ 2x_1-x_2+3x_3-2x_4=-1, \\ 3x_1-2x_2-x_3+2x_4=4; \end{cases}$

(2) $\begin{cases} x_1+3x_2-2x_3+2x_4-x_5=0, \\ -2x_1-5x_2+x_3-5x_4+3x_5=0, \\ 3x_1+7x_2-x_3+x_4-3x_5=0, \\ -x_1-4x_2+5x_3-x_4=0; \end{cases}$

(3) $\begin{cases} 2x_1+x_2+x_3=6, \\ 3x_1+2x_2+x_3=1, \\ 5x_1+3x_2+4x_3=27. \end{cases}$

2. 利用 MATLAB 分别求解第一部分的第 6~8 题.

3. 利用 MATLAB 求解如下 LP 问题：

$$\min z=-3x_1+x_2+x_3,$$

$$\text{s.t.}\begin{cases} x_1-2x_2+x_3\leqslant 11, \\ -4x_1+x_2+2x_3\geqslant 3, \\ -2x_1 \qquad\quad +x_3=11, \\ x_1,x_2,x_3\geqslant 0 . \end{cases}$$

文本

第 5 章 MATLAB 实验解答

第 6 章 概率论基础

☆☆☆导言

人类社会充满了随机现象，比如天气变化、比赛结果、交通事故的发生、股价的变化等，每一次试验或观察前，不能肯定会出现哪种结果，结果呈现出偶然性.这与本书前面各章的研究内容存在显著区别，前述研究内容在特定条件下，其结果具有确定性.概率论是研究随机现象背后的规律与逻辑的数学分支，它在经济、军事、技术等领域有着广泛的应用，也是理解世界、把握未来的重要工具.

想知道保险公司如何评估交通事故发生的概率、疾病发生率吗？想知道在不确定的条件下如何进行投资决策吗？想知道如何计算产品的故障率及寿命分布吗？请开启本章的学习之旅吧！

知识目标

(1) 了解随机事件、概率、条件概率及独立性等基本概念.

(2) 掌握事件的关系和运算，熟悉加法公式、乘法公式及全概率方法.

(3) 会解简单的古典概型问题.

(4) 正确理解随机变量、概率分布、概率密度函数及分布函数的概念.

(5) 熟悉常见的离散型及连续型随机变量的分布；会查正态分布表.

(6) 理解随机变量的数学期望和方差的概念及性质.

(7) 会利用 MATLAB 软件计算随机变量的数学期望和方差.

能力目标

学习本章后，学生应能解决如下实际问题：

(1) 计算产品的合格率.

(2) 预测某些简单经济现象及其组合发生的可能性.

(3) 用数值或字母表示经济现象变化的各种状况.

(4) 预测离散或连续变化的经济现象变化的状况及其发生的可能性.

(5) 预测离散或连续变化的经济现象的均值及风险.

(6) 会利用随机变量的数学期望和方差解答经济生活中的相关案例.

素养培育点

(1) 通过概率思想培养风险意识.

(2) 通过概率论培养哲学思想：量变与质变，偶然与必然等.

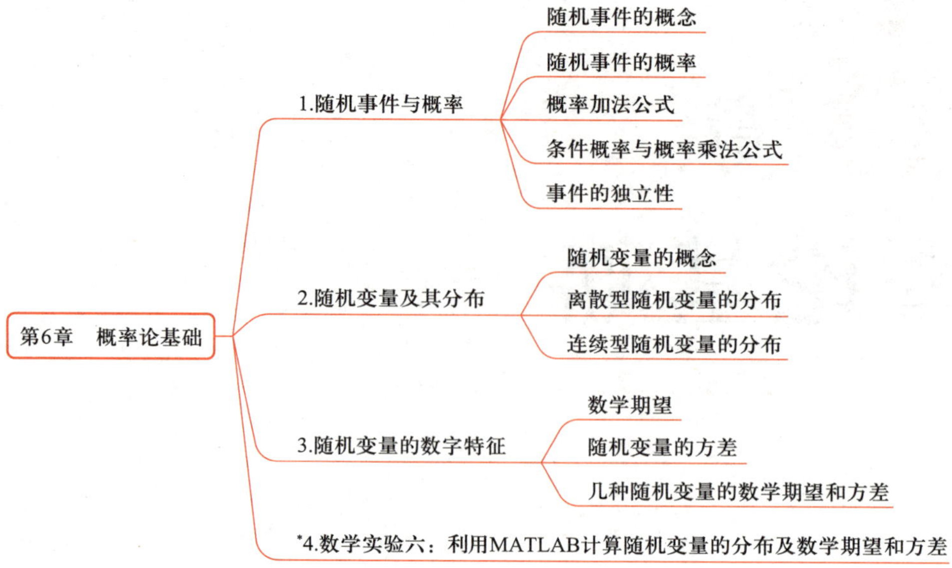

§6.1 随机事件与概率

在前几章中,遇到的案例和数学问题都有这样的特征,有了与之相关的足够信息,就能得出确定的结果.譬如你现在有一份不错的职业,又了解你所心仪的一款汽车的价格和银行贷款利率与期限,当然还知道相关的费用,如果薪水丰厚的话,也许下个月你就可以开上车了,此时你一定想要与公司签一份长期合约,以此来保证自己能有稳定的收入来源. 这类现象在一定条件下出现的结果是唯一的,称为**确定性现象**.

实际上,经济领域和日常生活中的许多问题都存在着不确定性,即使我们对获得的信息进行彻底的研究,未来的不确定性依然存在.例如,那份合约真的能保证吗？明天的股票指数是否会上升？下个月人民币会升值吗？这类现象,在一定的条件下可能出现的结果有多个且各以一定的可能性出现,至于哪个结果出现,事前无法准确地判定,这种现象称为**随机现象**.

我们来看一则经典的案例,有一篇短文《失败计划》中提到,第二次世界大战期间,盟军胜利登陆诺曼底之后,最高统帅艾森豪威尔将军发表了讲话:“我们已经胜利登陆,德军被打败,这是大家共同努力的结果,我向大家表示感谢和祝贺.”可是当时谁也不知道,在登陆之前,除了这份讲话稿之外,艾森豪威尔将军还准备了一份截然相反的讲话稿,那是一份失败时的演讲稿.这篇演讲稿是这样的:“我很悲伤地宣布,我们登陆失败,这完全是我个人决策和指挥的失误,我愿意承担全部责任,并向所有人道歉.”

大家还可以在本章后面的“拓展阅读”——《偶然中的必然》一文中,更深刻地体会不确定性现象.

对随机现象只做个别试验或观测,看不出明显的规律性.但在相同的条件下,对随机现象进行大量的重复试验或观测,就会发现各种结果的出现是有一定规律性的.

定义 6.1 对随机现象进行观察的过程称为**随机试验**,简称**试验**,记为 E. 它有如下特征：

(1) 试验可以在相同条件下重复进行；

(2) 试验的所有可能结果是已知的，且各以一定的可能性出现；

(3) 在试验前不能确定出现哪个结果.

6.1.1 随机事件的概念及运算

1. 随机事件的概念

生活中有许多随机事件的事例.例如，在编号为1,2,3,4,5,6的六个零件中，任取一个检验，观察取出的零件号数.可能的结果是“1”，“2”，…，“6”，这6种结果究竟出现哪一种，在抽取前是不能确定的.由于观察目的的需要，有时将该试验结果描述为“出现偶数号”“出现大于2的号数”等 .

又如，记录某地铁车站于6:00至6:10这10分钟内候车的人数，可能是0,1,2,3,….

再如，某车工在同样的工艺条件下生产出来的零件的尺寸在12±0.1mm之间，而每个零件的尺寸在加工完成以前是不能准确预言的.

在进行随机试验时，所描述的结果出现了，称为这个“事件”发生了.

定义6.2 随机试验的结果称为**随机事件**，简称为**事件**.一般用大写字母A,B,C等表示. 事件可分为**基本事件**和**复合事件**.

(1) 基本事件：相对于观察目的不可再分解的事件，称为基本事件，如“取出4号零件”“取出5号零件”等都是基本事件.

(2) 复合事件：由两个或两个以上基本事件并在一起，构成的事件称为复合事件，如“取出偶数号零件”“取出号数大于2的零件”等都是复合事件.

定义6.3 随机试验的基本事件称为**样本点**，记为ω.全体样本点的集合称为**样本空间**，用Ω表示.

例如，从标号为1,2,3,4,5的产品中任取一产品，用ω_i表示“取得i号产品”的基本事件($i=1,2,3,4,5$).样本空间为$\Omega=\{\omega_1,\omega_2,\omega_3,\omega_4,\omega_5\}$.

又如，将一枚硬币抛掷两次，若记“正面向上”为H，“反面向上”为T，则样本空间由四个样本点组成：$\Omega=\{(HH),(HT),(TH),(TT)\}$.

再如，测试某种元件的寿命t(单位：h)，则样本点是一个非负数，所以样本空间为$\Omega=\{t:t\geqslant 0\}$.

随机事件可看成样本空间的子集，有时称为**事件集**.在试验中必定发生的事件称为**必然事件**，在样本空间Ω试验中不可能发生的事件称为**不可能事件**，即不包含任何样本点的空集，通常记为$\varnothing$.

2. 事件间的关系与运算

事件间的关系和运算可以用集合论的方法进行研究.

随机事件的关系及运算

1) 事件的包含

如果事件A发生必然导致事件B发生，即属于A的每一个样本点也都属于

B,则称事件 B 包含事件 A,或称事件 A 包含于事件 B,记作 $B\supset A$ 或 $A\subset B$.

显然对于任何事件 A,有 $\varnothing\subset A\subset\Omega$.

2）事件的相等

如果事件 A 包含事件 B,事件 B 也包含事件 A,称事件 A 与 B 相等,即 A 与 B 中的样本点完全相同,记作 $A=B$.

3）事件的和(并)

事件 A,B 中至少有一个发生的事件,即"A 或 B",称为事件 A 与 B 的和(并).它是由属于 A 或属于 B 的所有样本点构成的集合,记作 $A+B$ 或 $A\cup B$.

4）事件的积(交)

事件 A 与事件 B 同时发生的事件,即"A 且 B",称为事件 A 与 B 的积(交).它是由既属于 A 又属于 B 的样本点构成的集合,记作 AB 或 $A\cap B$.

5）事件的差

事件 A 发生而事件 B 不发生的事件,称为事件 A 与 B 的差.它是由属于 A 但不属于 B 的样本点构成的集合,记作 $A-B$.

6）互不相容事件

如果事件 A 与 B 不能同时发生,即 $AB=\varnothing$,则称事件 A 与 B 互不相容(或互斥).互不相容事件 A 与 B 没有公共的样本点.显然,基本事件间是互不相容的.

7）对立事件

事件"A 不发生"称为 A 的对立事件(或逆事件).它是由样本空间中所有不属于 A 的样本点组成的集合,记作 $\overline{A}$. 显然 $A\overline{A}=\varnothing$,$A+\overline{A}=\Omega$,$\overline{\overline{A}}=A$.

8）完备事件组

若事件 $A_1,A_2,\cdots,A_n$ 为两两互不相容的事件,并且 $A_1+A_2+\cdots+A_n=\Omega$,则称 $A_1,A_2,\cdots,A_n$ 构成一个完备事件组.

事件间的关系及运算如图 6-1 所示.

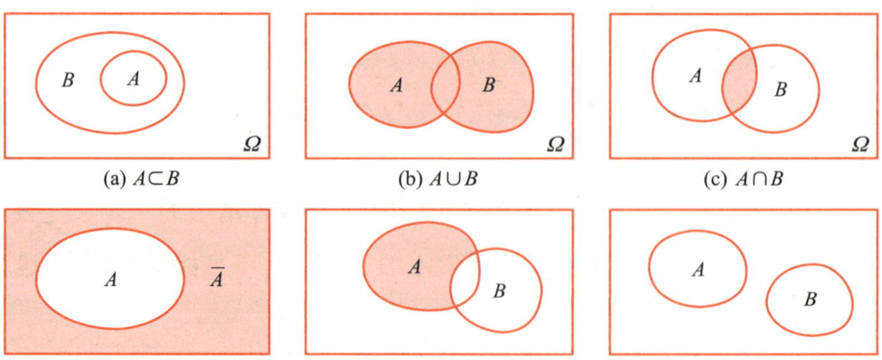

(a) $A\subset B$　(b) $A\cup B$　(c) $A\cap B$

(d) $\overline{A}$　(e) $A-B$　(f) $A\cap B=\varnothing$

图 6-1

事件与集合对照如表 6-1 所示.

表 6-1

符号	集合论	概率论
Ω	全集	样本空间,必然事件
$\varnothing$	空集	不可能事件
$\omega\in\Omega$	集合的元素	Ω 的样本点
$\{\omega\}$	单元素集	基本事件
$A\subset\Omega$	Ω 的子集 A	事件 A
$A\subset B$	集合 A 包含在集合 B 中	事件 A 包含于事件 B
$A=B$	集合 A 与集合 B 相等	事件 A 与事件 B 相等
$A\cup B$ 或 $A+B$	集合 A 与 B 的并	事件 A 与 B 的和
$A\cap B$ 或 AB	集合 A 与 B 的交	事件 A 与 B 的积
$\overline{A}$	集合 A 的补集	事件 A 的对立事件
$A-B$	集合 A 与 B 的差	事件 A 与 B 的差
$A\cap B=\varnothing(AB=\varnothing)$	集合 A 与 B 无公共元素	事件 A 与 B 互不相容

随机事件的运算规律如表 6-2 所示.

表 6-2

运算 运算律	和	积
交换律	$A+B=B+A$	$AB=BA$
结合律	$A+(B+C)=(A+B)+C$	$(AB)C=A(BC)$
分配律	$A(B+C)=AB+AC$	$A+BC=(A+B)(A+C)$
包含律	$(A+B)\supset A,(A+B)\supset B$	$AB\subset A,AB\subset B$
重叠律	$A+A=A$	$AA=A$
吸收律	$A+\Omega=\Omega,A+\varnothing=A$	$A\Omega=A,A\varnothing=\varnothing$
对立律	$A+\overline{A}=\Omega$	$A\overline{A}=\varnothing$
摩根律	$\overline{A+B}=\overline{A}\,\overline{B}$	$\overline{AB}=\overline{A}+\overline{B}$

案例 6.1.1 某球迷连续三次购买足球彩票,每次一张,用 A,B,C 分别表示第一、二、三次所买的彩票中奖的事件.试用 A,B,C 及其运算表示下列事件.

(1) 第三次未中奖;

(2) 第一次、第二次中奖,第三次未中奖;

(3) 至少有一次中奖;

(4) 恰有一次中奖;

(5) 至多中奖两次;

(6) 三次都未中奖.

解 (1) $\overline{C}$； (2) $AB\overline{C}$；

(3) $A+B+C$； (4) $A\overline{B}\,\overline{C}+\overline{A}B\overline{C}+\overline{A}\,\overline{B}C$；

(5) $\overline{A}+\overline{B}+\overline{C}$； (6) $\overline{A}\,\overline{B}\,\overline{C}$ 或 $\overline{A+B+C}$.

案例 6.1.2 从一批产品中每次取出一件产品进行检验，连续抽取三次，事件 A_i 表示“第 i 次取到合格品($i=1,2,3$)”.试用事件的运算符号表示下列事件：

(1) 三次都取到合格品； (2) 至少有一次取到合格品；

(3) 恰有两次取到合格品； (4) 最多有一次取到合格品.

解 (1) 三次都取到合格品：$A_1A_2A_3$.

(2) 至少有一次取到合格品：$A_1+A_2+A_3$.

(3) 恰有两次取到合格品：$A_1A_2\overline{A}_3+A_1\overline{A}_2A_3+\overline{A}_1A_2A_3$.

(4) 最多有一次取到合格品：$\overline{A}_1\overline{A}_2+\overline{A}_1\overline{A}_3+\overline{A}_2\overline{A}_3$.

同步实践 6.1.1

1. 设事件 A,B 满足 $AB=\varnothing$，则称事件 A 与 B 为( ).

A. 对立事件 B. 互逆事件

C. 互不相容事件 D. 相互独立事件

2. 设 A 与 B 为两个事件，则事件 $AB\cup\overline{AB}=$( ).

A. $\varnothing$ B. Ω

C. A D. $A\cup B$

3. 已知一批产品中含有许多次品，随机抽取三个并检验，令 A,B,C 分别表示事件第一、二、三次所抽到的产品是次品.试用 A,B,C 及其运算表示下列事件：

(1) 第三次抽到正品；

(2) 只有第三次抽到次品；

(3) 恰有一次抽到次品；

(4) 至少有一次抽到次品；

(5) 不止一次抽到次品(或至少两次抽到次品)；

(6) 没有抽到次品.

6.1.2 随机事件的概率

概率的定义与计算

日常生活中，经常会听到如下陈述：

(1) 产品的合格率为 98%；

(2) 明天某股票价格上升的可能性不大；

(3) 有 50%的胜率竞标.

以上陈述的每一条都是关于某个随机事件发生的可能性的陈述.用概率来表示随机事件发生的可能性的大小.

定义 6.4(概率的描述性定义)　随机事件 A 发生的可能性大小的数量描述称为随机事件 A 发生的**概率**(probability),记为 $P(A)$.

如何计算随机事件的概率呢?

情境引例 6.1.1　从 10 只不同的股票中随机抽取一只进行分析,显然,每一只股票都可能被抽到,即有 10 个基本事件,而且抽到每一只股票的机会均等,故每只股票被抽到的可能性都是$\frac{1}{10}$.

上述试验有以下特点:

(1) 每次试验包含有限个基本事件,即样本空间由有限多个样本点构成(**有限性**);

(2) 每次试验中,每个基本事件出现的可能性相同(**等可能性**).

称具有这两个特征的试验的概率问题为**古典概型**.古典概型可用如下公式计算:

$$P(A)=\frac{A\text{ 中包含的基本事件数}}{\text{基本事件总数}}=\frac{n_A}{n}. \tag{6.1}$$

案例 6.1.3　一批产品共 200 个,其中有 6 个废品.求:

(1) 这批产品的废品率(即任取 1 个产品是废品的概率);

(2) 任取 3 个恰有 1 个废品的概率;

(3) 任取 3 个全不是废品的概率.

解　根据公式(6.1),得

(1) 这批产品的废品率为 $P_1=\frac{6}{200}=0.03$.

(2) 任取 3 个产品恰有 1 个废品的概率为 $P_2=\frac{C_6^1C_{194}^2}{C_{200}^3}\approx 0.0855$.

(3) 任取 3 个产品全不是废品的概率为 $P_3=\frac{C_{194}^3}{C_{200}^3}=0.9122$.

由概率的古典概型定义知,概率有如下基本性质:

(1) 任何事件 A 的概率都介于 0 和 1 之间,即 $0\leqslant P(A)\leqslant 1$;

(2) 必然事件的概率等于 1,即 $P(\Omega)=1$;

(3) 不可能事件的概率等于 0,即 $P(\varnothing)=0$.

同步实践 6.1.2

1. 盒中装有 3 个红球和 2 个白球,从盒中取出两个球,求:

(1) 取出的两个球都是红球的概率;

(2) 取出一个红球、一个白球的概率.

2. 某校数学建模课外活动小组有 20 名同学,其中男生 15 名,女生 5 名,现从中任选 3 人组成代表队参加比赛,那么代表队中至少有 1 名女生的概率是多少?

6.1.3　概率加法公式

定理 6.1（概率的加法公式）　对于任意两个事件 A,B，有

$$P(A+B)=P(A)+P(B)-P(AB). \tag{6.2}$$

称此公式为广义的加法公式，一般也称其为**加法公式**.特别地，

（1）当事件 A,B 互不相容时，即 $AB=\varnothing$，则

$$P(A+B)=P(A)+P(B). \tag{6.3}$$

（2）对于对立事件，有 $P(A)+P(\overline{A})=1$.　　(6.4)

（3）若 n 个互不相容事件 $A_1,A_2,\cdots,A_n$ 构成一个完备事件组，对任意事件 B，有

$$P(B)=P(BA_1)+P(BA_2)+\cdots+P(BA_n). \tag{6.5}$$

对于两个对立事件构成的完备事件组，有

$$P(B\overline{A})=P(B)-P(BA)=P(B). \tag{6.6}$$

（4）$P(B-A)=P(B\overline{A})=P(B)-P(AB)$.　　(6.7)

特别地，如果 $B\supset A$，则

$$P(B-A)=P(B)-P(A) \tag{6.8}$$

案例 6.1.4　甲、乙两组同时开发一项新技术，甲组成功的概率为 0.8，乙组成功的概率为 0.85，两组同时开发成功的概率为 0.68，求新技术开发成功的概率.

解　设事件 A 表示“甲组开发成功”，事件 B 表示“乙组开发成功”，则有

$$P(A)=0.8,P(B)=0.85,P(AB)=0.68.$$

新技术开发成功是事件 $A+B$，由概率的加法公式(6.2)，得

$$P(A+B)=P(A)+P(B)-P(AB)=0.8+0.85-0.68=0.97.$$

即新技术开发成功的概率为 0.97.

案例 6.1.5　产品有一等品、二等品及废品 3 种，若一等品率和二等品率分别为 0.63 及 0.35，且一等品、二等品均为合格品，求产品的合格率与废品率.

解　令事件 A 表示产品为合格品，A_1,A_2 分别表示一等品、二等品.显然 A_1 与 A_2 互不相容，并且 $A=A_1+A_2$，于是有

$$P(A)=P(A_1+A_2)=P(A_1)+P(A_2)=0.63+0.35=0.98,$$

$$P(\overline{A})=1-P(A)=0.02.$$

案例 6.1.6　若 50 个产品中有 46 个合格品与 4 个废品，从中一次抽取 3 个，求其中有废品的概率.

解　设事件 A 表示“取到的 3 个产品中有废品”，则

$$P(\overline{A})=\frac{C_{46}^3}{C_{50}^3}=\frac{759}{980}\approx 0.774\ 5,$$

$$P(A)=1-P(\overline{A})\approx 0.225\ 5.$$

式(6.2)也能推广到多个事件的情形.例如，设 A_1,A_2,A_3 为任意三个事件，则有

$$P(A_1+A_2+A_3)=P(A_1)+P(A_2)+P(A_3)-P(A_1A_2)-P(A_1A_3)-P(A_2A_3)+P(A_1A_2A_3). \quad (6.9)$$

案例 6.1.7 在某城市中发行 3 种报纸 A、B、C，经调查订户的情况可知，订阅 A 报的有 45%，订阅 B 报的有 35%，订阅 C 报的有 30%，同时订 A、B 报的有 10%，同时订 A、C 报的有 8%，同时订 B、C 报的有 5%，同时订 A、B、C 报的有 3%.试求下列事件的概率：

(1) 至少订阅一种报纸的；

(2) 不订阅任何一种报纸的；

(3) 只订阅 A 报纸的；

(4) 只订阅一种报纸的.

解 设 A_1,A_2,A_3 分别表示订阅 A、B、C 种报纸的事件，则有

$$P(A_1)=0.45, P(A_2)=0.35, P(A_3)=0.30,$$
$$P(A_1A_2)=0.10, P(A_1A_3)=0.08,$$
$$P(A_2A_3)=0.05, P(A_1A_2A_3)=0.03.$$

(1) 至少订阅一种报纸的概率为

$$\begin{aligned}P(A_1+A_2+A_3)&=P(A_1)+P(A_2)+P(A_3)-P(A_1A_2)\\&\quad-P(A_1A_3)-P(A_2A_3)+P(A_1A_2A_3)\\&=0.45+0.35+0.30-0.10-0.08-0.05+0.03=0.9.\end{aligned}$$

(2) 不订阅任何一种报纸的概率，由摩根律和式(6.4)，得

$$P(\overline{A_1}\,\overline{A_2}\,\overline{A_3})=P(\overline{A_1+A_2+A_3})=1-P(A_1+A_2+A_3)=1-0.9=0.1.$$

(3) 只订阅 A 报纸的概率，由式(6.6)，得

$$\begin{aligned}P(A_1\overline{A_2}\,\overline{A_3})&=P(A_1)-P(A_1(A_2+A_3))\\&=P(A_1)-P(A_1A_2)-P(A_1A_3)+P(A_1A_2A_3)\\&=0.45-0.10-0.08+0.03=0.30.\end{aligned}$$

同样可求得只订阅 B 报纸的概率 $P(\overline{A_1}A_2\overline{A_3})=0.23$，只订阅 C 报纸的概率$P(\overline{A_1}\,\overline{A_2}A_3)=0.20$.

(4) 只订阅一种报纸即为 $A_1\overline{A_2}\,\overline{A_3}\cup\overline{A_1}A_2\overline{A_3}\cup\overline{A_1}\,\overline{A_2}A_3$，而 $A_1\overline{A_2}\,\overline{A_3}$，$\overline{A_1}A_2\overline{A_3}$ 和$\overline{A_1}\,\overline{A_2}A_3$ 互不相容，则由式(6.3)，得

$$\begin{aligned}&P(A_1\overline{A_2}\,\overline{A_3}\cup\overline{A_1}A_2\overline{A_3}\cup\overline{A_1}\,\overline{A_2}A_3)\\&=P(A_1\overline{A_2}\,\overline{A_3})+P(\overline{A_1}A_2\overline{A_3})+P(\overline{A_1}\,\overline{A_2}A_3)\\&=0.30+0.23+0.20=0.73.\end{aligned}$$

同步实践 6.1.3

1. 甲、乙两人做同一实验，甲成功的概率为 0.81，乙成功的概率为 0.85，甲、乙两人都成功的概率为 0.73，求至少有一人成功的概率.

2. 某校数学建模课外活动小组有 20 名同学，其中男生 15 名，女生 5 名，现从中任选 3 人组成代表队参加比赛，那么代表队中至少有 1 名女生的概率是多少？(用概率加法公式求解)

6.1.4 条件概率与概率乘法公式

条件概率与乘法公式

1. 条件概率

案例 6.1.8 袋内有 5 件正品和 3 件次品，从袋内取出一件产品后，不放回，再从袋内取出一件产品.求：

(1) 第一次取到正品的概率；

(2) 已知第一次取到正品后，第二次再取到正品的概率；

(3) 已知第一次取到次品后，第二次再取到正品的概率.

解 记"第一次取到正品"为事件 A，"第二次取到正品"为事件 B.

(1) 因为样本空间由 5 件正品和 3 件次品组成，所以 $P(A)=\frac{5}{8}$.

(2) 第一次取到正品，即事件 A 发生后，样本空间改为由 4 件正品和 3 件次品组成，此时再取到正品的概率记为 $P(B\mid A)=\frac{4}{7}$.

(3) 第一次取到次品，即事件$\overline{A}$发生后，样本空间改为由 5 件正品和 2 件次品组成，此时再取到正品的概率记为 $P(B\mid\overline{A})=\frac{5}{7}$.

定义 6.5 设 A,B 为两个事件，$P(A)\neq 0$，在事件 A 已发生的条件下事件 B 发生的概率记作 $P(B\mid A)$，在事件 A 发生的条件下，原样本空间改变，且在新样本空间中事件 $B\mid A$ 发生的概率与原样本空间中的概率 $P(A)$ 和 $P(AB)$ 有如下关系：

$$P(B\mid A)=\frac{P(AB)}{P(A)}. \tag{6.10}$$

案例 6.1.9 某地 100 名农民工中，有男工 80 人，女工 20 人；来自 A 省的有 20 人，其中男工 12 人，女工 8 人.从中任选 1 人，

(1) 求此人来自 A 省的概率；

(2) 求此人是来自 A 省的男工的概率；

(3) 已知此人来自 A 省，求此人是男工的概率.

解 设事件 A 为"此人来自 A 省"，事件 B 为"此人为男工".

(1) 基本事件总数为 100，事件 A 中包含的基本事件数为 20，所以 $P(A)=\frac{20}{100}=\frac{1}{5}$.

(2) 基本事件总数为 100，来自 A 省的男工用 AB 表示，事件 AB 包含的基本事件数为 12，所以 $P(AB)=\frac{12}{100}=\frac{3}{25}$.

(3) 已知此人来自 A 省，求此人是男工的概率，即事件 A 已发生的条件下求事件 B 发生的概率 $P(B\mid A)$，由于事件 A 已发生，样本空间改变，新样本空间为来自 A 省的农民工，基本事件总数为 20，事件 $B\mid A$ 含的基本事件数即在新的样本空间中的男工数为 12，所以

$$P(B|A)=\frac{12}{20}=\frac{3}{5}.$$

由案例 6.1.9,可验证结论 $P(B|A)=\dfrac{P(AB)}{P(A)}$.

案例 6.1.10 市场上供应的灯泡中,甲厂产品占 70%,乙厂产品占 30%,甲厂产品的合格率是 95%,乙厂产品的合格率是 80%.若用事件 A,$\overline{A}$分别表示甲、乙两厂的产品,B 表示产品为合格品.求 $P(A)$,$P(\overline{A})$,$P(B|A)$和 $P(B|\overline{A})$.

解 市场供应的灯泡为样本空间时,

$$P(A)=70\%,\quad P(\overline{A})=30\%.$$

甲厂产品的合格率是 A 发生的条件下,以甲厂产品为新样本空间时,事件 $B|A$ 发生的概率,即

$$P(B|A)=95\%.$$

乙厂产品的合格率是 $\overline{A}$ 发生的条件下,以乙厂产品为新样本空间时,事件 $B|\overline{A}$ 发生的概率,即

$$P(B|\overline{A})=80\%.$$

2. 乘法公式

由式(6.10)可导出概率的乘法公式:

$$\begin{aligned}P(AB)&=P(A)P(B|A)\quad (P(A)>0)\\&=P(B)P(A|B)\quad (P(B)>0).\end{aligned}\tag{6.11}$$

一般地,关于 n 个事件 $A_1,A_2,\cdots,A_n$ 的概率乘法公式为

$$P(A_1A_2\cdots A_n)=P(A_1)P(A_2|A_1)P(A_3|A_1A_2)\cdots P(A_n|A_1\cdots A_{n-1}).\tag{6.12}$$

案例 6.1.11 案例 6.1.10 中,从市场上买一个灯泡,求:

(1) 该灯泡是甲厂生产的合格灯泡的概率;

(2) 该灯泡是乙厂生产的合格灯泡的概率;

(3) 该灯泡是合格灯泡的概率.

解 (1) 要计算从市场上买到的灯泡既是甲厂生产(事件 A 发生),又是合格灯泡(事件 B 发生)的概率,也就是求 A 与 B 同时发生的概率.由乘法公式,有

$$P(AB)=P(A)P(B|A)=0.7\times0.95=0.665.$$

(2) 同理可得

$$P(\overline{A}B)=P(\overline{A})P(B|\overline{A})=0.3\times0.8=0.24.$$

(3) 买到合格灯泡的事件 B 可分成两个互斥事件的和 $AB+\overline{A}B$,即

$$\begin{aligned}P(B)&=P(AB)+P(\overline{A}B)=P(A)P(B|A)+P(\overline{A})P(B|\overline{A})\\&=0.7\times0.95+0.3\times0.8=0.905.\end{aligned}$$

注意:解案例 6.1.11(3)时,先用完备事件组将事件 B 分解为几个互不相容事件,再通过计算各互不相容事件的概率和来求事件 B 的全部概率的方法,称为**全概率方法**,在概率论中经常应用.

案例 6.1.12 甲、乙二人参加应聘面试,若 10 个考签中有 4 个难签,2 人参加抽签(不放回),每人抽 1 签,甲先乙后,分别求甲、乙抽到难签的概率.

解 设事件 A,B 分别表示甲、乙抽到难签,则有

$$P(A)=\frac{4}{10}.$$

由全概率方法,乙抽到难签的事件 B 可用甲是否抽到难签即 A 与 $\overline{A}$ 构成的完备事件组来分解.故

$$P(B)=P(AB)+P(\overline{A}B)=P(A)P(B\mid A)+P(\overline{A})P(B\mid \overline{A}),$$

其中,$P(B\mid A)$ 表示事件 A 发生条件下,即甲抽去 1 个难签后,样本空间变为 3 个难签、6 个易签时乙抽到难签的概率,所以 $P(B\mid A)=\frac{3}{9}$;$P(B\mid \overline{A})$ 表示事件$\overline{A}$发生条件下,即甲抽去 1 个易签后,样本空间变为 4 个难签、5 个易签时乙抽到难签的概率,所以 $P(B\mid \overline{A})=\frac{4}{9}$.因此

$$P(B)=\frac{4}{10}\times\frac{3}{9}+\frac{6}{10}\times\frac{4}{9}=\frac{4}{10}.$$

故甲、乙抽到难签的概率相等.

案例 6.1.13 从 5 名同学中选取一名同学参加培训会,现在用抽签的方式来决定谁去.用 5 张同样的卡片,只有一张写有“入场券”字样,其余 4 张什么也没写,让 5 名同学依次抽取.他们争先恐后,唯恐被排在后面抽取.有同学说:“先抽的人当然要比后抽的人抽到的机会大.”另一名同学随声附和道:“第一个人抽的时候,无论如何写有‘入场券’的卡片还在,假若它被第一个人抽去了,后面的人就根本不用抽了.”难道后抽的比先抽的吃亏吗?主持抽签的人说:“大家不必争先恐后,你们一个一个按次序来,每名同学抽到‘入场券’的机会都一样大.”到底谁说的对呢?让我们用概率论的知识来计算一下每名同学抽到“入场券”的概率到底有多大?

解 用 A_i 表示“第 i 名同学抽到入场券($i=1,2,3,4,5$)”,则$\overline{A}_i$ 表示“第 i 名同学未抽到入场券”.显然,对于第 1 名同学而言,

$$P(A_1)=\frac{1}{5},\quad P(\overline{A}_1)=\frac{4}{5},$$

也就是说第一名同学抽到入场券的概率是$\frac{1}{5}$.

由全概率方法知,第 2 名同学抽到入场券的事件 $A_2=A_2A_1+A_2\overline{A}_1$,但 $A_2A_1=\varnothing$,因此 $P(A_2)=P(\overline{A}_1A_2)$,应用乘法公式(6.12),得

$$P(A_2)=P(\overline{A}_1A_2)=P(\overline{A}_1)P(A_2\mid \overline{A}_1)=\frac{4}{5}\times\frac{1}{4}=\frac{1}{5},$$

其中,$P(A_2\mid \overline{A}_1)=\frac{1}{4}$,是因为在 $\overline{A}_1$ 发生的条件下,第 2 名同学在剩下的 4 卡片中,抽到“入场券”的概率是$\frac{1}{4}$.

同理，第 3 名同学抽到入场券的概率为

$$P(A_3)=P(\overline{A}_1\overline{A}_2A_3)=P(\overline{A}_1)P(\overline{A}_2|\overline{A}_1)P(A_3|\overline{A}_1\overline{A}_2)=\frac{4}{5}\times\frac{3}{4}\times\frac{1}{3}=\frac{1}{5}.$$

继续做下去，就会发现每名同学抽到入场券的概率都是$\frac{1}{5}$.因此主持人说的对，即每名同学抽到入场券的机会都一样大.

同步实践 6.1.4

1. 设 A,B 分别表示甲、乙两城市在某年内出现停水的事件，已知甲地停水的概率为 0.25，乙地停水的概率为 0.3，且在乙地停水的条件下甲地停水的概率为 0.15，则两地同时停水的概率为____________；在甲地停水的条件下乙地停水的概率为____________.

2. 在 10 件产品中有 7 件正品和 3 件次品，现从中取两次，每次任取一件产品，取后不放回，则两件产品都是正品的概率为____________；两件产品都是次品的概率为____________；两件产品中一件是正品，一件是次品的概率为____________.

3. 某人射击 3 次，若第一次击中目标的概率为$\frac{2}{3}$，若第一次未击中目标，第二次击中目标的概率为$\frac{3}{5}$，若前两次均未击中目标，第三次击中目标的概率为$\frac{3}{10}$，求此人 3 次均未击中目标的概率.

6.1.5 事件的独立性

经验告诉我们在大雾天气中发生车祸的可能性要大一些，而大雾的天气与某人买彩票中奖毫无联系，这就是说，有些事件的发生对另一些事件的发生有影响，有些事件之间则互不影响.概率论中对这类问题的探讨引出了事件独立性的概念.

1. 事件的独立性

案例 6.1.14 袋中有 6 个正品，4 个次品，连续 2 次从袋中抽取产品，第 1 次抽出 1 个产品观察后放回，第 2 次再抽出 1 个产品.求：

(1) 第 1 次抽出正品的条件下第 2 次抽得正品的概率；

(2) 第 2 次抽得正品的概率.

解 设事件 A 表示“第 1 次抽得正品”，事件 B 表示“第 2 次抽得正品”，则

(1) $P(B|A)=\frac{6}{10}=\frac{3}{5}$.

(2) $P(B)=P(AB)+P(\overline{A}B)=P(A)P(B|A)+P(\overline{A})P(B|\overline{A})$

$$=\frac{6}{10}\times\frac{6}{10}+\frac{4}{10}\times\frac{6}{10}=\frac{3}{5}.$$

此时 $P(B|A)=P(B)$，说明在抽取产品后有放回的情形下，无论第 1 次抽取什么产品，即

事件 A 是否发生,第 2 次再抽取产品时,原样本空间没有改变,第 2 次抽取产品与第 1 次抽取产品无关,即事件 B 发生的概率与事件 A 是否发生无关,这时称事件 B 与事件 A 相互独立.

定义 6.6　如果事件 B 发生的可能性不受事件 A 是否发生的影响,即

$$P(B \mid A)=P(B), \tag{6.13}$$

则称事件 A 对于事件 B 独立.显然,若 A 对于 B 独立,则 B 对于 A 也独立,称事件 A 与事件 B **相互独立**.

关于独立性有如下性质:

(1) 事件 A 与 B 独立的充分必要条件是

$$P(AB)=P(A)P(B); \tag{6.14}$$

(2) 若事件 A 与 B 独立,则 A 与 $\overline{B}$,$\overline{A}$ 与 B,$\overline{A}$ 与 $\overline{B}$ 中的每一对事件都相互独立.

案例 6.1.15　通常情况下,股市中有些股票的涨跌是相互独立的,而有些股票之间是相互联系的.根据股市的情况,假设甲、乙两种股票上涨的概率分别是 0.8 和 0.7,某位股民决定购买这两种股票,若两种股票的涨跌相互独立.求:

(1) 买入的股票至少有一只上涨的概率;

(2) 两只股票同时上涨的概率.

解　(1) 令 A,B 分别表示股票甲、乙上涨,则所求概率为

$$\begin{aligned}P(A+B)&=P(A)+P(B)-P(AB)\\&=P(A)+P(B)-P(A)P(B)\\&=0.8+0.7-0.8\times0.7=0.94.\end{aligned}$$

(2) $P(AB)=P(A)P(B)=0.8\times0.7=0.56$.

2. 独立试验序列概型

在概率论中,把在同样条件下独立重复进行试验的模型称为**独立试验序列概型**.

案例 6.1.16　一批产品的废品率为 0.1,每次抽取 1 个,观察后放回,下次再抽取一个,观察后放回,共重复 3 次,求恰有 2 次取到废品的概率.

解　设"3 次中恰有两次取到废品"为事件 B,又设 $B_1=\{$废、废、正$\}$,$B_2=\{$废、正、废$\}$,$B_3=\{$正、废、废$\}$,则 $B=B_1+B_2+B_3$,并且 B_1,B_2,B_3 两两互不相容.因为

$$P(B_1)=P(B_2)=P(B_3)=0.1^2\times0.9=0.009,$$

所以

$$P(B)=P(B_1)+P(B_2)+P(B_3)=3\times0.009=0.027.$$

案例 6.1.17　若产品的废品率为 $p(0<p<1)$,重复抽取 n 次,求有 k 次$(0\leqslant k\leqslant n)$取到废品的概率.

解　设所求事件的概率为 $P(B)$,因为在 n 次试验中,有 k 次取到废品的情形有 C_n^k 种,且在每种情形下的概率均为 $p^k(1-p)^{n-k}$,所以

$$P(B)=C_n^k p^k q^{n-k},\quad 其中\ q=1-p.$$

以上两例的共同特点如下:

(1) 每次试验只有两个结果,即事件 A 或者发生(A)或者不发生($\overline{A}$);

(2) 在每次试验中事件 A 发生的概率都是 $p(0<p<1)$,即 $P(A)=p(0<p<1)$,$P(\overline{A})=1-p$;

(3) 各次试验是相互独立的,即每次试验结果出现的概率都不依赖其他各次试验的结果.

这样的一系列重复试验(如 n 次)称为 n **重伯努利试验**.

定理 6.2(伯努利定理) 设一次试验中事件 A 发生的概率为 $p(0<p<1)$,则 n 重伯努利试验中,事件 A 恰好发生 k 次的概率 $P_n(k)$ 为

$$P_n(k)=\mathrm{C}_n^k p^k q^{n-k} \quad (k=0,1,\cdots,n), \tag{6.15}$$

其中,$q=1-p$.

因为

$$\sum_{k=0}^{n} P_n(k)=\sum_{k=0}^{n} \mathrm{C}_n^k p^k q^{n-k}=(p+q)^n=1,$$

即 $P_n(k)$ 是二项式 $(p+q)^n$ 的展开式中的第 $k+1$ 项,所以 n 重伯努利试验概型又称为**二项概型**.

案例 6.1.18 一条自动生产线上产品的一级品率为 0.6,现检查了 10 件,求至少有两件一级品的概率.

解 设"至少有两件一级品"为事件 B,因为各个产品是否为一级品是相互独立的,所以有

$$\begin{aligned}P(B)&=\sum_{k=2}^{10} P_{10}(k)=1-P_{10}(0)-P_{10}(1)\\&=1-0.4^{10}-\mathrm{C}_{10}^1\times0.6\times0.4^9\approx0.998.\end{aligned}$$

小贴士

古典概型、全概率公式与二项概型等都是概率论中经典的计算事件概率的数学模型,我们不仅要准确理解模型的内涵与适用范围,还要不断训练抽象思维能力,善于在具体情境与问题中抽象出适用的数学模型.

同步实践 6.1.5

1. 某人进行射击,设每次射击命中的概率为 0.3.现重复射击 10 次,则恰好命中 3 次的概率为__________.

2. 设某企业生产的一批产品中,有 10%的次品,现进行重复抽样检查,并抽取 5 件样品,求:

(1) 这 5 件产品中恰好有 3 件次品的概率;

(2) 这 5 件产品中至多有 4 件次品的概率.

6.1 随机事件与概率同步实践答案

§6.2 随机变量及其分布

随机变量及其分布

6.2.1 随机变量的概念

1. 随机变量

在上一节中,介绍了随机事件及其概率. 可以发现很多随机试验的结果都可以用数量来表示.例如,某一段时间内车间正在工作的车床数目,抽样检查产品质量时出现的废品个数,掷骰子出现的点数等.对于那些没有用数量表示的事件,也可以赋予数量表示.例如,某工人"完成定额"记为1,"没有完成定额"记为0;生产的产品是"优质品"记为2,是"次品"记为1,是"废品"记为0,等等.这样一来,随机试验的结果就都可以用数量来表示了.

定义 6.7 如果对于随机试验的每一个基本事件,即每一个样本点 ω,都用一个实数 $\xi(\omega)$ 表示,则 $\xi(\omega)$ 是随着样本点 ω 不同而变化的一个变量,称它为**随机变量**.随机变量一般用希腊字母 ξ,η,ζ 或大写字母 X,Y,Z 等表示.

例如,一个射手对目标进行射击,击中目标记1分,未中目标记0分.如果用 ξ 表示射手在一次射击中的得分,则它是一个随机变量,可以取0和1两个可能值.

又如,某段时间内某网站被点击的次数记为 ξ,它是一个随机变量,可以取值为0,1,2,….

再如,单位面积上某农作物的产量 ξ 是一个随机变量.它可以取某个区间内的一切实数值,即 $\xi\in[0,T]$,T 为某个正常数.

2. 随机变量的分类

随机变量按其取值情况可以分为两类.

(1) 只取有限个或可列无限个值的随机变量,称为**离散型随机变量**.

例如,"取到次品的个数""网站被点击的次数" 等,所取值个数为有限个或可以一一列举.

(2) 取值可包括某实数区间的全部值的随机变量,称为**连续型随机变量**.

例如,"单位面积农作物产量""学生的身高""电视机的寿命"等取值不仅无穷多,且不能一一列举,它充满了一个区间.

小贴士

随机变量与普通变量之间是有差别的:

(1) 普通函数定义在实数轴上,而随机变量定义在样本空间上,样本空间上的元素不一定是实数.

(2) 随机变量的取值由试验结果而定,由于试验的各个结果的发生有一定的概率,因而随机变量取各个值也有一定的概率.

与微积分中的变量不同,概率论中的随机变量 X 是一种"随机取值的变量且伴随一个分布".我们不仅要知道 X 可能取哪些值,而且还要知道它取这些值的概率是多少.

同步实践 6.2.1

1. 下列随机变量为离散型随机变量的是(　　).

A. 某部电话在一定时间被呼叫的次数

B. 单位面积某种农作物的产量

C. 电池的使用寿命

D. 候车的时间

2. 下列随机变量为连续型随机变量的是(　　).

A. 产品检验时取到次品的个数

B. 某网站被点击的次数

C. 2023 年中国人民银行不同存期的储蓄利率值

D. 市民每天的用水量

6.2.2 离散型随机变量的分布

离散型随机变量的概率分布

1. 离散型随机变量的概率分布

定义 6.8 设离散型随机变量 ξ 的所有可能取值为 $x_1, x_2, \cdots, x_k, \cdots$，且 ξ 取以上各值的概率分别为 $p_1, p_2, \cdots, p_k, \cdots$，即

$$P(\xi=x_k)=p_k \quad (k=1,2,\cdots,n \text{ 或 } k=1,2,\cdots,n,\cdots), \tag{6.16}$$

则称式(6.16)为离散型随机变量 ξ 的**概率分布**或**分布律**.

离散型随机变量的概率分布有时也用表格给出，如表 6-3 所示.

表 6-3

ξ	x_1	x_2	$\cdots$	x_n	$\cdots$
P	p_1	p_2	$\cdots$	p_n	$\cdots$

离散型随机变量的概率分布需满足以下条件：

(1) $p_k \geqslant 0$；

(2) $\sum\limits_k p_k=1 \ (k=1,2,\cdots,n \text{ 或 } k=1,2,\cdots,n,\cdots)$. (6.17)

案例 6.2.1 一批产品的废品率为 5%，从中任意抽取一件进行检验，用随机变量 ξ 来描述废品出现的情况并写出 ξ 的概率分布.

解 用 ξ 表示抽取到废品的个数，则 ξ 只可能取 0 和 1 两个值. “$\xi=0$”表示“产品为合格品”，$P(\xi=0)=1-5\%=95\%$；“$\xi=1$”表示“产品是废品”，$P(\xi=1)=5\%$. ξ 的概率分布如表 6-4 所示.

表 6-4

ξ	0	1
P	0.95	0.05

ξ 的概率分布还可以用等式表示，即

$$P(\xi=k)=(5\%)^{k}(95\%)^{1-k}\quad(k=0,1).$$

一般地，只可能取两个值的随机变量所服从的分布，称为**两点分布**.其概率分布为

$$P(\xi=x_k)=p_k\quad(k=1,2),$$

$$p_k\geqslant0,\text{且 }p_1+p_2=1.$$

只取 0 和 1 两个值的随机变量所服从的分布，也称为 **0-1 分布**.其概率分布为

$$P(\xi=k)=p^{k}(1-p)^{1-k}\quad(k=0,1),\tag{6.18}$$

其中，$0<p<1$.

案例 6.2.2　某产品有一、二、三等品及废品 4 种，其中一、二、三等品率和废品率分别为 60%，10%，20%和 10%，任取一个产品检验其质量，用随机变量 ξ 表示检验结果并写出其概率分布.

解　令“$\xi=k$”表示“产品为 k 等品($k=1,2,3$)”，“$\xi=0$”表示“产品为废品”. ξ 是一个随机变量，它可以取 0,1,2,3 这 4 个可能值.依题意，有

$$P(\xi=0)=0.1,\quad P(\xi=1)=0.6,\quad P(\xi=2)=0.1,\quad P(\xi=3)=0.2,$$

其概率分布如表 6-5 所示.

表 6-5

ξ	0	1	2	3
P	0.1	0.6	0.1	0.2

案例 6.2.3　随机变量 ξ 表示“掷一颗骰子出现的点数”，求其概率分布.

解　随机变量 ξ 可以取 1~6 共 6 个数，概率都是 $\frac{1}{6}$.其概率分布如表 6-6 所示.

表 6-6

ξ	1	2	3	4	5	6
P	$\frac{1}{6}$	$\frac{1}{6}$	$\frac{1}{6}$	$\frac{1}{6}$	$\frac{1}{6}$	$\frac{1}{6}$

案例 6.2.4　定期发行的某种奖券，中奖率为 p.某人每次购买 1 张奖券，如果没有中奖下次再继续购买 1 张，直至中奖为止.求该人购买次数 ξ 的分布.

解　“$\xi=1$”表示“第一次购买的奖券中奖”，依题意 $P(\xi=1)=p$.

“$\xi=2$”表示“购买两次奖券，第一次未中奖，第二次中奖”，由于各期奖券中奖与否是相互独立的，所以 $P(\xi=2)=(1-p)p$.

一般地，“$\xi=i$”表示“购买 i 次，前 $i-1$ 次都未中奖，第 i 次中奖”，其概率为

$$P(\xi=i)=(1-p)^{i-1}p.$$

所以 ξ 的概率分布为

$$P(\xi=i)=(1-p)^{i-1}p,\quad i=1,2,\cdots,n,\cdots. \tag{6.19}$$

不难验证，$\sum\limits_{i=1}^{\infty}p(1-p)^{i-1}=1$.称具有式(6.19)的概率分布的随机变量服从几何分布.

在 n 重伯努利试验中,随机变量 ξ 为事件 A 发生的次数,每次试验事件 A 发生的概率为 p,则随机变量 ξ 的概率分布为

$$P(\xi=k)=\mathrm{C}_n^k p^k q^{n-k},\quad k=0,1,\cdots,n, \tag{6.20}$$

其中,$0<p<1,q=1-p$.称这样的 ξ 为服从参数 n,p 的二项分布,记作 $\xi\sim B(n,p)$.

小贴士

0-1 分布与二项分布的关系：

(1) 当 $n=1$ 时,二项分布就是 0-1 分布；

(2) n 重伯努利试验是由 n 个相同的、独立进行的伯努利试验组成,将第 i 个伯努利试验中 A 出现的次数记为 $X_i(i=1,2,\cdots,n)$,则 X_i 相互独立,且服从相同的 0-1 分布,此时其和 $X=X_1+X_2+\cdots+X_n$ 就是 n 重伯努利试验中 A 出现的总次数,它服从二项分布 $B(n,p)$,因此,二项分布是 0-1 分布的推广.

案例 6.2.5 某工厂每天用水量正常的概率为$\frac{3}{4}$,求最近 6 天内用水量正常的天数的概率分布.

解 设最近 6 天内用水量正常的天数为 ξ,则 $\xi\sim B\left(6,\frac{3}{4}\right)$.于是有

$$P(\xi=k)=\mathrm{C}_6^k\left(\frac{3}{4}\right)^k\left(\frac{1}{4}\right)^{6-k}\quad(k=0,1,2,\cdots,6).$$

可列成表 6-7.

表 6-7

ξ	0	1	2	3	4	5	6
P	0.000 2	0.004 4	0.033 0	0.131 8	0.296 6	0.356 0	0.178 0

思考

有了概率分布,能否求出一些随机事件的概率呢?

在案例 6.2.5 中,若求该工厂用水量正常天数小于 3 天的概率,则有

$$P(\xi<3)=P(\xi=0)+P(\xi=1)+P(\xi=2)=0.000\ 2+0.004\ 4+0.033\ 0=0.037\ 6.$$

若求该工厂近 6 天用水量正常天数大于 4 天的概率,则有

$$P(\xi>4)=P(\xi=5)+P(\xi=6)=0.356\ 0+0.178\ 0=0.534.$$

案例 6.2.6 盒内装有外形与功率均相同的 15 个灯泡,其中 10 个螺口,5 个卡口.现需用 1 个螺口灯泡,从盒中任取一个,如果取到卡口灯泡就不再放回去,并继续取下一个灯泡,直到取得螺口灯泡为止.求在取到螺口灯泡之前已取出的卡口灯泡数 ξ 的概率分布.

解 设 A_i 表示“第 i 次取到卡口灯泡”,用 $\overline{A_i}$表示“第 i 次取到螺口灯泡”.则“$\xi=0$”表示“第一次取到了螺口灯泡”,即事件 $\overline{A_1}$发生,所以

$$P(\xi=0)=P(\overline{A_1})=\frac{10}{15}=\frac{2}{3}.$$

“$\xi=1$”表示“第一次取到卡口而第二次取到螺口灯泡”,所以

$$P(\xi=1)=P(A_1\overline{A_2})=P(A_1)P(\overline{A_2}\mid A_1)=\frac{5}{15}\times\frac{10}{14}=\frac{5}{21}.$$

同样方法,可得

$$\begin{aligned}P(\xi=2)&=P(A_1A_2\overline{A_3})=P(A_1)P(A_2\mid A_1)P(\overline{A_3}\mid A_1A_2)\\&=\frac{5}{15}\times\frac{4}{14}\times\frac{10}{13}=\frac{20}{273}.\end{aligned}$$

类似地,可以计算出 $P(\xi=k)(k=3,4,5)$,从而得概率分布如表 6-8 所示.

表 6-8

ξ	0	1	2	3	4	5
P	$\frac{2}{3}$	$\frac{15}{21}$	$\frac{20}{273}$	$\frac{5}{273}$	$\frac{10}{3\,003}$	$\frac{1}{3\,003}$

易验证

$$\sum_{k=0}^{5}p_k=1.$$

案例 6.2.7 设小王做某事的成功率为 3%,他重复 100 次,则至少成功 1 次的概率为多少?

解 小王独立重复做事 100 次,是 100 重伯努利试验.设 $A=\{$做某事成功$\}$,则 $P=P(A)=0.03$.

记 ξ 表示小王做事成功的次数,则 $\xi\sim B(100,0.03)$,事件“至少成功 1 次”可用$(\xi\geqslant1)$表示,从而

$$P(\text{至少成功 1 次})=P(\xi\geqslant1)=1-P(\xi=0)=1-\mathrm{C}_{100}^{0}(0.03)^0(1-0.03)^{100-0}\approx0.952.$$

小点睛

案例 6.2.7 中,虽然成功率只有 3%,但通过多次努力,成功的概率高达 95.2%.做事要持之以恒,锲而不舍,不要气馁. 相反,某个错误即使仅有 3%发生的概率,若不及时纠正,重复的次数只要足够多,这个错误有很大概率会发生.对于任何一件小事情都不应该马虎大意,要培养自己精益求精的工匠精神.

案例 6.2.8 设某年龄段的人在正常情形下的死亡率为 0.005,现在某保险公司有此年龄段 1 000 人购买了人寿保险.试求在未来一年中,投保人中恰有 10 人死亡的概率以及不超过 10 人死亡的概率.

解 设此年龄段的死亡人数为随机变量 X,则 $X\sim B(1\,000,0.005)$.所以 1 000 投保人中恰有 10 人死亡的概率为

$$P(X=10)=C_{1\,000}^{10}0.005^{10}0.995^{990},$$

而 1 000 投保人中不超过 10 人死亡的概率

$$P(X\leqslant 10)=\sum_{k=0}^{10}C_{1\,000}^{k}0.005^{k}\,0.995^{1\,000-k}.$$

此例计算很烦冗，当 n 很大，p 很小时，二项分布 $B(n,p)$ 可近似地用参数 $\lambda=np$ 的泊松(Poisson)分布表示，而泊松分布的结果可查表(附表 2)计算.

定义 6.9 设随机变量 X 所有可能的取值为 0,1,2,…，且概率分布为

$$P(X=k)=\frac{\lambda^{k}e^{-\lambda}}{k!}\quad(k=0,1,2,\cdots),\tag{6.21}$$

其中，$\lambda>0$ 为常数，则称随机变量 X 服从参数为 λ 的泊松分布，记作 $X\sim P(\lambda)$.

小贴士

泊松分布由泊松在 1838 年提出，它是概率统计中常见的一种离散型概率分布，在管理科学、运筹学和自然科学的某些问题中占有重要的地位.泊松分布是刻画大量试验中稀有事件(小概率事件)出现次数的概率模型.它常与单位时间(空间)上的计数过程相联系.若将单位时间(空间)中随机事件的发生次数视为随机变量，则它服从或近似服从泊松分布.例如，某地区某一时间间隔内发生交通事故的次数；某城市某医院一天内的急诊人数；一天内，来到某商场的顾客数；一个月内，某机器出现的故障数；一年内，自然灾害发生的次数等.

在案例 6.2.8 中，死亡人数 X 近似地服从泊松分布，$\lambda=np=0.005\times1\,000=5$.所以

$$P(X=10)=\frac{5^{10}}{10!}e^{-5}=0.018\,13,$$

$$P(X\leqslant 10)=\sum_{k=0}^{10}\frac{5^{k}}{k!}e^{-5}=0.986\,2.$$

案例 6.2.9 保险公司售出某种寿险保单 2 500 份.已知此项寿险每单需交保费 120 元，若被保人一年内死亡，则其家属可以从保险公司获得 2 万元的赔偿(即保额为 2 万元).若此类被保人一年内死亡的概率为 0.002，试求：

(1) 保险公司亏损的概率；

(2) 保险公司获利不少于 10 万元的概率；

(3) 保险公司获利不少于 20 万元的概率.

解 保险公司盈利或亏损取决于其保费收入与支付的保额的差是正还是负.由题设知，保费收入为 30 万元(2 500×120=30 万元)，而实际支付的保额是每份保单的保额与一年内被保人的死亡人数的乘积 $2X$.显然，$X\sim B(2500,0.002)$.

(1) 保险公司亏损的概率为

$$\begin{aligned}P(30-2X<0)&=1-P(X\leqslant 15)\\&=1-\sum_{k=0}^{15}C_{2\,500}^{k}\cdot(0.002)^{k}(0.998)^{2\,500-k}.\end{aligned}$$

(2) 保险公司获利不少于 10 万元的概率为

$$P(30-2X\geqslant 10)=P(X\leqslant 10)$$

$$=\sum_{k=0}^{10} C_{2\,500}^{k}\cdot(0.002)^{k}(0.998)^{2\,500-k}.$$

（3）保险公司获利不少于 20 万元的概率为

$$P(30-2X\geqslant 20)=P(X\leqslant 5)$$

$$=\sum_{k=0}^{5} C_{2\,500}^{k}\cdot(0.002)^{k}(0.998)^{2\,500-k}.$$

上述计算十分烦冗，于是利用泊松分布查表（附表 2）计算，其中 $\lambda=np=2\,500\times0.002=5$.

（1）保险公司亏本的概率为

$$1-\sum_{k=0}^{15}\frac{5^k}{k!}e^{-5}=\sum_{k=16}^{\infty}\frac{5^k}{k!}e^{-5}=0.000\,069.$$

（2）保险公司获利不少于 10 万元的概率为

$$\sum_{k=0}^{10}\frac{5^k}{k!}e^{-5}=1-\sum_{k=11}^{\infty}\frac{5^k}{k!}e^{-5}=1-0.013\,695=0.986\,305.$$

（3）保险公司获利不少于 20 万元的概率为

$$\sum_{k=0}^{5}\frac{5^k}{k!}e^{-5}=1-\sum_{k=6}^{\infty}\frac{5^k}{k!}e^{-5}=1-0.384\,039=0.615\,961.$$

小点睛

泊松分布表的计算公式是 $\sum\limits_{k=x}^{\infty}\frac{\lambda^k}{k!}e^{-\lambda}$，故 $\sum\limits_{k=0}^{x}\frac{\lambda^k}{k!}e^{-\lambda}$ 类问题需先转换为 $1-\sum\limits_{k=x+1}^{\infty}\frac{\lambda^k}{k!}e^{-\lambda}$ 后再查附表 2.

案例 6.2.10 某证券营业部开有 1 000 个资金账户，每户资金 10 万元.假设每日每个资金账户到营业部提取资金的 20%的现金的概率为 0.004.问：该营业部每日要准备多少现金才能以 95%以上的概率满足客户提款的需求？

解 设每日提取现金的账户数为 X，且 $X\sim B(1\,000,0.004)$，于是每日提取现金的总数为 $2X$ 万元（每个账户金额为 10 万元，提取 20%即为 2 万.现有 X 个账户，共提取 $2X$ 万元）.又设营业部准备的现金数为 x（万元），则由题设知，应求最小的 x，满足

$$P(2X\leqslant x)\geqslant 0.95,\quad 即\ P\left(X\leqslant\frac{x}{2}\right)\geqslant 0.95,$$

则

$$P\left(X\leqslant\frac{x}{2}\right)=\sum_{k=0}^{\frac{x}{2}} C_{1\,000}^{k}(0.004)^{k}(0.996)^{1\,000-k}\geqslant 0.95.$$

由于二项分布 $B(n,p)$ 近似服从参数为 $\lambda=np$ 的泊松分布，本案例中，$\lambda=1\,000\times0.004=4$，所以上式可化为

$$P\left(X\leqslant\frac{x}{2}\right)=\sum_{k=0}^{\frac{x}{2}} C_{1\,000}^{k}(0.004)^{k}(0.996)^{1\,000-k}\approx\sum_{k=0}^{\frac{x}{2}}\frac{4^k e^{-\lambda}}{k!}\geqslant 0.95,$$

$$1-\sum_{k=0}^{\frac{x}{2}}\frac{4^k e^{-4}}{k!}=\sum_{\frac{x}{2}+1}^{\infty}\frac{4^k e^{-4}}{k!}<0.05.$$

查泊松分布表(附表 2),得$\frac{x}{2}+1\geqslant 9$,于是 $x\geqslant 16$.

因此营业部每日至少应准备 16 万元现金才能满足需求.

2. 分布函数

定义 6.10 设 X 是一个随机变量,称定义域为$(-\infty,+\infty)$,函数值在区间$[0,1]$上的实值函数

$$F(x)=P(X\leqslant x)\quad(-\infty<x<+\infty)\tag{6.22}$$

为随机变量 X 的**分布函数**,记作 $X\sim F(x)$或 $F_X(x)$.

小贴士

分布函数是一个普通的函数,正是通过它,我们能用数学分析的方法来研究随机变量.如果将 X 看成是数轴上的随机点的坐标,那么,分布函数 $F(x)$在 x 处的函数值就表示 X 落在区间$(-\infty,x]$上的概率.

利用概率的性质可以证明,分布函数 $F(x)$有下列性质:

(1) $F(x)$是单调不减的函数,即若 $x_1<x_2$,则 $F(x_1)\leqslant F(x_2)$;

(2) $0\leqslant F(x)\leqslant 1$;

(3) $F(-\infty)=\lim\limits_{x\to-\infty}F(x)=0,F(+\infty)=\lim\limits_{x\to+\infty}F(x)=1$;

(4) $F(x)$在任意一点 x 处都右连续,即 $F(x+0)=F(x)(-\infty<x<+\infty)$.

另外,还有如下公式:

$$P(a<X\leqslant b)=F(b)-F(a),P(X>a)=1-F(a).\tag{6.23}$$

因此,已知 ξ 的分布函数 $F(x)$,就能求得 ξ 在任何一个区间上取值的概率.从这个意义上说,分布函数完整地描述了随机变量的变化情况.

对于离散型随机变量 ξ,其概率分布为 $P(\xi=x_k)=p_k,k=1,2,\cdots,n,\cdots$,则分布函数

$$F(x)=P(\xi\leqslant x)=\sum_{x_k\leqslant x}p_k.\tag{6.24}$$

案例 6.2.11 求案例 6.2.1 中 ξ 的分布函数 $F(x)$.

解 由案例 6.2.1 中 ξ 的概率分布,知

$$F(x)=P(\xi\leqslant x)=\begin{cases}0, & x<0,\\ 0.95, & 0\leqslant x<1,\\ 1, & x\geqslant 1.\end{cases}$$

一般地,对于 0-1 分布,其分布函数为

$$F(x)=\begin{cases}0, & x<0,\\ 1-p, & 0\leqslant x<1,\\ 1, & x\geqslant 1.\end{cases}$$

其中,p 是 ξ 取值为 1 的概率.$F(x)$ 的图形如图 6-2 所示.

案例 6.2.12 求案例 6.2.3 中 ξ 的分布函数 $F(x)$.

解 ξ 的分布函数为

$$F(x)=\begin{cases}0, & x<1,\\ \dfrac{k}{6}, & k\leqslant x<k+1, \quad (k=1,2,3,4,5).\\ 1, & x\geqslant 6,\end{cases}$$

$F(x)$ 的图形如图 6-3 所示.

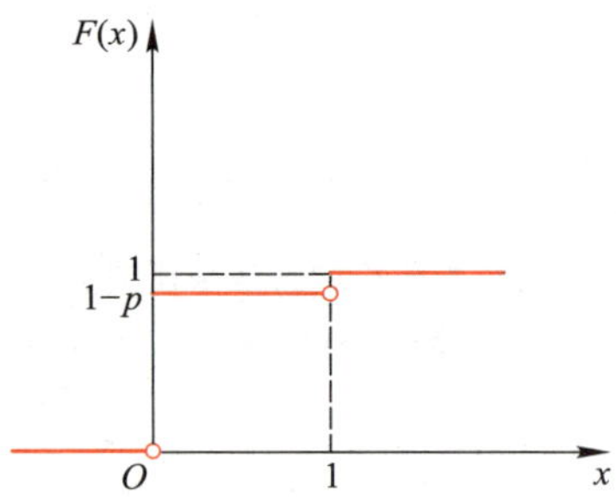

图 6-2

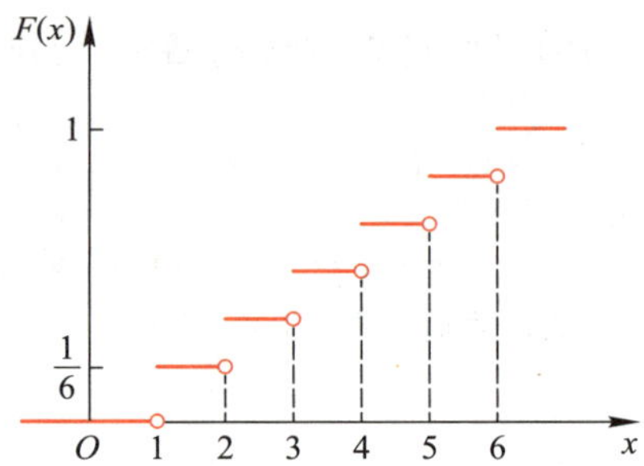

图 6-3

小点睛

离散型随机变量的分布函数是一个阶梯函数.

同步实践 6.2.2

1. 判断题.

(1) 服从泊松分布的随机变量 X 的所有可能取值为有限多个.(　　)

(2) 两点分布是二项分布的特例.(　　)

2. 离散型随机变量 X 的取值分别为 1,2,3,对应的概率为 0.5,0.3 和 a,则 $a=$________.

3. 小李每天驾车上班需要经过 3 个设有红绿信号灯的路口,假设每个信号灯显示红绿两种信号的时间相等,且各个信号灯工作相对独立,以 X 表示小李首次遇到红灯前已经通过的路口数,求 X 的概率分布.

4. 已知盒中有 3 件正品,2 件次品,从中任取 2 件,求取到次品数 X 的概率分布,并求 X 的分布函数.

6.2.3 连续型随机变量的分布

连续型随机变量的分布

1. 连续型随机变量的概率密度函数

连续型随机变量取值可以充满某个区间,由于它们可能的值不能一一列出,所以不能用离散型随机变量的概率分布来描述它们的统计规律.研究其概率分布,类似于质量分布的求法,即已知质量分布的线密度函数 $\mu(x)$,则在区间 $[a,b]$ 上分布的质量 m 可由质量密度函

数积分求得 $m=\int_a^b \mu(x)\mathrm{d}x$.

引入概率密度函数的概念计算连续型随机变量的分布.

定义 6.11 对于任何区间 $[a,b]$，如果存在可积函数 $\varphi(x)(x\in\mathbf{R})$，使 ξ 在区间 $[a,b]$ 上取值的概率

$$P(a\leqslant\xi\leqslant b)=\int_a^b \varphi(x)\mathrm{d}x, \tag{6.25}$$

则称 $\varphi(x)$ 为连续型随机变量 ξ 的**概率密度函数**(简称为**概率密度**)，记为 $\xi\sim\varphi(x)$. 概率密度函数需满足以下条件：

(1) $\varphi(x)\geqslant 0\ (x\in\mathbf{R})$；

(2) $\int_{-\infty}^{+\infty}\varphi(x)\mathrm{d}x=1$.

对于连续型随机变量 ξ，显然有

$$P(\xi=a)=\int_a^a \varphi(x)\mathrm{d}x=0,$$

$$P(a<\xi\leqslant b)=P(a\leqslant\xi\leqslant b)=P(a<\xi<b)=P(a\leqslant\xi<b)=\int_a^b \varphi(x)\mathrm{d}x.$$

对于连续型随机变量 ξ，其分布函数为 $F(x)$，则

$$F(x)=P(\xi\leqslant x)=\int_{-\infty}^{x}\varphi(t)\mathrm{d}t, \tag{6.26}$$

且当 $\varphi(x)$ 在 x 处连续时，有 $F'(x)=\varphi(x)$.

小贴士

(1) 连续型随机变量 ξ 取任一实数值 a 的概率为 0，即 $P(\xi=a)=0$，因此

$$P(a<\xi<b)=P(a\leqslant\xi<b)=P(a<\xi\leqslant b)=P(a\leqslant\xi\leqslant b).$$

也就是说，对于连续型随机变量，计算 ξ 落在某个区间上的概率时，可以不必考虑区间是否包含端点.

(2) 计算 ξ 落在某个区间的概率 $P(a<\xi<b)=\int_a^b \varphi(x)\mathrm{d}x$ 的几何意义就是求在区间 (a,b) 上，$\varphi(x)$ 图形之下 x 轴上方的曲边梯形的面积.

(3) 概率密度函数 $\varphi(x)$ 表示的不是随机变量 ξ 取值 x 的概率，而是 ξ 在 x 处概率分布的密集程度，$\varphi(x)$ 的大小能反映出 ξ 在 x 的某小邻域 $(x,x+\Delta x)$ 内取值概率的大小，即当 Δx 很小时，$P(x<\xi<x+\Delta x)\approx\varphi(x)\Delta x$.

案例 6.2.13 某线路公共汽车每隔 6 min 开出一辆，乘客到车站的候车时间 ξ 是一个随机变量，且 ξ 在 $[0,6]$ 上任一子区间内取值的概率与这区间长度成正比，求 ξ 的分布函数 $F(x)$ 及概率密度函数 $\varphi(x)$.

解 ξ 取且仅取 $[0,6]$ 上的实数，即 $0\leqslant\xi\leqslant 6$ 是必然事件，$P(0\leqslant\xi\leqslant 6)=1$. 若 $[c,d]\subset[0,6]$，则有 $P(c\leqslant\xi\leqslant d)=\lambda(d-c)$，$\lambda$ 为比例常数.

特别地，取 $c=0,d=6$，$P(0\leqslant\xi\leqslant 6)=\lambda(6-0)=6\lambda$，因此 $\lambda=\frac{1}{6}$. 所以 ξ 的分布函数为

$$F(x)=P(\xi\leqslant x)=\begin{cases}0, & x<0,\\ \dfrac{1}{6}(x-0), & 0\leqslant x<6,\\ 1, & x\geqslant 6.\end{cases}$$

$F(x)$的图形如图 6-4 所示.

对 $F(x)$ 求导,得概率密度函数为

$$\varphi(x)=\begin{cases}\dfrac{1}{6}, & 0\leqslant x<6,\\ 0, & 其他.\end{cases}$$

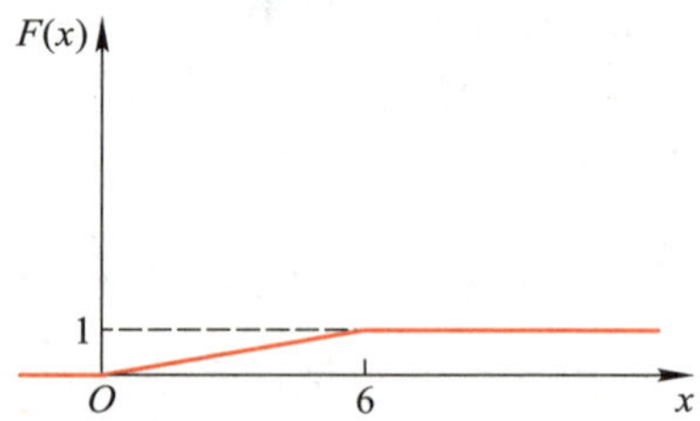

图 6-4

案例 6.2.14 若 ξ 的概率密度函数为

$$\varphi(x)=\begin{cases}\lambda, & a\leqslant x\leqslant b,\\ 0, & 其他\end{cases}\quad (a<b). \tag{6.27}$$

则称 ξ 在区间$[a,b]$上服从均匀分布,记为 $\xi\sim U(a,b)$.试求 λ 及 $F(x)$.

解 因为

$$\int_{-\infty}^{+\infty}\varphi(x)\,\mathrm{d}x=\int_a^b\lambda\,\mathrm{d}x=\lambda(b-a)=1,$$

所以

$$\lambda=\frac{1}{b-a}.$$

由式(6.26),得

$$F(x)=\begin{cases}0, & x<a,\\ \dfrac{x-a}{b-a}, & a\leqslant x<b,\\ 1, & x\geqslant b.\end{cases}$$

案例 6.2.15 若 ξ 的概率密度函数为

$$\varphi(x)=\begin{cases}\lambda\mathrm{e}^{-\lambda x}, & x\geqslant 0,\\ 0, & x<0,\end{cases}$$

其中,$\lambda>0$,则称 ξ 服从参数为 λ 的指数分布,记为 $\xi\sim E(\lambda)$.试求 ξ 的分布函数 $F(x)$.

解 由式(6.26),有

$x<0$ 时,

$$F(x)=\int_{-\infty}^{x}\varphi(x)\,\mathrm{d}x=0,$$

$x\geqslant 0$ 时,

$$F(x)=\int_{-\infty}^{x}\varphi(x)\,\mathrm{d}x=\int_0^x\lambda\mathrm{e}^{-\lambda x}\mathrm{d}x=1-\mathrm{e}^{-\lambda x}.$$

随机服务系统中的服务时间、某些消耗性产品(电子元件等)的寿命等,常假定服从指

数分布.假若产品的失效率为 λ,则产品在 $t(t\geqslant 0)$时间失效(即寿命为 t)的分布函数为

$$F(t)=1-e^{-\lambda t},$$

而产品的可靠度为

$$R(t)=1-F(t)=e^{-\lambda t}.$$

案例 6.2.16　某元件的寿命 ξ 服从参数为 $\lambda(\lambda=1\ 000^{-1})$ 的指数分布.问:3 个这样的元件使用1 000 h后,都没有损坏的概率是多少?

解　参数为 λ 的指数分布函数为

$$F(x)=1-e^{-\frac{x}{1\ 000}}\quad(x\geqslant 0),$$

$$P(\xi>1\ 000)=1-P(\xi\leqslant 1\ 000)=1-F(1\ 000)=e^{-1}.$$

因为各元件寿命相互独立,所以 3 个这样的元件使用 1 000 h 都未损坏的概率可看成 3 重伯努利试验中 3 次试验都成功的概率,即

$$C_3^3(e^{-1})^3(1-e^{-1})^0=e^{-3}\approx 0.05.$$

2. 正态分布

正态分布是应用很广泛的一种连续型随机变量的分布.在正常情况下各种产品的质量指标,如零件的尺寸、纤维的长度和强力、某学校男生或女生的体重及身高、农作物的产量、小麦的穗长、测量误差、射击弹着点与靶心的距离等,都服从或近似服从正态分布.这些量可以看成是许多微小的、独立的随机因素作用的结果,而每一种因素都不起压倒一切的主导作用.具有这种特点的随机变量,一般可以认为服从正态分布.

定义 6.12　如果随机变量 ξ 的概率密度函数是

$$\varphi(x)=\frac{1}{\sqrt{2\pi}\sigma}e^{-\frac{(x-\mu)^2}{2\sigma^2}}\quad(-\infty<x<+\infty),$$

则称 ξ 服从**正态分布**,记作 $\xi\sim N(\mu,\sigma^2)$,其中 $\mu\in(-\infty,+\infty)$,$\sigma>0$ 是正态分布的两个参数.

正态分布的概率密度函数 $\varphi(x)$ 具有如下性质:

(1) $\varphi(x)\geqslant 0$,即概率密度曲线都在 x 轴上方;

(2) $\varphi(x)$以 $x=\mu$ 为对称轴,并在 $x=\mu$ 取得最大值 $\varphi(\mu)=\dfrac{1}{\sqrt{2\pi}\sigma}$;

(3) 当 $x\to\pm\infty$ 时,$\varphi(x)\to 0$,这说明曲线 $\varphi(x)$向左、右伸展时,无限接近 x 轴,即$\varphi(x)$以 x轴为渐近线.

正态分布的概率密度曲线如图 6-5 所示.

从图 6-6 中可以看出参数 μ,σ 对曲线位置与形状的影响:μ 决定了图形的对称轴的位置,σ 决定了图形的中峰的陡峭程度,当 σ 较大时,峰较平缓,当 σ 较小时,峰较陡峭.

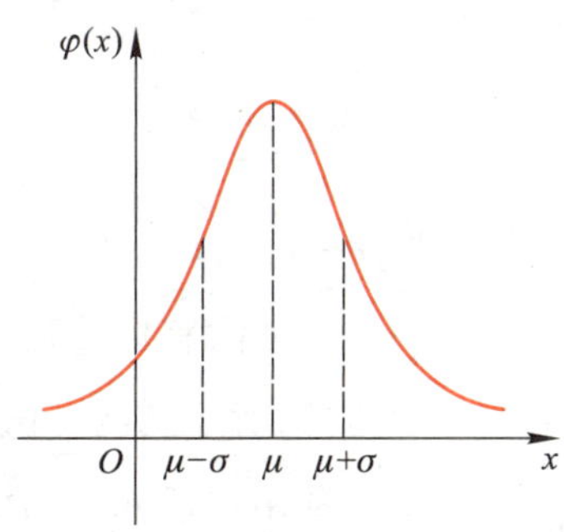

图 6-5

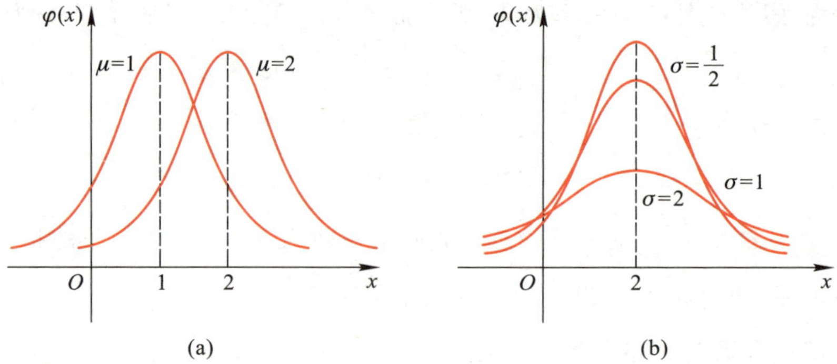

图 6-6

定义 6.13 $\mu=0,\sigma=1$ 时的正态分布称为标准正态分布，记作$\xi\sim N(0,1)$.通常用$\varphi(x)$表示标准正态分布的概率密度函数，用$\Phi(x)$表示分布函数，即

$$\varphi(x)=\frac{1}{\sqrt{2\pi}}\mathrm{e}^{-\frac{x^2}{2}},$$

$$\Phi(x)=\int_{-\infty}^{x}\varphi(t)\,\mathrm{d}t=\int_{-\infty}^{x}\frac{1}{\sqrt{2\pi}}\mathrm{e}^{-\frac{t^2}{2}}\mathrm{d}t.$$

标准正态分布的概率密度函数$\varphi(x)$和分布函数$\Phi(x)$的图形如图 6-7 所示.

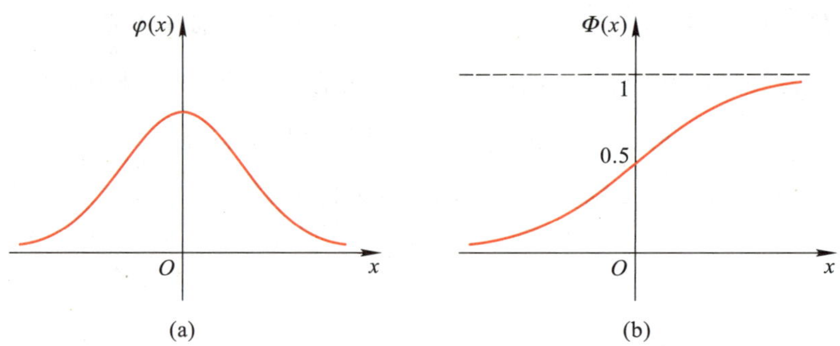

图 6-7

标准正态分布的重要性在于，一般的正态分布都可以转化为标准正态分布进行研究.

定理 6.3 设$X\sim N(\mu,\sigma^2)$，则$Y=\dfrac{X-\mu}{\sigma}\sim N(0,1)$.

证明 $P(a<Y<b)=P\left(a<\dfrac{X-\mu}{\sigma}<b\right)=P(\mu+\sigma a<X<\mu+\sigma b)$

$$=\int_{\mu+\sigma a}^{\mu+\sigma b}\frac{1}{\sigma\sqrt{2\pi}}\mathrm{e}^{-\frac{(x-\mu)^2}{2\sigma^2}}\mathrm{d}x\xlongequal{t=\frac{x-\mu}{\sigma}}\int_{a}^{b}\frac{1}{\sqrt{2\pi}}\mathrm{e}^{-\frac{t^2}{2}}\mathrm{d}t,$$

故$Y\sim N(0,1)$.

本书附有标准正态分布函数$\Phi(x)$数值表(附表 1).对于非负的x值，$\Phi(x)$值在附表 1 中给出，对于负的x值，可由$\Phi(-x)=1-\Phi(x)$得到.

利用定理 6.3 和标准正态分布函数$\Phi(x)$数值表可解决一般正态分布的概率计算问题.

例 6.2.1 设$X\sim N(0,1)$，计算下列概率.

(1) $P(X<1.5)$;　　　　(2) $P(X>2)$;

(3) $P(-1<X\leqslant 3)$;　　　　(4) $P(|X|\leqslant 2)$.

解　(1) $P(X<1.5)=\int_{-\infty}^{1.5}\varphi(t)\mathrm{d}t=\Phi(1.5)=0.933\ 2.$

(2) $P(X>2)=1-P(X\leqslant 2)=1-\Phi(2)=1-0.977\ 3=0.022\ 7.$

(3) $P(-1<X\leqslant 3)=\Phi(3)-[1-\Phi(1)]$

$$=0.998\ 7-(1-0.841\ 3)=0.84.$$

(4) $P(|X|\leqslant 2)=P(-2\leqslant X\leqslant 2)=\Phi(2)-\Phi(-2)$

$$=\Phi(2)-[1-\Phi(2)]=2\Phi(2)-1=0.954\ 5.$$

一般地，设 $X\sim N(0,1)$，则有

$$P(a\leqslant X\leqslant b)=\Phi(b)-\Phi(a),$$
$$P(|X|\leqslant a)=2\Phi(a)-1.$$

例 6.2.2　设 $X\sim N(5,3^2)$，计算下列概率.

(1) $P(X\leqslant 10)$;　　　　(2) $P(2<X<10)$.

解　由 $X\sim N(5,3^2)$，根据定理 6.3，得 $\frac{X-5}{3}\sim N(0,1)$.

(1) $P(X\leqslant 10)=P\left(\frac{X-5}{3}\leqslant\frac{10-5}{3}\right)=P\left(\frac{X-5}{3}\leqslant 1.67\right)=\Phi(1.67)=0.952\ 5.$

(2) $P(2<X<10)=P\left(\frac{2-5}{3}<\frac{X-5}{3}<\frac{10-5}{3}\right)=P\left(-1<\frac{X-5}{3}<1.67\right)$

$$=\Phi(1.67)-\Phi(-1)=0.952\ 5-[1-\Phi(1)]=0.793\ 8.$$

一般地，设 $X\sim N(\mu,\sigma^2)$，则有

$$P(a\leqslant X\leqslant b)=\Phi\left(\frac{b-\mu}{\sigma}\right)-\Phi\left(\frac{a-\mu}{\sigma}\right)$$

案例 6.2.17　某厂生产一种设备，其平均寿命为 10 年，标准差为 2 年.如该设备的寿命服从正态分布，求寿命不低于 9 年的设备占整批设备的比例.

解　设随机变量 ξ 为设备寿命，由题意 $\xi\sim N(10,2^2)$，所以

$$P(\xi\geqslant 9)=1-P(\xi<9)=1-\Phi\left(\frac{9-10}{2}\right)$$
$$=1-\Phi(-0.5)=\Phi(0.5)=0.691\ 5,$$

即寿命不低于 9 年的设备占整批设备的 69.15%.

案例 6.2.18　设一批零件的长度 X（单位：cm）服从正态分布 $N(20,0.2^2)$，现从这批零件中任取一件，问：

(1) 长度与其均值的误差不超过 0.3 cm 的概率是多大?

(2) 能以 0.95 的概率保证零件长度与其均值的误差不超过多少厘米?

解　因为 $X\sim N(20,0.2^2)$，所以 $\frac{X-20}{0.2}\sim N(0,1)$.

(1) $P(|X-20|\leqslant 0.3)=P\left(\left|\frac{X-20}{0.2}\right|\leqslant\frac{0.3}{0.2}\right)=P\left(\left|\frac{X-20}{0.2}\right|\leqslant 1.5\right)$

$$=2\Phi(1.5)-1$$

$$=2\times 0.9332-1=0.8664.$$

所以误差不超过 0.3 cm 的概率为 0.866 4.

(2) 依题意,求 ε,使 $P(|X-20|\leqslant\varepsilon)\geqslant 0.95$.

因为

$$P(|X-20|\leqslant\varepsilon)=P\left(\left|\frac{X-20}{0.2}\right|\leqslant\frac{\varepsilon}{0.2}\right)=2\Phi\left(\frac{\varepsilon}{0.2}\right)-1,$$

所以

$$2\Phi\left(\frac{\varepsilon}{0.2}\right)-1\geqslant 0.95,\quad 即\ \Phi\left(\frac{\varepsilon}{0.2}\right)\geqslant 0.975.$$

查附表 1,得

$$\frac{\varepsilon}{0.2}\geqslant 1.96,\quad 即\ \varepsilon\geqslant 0.392.$$

所以能以 0.95 的概率保证长度与其均值误差不超过 0.392 cm.

案例 6.2.19(考试分与标准分的转换).由于各考试科目难易不同,评分标准不同,各科目考分的分值是不同的.为了科学地比较总分,先将各科考试成绩的原始分 ξ 转化为标准分 Z,设 $\xi\sim N(\mu,\sigma^2)$,则

$$Z=\frac{\xi-\mu}{\sigma}\sim N(0,1).$$

再将 Z 转化均值为 50、标准差为 10 的标准分 T,即 $T=10Z+50$. 例如,比较甲、乙两名学生数学、语文、外语三科总成绩,转化为标准分如表 6-9 所示.

表 6-9

科目	原始分数		全体考生		标准分数 Z		$T=10Z+50$	
	甲	乙	均值 μ	标准差 σ	甲	乙	甲	乙
数学	78	82	80	8	-0.25	0.25	47.5	52.5
语文	45	41	42	4	0.75	-0.25	57.5	47.5
外语	72	74	74	6	-0.33	0	46.7	50.0
总和	195	197			0.17	0	151.7	150.0

由表 6-9 可知,若看原始分数总和则乙优于甲;若看标准分数总和则甲优于乙.由于语文平均分偏低,说明较难,而甲高出乙 4 分,尽管数学和外语成绩乙比甲高 6 分,但数学、外语的分值低于语文的分值.表的最右列 T 分数的目的是消除 Z 分数中的负值,并尽可能使标准分数与原始分数相近,T 分数所起的作用同 Z 分数.

3. 中心极限定理

经济生活中研究的随机变量,常由大量相互独立的随机因素的综合影响形成,其中的每一个因素所起的作用都很微小,这种随机变量都近似地服从正态分布.特别地,在数理统计中当取的样本观察值在 30 个以上时,总体可看成服从正态分布.其根源在于如下中心极限定理.

定理 6.4(独立同分布的中心极限定理) 设随机变量 $X_1, X_2, \cdots, X_n, \cdots$ 相互独立,服从同一分布,且具有数学期望和方差:$E(X_k)=\mu, D(X_k)=\sigma^2 \neq 0(k=1,2,\cdots)$,则随机变量

$$Y_n=\frac{\sum_{k=1}^{n} X_k-E\left(\sum_{k=1}^{n} X_k\right)}{\sqrt{D\left(\sum_{k=1}^{n} X_k\right)}}=\frac{\sum_{k=1}^{n} X_k-n\mu}{\sqrt{n}\,\sigma}$$

的分布函数 $F_n(x)$ 对于任意 x 满足

$$\lim_{n\to\infty} F_n(x)=\lim_{n\to\infty} P\left(\frac{\sum_{k=1}^{n} X_k}{\sqrt{n}\,\sigma} \leqslant x\right)=\int_{-\infty}^{x} \frac{1}{\sqrt{2\pi}} \mathrm{e}^{-\frac{t^2}{2}} \mathrm{d}t.$$

正态分布的重要性也在于此,这也是正态分布应用十分广泛的原因之一.

同步实践 6.2.3

1. 下列分布为离散型随机变量分布的是(   ).

A. 指数分布　　B. 正态分布

C. 泊松分布　　D. 均匀分布

2. 设随机变量 ξ 的概率密度函数为 $\varphi(x)$,则 $\varphi(x)$ 一定满足(   ).

A. $0\leqslant\varphi(x)\leqslant 1$　　B. $P(\xi>x)=\int_{-\infty}^{x}\varphi(t)\mathrm{d}t$

C. $\int_{-\infty}^{+\infty} x\varphi(x)\mathrm{d}x=1$　　D. $P(\xi<x)=\int_{-\infty}^{x}\varphi(t)\mathrm{d}t$

3. 设随机变量 $\xi\sim N(0,1)$,ξ 的分布函数为 $\Phi(x)$,则 $P(|x|>2)$ 的值为(   ).

A. $2[1-\Phi(2)]$　　B. $2\Phi(2)-1$

C. $2-\Phi(2)$　　D. $1-2\Phi(2)$

4. 已知随机变量 ξ 的概率密度函数为 $\varphi(x)=\begin{cases} ax, & 0\leqslant x\leqslant 1, \\ 0, & \text{其他}, \end{cases}$ 则常数 $a=$____________.

5. 已知随机变量 ξ 的概率密度函数为 $\varphi(x)=\begin{cases} 2x, & 0\leqslant x\leqslant 1, \\ 0, & \text{其他}, \end{cases}$ 则其分布函数 $F(x)=$ ____________.

6. 设随机变量 ξ 服从区间 $[-1,2]$ 上的均匀分布,则

(1) $P(-6<x<-1)=$____________;

(2) $P(-4<x<1)=$____________;

(3) $P(-2<x<3)=$ ____________;

(4) $P(1<x<6)=$ ____________.

7. 设随机变量 ξ 具有概率密度函数 $\varphi(x)=\begin{cases}kx^2, & 0\leqslant x\leqslant 2,\\ 0, & \text{其他}.\end{cases}$

(1) 试确定常数 k 的值;

(2) 求 $P(\xi>1)$;

(3) 求 $P(-1<\xi\leqslant 1)$.

*8. 设随机变量 ξ 的分布函数为 $F(x)=A+B\arctan x(-\infty<x<\infty)$,求:

(1) 系数 A 与 B;

(2) ξ 落在 $(-1,0)$ 内的概率;

(3) ξ 的概率密度函数.

6.2 随机变量及其分布同步实践答案

§6.3 随机变量的数字特征

上一节研究了随机变量的分布,对随机变量的变化进行了完整的描述.对于经济生活中的许多随机变量,人们不但需要知道这些随机变量的分布情况,还需了解这些随机变量的一些综合指标.例如在投资决策时,投资者不但关心投资的期望收益,还关心投资的实际结果与期望收益之间的偏离程度(即投资风险).随机变量的平均值和偏离程度反映了随机变量的重要特性,称之为数字特征.本节主要研究随机变量的两个数字特征,即数学期望与方差.

随机变量的数学期望

6.3.1 数学期望

1. 随机变量的数学期望

思考下面两个情境引例.

情境引例 6.3.1 某公司考虑一项投资计划,该计划在市场状况良好时,能获利 100 万元;市场状况一般时,获利 30 万元;市场状况较差时,该项投资将亏损 50 万元.已知明年市场状况良好的概率为 0.5,市场状况一般的概率为 0.3,市场状况较差的概率为 0.2.试问,该投资计划的期望收益是多少?

情境引例 6.3.2 某工厂产品中,一等品占 $\frac{1}{2}$,二等品占 $\frac{1}{3}$,次品占 $\frac{1}{6}$,出现一件次品工

厂要损失 1 元,而一件一等品获利 2 元,一件二等品获利 1 元.试问一件产品的期望利润(即产品的平均利润)为多少?

把投资收益和产品利润视为随机变量,上述两个引例都是求随机变量平均值的.

情境引例 6.3.1 中,投资收益 ξ 的概率分布如表 6-10 所示.

表 6-10

获利 ξ/万元	100	30	-50
概率	0.5	0.3	0.2

由于各市场状况的概率不等,所以要求的期望收益不是各市场状况下投资收益的算术平均,而应该按概率对收益进行加权平均,即期望收益为

$$0.5\times100+0.3\times30+0.2\times(-50)=49(\text{万元}).$$

同样,情境引例 6.3.2 中,一件产品的平均利润为

$$2\times\frac{1}{2}+1\times\frac{1}{3}+(-1)\times\frac{1}{6}=\frac{7}{6}(\text{元}).$$

一般地,可抽象出离散型随机变量的数学期望的定义.

定义 6.14 若离散型随机变量 ξ 的概率分布为 $P(\xi=x_k)=p_k(k=1,2,\cdots,n$ 或 $k=1,2,\cdots)$,记

$$E(\xi)=\sum_k x_k p_k, \tag{6.28}$$

称为 ξ 的**数学期望**,简称**期望**,也称为均值.

也就是说,离散型随机变量 ξ 的数学期望是 ξ 的各可能值 x_i 与其对应概率 p_i 乘积的和(注:求无穷项和时须有意义).

案例 6.3.1 为了适应市场需要,某地提出扩大生产的两个方案.一个方案是建大工厂,另一方案是建小工厂,两个方案的损益值(单位:万元)以及市场状态的概率如表 6-11 所示.

表 6-11

概率	市场状态	建大工厂收益/万元	建小工厂收益/万元
0.7	销路好	200	80
0.3	销路差	-40	60

试问:在不考虑投资成本的情况下应选择哪种投资决策?

解 由已知的损益及其概率分别求出两个方案的损益期望值.

建大工厂的损益期望值为

$$200\times0.7+(-40)\times0.3=128(\text{万元});$$

建小工厂的损益期望值为

$$80\times0.7+60\times0.3=74(\text{万元}).$$

因为建大工厂的预期收益更高,故合理的决策方案是建大工厂.

案例 6.3.2 某高级毛皮大衣每售出一件可赚 6 千元，积压一件要亏 4 千元，某时装店根据历史资料知市场需求的概率分布如表 6-12 所示.

表 6-12

需求量/件	5	6	7
概率	0.3	0.5	0.2

试问：该店应订购多少件大衣才能使其利润最大？

解 该店订购量为 5~7 件. 由于市场需求量大于 5 件，所以订购 5 件大衣时将全部售出，共获利

$$6\times5=30(\text{千元}).$$

订 6 件大衣时的销售、积压情况和对应的概率如表 6-13 所示.

表 6-13

需求量	订购量	销售量	积压量	概率
5	6	5	1	0.3
6	6	6	0	0.5
7	6	6	0	0.2

所以订 6 件大衣时的期望利润为

$$(5\times6-1\times4)\times0.3+6\times6\times0.5+6\times6\times0.2=33(\text{千元}).$$

订 7 件大衣时的销售、积压情况和对应的概率如表 6-14 所示.

表 6-14

需求量	订购量	销售量	积压量	概率
5	7	5	2	0.3
6	7	6	1	0.5
7	7	7	0	0.2

所以订 7 件大衣时的期望利润为

$$(5\times6-2\times4)\times0.3+(6\times6-1\times4)\times0.5+7\times7\times0.2=32.4(\text{千元}).$$

所以该店在订购 6 件大衣时期望利润最大，最大利润为 3.3 万元.

案例 6.3.3 保险公司需要决定是否对某工程项目开办一个新保险，如果开办而不出险情，则可获利（除去成本）5 万元；如果开办后就发生险情，则将给保险公司造成 100 万元的赔款损失；如果不开办这个新保险，则不论出不出险情，保险公司都要付出调研费 5 千元. 根据过去不完全统计资料，预测承保后不出险情的概率是 0.96，而出险情概率是 0.04. 在这种情况下，保险公司对该工程项目是承保还是不承保？

解 首先计算各个方案的期望收益值,择优决策.

承保方案期望收益值为

$$5\times0.96+(-100)\times0.04=4.8-4=0.8(\text{万元}).$$

不承保方案期望收益值为

$$(-0.5)\times0.96+(-0.5)\times0.04=-0.48-0.02=-0.5(\text{万元}).$$

由于承保获得的收益更大,所以选择承保方案.

案例 6.3.1~案例 6.3.3 中的随机变量是离散型的,对连续型随机变量的数学期望,也可类似地定义.

定义 6.15 若连续型随机变量 ξ 的概率密度函数为 $\varphi(x)$,记

$$E(\xi)=\int_{-\infty}^{+\infty}x\varphi(x)\,\mathrm{d}x, \tag{6.29}$$

则称之为 ξ 的**数学期望**.

连续型随机变量 ξ 的数学期望是 ξ 的取值 x 与概率密度函数 $\varphi(x)$ 的乘积在无穷区间 $(-\infty,+\infty)$ 上的反常积分(注:反常积分须有意义).

随机变量的数学期望有如下性质:

(1) $E(C)=C$ (C 为常数);

(2) $E(k\xi)=kE(\xi)$ (k 为常数);

(3) $E(k\xi+b)=kE(\xi)+b$ (k,b 为常数);

(4) $E(\xi+\eta)=E(\xi)+E(\eta)$ (ξ,η 为随机变量).

性质(4)可推广到有限个随机变量和的情况:

$E(\xi_1+\xi_2+\cdots+\xi_n)=E(\xi_1)+E(\xi_2)+\cdots+E(\xi_n)$ ($n>1$ 且 n 为整数).

案例 6.3.4 假定国际市场上对我国某种商品的年需求量是一个随机变量 ξ(单位:t),已知 ξ 服从区间 $[a,b]$ 上的均匀分布,计算我国该种商品在国际市场上年销售量的期望.

解 因为 $\xi\sim U(a,b)$,所以 ξ 的概率密度函数为

$$\varphi(x)=\begin{cases}\dfrac{1}{b-a}, & a\leqslant x\leqslant b,\\ 0, & \text{其他}.\end{cases}$$

由式(6.29),得

$$E(\xi)=\int_a^b x\frac{1}{b-a}\mathrm{d}x=\frac{a+b}{2}.$$

所以我国这种商品的期望销售量为 $\dfrac{a+b}{2}$ t.

通过案例 6.3.4,我们可以知道,对于在区间上均匀分布的随机变量,其数学期望值在区间中点处.

案例 6.3.5 据统计,一位 40 岁的健康者(一般体检未发现病症)在 5 年之内活着或自

杀的概率为 $p(0<p<1)$，在 5 年内非自杀死亡的概率为 $1-p$，保险公司开办 5 年人寿保险，参保者需交保险费 a 元，若 5 年内非自杀死亡，公司赔偿 b 元 $(b>a)$. 试问：b 应如何确定才能使保险公司期望获益？若有 m 人购买保险，则公司可期望从中收益多少？

解 设 ξ_i 表示公司从第 i 个参保者获得的收益，则 ξ_i 是一个随机变量，其概率分布如表 6-15 所示.

表 6-15

ξ_i	a	$a-b$
P	p	$1-p$

公司期望获益：

$$E(\xi_i)=ap+(a-b)(1-p)=a-b(1-p)\quad(i=1,2,\cdots),$$

所以当 $E(\xi_i)=a-b(1-p)>0$，即 $b<\dfrac{a}{1-p}$ 时，公司能够获益.

对于 m 个人，公司获益 ξ 元，$\xi=\sum\limits_{i=1}^{m}\xi_i$，根据数学期望的性质(4)，得

$$E(\xi)=E\left(\sum_{i=1}^{m}\xi_i\right)=\sum_{i=1}^{m}E(\xi_i)=ma-mb(1-p).$$

*2. 随机变量函数的数学期望

定义 6.16 对于随机变量 ξ 的函数 $g(\xi)$，当 ξ 为离散型随机变量且有概率分布 $P(\xi=x_k)=p_k(k=1,2,\cdots,n$ 或 $k=1,2,\cdots)$ 时，随机变量 $g(\xi)$ 的数学期望为

$$E[g(\xi)]=\sum_{k}g(x_k)p_k. \tag{6.30}$$

当 ξ 为连续型随机变量且有概率密度函数 $\varphi(x)$ 时，随机变量 $g(\xi)$ 的数学期望为

$$E[g(\xi)]=\int_{-\infty}^{+\infty}g(x)\varphi(x)\,\mathrm{d}x. \tag{6.31}$$

案例 6.3.6 设某产品每周的需求量 Q 的可能取值为 1,2,3,4,5(等可能取各值)，生产每件产品的成本是 3 元，每件产品售价 9 元，没有售出的产品以每件 1 元的费用存入仓库. 问：生产者每周生产多少件产品可使期望的利润最大？

解 已知需求量 Q 的概率分布如表 6-16 所示.

表 6-16

需求量 Q	1	2	3	4	5
概率 P	0.2	0.2	0.2	0.2	0.2

设每周的产量为 ξ，每周的期望获利为 $L(\xi)$，显然 $\xi\leqslant 5$，且

$$L(\xi)=\begin{cases}(9-3)\xi, & Q>\xi,\\ 9Q-3\xi-1\cdot(\xi-Q), & Q\leqslant\xi,\end{cases}$$

化简,得

$$L(\xi)=\begin{cases}6\xi, & Q>\xi,\\ 10Q-4\xi, & Q\leqslant\xi.\end{cases}$$

于是

$$\begin{aligned}E[L(\xi)]&=6\xi\times P(Q>\xi)+(10Q-4\xi)\times P(Q\leqslant\xi)\\&=6\xi\times\sum_{n=\xi+1}^{5}P(Q=n)+10Q\times P(Q\leqslant\xi)-4\xi\times P(Q\leqslant\xi)\\&=6\xi\times\sum_{n=\xi+1}^{5}P(Q=n)+\sum_{n=1}^{\xi}10n\times P(Q=n)-\sum_{n=1}^{\xi}4\xi\times P(Q=n)\\&=6\xi\times\sum_{n=\xi+1}^{5}\frac{1}{5}+\sum_{n=1}^{\xi}10n\times\frac{1}{5}-\sum_{n=1}^{\xi}4\xi\times\frac{1}{5}\\&=6\xi\times\sum_{n=\xi+1}^{5}\frac{1}{5}+2\sum_{n=1}^{\xi}n-\frac{4}{5}\xi\times\sum_{n=1}^{\xi}1\\&=\frac{6}{5}\xi(5-\xi)+2\times\frac{1+\xi}{2}\times\xi-\frac{4\xi^2}{5}\\&=7\xi-\xi^2.\end{aligned}$$

所以当 $\xi=3.5$ 时,$E(L)$ 达到最大值.由于 Q 和 n 均取正整数,所以应取 $n=3$ 或 $n=4$,故当产量为 3 件或 4 件时,利润达到最大期望值 12 元.

案例 6.3.7 假定国际市场每年对我国某种商品的需求量是随机变量 X(单位:t),服从[20,40]上的均匀分布.已知该商品每售出 1 t,可获利 3 万元,若销售不出去,则每吨要损失 1 万元,问:如何组织货源,才可使收益最大?

解 设 y 为组织的货源数量,R 为收益,销售量为 ξ. 依题意,有

$$R=g(\xi)=\begin{cases}3y, & \xi\geqslant y,\\ 3\xi-(y-\xi), & \xi<y,\end{cases}$$

化简,得

$$g(\xi)=\begin{cases}3y, & \xi\geqslant y,\\ 4\xi\ \ y, & \xi<y.\end{cases}$$

又已知销售量 ξ 服从[20,40]上的均匀分布,即

$$\xi\sim\varphi(x)=\begin{cases}\dfrac{1}{20}, & 20\leqslant x\leqslant 40,\\ 0, & \text{其他}.\end{cases}$$

于是

$$\begin{aligned}E(R)=E[g(\xi)]&=\int_{-\infty}^{+\infty}g(x)\varphi(x)\,\mathrm{d}x\\&=\frac{1}{20}\int_{20}^{40}g(x)\,\mathrm{d}x\\&=\frac{1}{20}\int_{20}^{y}(4x-y)\,\mathrm{d}x+\frac{1}{20}\int_{y}^{40}3y\,\mathrm{d}x\end{aligned}$$

$$=\frac{1}{10}(-y^2+70y-400)\ (20\leqslant y\leqslant 40).$$

所以当 $y=35$ 时,$E(R)$最大,因此应组织 35 t 货源,才可使收益最大.

案例 6.3.8　一工厂生产的某种小家电的寿命 ξ(单位:年)服从指数分布,其概率密度函数为

$$\varphi(x)=\begin{cases}\frac{1}{4}\mathrm{e}^{-\frac{x}{4}}, & x\geqslant 0,\\ 0, & x<0.\end{cases}$$

工厂规定出售的小家电若在一年内损坏,可调换,如果工厂售出一台小家电盈利 100 元,调换一台小家电需花费 300 元,求厂方出售一台设备净盈利的数学期望.

解　设 R 表示净盈利,由题意,得

$$R=g(\xi)=\begin{cases}100-300, & \xi\leqslant 1,\\ 100, & \xi>1.\end{cases}$$

所以

$$\begin{aligned}E(R)&=\int_{-\infty}^{+\infty}g(x)\varphi(x)\mathrm{d}x\\&=\frac{1}{4}\int_{0}^{1}(100-300)\mathrm{e}^{-\frac{x}{4}}\mathrm{d}x+\frac{1}{4}\int_{1}^{+\infty}100\mathrm{e}^{-\frac{x}{4}}\mathrm{d}x\\&=200\mathrm{e}^{-\frac{x}{4}}\Big|_{0}^{1}-100\mathrm{e}^{-\frac{x}{4}}\Big|_{1}^{+\infty}\\&=300\mathrm{e}^{-\frac{1}{4}}-200\\&\approx 33.64(\text{元}).\end{aligned}$$

所以厂方出售一台小家电净盈利的数学期望为 33.64 元.

案例 6.3.9　某产品销售员每件产品卖 4 元,其成本为 2 元,厂家规定卖不掉的产品不能退回,如果这位销售员每日的销售量服从区间[100,200]上的均匀分布,为使他的期望利润达到最大,他应购进多少件产品?

解　设这位销售人员购进 a 件产品,销售量为 ξ,由题意知,此人每日获得的利润为

$$L(\xi)=\begin{cases}2a, & \xi\geqslant a,\\ 4\xi-2a & \xi<a.\end{cases}$$

由于随机变量 ξ 在[100,200]上服从均匀分布,故 ξ 的概率密度函数为

$$\varphi(x)=\begin{cases}\frac{1}{100}, & 100\leqslant x\leqslant 200,\\ 0, & \text{其他}.\end{cases}$$

所以期望利润为

$$E[L(\xi)]=\int_{100}^{200}L(x)\varphi(x)\mathrm{d}x=\frac{1}{100}\int_{100}^{a}(4x-2a)\mathrm{d}x+\frac{1}{100}\int_{a}^{200}2a\mathrm{d}x$$

$$=-\frac{2a^2}{100}+6a-200\ (100\leqslant a\leqslant 200).$$

当 $a=150$ 时，上式有最大值.所以销售员每日购进 150 件产品时期望利润最大，最大期望利润为 250 元.

同步实践 6.3.1

1. 甲、乙两人在相同的条件下射击，击中的环数分别为 X,Y，概率分布分别如表 6-17 和表 6-18 所示.

表 6-17

X	8	9	10
P	0.3	0.1	0.6

表 6-18

Y	8	9	10
P	0.2	0.5	0.3

比较二人谁的成绩更好？

2. 设离散型随机变量 ξ 的概率分布如表 6-19 所示.

表 6-19

ξ	-1	0	2	3
P	$\frac{1}{8}$	$\frac{1}{4}$	$\frac{3}{8}$	$\frac{1}{4}$

试计算 $E(\xi)$，$E(\xi^2)$.

3. 若 $X\sim P(3)$，$Y\sim B(2,0.5)$，求：$E(3X-5)$，$E(2X+Y)$.

*4. 设随机变量 ξ 的概率密度函数为 $g(x)=\begin{cases}a+bx, & 0\leqslant x\leqslant 1\\ 0, & \text{其他},\end{cases}$，且 $E(\xi)=\frac{7}{12}$，求：

(1) 常数 a,b；

(2) $P\left(\xi>\frac{1}{2}\right)$.

6.3.2 随机变量的方差

前面学习了随机变量数学期望的概念和性质.但在经济生活中，仅知道数学期望值有时是不够的，请看下面的情境引例.

随机变量的方差

情境引例 6.3.3 某公司有两种投资方案，每种方案的投资收益(单位：万元)是随机变量，分别用 ξ_1,ξ_2 表示，其概率分布如表 6-20 和表 6-21 所示.

表 6-20

ξ_1	100	200	300
P	0.3	0.5	0.2

表 6-21

ξ_2	160	200	210
P	0.3	0.5	0.2

由于资金有限，该公司只能选择一种方案进行投资.请问该公司应该选择哪种投资方案呢？

分析公司应该选择期望收益更高的方案进行投资，但计算发现：

$$E(\xi_1)=100\times0.3+200\times0.5+300\times0.2=190(\text{万元}),$$

$$E(\xi_2)=160\times0.3+200\times0.5+210\times0.2=190(\text{万元}).$$

两种投资方案的期望收益相等.此时，无法通过投资收益的期望值做出选择.但进一步比较发现，第一种方案的投资结果比第二种方案更为分散（投资的各种可能的结果与期望值的偏差更大），即第一种方案的投资收益的不确定性更大.对公司而言，投资收益的不确定性代表着风险，是应该避免的. 因此，公司应选择风险相对较小的第二种方案进行投资.

从情境引例 6.3.3 的分析可以看出，仅知道随机变量的期望（或平均值）不能完全满足实际问题的需要，还必须研究随机变量值与期望的偏离程度.如何刻画随机变量值与期望的偏离程度呢？最简单的方法是计算随机变量值 ξ 与其期望 $E(\xi)$ 的距离的期望，即 $E(|\xi-E(\xi)|)$.由于绝对值的计算较为复杂，所以改为计算随机变量值 ξ 与其期望 $E(\xi)$ 的差的平方的期望，即 $E[\xi-E(\xi)]^2$，它同样刻画了随机变量值的离散程度，而且计算更为简单.

一般地，称表示随机变量值离散程度的指标为方差，定义如下.

定义 6.17 设 ξ 是一个随机变量，称

$$D(\xi)=E[\xi-E(\xi)]^2 \tag{6.32}$$

为 ξ 的**方差**，$\sqrt{D(\xi)}$ 称为 ξ 的**标准差**.

如果 ξ 是离散型随机变量，且有概率分布 $P(\xi=x_k)=p_k(k=1,2,\cdots,n$ 或 $k=1,2,\cdots)$，则

$$D(\xi)=\sum_k [x_k-E(\xi)]^2 p_k. \tag{6.33}$$

如果 ξ 是连续型随机变量，且有概率密度函数 $\varphi(x)$，则

$$D(\xi)=\int_{-\infty}^{+\infty}[x-E(\xi)]^2\varphi(x)\,\mathrm{d}x. \tag{6.34}$$

由定义 6.17 知，若 ξ 的取值集中在 $E(\xi)$ 附近，则方差较小；若 ξ 的取值比较分散，则方差较大.如果方差为 0，表示随机变量取值为常数，等于期望值 $E(\xi)$.因此，$D(\xi)$ 是刻画 ξ 取值分散程度的一个量.

随机变量的方差有如下性质：

（1）$D(C)=0$ （C 为常数）；

（2）$D(k\xi)=k^2D(\xi)$ （k 为常数）；

(3) $D(k\xi+c)=k^2D(\xi)$　(k,c 为常数).

(证明略)

案例 6.3.10　计算情境引例 6.3.3 中两种投资方案收益的方差 $D(\xi_1)$ 及 $D(\xi_2)$.

解　情境引例 6.3.3 中已经求出 $E(\xi_1)=E(\xi_2)=190$,由式(6.33),得

$$D(\xi_1)=(100-190)^2\times0.3+(200-190)^2\times0.5+(300-190)^2\times0.2=4\ 900,$$

$$D(\xi_2)=(160-190)^2\times0.3+(200-190)^2\times0.5+(210-190)^2\times0.2=400.$$

由于 $D(\xi_2)<D(\xi_1)$,所以公司应选择第二种方案进行投资,这与前面的结论是一致的.

案例 6.3.11　债券 A 的可能收益率分别为 0%,10%,18%和 30%,它们的可能性分别为 0.3,0.2,0.4 和 0.1,其预期收益率为 12.2%;债券 B 的可能收益率分别为 5%,8%,10%,它们的可能性分别为 0.3,0.4,0.3,其预期收益率为 7.7%.试比较哪种债券投资风险比较小.

解　设债券 A 的收益率为 ξ,债券 B 的收益率为 η,则债券 A 的风险值为

$$\begin{aligned}D(\xi)=&0.3\times(0\%-12.2\%)^2+0.2\times(10\%-12.2\%)^2\\&+0.4\times(18\%-12.2\%)^2+0.1\times(30\%-12.2\%)^2\\=&0.907\ 6\%,\end{aligned}$$

所以

$$\sqrt{D(\xi)}\approx9.5\%.$$

同理,得

$$\sqrt{D(\eta)}\approx1.95\%.$$

因为标准差越小,债券的风险程度也就越小.通过上面的计算可知,债券 B 的标准差明显比债券 A 的标准差小,所以债券 B 的投资风险较小.

案例 6.3.12　现有两种投资方案,其年平均利润的可能值及其发生概率如表 6-22 所示,试分析其投资风险的大小.

表 6-22

市场需求	发生概率 p_i	年平均利润 X_i/万元	
		方案 A	方案 B
大	0.25	70	30
中	0.50	8	7
小	0.25	-50	-10

解　设方案 A 的年平均利润为 ξ,方案 B 的年平均利润为 η.先求出两种投资方案的平均利润的期望:

$$E(\xi)=70\times0.25+8\times0.50+(-50)\times0.25=9(\text{万元}),$$

$$E(\eta)=30\times0.25+7\times0.50+(-10)\times0.25=8.5(\text{万元}).$$

因为 $E(\xi)>E(\eta)$，从期望的角度分析应选方案 A.进一步分析两种方案平均利润值的分布情况，可以发现选择方案 A 并非上策.方案 A 的平均利润分布范围为-50~70，而方案 B 的平均利润分布范围为-10~30. 显然方案 B 的平均利润概率分布比方案 A 的平均利润概率分布更集中.为此，计算两个方案利润的方差：

$$D(\xi)=0.25\times(70-9)^2+0.5\times(8-9)^2+0.25\times(-50-9)^2=1\ 801,$$

$$D(\eta)=0.25\times(30-8.5)^2+0.5\times(7-8.5)^2+0.25\times(-10-8.5)^2$$
$$=202.25.$$

所以得标准差分别为

$$\sqrt{D(\xi)}\approx42.44(\text{万元}),\quad \sqrt{D(\eta)}\approx14.22(\text{万元}).$$

显然 $\sqrt{D(\xi)}$ 比 $\sqrt{D(\eta)}$ 大得多，也即方案 A 的风险比方案 B 的风险大得多.而两种方案的平均利润的期望又接近，故应选择方案 B.

用标准差可以比较两种投资方案的风险大小.当两种方案的评价指标的期望相同或相近时，一般的投资者会选择风险小的方案.当两种方案的评价指标的期望不同时，方案选择依赖于投资者对风险的偏好程度.

依据期望的性质：

$$\begin{aligned}E\{[\xi-E(\xi)]\}^2&=E\{\xi^2-2\xi E(\xi)+[E(\xi)]^2\}\\&=E(\xi^2)-2E(\xi)E(\xi)+[E(\xi)]^2\\&=E(\xi^2)-[E(\xi)]^2\end{aligned}$$

即

$$D(\xi)=E(\xi^2)-[E(\xi)]^2 \tag{6.35}$$

小贴士

计算随机变量的方差时常用公式(6.35).

用式(6.35) 重新计算案例 6.3.12 中的方差，过程如下：

$E(\xi)=9, E(\eta)=8.5.$

$E(\xi^2)=70^2\times0.25+8^2\times0.50+(-50)^2\times0.25=1\ 882(\text{万元}),$

$E(\eta^2)=30^2\times0.25+7^2\times0.50+(-10)^2\times0.25=274.5(\text{万元}),$

$D(\xi)=E(\xi^2)-[E(\xi)]^2=1\ 882-9^2=1\ 801,$

$D(\eta)=E(\eta^2)-[E(\eta)]^2=274.5-8.5^2=202.25.$

结论是一致的.

案例 6.3.13 一种股票的未来价格是随机变量，购买股票的人可以通过比较两种股票未来价格的期望和方差来决定购买何种股票，由未来价格的期望(即期望价格)可以判定未来收益，而由方差可以判定投资的风险.方差大则投资风险大.设有甲、乙两种股票，今年的价格都是 10 元，一年后它们的价格(分别记为 X,Y)及其概率分布分别如表 6-23 和表 6-24 所示.

表 6-23

X/元	8	12	15
P	0.4	0.5	0.1

表 6-24

Y/元	6	8.6	23
P	0.3	0.5	0.2

试比较购买这两种股票时的投资风险.

解 经计算,得

$$E(X)=E(Y)=10.7,\quad E(X^2)=120.1,\quad E(Y^2)=153.58,$$

所以

$$D(X)=E(X^2)-[E(X)]^2=5.61,$$

$$D(Y)=E(Y^2)-[E(Y)]^2=39.09.$$

可见,甲、乙两种股票一年后的股价的期望相同,但甲种股票一年后股价方差小于乙种股票一年后股价方差,即投资购买甲种股票一年后获益的风险较小.

案例 6.3.14 计算案例 6.3.4 中我国商品在国际市场上的销售量的方差.

解 案例 6.3.4 中已经求出商品的期望销售量为 $\frac{a+b}{2}$ t.又

$$E(\xi^2)=\int_a^b \frac{x^2}{b-a}\mathrm{d}x=\frac{1}{3}(b^2+ab+a^2),$$

由式(6.35),得

$$D(\xi)=E(\xi^2)-[E(\xi)]^2=\frac{(b-a)^2}{12}.$$

同步实践 6.3.2

1. 设随机变量 $\xi\sim B(n,p)$,且 $E(\xi)=12$,$D(\xi)=8$,则 $p=$________,$n=$________.

2. 设 $\xi\sim N(1,4)$,$\eta\sim N(2,9)$,且 ξ,η 相互独立,则 $E(2\xi+3\eta)=$________;$D(2\xi-3\eta)=$________.

3. 设随机变量 ξ 的概率分布如表 6-25 所示.

表 6-25

ξ	1	3	5
P	$\frac{1}{2}$	$\frac{1}{3}$	$\frac{1}{6}$

试求 $E(\xi)$ 与 $D(\xi)$.

*4. 某人打靶,有 3 发子弹,每一次射击,命中的概率都为 $\frac{2}{3}$,如果命中了就停止射击,否则就一直射击直到子弹用尽为止,求:

(1) 所用子弹数 ξ 的分布列;

(2) $E(\xi)$;

(3) $D(\xi)$.

*5. 从学校乘汽车到火车站的途中有 3 个路口,假设在各个路口遇到红灯的事件是相互独立的,并且概率都是$\frac{2}{5}$,设 ξ 为途中遇到红灯的次数,求 ξ 的概率分布、分布函数、数学期望和方差.

6.3.3 几种随机变量的数学期望和方差

表 6-26 给出了几种常用的随机变量的分布及其数学期望和方差.

表 6-26

分布名称	概率分布或概率密度函数	数学期望	方差
0-1 分布	$P(X=1)=p, P(X=0)=q$, $0<p<1, p+q=1$	p	pq
二项分布 $X\sim B(n,p)$	$P(X=k)=C_n^k p^k q^{n-k}$, $k=0,1,2,\cdots,n$, $0<p<1, p+q=1$	np	npq
泊松分布 $X\sim P(\lambda)$	$P(X=k)=\frac{\lambda^k e^{-\lambda}}{k!}$, $k=0,1,2,\cdots,\lambda>0$	λ	λ
均匀分布 $X\sim U(a,b)$	$\varphi(x)=\begin{cases}\frac{1}{b-a}, & a\leqslant x\leqslant b,\\ 0, & \text{其他}\end{cases}$	$\frac{a+b}{2}$	$\frac{(b-a)^2}{12}$
指数分布 $X\sim E(\lambda)$	$\varphi(x)=\begin{cases}\lambda e^{-\lambda x}, & x\geqslant 0,\\ 0, & x<0,\end{cases}$ $\lambda>0$	$\frac{1}{\lambda}$	$\frac{1}{\lambda^2}$
正态分布 $X\sim N(\mu,\sigma^2)$	$\varphi(x)=\frac{1}{\sqrt{2\pi}\sigma}e^{-\frac{(x-\mu)^2}{2\sigma^2}}$, $-\infty<x<+\infty, \sigma>0$	μ	σ^2
标准正态分布 $X\sim N(0,1)$	$\varphi(x)=\frac{1}{\sqrt{2\pi}}e^{-\frac{1}{2}x^2}$	0	1

6.3 随机变量的数字特征同步实践答案

*§6.4 数学实验六　利用 MATLAB 计算随机变量的分布及数学期望和方差

6.4.1　利用 MATLAB 计算随机变量的分布

1. 利用 MATLAB 计算二项分布

当随机变量 $X\sim B(n,p)$时,在 MATLAB 中用命令函数

```
Px=binopdf(X,n,p)
```

计算某事件发生的概率为 p 的 n 重伯努利试验中,该事件发生的次数为 X 的概率.

案例 6.4.1　在一级品率为 0.2 的大批产品中,随机地抽取 20 个产品,求其中有两个一级品的概率.

解　在 MATLAB 窗口输入

```
>> clear;
>> Px=binopdf(2,20,0.2)
```

按 Enter 键,结果显示

```
Px =
    0.1369
```

所以所求概率为 0.136 9.

2. 利用 MATLAB 计算泊松分布

当随机变量 $X\sim P(\lambda)$时,在 MATLAB 中用命令函数

```
P=poisspdf(x,lambda)
```

计算服从参数为 lambda(λ)的泊松分布的随机变量取值 x 的概率.用命令函数

```
P=poisscdf(x,lambda)
```

计算服从参数为 lambda 的泊松分布的随机变量在$[0,x]$范围内取值的概率.

案例 6.4.2　利用 MATLAB 计算案例 6.2.9.

解　利用泊松分布计算,$\lambda=np=2\ 500\times0.002=5$.

(1) 保险公司亏损的概率 $P=1-\sum\limits_{k=0}^{15}\dfrac{5^k}{k!}e^{-5}$.

在 MATLAB 窗口输入

```
>> clear;
>> P1=poisscdf(15,5)
P1 =
```

```
0.9999
```

即

$$\sum_{k=0}^{15}\frac{5^k}{k!}e^{-5}=P1=0.9999.$$

所以保险公司亏损的概率 $P=1-0.9999=0.0001$.

（2）保险公司获利不少于 10 万元的概率 $P=\sum_{k=0}^{10}\frac{5^k}{k!}e^{-5}$.

在 MATLAB 窗口输入

```
>>P=poisscdf(10,5)
P =
   0.9863
```

即

$$\sum_{k=0}^{10}\frac{5^k}{k!}e^{-5}=0.9863.$$

所以保险公司获利不少于 10 万元的概率为 0.986 3.

（3）保险公司获利不少于 20 万元的概率 $P=\sum_{k=0}^{5}\frac{5^k}{k!}e^{-5}$.

在 MATLAB 窗口输入

```
>>P=poisscdf(5,5)
P=
   0.6160
```

即

$$\sum_{k=0}^{5}\frac{5^k}{k!}e^{-5}=0.6160.$$

所以保险公司获利不少于 20 万元的概率为 0.616 0.

3. 利用 MATLAB 计算均匀分布

当随机变量 $X\sim U(a,b)$时，在 MATLAB 中用命令函数

```
P=unifpdf(x,a,b)
```

计算在区间$[a,b]$上服从均匀分布的随机变量的概率密度在 x 处的值.用命令函数

```
P=unifcdf(x,a,b)
```

计算在区间$[a,b]$上服从均匀分布的随机变量的分布函数在 x 处的值.

案例 6.4.3 案例 6.2.13 中乘客到车站候车时间 $\xi\sim U(0,6)$，计算 $P(1<\xi\leqslant 3)$.

解 $P(1<\xi\leqslant 3)=P(\xi\leqslant 3)-P(\xi\leqslant 1)$.

在 MATLAB 窗口输入

```
>>p1 = unifcdf(3,0,6)
p1 =
  0.5000
>>p2 = unifcdf(1,0,6)
p2 =
  0.1667
>>p1-p2
ans =
  0.3333
```

所以 $P(1<\xi\leqslant 3)=0.333\ 3$.

4. 利用 MATLAB 计算指数分布

当随机变量 $X\sim E(\lambda)$ 时,在 MATLAB 中用命令函数

```
P = exppdf(x,lambda)
```

计算服从参数为 $\frac{1}{\text{lambda}}$ 的指数分布的随机变量的概率密度函数.用命令函数

```
P = expcdf(x,lambda)
```

计算服从参数为 $\frac{1}{\text{lambda}}$ 的指数分布的随机变量在区间 $[0,x]$ 内取值的概率.

案例 6.4.4　用 MATLAB 计算案例 6.2.16 的解.

解　由于元件寿命 ξ 服从参数为 $\lambda(\lambda-1\ 000^{-1})$ 的指数分布,故

$$P(\zeta>1\ 000)=1-P(\zeta\leqslant 1\ 000).$$

在 MATLAB 窗口输入

```
>>p = expcdf(1 000,1 000)
p =
   0.6321
>>1-p
ans =
   0.3679
```

所以

$$P(\xi>1\ 000)=1-P(\xi\leqslant 1\ 000)=0.367\ 9,$$

再输入

```
>>p2 = binopdf(3,3,0.3679)
p2 =
   0.0498
```

所以 3 个这样的元件使用 1 000 h 都未损坏的概率为 0.049 8.

5. 利用 MATLAB 计算正态分布

当随机变量 $X \sim N(\mu,\sigma^2)$ 时,在 MATLAB 中用命令函数

```
P=normpdf(K,mu,sigma)
```

计算服从参数为 μ,σ 的正态分布的随机变量的概率密度函数.用命令函数

```
P=normcdf(K,mu,sigma)
```

计算服从参数为 μ,σ 的正态分布的随机变量的分布函数在 K 处的值.

案例 6.4.5 用 MATLAB 计算案例 6.2.17 的解.

解 设随机变量 ξ 为设备寿命,由题意 $\xi \sim N(10,2^2)$,于是

$$P(\xi \geqslant 9)=1-P(\xi<9).$$

在 MATLAB 窗口输入

```
>>clear;
>>p1=normcdf(9,10,2)
p1=
    0.3085
>>1-p1
  ans=
    0.6915
```

所以

$$P(\xi \geqslant 9)=0.691\ 5.$$

6.4.2 利用 MATLAB 计算随机变量的数学期望和方差

1. 利用 MATLAB 计算离散型随机变量的数学期望

通常,对取值较少的离散型随机变量,可用如下程序进行计算

```
X=[x1,x2,…,xn];P=[p1,p2,…,pn];EX=X*P'
```

对于有无穷多个取值的随机变量,其期望的计算公式为

$$E(X)=\sum_{i=0}^{\infty} x_i p_i.$$

可用如下程序进行计算

```
EX=symsum(xi*pi,0,inf)
```

案例 6.4.6 一批产品中有一、二、三等品、等外品及废品 5 种,相应的概率分别为 0.7,0.1,0.1,0.06 及 0.04,若其产值分别为 6 元、5.4 元、5 元、4 元及 0 元,求产值的平均值.

解 将产品产值用随机变量 ξ 表示,则 ξ 的概率分布如表 6-27 所示.

表 6-27

产值 ξ	6	5.4	5	4	0
概率 P	0.7	0.1	0.1	0.06	0.04

要求的产值的平均值即为 ξ 的数学期望.在 MATLAB 窗口输入

```
>>X=[6  5.4  5  4  0];p=[0.7  0.1  0.1  0.06  0.04];
>>EX=X*p'
```

按 Enter 键,结果显示

```
EX=
    5.4800
```

所以产品产值的平均值为 5.48.

案例 6.4.7 已知随机变量 X 的概率分布如下:

$$P(X=k)=\frac{1}{2^k},\quad k=1,2,\cdots,n,\cdots.$$

计算 $E(X)$.

解 $E(X)=\sum_{k=1}^{\infty}k\frac{1}{2^k}$.

在 MATLAB 窗口输入

```
>>syms  k;
>>symsum(k*(1/2)^k,1,inf)
```

按 Enter 键,结果显示

```
ans=
    2
```

所以 $E(X)=2$.

2. 利用 MATLAB 计算连续型随机变量的数学期望

若 X 是连续型随机变量,数学期望的计算公式为

$$E(X)=\int_{-\infty}^{+\infty}xf(x)\,\mathrm{d}x.$$

程序如下:

```
EX=int(x*f(x),-inf,inf)
```

案例 6.4.8 用 MATLAB 计算案例 6.3.4 中商品的期望销售量,已知其概率密度函数为

$$\varphi(x)=\begin{cases}\dfrac{1}{b-a}, & a\leqslant x\leqslant b,\\ 0, & \text{其他}.\end{cases}$$

计算 $E(\xi)$.

解 $E(\xi)=\int_{-\infty}^{+\infty} xf(x)\,\mathrm{d}x=\int_a^b x\dfrac{1}{b-a}\mathrm{d}x.$

在 MATLAB 窗口输入

```
>>clear;syms x a b;
>>EX=int(x/(b-a),x,a,b)
```

按 Enter 键,结果显示

```
EX=
   1/2/(b-a)*(b^2-a^2)
```

所以

$$E(\xi)=\frac{a+b}{2}.$$

3. 利用 MATLAB 计算随机变量函数的数学期望

若 $g(X)$ 是随机变量 X 的函数,则当 X 为离散型随机变量且有概率分布 $P(X=x_k)=p_k(k=1,2,\cdots,n$ 或 $k=1,2,\cdots)$ 时,随机变量 $g(X)$ 的数学期望为

$$E[g(X)]=\sum_{k=1}^{\infty} g(x_k)p_k.$$

其 MATLAB 计算程序为

```
E[g(X)]=symsum(g(x_k)*p_k,1,inf)
```

当 X 为连续型随机变量且有概率密度函数 $f(x)$ 时,随机变量 $g(X)$ 的数学期望为

$$E[g(X)]=\int_{-\infty}^{+\infty} g(x)f(x)\,\mathrm{d}x.$$

其 MATLAB 计算程序为

```
EX=int(g(x)*f(x),-inf,inf)
```

案例 6.4.9 利用 MATLAB 重新解答案例 6.3.7.

解 由原题已知收益 Y 的数学期望

$$E(Y)=\frac{1}{20}\int_{20}^{y}(4x-y)\,\mathrm{d}x+\frac{1}{20}\int_{y}^{40}3y\,\mathrm{d}x.$$

在 MATLAB 窗口输入

```
>>clear;syms x y;
>>EY=1/20*(int((4*x-y),x,20,y)+int(3*y,x,y,40))
```

按 Enter 键，结果显示

```
EY =
    1/10 * y^2-40-1/20 * y * (y-20)+3/20 * y * (40-y)
```

将其化简，输入命令

```
>>simplify(EY)
```

按 Enter 键，结果显示

```
    -1/10 * y^2-40+7 * y
```

再对 y 在区间[20,40]上求最大值，在 MATLAB 窗口输入

```
>>fminbnd('1/10 * x^2-7 * x+40',20,40)
```

按 Enter 键，结果显示

```
ans =
    35.0000
```

所以应组织 35 t 货源，才可使收益最大.

(注：simplify(f)是对函数 f 化简；fminbnd('f',a,b)是对函数 f 在区间[a,b]上求极小值.要求函数的极大值时只需将'f'变为'-f'即可)

4. 利用 MATLAB 计算方差

计算方差的常用公式为

$$D(X)=E(X^2)-[E(X)]^2.$$

若离散型随机变量 X 有概率分布 $P(X=x_k)=p_k(k=1,2,\cdots,n$ 或 $k=1,2,\cdots)$，其 MATLAB计算程序为

```
X=[x₁,x₂,…,xₙ];P=[p₁,p₂,…,pₙ];EX=X * P';
D(X)=X.^2 * P'-EX^2
```

若 X 是连续型随机变量且概率密度函数为 $f(x)$，则方差的 MATLAB 计算程序为

```
EX=int(x * f(x),-inf,inf);
D(X)=int(x^2 * f(x),-inf,inf)-EX^2
```

案例 6.4.10　利用 MATLAB 重新解答案例 6.3.13.

解　两种股票价格都是离散型随机变量.先计算甲种股票的方差，在 MATLAB 窗口输入

```
>>X=[8,12,15];P=[0.4,0.5,0.1];EX=X * P';
>>DX=X.^2 * P'-EX^2
```

按 Enter 键，结果显示

```
DX =
    5.61
```

类似的程序可得乙公司股票的方差为

```
DY =
    39.0900
```

所以相比之下,甲种股票方差小得多,故购买甲种股票风险较小.

案例 6.4.11 用 MATLAB 重新解答案例 6.3.14.

解 已知销售量在$[a,b]$上服从均匀分布,即概率密度函数为

$$\varphi(x)=\begin{cases}\dfrac{1}{b-a}, & a\leqslant x\leqslant b\\ 0, & 其他.\end{cases}$$

在 MATLAB 窗口输入

```
>>clear;syms x a b;
>>EX=int(x/(b-a),x,a,b);
>>DX=int(1/(b-a)*x^2,x,a,b)-EX^2
```

按 Enter 键,结果显示

```
DX =
    1/3/(b-a)*(b^3-a^3)-1/4/(b-a)^2*(b^2-a^2)^2
```

将其化简,在 MATLAB 窗口中输入

```
simplify(DX)
```

按 Enter 键,结果显示

```
ans =
    1/12*a^2-1/6*b*a+1/12*b^2
```

所以 $D(x)=\dfrac{(b-a)^2}{12}$,这与前面的结论是一致的.

5. 常见分布的数学期望与方差

常见分布的数学期望与方差可以调用如下函数完成(表 6-28).

表 6-28

分布类型名称	函数名称	函数调用格式
二项分布	binostat	[E,D] = binostat(N,P)
几何分布	geostat	[E,D] = geostat(P)
泊松分布	poisstat	[E,D] = poisstat(λ)

续表

分布类型名称	函数名称	函数调用格式
连续均匀分布	unifstat	[E,D] = unifstat(N)
指数分布	expstat	[E,D] = expstat(MU)
正态分布	normstat	[E,D] = normstat(MU,SIGMA)
t 分布	tstat	[E,D] = tstat(V)
χ^2 分布	chi2stat	[E,D] = chi2stat(V)
F 分布	fstat	[E,D] = fstat(V1,V2)

案例 6.4.12 求二项分布参数 $n=100,p=0.2$ 的数学期望与方差.

解 在 MATLAB 窗口输入

```
>>n=100;p=0.2;
>>[E,D]=binostat(n,p)
```

按 Enter 键,结果显示

```
E=
    20
D=
    16
```

案例 6.4.13 求正态分布参数 $\mu=6,\sigma=0.25$ 的数学期望与方差.

解 在 MATLAB 窗口输入

```
>>MU=6;SIGMA=0.25;
>>[E,D]=normstat(MU,SIGMA)
```

按 Enter 键,结果显示

```
E=
    6
D=
    0.0625
```

综合应用六

第一部分　基础巩固与案例实践

1. 写出试验的样本空间:将一枚硬币抛掷三次.

(1) 观察每次掷出正面还是反面;

(2) 观察出现正面的次数.

2. 某射手向目标连续射击 2 次,每次一发子弹,设 A_1 表示"第一发命中",A_2 表示"第二发命中".试写出此试验的样本空间,并表示下列事件:

(1) 两发都命中;　　(2) 两发都没有命中;

(3) 恰有一发命中;　　(4) 至少有一发命中.

3. 从某班学生中任选一名学生,设 A 表示"选到一名女生",B 表示"选到一名数学爱好者",C 表示"选到一名歌手".

(1) 用文字表述 $\overline{A}B\,\overline{C}$;

(2) 在什么条件下 $ABC=A$;

(3) $A=B$ 且 $\overline{A}=C$ 何时成立?

4. 从 5 个球(其中 3 个红球,2 个黄球)中任取 2 个球,求:

(1) 2 个球都是红球的概率;

(2) 取到同色球的概率;

(3) 取到的球的颜色各不相同的概率.

5. 一批产品中,一、二、三等品率分别为 0.8,0.16,0.04,若规定一、二等品为合格品,求产品的合格率.

6. 设 A,B,C 是三个事件,且已知 $P(A)=P(B)=P(C)=\dfrac{1}{4}$,$P(AB)=P(BC)=0$,$P(AC)=\dfrac{1}{8}$,求 A,B,C 至少有一个发生的概率.

7. 某人忘记了电话号码的最后一个数字,因而他随意地拨号.

(1) 求他拨号不超过三次就接通所需电话的概率;

(2) 若已知最后一个数字是奇数,那么此概率是多少?

8. 将两信息分别编码为 A 和 B 传递出去,接收站收到时,A 被误收作 B 的概率是 0.02,而 B 被误收作 A 的概率为 0.01,信息 A 和信息 B 传送的频率程度为 2∶1.若接收站收到信息是 A,问:原发信息是 A 的概率是多少?

9. 某保险公司把被保险人分成三类:"谨慎型""普通型"和"冲动型",他们在被保险人中依次占 20%,50%,30%.统计资料显示,上述三种人在一年内发生事故的概率分别为0.05,0.15,0.3,假设这三种人的划分互不交叉.随机抽取一人,其在一年内发生事故的概率是多少?

10. 有两批同类产品,其合格率分别是 0.9 和 0.8,在每批中各随机抽取一件,求至少有一件是合格品的概率及恰好有一件是合格品的概率.

11. 为了防止意外,在矿内同时设有两种报警系统 A 与 B,每种系统单独使用时,其有效的概率系统 A 为 0.92,系统 B 为 0.93.在 A 失灵的条件下,B 有效的概率为 0.85.求:

(1) 发生意外时,这两个报警系统至少有一个有效的概率;

(2) B 失灵的条件下,A 有效的概率.

12. 用 3 个机床加工同一种零件,零件由各机床加工的概率分别为 0.5,0.3,0.2,各机床加工的零件为合格品的概率分别等于 0.94,0.9,0.95,求全部产品的合格率.

13. 某商店购进甲厂生产的产品 30 箱,乙厂生产的同种产品 20 箱,甲厂每箱装 100 个,废品率为 0.06,乙厂每箱装 120 个,废品率是 0.05,求:

(1) 任取一箱,从中任取一个为废品的概率;

(2) 若将所有产品开箱混放,求任取一个为废品的概率.

14. 三个人独立地去破译一份密码,已知各人能译出的概率分别是$\frac{1}{5},\frac{1}{4},\frac{1}{3}$,问:三人中至少有一人能将此密码译出的概率是多少?

15. 一个袋中装有 5 只球,编号为 1,2,3,4,5,在袋中同时取 3 只,以 X 表示取出的 3 只球中的最大号码,写出随机变量 X 的概率分布.

16. 一辆汽车沿某街道行驶,需要经过 3 个均设有交通信号灯的路口,且它们之间是相互独立的.以 X 表示该汽车首次遇到红灯前已通过的路口的个数,求 X 的概率分布.

17. 一幢大楼有 5 个同类型的供水设备,调查表明在任一时刻每个设备被使用的概率为 0.1,问在同一时刻:

(1) 恰有 2 个设备被使用的概率;

(2) 至少有 3 个设备被使用的概率;

(3) 至少有一个设备被使用的概率.

18. 某交通路口有大量汽车通过,设每辆汽车在一天的某段时间内出事故的概率为0.000 4,在某天的该段时间内有 1 000 辆汽车通过,问:出事故的次数大于 2 的概率是多少?

19. 商店订购 1 000 瓶汽水,在运输中被打破的概率是 0.004,求商店收到汽水瓶中:

(1) 恰有 2 瓶被打破的概率;

(2) 多于 2 瓶被打破的概率;

(3) 至少有 1 瓶被打破的概率.

20. 设 X 为连续型随机变量,其概率密度函数为 $\rho(x)=\begin{cases}Ax^2, & 0<x<2,\\ 0, & 其他,\end{cases}$ 试求:

(1) 系数 A 及分布函数;　　(2) $P(1<X<2)$.

21. 某种型号的电子管的寿命 X(单位:h)具有概率密度函数

$$\rho(x)=\begin{cases}1\ 000/x^2, & x>1\ 000,\\ 0, & \text{其他},\end{cases}$$

现在有一大批这种型号电子管(设各电子管是否损坏相互独立),从中任取 5 只,问:其中至少有 2 只寿命大于1 500 h的概率是多少?

22. 设 $X\sim N(0.5,2^2)$.

(1) 求 $P(-0.5<X<1.5)$,$P(|X+0.5|<2)$,$P(X\geqslant 0)$;

(2) 求常数 a,使 $P(X>a)=0.894\ 4$.

23. 在某一银行等待时间 X(单位:min)近似地服从正态分布,即 $X\sim N(3.7,1.4^2)$.求:

(1) 等待小于 2 min 的概率;

(2) 等待大于 6 min 的概率.

*24. 雷达装置用来测量上下班时某高速公路上汽车的速度,每辆汽车的速度 X(单位:km/h)近似服从正态分布,即 $X\sim N(62,\sigma^2)$.求:

(1) 如果 3%的汽车速度大于 72 km/h,求汽车速度的 σ 值;

(2) 求开车速度小于 55 km/h 的汽车的比例.

25. 假定某项目投资方案中,预计其产品销售价格不稳定,且在一定时期内变动幅度可根据统计资料和预测手段加以估计,已知对应价格下降的主观概率如表 6-29 所示.试问:销售价格下降选择多少比较恰当?

表 6-29

销售价格下降 X	10%	8%	5%	3%
概率 P	0.2	0.3	0.4	0.1

26. 某房地产公司有一笔 5 000 万资金,调研人员经过初步可行性研究提出三种投资方案:A 方案为投资一幢写字楼,B 方案为投资一幢公寓建筑,C 方案为投资一家饭馆.各种方案的风险因素的收益率及概率分别如表 6-30~表 6-32 所示.试估算该房地产公司各种投资方案的预期收益水平,并比较风险大小.

表 6-30　写字楼

	收益率 X/%	概率 P
悲观	6	0.25
一般	19	0.50
乐观	28	0.25

表 6-31　公寓建筑

	收益率 Y/%	概率 P
悲观	10	0.25
一般	15	0.50
乐观	20	0.25

表 6-32 饭馆

	收益率 $Z/\%$	概率 P
悲观	5	0.25
一般	20	0.50
乐观	35	0.25

27. 某水果店在不下雨的日子每天可盈利 100 元,在雨天的日子则要亏损 10 元,该地区每年下雨的日子约有 130 天(一年按 365 天计算),求该水果店每天获利的期望.

28. 某单位策划一场室外大型音乐会,这场音乐会的买票人数很大程度上取决于天气情况,现有各种天气情况下的预计参加人数及根据气象历史资料各种天气情况出现概率的信息如表 6-33 所示.要求对下述情况进行决策:

(1) 如果每张票售价 10 元(其中包括场地管理成本费 3 元),演出人员报酬等其他支出共需 21 万元,你认为是否应该举办?

(2) 如果在演出前获得气象预报,其中气候情况的概率依次为 0.3,0.2,0.2和 0.3.而且由于已经作了若干准备工作,如果取消这一音乐会将损失45 000 元,在这种情况下要求决策者取消音乐会还是继续举办?

表 6-33

气候情况	预计参加人数	概率
下雨较冷	5 000	0.2
潮湿暖和	20 000	0.2
干燥较冷	30 000	0.1
晴朗暖和	50 000	0.5

29. 某厂有两种新产品可供开发生产,甲产品销路好的概率为 0.8,销路差的概率为0.2,销路好时可盈利 2 000 万元,销路差时亏损 200 万元;乙产品销路好的概率为 0.85,销路差的概率为 0.15,销路好时可盈利 1 700 万元,销路差时可盈利 100 万元.试问:该厂应开发生产哪种产品?

30. 一批产品有一、二、三等品、等外品及废品五种,相应的概率分别为 0.6,0.2,0.1,0.05及 0.05.若其产值分别为 6 元,5.5 元,5 元,2 元及-2 元,试求产品的平均产值.

31. 在某项有奖销售中,每 10 万份奖券中有 1 个一等奖(奖金 10 000 元),2 个二等奖(奖金5 000 元),500 个三等奖(奖金 100 元),10 000 个四等奖(奖金 5 元),试求每张奖券奖金的期望,如果每张奖券 2 元,销售一张奖券平均获利多少?

32. 某人有两个科研产品,能从这两个产品获利的概率如表 6-34 和表 6-35 所示.

表 6-34 项目 A

获利/元	4	8
概率	0.8	0.2

表 6-35　项目 B

获利/元	2	4	6	8	12
概率	0.4	0.2	0.2	0.1	0.1

(1) 求两个项目获利的平均值；

(2) 比较两个项目的标准差；

(3) 设两个项目获利是独立的，问：该人恰能获利 12 万元的概率有多大？

33. 假设 10 000 张彩票以每张一元的价格出售，其中只有一张可中奖，中奖者可得价值 3 000 元的一台电视机，这张中奖的彩票的价值就是 3 000 元，其余的 9 999 张不中奖的彩票的价值是零. 试求每张彩票的平均中奖费用.

34. 在产品性能试验中，样品如果报废，企业损失 2 万元，如果样品试验后仍完好，则降价处理后企业只损失 1 万元. 假如样品报废和完好的概率分别为 $\frac{1}{4}$ 和 $\frac{3}{4}$，试求为试验产品性能，企业平均每次试验应支付的费用值是多少？

*35. 某时令商品每售出一件可赚 80 元，积压一件亏损 100 元，某商店根据历史资料知市场需求该商品的概率分布如表 6-36 所示.

表 6-36

需求量 X/件	9	10	11
概率 P	0.5	0.3	0.2

问：该商店应组织该商品多少件才能使期望获利最大？最大利润为多少元？

*36. 设市场上每年对某厂生产的电视的需求量是随机变量 X（单位：万台），它均匀分布于 [10,20] 范围内，每出售一万台电视机，厂方可获得利润 50 万元，但如果因销售不出而积压在仓库里，则每一万台需支付保养及其他各种费用 10 万元，问：电视的年产量应定为多少台，才能使厂方的收益期望最大？

综合应用六第一部分基础巩固与案例实践答案

第二部分　数学实验

1. 用 MATLAB 计算本章综合应用第一部分中第 18、19、22～24 题.

2. 某计算机公司正在考虑扩建工厂，使公司能够生产一种新型的计算机产品. 公司的董事长必须作出决定:是进行中等规模的扩建还是进行大规模扩建.对新产品的需求具有不确定性,可能是低需求、中等需求或高需求,需求概率的估计分别是 0.20,0.50 和 0.30. 令 x 表示公司的年利润,单位是千美元;y 表示公司的计划人员关于中等规模扩建和大规模扩建工程的利润预期数额.具体数据如表 6-37 所示.

表 6-37

需求	中等规模扩建的利润		大规模扩建的利润	
	x	$f(x)$	y	$f(y)$
低	50	0.20	0	0.20
中等	150	0.50	100	0.50
高	200	0.30	300	0.30

(1) 计算与两种扩建方式有关的利润期望值,并说明对于预期利润最大化目标来说,哪一种决策最好?

(2) 计算与两种扩建方式有关的利润的方差,并说明对于风险或不确定性最小化目标来说,哪一种决策最好?

3. 某服装厂准备参加某市举办的秋季服装展销会,打算租用该会陈设的摊位出售其服装产品,展销会的摊位分设于会场内 A、B、C 三个不同的区域,展销产品收益的大小,受到摊位的位置和展销期间天气的影响.根据过去资料估计展销期间天气属于晴朗、多云、多雨三种情况的概率分别为 0.35,0.40,0.25.因不同的天气对于不同区域设置销售摊位的业务影响并不一样,根据以往经验测算得,如选 A 区展销,天气晴朗、多云、多雨时,可获利润分别为 4 000 元、6 000 元、1 000 元;如选 B 区展销,天气晴朗、多云、多雨时,可获利润分别为 5 000 元、4 000 元、1 100 元;如选 C 区展销,天气晴朗、多云、多雨时,可获利润分别为 4 000 元、3 000 元、2 000 元,问:在上述情况下,该厂应选择哪个区域摊位展销服装产品?

4. 某汽车保险公司支付碰撞险索赔的概率分布如表 6-38 所示.

表 6-38

支付金额/美元	概率	支付金额/美元	概率
0	0.90	2 000	0.01
400	0.04	4 000	0.01
1 000	0.03	6 000	0.01

用期望碰撞支付费来确定碰撞险的保险费,使公司正好盈亏平衡.保险公司每年收取碰撞险的保险费是 260 美元.投保人购买碰撞保险单的费用的期望值是多少?(提示:从保险公司得到的期望赔付额减去保险费成本.)

5. 一商店经销某种商品,每周进货的数量 X 与顾客对该商品的需求量 Y 是相互独立的随机变量,且都服从[10,20]上的均匀分布,商店每售出一单位商品可得到利润 1 000 元,若需求量超过了进货量,商店可从其他商店调剂供应,这时每单位商品获利润 500 元.试计算此商店经销该种商品每周所得利润的期望值.

6. 某唱片公司为了适应市场需求欲扩大生产，计划部门提出三种方案供公司考虑：① 扩大现有工厂；② 建立一个新工厂；③ 将部分产量转包给其他工厂生产. 对公司来说，最大的不确定性是未来市场对产品的需求量，经市场预测分析，需求量状态为高、中、低、失败（无需求）的概率分别为 0.2, 0.5, 0.2, 0.1. 根据以往历史资料分析，预计三种方案在各种市场需求状态下，公司能获得的利润值（单位：百万元）如表 6-39 所示.

表 6-39

需求状态	方案①扩大	方案②新建	方案③转包
高	500	750	300
中	250	300	150
低	-250	-400	-10
失败	-450	-800	-100

请问：哪一种方案对实现期望利润最大化的目标最优？

文本

第 6 章 MATLAB
实验解答

第 7 章
数理统计初步

☆☆☆导言

数理统计是经济数据分析的重要工具,在经济领域中有着非常广泛的应用.数理统计包含的内容十分丰富,本书只介绍数理统计基础知识,包含点估计、区间估计及一元回归分析等内容.在大数据时代,数理统计的重要性更加突出.

想分析两个经济变量是否存在相关关系吗?想通过数据调查分析总体的均值和方差吗?想找到两个线性相关的经济变量间的回归方程吗?请开启本章的学习之旅吧!

知识目标

(1) 掌握数理统计的基本概念(总体、样本、统计量、估计量等).

(2) 掌握常见统计量的分布,会查表进行计算.

(3) 掌握参数估计的原理及计算方法.

(4) 掌握相关关系的基本概念及回归分析的基本原理.

(5) 会计算简单的一元回归问题.

(6) 会利用 MATLAB 求解参数估计问题和一元回归问题.

能力目标

学习本章后,学生应能解决如下实际问题:

(1) 由原始经济数据计算经济现象的变化规律.

(2) 由原始经济数据计算经济现象的均值及风险参数.

(3) 由原始经济数据计算经济现象的均值与风险的变化范围.

(4) 由原始经济数据分析经济变量间的线性与非线性关系.

素养培育点

(1) 通过国内统计学家的贡献培养爱国情怀.

(2) 通过统计学理论的学习培养严谨的科学态度.

(3) 通过统计学项目的实施培养团队精神.

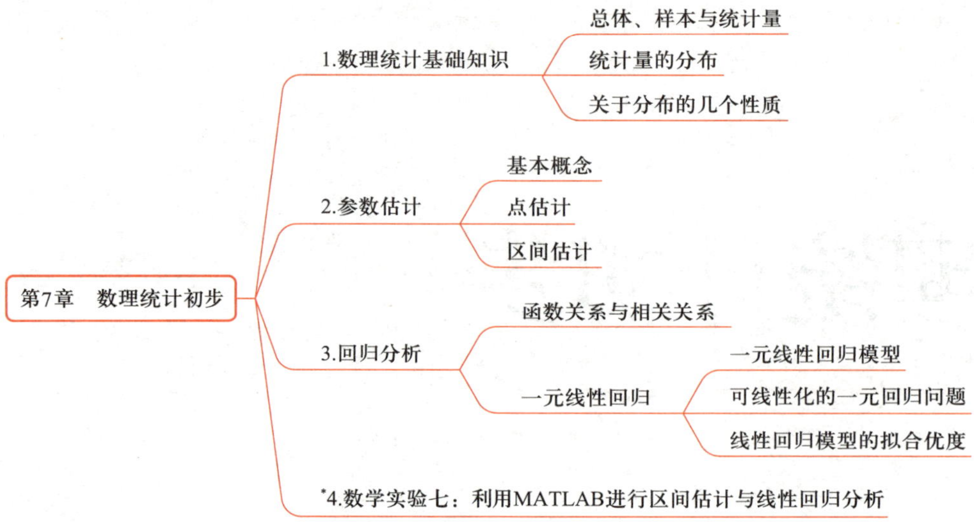

§7.1 数理统计基础知识

7.1.1 总体、样本与统计量

情境引例 7.1.1 某工厂为了检测出厂的十万只灯泡的寿命，随机抽取了 1 000 只灯泡进行检测.

情境引例 7.1.2 为了统计全国的人均消费，规定每个地区随机抽取千分之一的人口进行统计调查.

在数理统计中把研究对象的全体称为**总体**，组成总体的每一单元称为**个体**，被抽取到的所有个体的集合称为**样本**.情境引例 7.1.1 中的那十万只灯泡的寿命就是总体，其中每一只灯泡的寿命就是一个个体.被抽取到的那 1 000 只灯泡的寿命就是样本.情境引例 7.1.2 中的全国人口的消费情况就是总体，其中每一个人的消费情况就是一个个体，按千分之一比例抽取到的人口的消费情况构成了调查的样本.

数理统计的主要任务就是通过对样本的观测统计，来推断总体的性质.在情境引例 7.1.1 中希望通过调查这 1 000 只灯泡的寿命来确定这批产品（十万只灯泡）是否合格.情境引例 7.1.2 中则是希望通过被抽取到的千分之一的人口来确定全国的人均消费水平.

在进行统计抽样时，由于调查具有破坏性（如检测灯泡寿命、检验炸弹的威力等）或者总体所包含的个体数量非常庞大（如调查全国的人均消费水平、股票指数的变化）等原因，不可能对所有个体进行观测.而只能抽取其中一部分样本进行观测.从总体中抽取样本时，为了使抽取的样本具有代表性，通常要求：

（1）抽取方法应使总体中每一个个体被抽到的机会是均等的；

（2）每次抽取是独立的，即每次抽样结果不影响其他各次抽样结果，也不受其他各次抽样结果的影响.

满足以上两点的抽样方法称为**简单随机抽样**，由简单随机抽样得到的样本称为**简单随

机样本，今后凡提到抽样及样本都是指简单随机抽样和简单随机样本.

人们通常只关心总体的一个或几个指标，这些指标可用随机变量来表示.如检测灯泡寿命时，寿命可用随机变量 X 表示.在对样本进行观测时，每个个体的指标都是一个随机变量.如果样本包含 n 个个体，则这 n 个个体的指标可视为 n 个随机变量，常用$(X_1,X_2,\cdots,X_n)$来表示.样本观测的结果就是这些随机变量的取值，常用$(x_1,x_2,\cdots,x_n)$表示.在情境引例 7.1.1 中，样本可表示为$(X_1,X_2,\cdots,X_{1\,000})$.$(x_1,x_2,\cdots,x_{1\,000})$是样本$(X_1,X_2,\cdots,X_{1\,000})$的取值.

样本是总体的代表与反映.但在抽取样本之后，并不立即利用样本进行推断，而需对样本进行一番“加工”和“提炼”，把样本中包含的人们关心的信息集中起来，这便是针对不同问题构造出样本的某种函数，这种函数在统计中称为**统计量**.

在情境引例 7.1.1 中，希望知道全体灯泡的平均寿命，一个简单的方法就是用样本$(X_1,X_2,\cdots,X_{1\,000})$的平均寿命$\dfrac{x_1+x_2+\cdots+x_{1\,000}}{1\,000}$去估计总体的平均寿命.在此过程中，称$\dfrac{X_1+X_2+\cdots+X_{1\,000}}{1\,000}$为统计量.统计量通常不含未知参数，而且作为随机变量的函数，它也是一个随机变量.

常用的统计量如下：

(1) 样本均值：

$$\overline{X}=\frac{1}{n}\sum_{i=1}^{n}X_i. \tag{7.1}$$

(2) 样本方差：

$$S^2=\frac{1}{n-1}\sum_{i=1}^{n}(X_i-\overline{X})^2. \tag{7.2}$$

(3) 样本标准差：

$$S=\sqrt{\frac{1}{n-1}\sum_{i=1}^{n}(X_i-\overline{X})^2}. \tag{7.3}$$

它们的观测值用相应的小写字母表示.通常，$\overline{X}$ 反映总体 X 取值的平均水平，S^2 或 S 反映总体 X 取值的离散程度.

小贴士

总体、样本与统计量从结构关系上讲，总体是指所要研究的全部事物；样本从总体中随机抽取，样本在一定程度上反映总体；统计量是样本的函数，用来描述样本，同时，借助于统计量对总体进行统计推断.

总体、样本统计量的关系可用图 7-1 来表示.

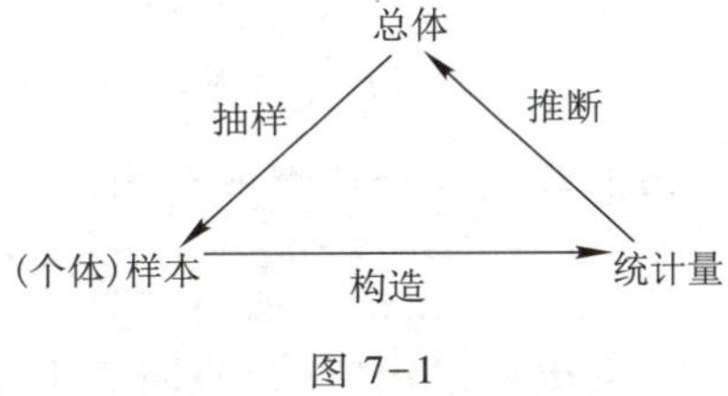

图 7-1

同步实践 7.1.1

1. 从某高校的男生中随机抽取 10 人，测得其体重（单位：kg）如下：

62，60，57，61.5，58，60.5，63.5，59，55，57.5.

则其样本均值为______.

2. 设随机变量 $\xi \sim N(3,4)$，$\xi_1,\xi_2,\xi_3,\cdots,\xi_{10}$ 为 ξ 的样本，则 $\bar{\xi} \sim$（　　）.

A. $N(3,0.4)$　　B. $N(3,4)$　　C. $N\left(3,\dfrac{1}{\sqrt{10}}\right)$　　D. $N(30,4)$

3. 设总体 $\xi \sim N(\mu,\sigma^2)$，其中，μ 已知，ξ_1,ξ_2,ξ_3,ξ_4 是 ξ 的样本，则下列表达式中不是统计量的是（　　）.

A. $\xi_1+5\xi_4$　　B. $\sum\limits_{i=1}^{4}\xi_i-\mu$　　C. $\xi_1-\sigma$　　D. $\sum\limits_{i=1}^{4}\xi_i^2$

7.1.2　统计量的分布

统计量通常不含未知参数，而是作为随机变量的函数，统计量 $g(X_1,X_2,\cdots,X_n)$ 也是随机变量，其概率分布又称抽样分布.这些分布在数理统计中起重要作用.下面介绍几种常见分布.

1. 样本均值的分布

设 $X \sim N(\mu,\sigma^2)$，$(X_1,X_2,\cdots,X_n)$ 是 X 的一个样本，则

$$\bar{X} \sim N\left(\mu,\frac{\sigma^2}{n}\right) \quad 或 \quad \frac{\bar{X}-\mu}{\dfrac{\sigma}{\sqrt{n}}} \sim N(0,1). \tag{7.4}$$

在统计中，常用到标准正态分布的上 α 分位点这个概念，介绍如下.

设 $X \sim N(0,1)$，对给定的 $\alpha(0<\alpha<1)$，称满足条件

$$P(X>U_\alpha)=\alpha \tag{7.5}$$

或

$$P(X \leqslant U_\alpha)=1-\alpha \tag{7.6}$$

的点 U_α 为标准正态分布的上 α **分位点**或上侧**临界值**，简称上 α 点.式(7.5)的几何意义如图 7-2 所示.

称满足条件

$$P(|X|>U_{\alpha/2})=\alpha$$

的点 $U_{\alpha/2}$ 为标准正态分布的双侧 α 分位点或双侧临界值，简称双 α 点，其几何意义如图 7-3 所示.

在数理统计中，U_α 可直接根据式(7.6)查附表 1（标准正态分布表）求得，$U_{\alpha/2}$ 可由 $P(X>U_{\alpha/2})=\dfrac{\alpha}{2}$ 查附表 1 求得.

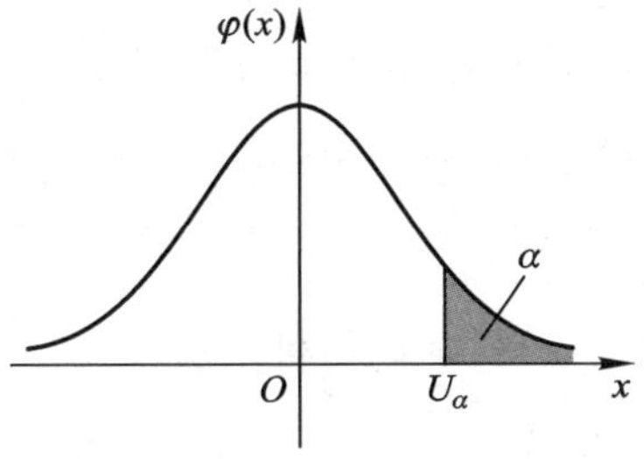

图 7-2

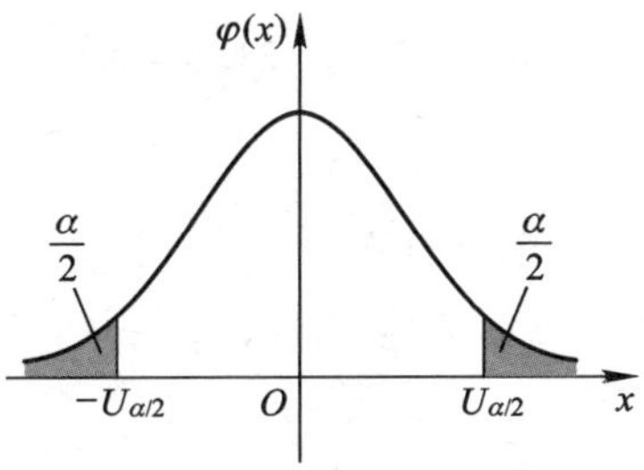

图 7-3

例如,求 $U_{0.05/2}$,由 $P(X>1.96)=\dfrac{0.05}{2}=0.025$,则 $U_{0.05/2}=1.96$.

2. χ^2 分布

设$(X_1,X_2,\cdots,X_n)$为取自正态总体 $X\sim N(0,1)$的样本,则称$\chi^2=X_1^2+X_2^2+\cdots+X_n^2$ 的分布为自由度为 n 的χ^2 分布,记作$\chi^2\sim\chi^2(n)$.

χ^2 分布的概率密度函数为

$$f(y)\text{①}=\begin{cases}\dfrac{1}{2^{\frac{n}{2}}\Gamma\left(\dfrac{n}{2}\right)}y^{\frac{n}{2}-1}e^{-\frac{y}{2}}, & y>0,\\ 0, & y\leqslant 0.\end{cases}$$

其图形如图 7-4 所示.

由于用χ^2 分布的概率密度函数计算较为困难,所以对不同的自由度 n 及不同的数 $\alpha(0<\alpha<1)$,书后附了χ^2 分布表(附表 3).类似于标准正态分布,称满足

$$P(\chi^2(n)>\chi_\alpha^2(n))=\int_{\chi_\alpha^2(n)}^{+\infty}f(y)\,dy=\alpha \tag{7.7}$$

的点$\chi_\alpha^2(n)$为χ^2 分布的上 α 分位点或上侧临界值,简称上 α 点,其几何意义如图 7-5 所示.这里 $f(y)$是χ^2 分布的概率密度函数.

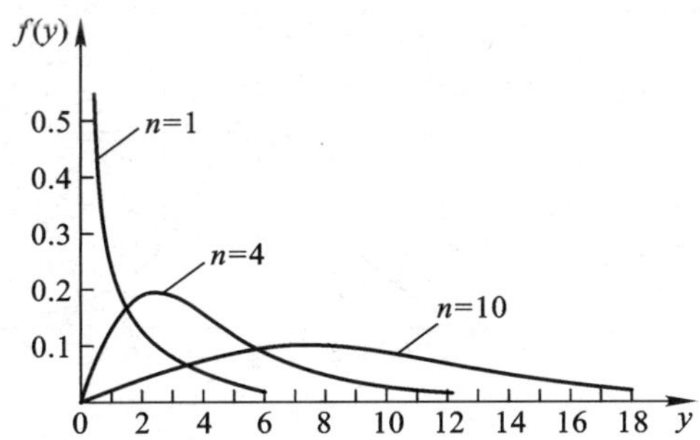

图 7-4

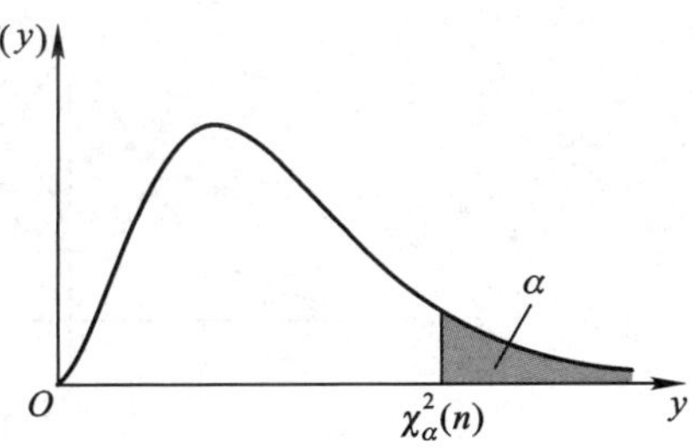

图 7-5

① 式中 $\Gamma\left(\dfrac{n}{2}\right)$ 为 Γ 函数:$\Gamma(x)=\int_0^{+\infty}t^{x-1}e^{-t}dt\,(x>0)$ 在 $x=\dfrac{n}{2}$ 的函数值.

显然,在自由度 n 取定以后,$\chi_{\alpha}^{2}(n)$ 的值只与 α 有关.

例如,当 $n=21,\alpha=0.05$ 时,由附表 3,可查得 $\chi_{0.05}^{2}(21)=32.671$,即

$$P(\chi^{2}(21)>32.671)=0.05.$$

3. t 分布

设 $X\sim N(0,1)$,$Y\sim\chi^{2}(n)$,且 X 与 Y 相互独立,则称随机变量

$$T=\frac{X}{\sqrt{\frac{Y}{n}}}$$

的分布为自由度为 n 的 t 分布,记作 $T\sim t(n)$.

t 分布的概率密度函数为

$$f(t)=\frac{\Gamma\left(\frac{n+1}{2}\right)}{\sqrt{n\pi}\,\Gamma\left(\frac{n}{2}\right)}\left(1+\frac{t^{2}}{n}\right)^{-\frac{n+1}{2}}\quad(-\infty<t<+\infty),$$

其图形如图 7-6 所示,形状类似标准正态分布的概率密度函数的图形.当 n 较大时,t 分布近似于标准正态分布.

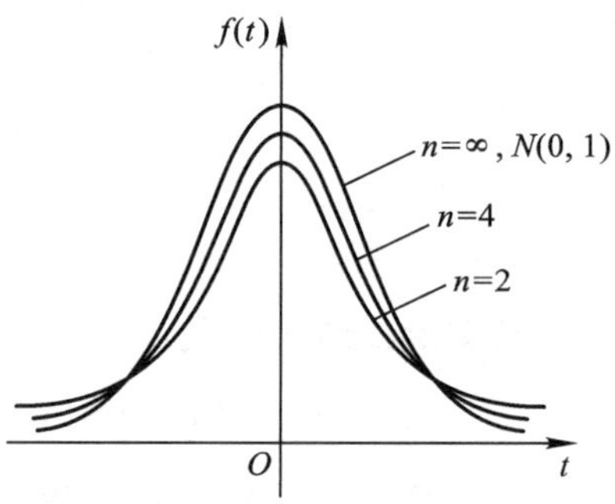

图 7-6

对于给定的 $\alpha(0<\alpha<1)$,称满足条件

$$P(t(n)>t_{\alpha}(n))=\int_{t_{\alpha}(n)}^{+\infty}f(t)\,\mathrm{d}t=\alpha \tag{7.8}$$

的点 $t_{\alpha}(n)$ 为 t 分布的上 α 分位点或上侧临界值,其几何意义如图 7-7 所示.

由 t 分布的对称性,也称满足条件

$$P(|t(n)|>t_{\alpha/2}(n))=\alpha \tag{7.9}$$

的点 $t_{\alpha/2}(n)$ 为 t 分布的双侧 α 分位点或双侧临界值,其几何意义如图 7-8 所示.

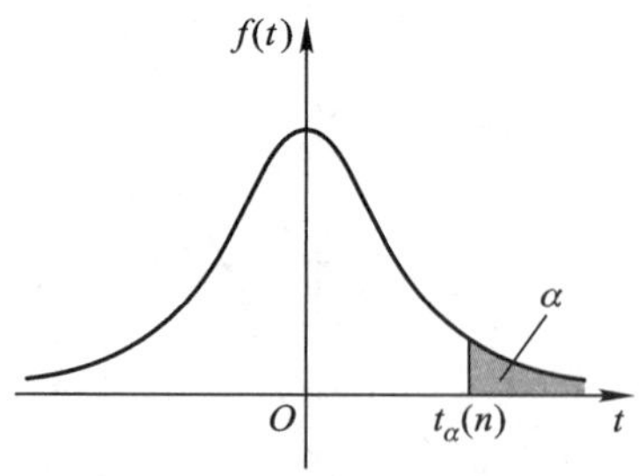

图 7-7

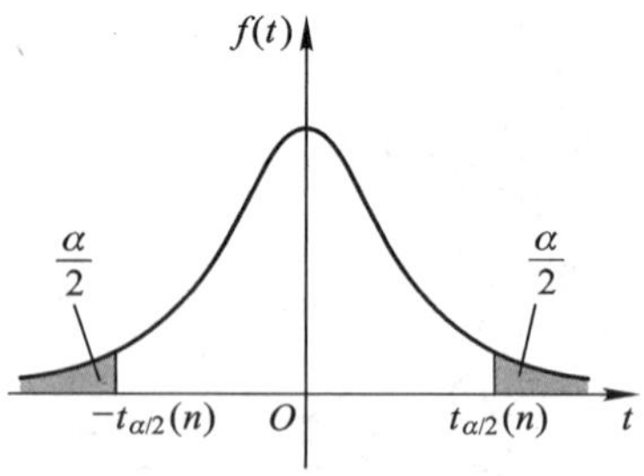

图 7-8

附表 4 给出了 t 分布表.例如,当 $n=15,\alpha=0.05$ 时,查 t 分布表,有

$$t_{0.05}(15)=1.7531,$$

$$t_{0.05/2}(15)=2.1315,$$

其中，$t_{0.05/2}(15)$由$P(t(15)>t_{0.025}(15))=0.025$查得.

当$n>45$时，可以用标准正态分布代替t分布查$t_\alpha(n)$的值，$t_\alpha(n)\approx U_\alpha$.

同步实践 7.1.2

1. 设总体$X\sim N(1,9)$，$X_1,X_2,\cdots,X_9$是X的样本，则(　　).

A. $\dfrac{\overline{X}-1}{3}\sim N(0,1)$　　B. $\dfrac{\overline{X}-1}{1}\sim N(0,1)$

C. $\dfrac{\overline{X}-1}{9}\sim N(0,1)$　　D. $\dfrac{\overline{X}-1}{\sqrt{3}}\sim N(0,1)$

2. 在总体$X\sim N(80,400)$中随机抽取容量为100的样本，求样本均值与总体均值之差的绝对值大于3的概率.

7.1.3　关于分布的几个性质

性质 1　χ^2分布具有可加性.

设$X_1\sim\chi^2(n_1)$，$X_2\sim\chi^2(n_2)$且相互独立，则

$$X_1+X_2\sim\chi^2(n_1+n_2).$$

性质 2　设$(X_1,X_2,\cdots,X_n)$为来自总体$X\sim N(\mu,\sigma^2)$的样本，则

(1) 样本均值$\overline{X}$与样本方差S^2相互独立；

(2) $$\frac{(n-1)S^2}{\sigma^2}=\frac{\sum\limits_{i=1}^{n}(X_i-\overline{X})^2}{\sigma^2}\sim\chi^2(n-1).\tag{7.10}$$

性质 3　设$(X_1,X_2,\cdots,X_n)$为来自总体$X\sim N(\mu,\sigma^2)$的样本，则统计量

$$\frac{\overline{X}-\mu}{\dfrac{S}{\sqrt{n}}}\sim t(n-1).\tag{7.11}$$

性质 4　设$(X_1,X_2,\cdots,X_{n_1})$和$(Y_1,Y_2,\cdots,Y_{n_2})$分别来自正态总体$N(\mu_1,\sigma^2)$和$N(\mu_2,\sigma^2)$的样本，且它们相互独立，则统计量

$$\frac{\overline{X}-\overline{Y}-(\mu_1-\mu_2)}{S_w\sqrt{\dfrac{1}{n_1}+\dfrac{1}{n_2}}}\sim t(n_1+n_2-2),\tag{7.12}$$

其中，$S_w=\sqrt{\dfrac{(n_1-1)S_1^2+(n_2-1)S_2^2}{n_1+n_2-2}}$，$S_1^2,S_2^2$分别为两总体的样本方差.

7.1　数理统计基础知识同步实践答案

§7.2 参数估计

7.2.1 基本概念

1. **估计量　估计值**

在经济生活中,人们经常要做各种各样的估计.例如,编制生产计划时要估计当年的销售额,还要估计人们的收入水平;在买卖股票时首先要估计股票价格的走势,然后决定是买还是卖;银行在贷款给某个企业时,要对其还贷能力做出估计,然后决定是否给予贷款,贷给多少,还款期限……

人们往往知道随机变量(总体)的分布类型,但确切的函数形式并不知道,即总体的参数未知.参数估计就是要根据样本来估计出总体的未知参数.

常见的参数估计方法分为点估计(point estimate)和区间估计(interval estimate).所谓**点估计**是以样本的某个函数值估计总体的未知参数;**区间估计**则是用一个区间去估计总体的未知参数所在范围,即把未知参数值估计在某两个界限之间.

经济生活中点估计的例子很多,例如:估计某商场明年的销售额为 4 800 万元,估计今年五月某地区的投资额将会上升 20%以及估计今年我国的国内生产总值总额等都是点估计.点估计看似很方便、很明确,但是,由于变量的随机性,点估计不可能做到十分准确.因此,人们常常把参数值估计在一个范围内.还用商场销售额这个例子,如果估计明年商场销售额在 4 700~4 900 万元范围内,当商场实际销售额在此区间内,那么估计就是正确的.显然,区间估计的正确率比点估计要高.

估计中常用的方法:用一个样本的统计量 $\hat{\theta}$ 估计总体参数 θ,并称它为**估计量**(estimator),其具体值称为**估计值**.譬如用样本平均数 $\bar{x}$ 作为总体平均数 μ 的估计量.表 7-1 通过举例对这几个概念进行比较.

表 7-1

研究的总体	要估计的参数 θ	用作估计量的样本统计量 $\hat{\theta}$	估计值
全国的人口	今年的人均年消费水平	按千分之一比例抽取人口,并调查其去年的人年均消费水平	人年均消费 25 630元
某批出厂的所有灯泡	平均寿命	随机抽取 20 只,检测其平均寿命	平均寿命 6 800 h
流动人口	有犯罪记录的人所占比例	随机抽取 1 000 人,有犯罪记录者所占比例	0.041‰ 有犯罪记录

2. **评价估计量的标准**

(1) **无偏性**(unbiased)　由于估计量是样本的函数,是随机变量,它对于不同样本观测值会得到不同的估计值.自然希望这些估计值的平均值与参数的真值相等,也就是一个好的估计量的期望等于未知参数的真实值,具有这种性质的估计量,称为无偏估计量(unbiased estimate). 也就是说,当估计量 $\hat{\theta}$ 的期望 $E(\hat{\theta})=\theta$ 时,称 $\hat{\theta}$ 为 θ 的**无偏估计量**.

(2) **有效性**(effectiveness)　有时未知参数的无偏估计量不是唯一的,那么如何比较其好坏呢? 自然是估计量 $\hat{\theta}$ 与参数 θ 的偏差越小越好,因为 $E(\hat{\theta})=\theta$,也就是 $\hat{\theta}$ 的方差越小越好.把方差最小的那个估计量称为**有效估计量**(efficient estimator).

(3) **一致性**(consistency)　如果随着样本容量的增加,统计量的值越来越接近总体参数值,那么这样的统计量就是与总体参数一致的估计量.样本容量越大,估计量的一致性越可靠.

7.2.2　点估计

由于样本在一定程度上反映总体的信息,所以人们自然想到用样本均值作为总体均值的估计量,用样本方差作为总体方差的估计量.可以证明,样本均值是总体均值的无偏、有效估计量,样本方差是总体方差的无偏估计量.

下面的案例 7.2.1 是一个点估计的应用实例.在不需要十分精确数据的情况下,点估计无疑是一种十分简便而有效的方法.

案例 7.2.1　现有一批支援灾区的衣裤,共 500 箱,每箱内放的衣裤数量差不多,估计这批衣裤有多少件.

解　为估计衣裤总数,随机抽查其中 30 箱,清点的数量如下:

101,104,98,111,103,97,110,99,99,100,

103,97,104,102,96,102,98,101,96,105,

105,98,102,101,107,97,104,96,103,94.

样本的平均数是

$$\bar{x}=\frac{\sum x}{30}=\frac{3\ 033}{30}=101.1(\text{件}).$$

以此为总体的平均数估计值,也就是说,每箱平均有衣裤 101.1 件,500 箱共计 50 550 件衣裤,也可以说,这批支援灾区的衣裤大约是 5 万件.

如果还想知道总体标准差的估计值,通常用样本均方差

$$s=\sqrt{\frac{\sum(x-\bar{x})^2}{n-1}}$$

去估计.

案例 7.2.2　估算案例 7.2.1 的标准差.

解　样本标准差为

$$s=\sqrt{\frac{\sum(x-\bar{x})^2}{n-1}}\approx 4.147,$$

即总体标准差的估计值为 4.147.

同步实践 7.2.2

1. 设 X_1,X_2,X_3 是总体 X 的一个样本,则下列统计量中是 $E(X)$ 的无偏估计的是(　　).

A. $\hat{\mu}_1=\frac{1}{2}X_1-\frac{1}{4}X_2+\frac{1}{3}X_3$　　　B. $\hat{\mu}_2=\frac{1}{6}X_1-\frac{11}{12}X_2-\frac{1}{4}X_3$

C. $\hat{\mu}_3=\frac{1}{3}X_1+\frac{1}{2}X_2+\frac{1}{6}X_3$　　　D. $\hat{\mu}_4=\frac{2}{3}X_1+\frac{3}{2}X_2-\frac{5}{6}X_3$

2. 某工厂生产一批零件,已知这批零件的内径总体 $X\sim N(\mu,\sigma^2)$,但是参数 μ 和 σ^2 未知,现随机抽查 12 个零件进行内径检测,测得内径(单位:mm)分别为

13.51,13.31,13.34,13.47,13.44,13.50,

13.30,13.80,13.40,13.32,13.43,13.48.

试估计这批零件的内径均值和方差.

7.2.3 区间估计

区间估计

点估计只能对总体参数作出大致的估计,要十分准确地估计出总体参数几乎是不可能的.数理统计提供了另一种估计方法——区间估计.区间估计的具体做法是,构造两个统计量 $\hat{\theta}_1(X_1,X_2,\cdots,X_n)$ 及 $\hat{\theta}_2(X_1,X_2,\cdots,X_n)$ $(\hat{\theta}_1<\hat{\theta}_2)$,用区间 $(\hat{\theta}_1,\hat{\theta}_2)$ 来估计未知参数 θ 的可能取值范围,要求 θ 落在区间 $(\hat{\theta}_1,\hat{\theta}_2)$ 内的概率尽可能大.通常,事先给定一个很小的数 α($0<\alpha<1$,常取 5% 或 1%),按概率 $1-\alpha$ 估计总体参数 θ 可能落入区间 $(\hat{\theta}_1,\hat{\theta}_2)$ 的概率.$1-\alpha$ 称为**置信度**或**置信水平**,α 称为**检验水平**(估计不成功的概率),区间 $(\hat{\theta}_1,\hat{\theta}_2)$ 称为置信度为 $1-\alpha$ 的**置信区间**.

1. 正态总体数学期望的区间估计

1) 标准差 σ 已知时,均值 μ 的区间估计

对于正态分布总体(对其他分布的总体,当样本容量大于等于 30 时,其均值可近似看成正态分布),如果已知总体标准差为 σ,样本均值为 $\overline{X}$,则在置信度 $1-\alpha$ 下总体均值 μ 的置信区间为

$$\left(\overline{X}-U_{\alpha/2}\frac{\sigma}{\sqrt{n}},\ \overline{X}+U_{\alpha/2}\frac{\sigma}{\sqrt{n}}\right),\tag{7.13}$$

其中,$U_{\alpha/2}$ 为标准正态分布的双侧 α 分位点,n 为样本容量.

在(7.13)的置信区间中,$\overline{X}$ 为点估计值.置信区间实际上是以 $\overline{X}$ 为中心,以 $U_{\alpha/2}\frac{\sigma}{\sqrt{n}}$ 为半径的区间,称 $U_{\alpha/2}\frac{\sigma}{\sqrt{n}}$ 为边际误差.

标准差已知,参数 μ 的置信度为 $1-\alpha$ 的置信区间推导过程如下:

设总体 $X\sim N(\mu,\sigma^2)$,$X_1,X_2,\cdots,X_n$ 是取自总体的样本,则统计量

$$U=\frac{\overline{X}-\mu}{\frac{\sigma}{\sqrt{n}}}\sim N(0,1),$$

按给定的置信度 $1-\alpha$，查标准正态分布表（附表 1），由 $\Phi(u_{\alpha/2})=P(X\leqslant u_{\alpha/2})=1-\dfrac{\alpha}{2}$确定临界值 $u_{\alpha/2}$.

于是，统计量 U 落在区间 $(-u_{\alpha/2},u_{\alpha/2})$ 的概率为

$$P\left(-u_{\alpha/2}<\frac{\overline{X}-\mu}{\frac{\sigma}{\sqrt{n}}}<u_{\alpha/2}\right)=\Phi(u_{\alpha/2})-\Phi(-u_{\alpha/2})=1-\frac{\alpha}{2}-\left[1-\left(1-\frac{\alpha}{2}\right)\right]=1-\alpha,$$

即

$$P\left(\overline{X}-u_{\alpha/2}\frac{\sigma}{\sqrt{n}}<\mu<\overline{X}+u_{\alpha/2}\frac{\sigma}{\sqrt{n}}\right)=1-\alpha.$$

所以参数 μ 的置信度为 $1-\alpha$ 的置信区间为$\left(\overline{X}-u_{\alpha/2}\dfrac{\sigma}{\sqrt{n}},\ \overline{X}+u_{\alpha/2}\dfrac{\sigma}{\sqrt{n}}\right)$.

案例 7.2.3 甲公司是一家专营体育设备和器材的邮购公司.为了跟踪服务质量，该公司每个月都会选取顾客（人数 100 名）的邮购订单组成简单随机样本.每位顾客对公司的服务水平在 0（最差等级）~100（最好等级）之间打分，然后计算样本平均值. 根据以往的资料显示，每个月顾客满意得分的平均值都在变动，但满意得分的样本标准差趋于稳定的数值 20 附近.如果假定总体标准差 $\sigma=20$. 最近一次顾客对该公司满意程度的平均值 $\overline{X}=82$.试求置信度为 95%的总体均值的置信区间.

解 样本容量为 100，近似按正态分布处理.总体方差 $\sigma=20$，样本均值$\overline{X}=82$，置信度为 $1-\alpha=0.95$，则$\dfrac{\alpha}{2}=0.025$.通过查标准正态分布表（附表 1），得 $U_{0.025}=1.96$，代入式（7.13）得，置信度为 95%时，顾客满意度的边际误差为 $1.96\times\dfrac{20}{\sqrt{100}}=3.92$，所以置信区间为

$$(82-3.92,82+3.92),$$

即(78.08,85.92).所以有 95%的把握认为顾客的满意分数落在区间(78.08,85.92)内.

案例 7.2.4 在一批包装商品中，抽取 100 个小包装袋，已知样本的质量平均数是 21 g，总体标准差为 6 g，在置信度为 95%的要求下，计算置信区间.

解 $\dfrac{\sigma}{\sqrt{n}}=\dfrac{\sigma}{\sqrt{100}}=0.6$，置信度为 $1-\alpha=0.95$，则$\dfrac{\alpha}{2}=0.025$.

由 $\Phi(u_{\alpha/2})=1-\dfrac{\alpha}{2}=0.975$，查附表 1，得 $u_{\alpha/2}=1.96$.

所以置信区间的上限为

$$\overline{X}+1.96\times\frac{\sigma}{\sqrt{100}}=21+1.96\times0.6=22.18,$$

置信区间的下限为

$$\overline{X}-1.96\times\frac{\sigma}{\sqrt{100}}=21-1.96\times0.6=19.82.$$

所以这批小包装的质量的置信区间为(22.18,19.82),置信度为95%.

2)标准差σ未知,均值μ的估计

对于正态分布总体(对其他分布的总体,当样本容量大于等于30时,其均值可近似看成正态分布),如果已知样本均值为$\overline{X}$,但总体标准差σ未知,则总体均值μ在置信度$1-\alpha$下的置信区间为

$$\left(\overline{X}-t_{\alpha/2}(n-1)\frac{S}{\sqrt{n}},\ \overline{X}+t_{\alpha/2}(n-1)\frac{S}{\sqrt{n}}\right), \tag{7.14}$$

其中,$t_{\alpha/2}(n-1)$为自由度为$n-1$的t分布的双侧α分位点,n为样本容量,S为样本标准差,即

$$S=\sqrt{\frac{1}{n-1}\sum_{i=1}^{n}(X_i-\overline{X})^2}.$$

式(7.14)说明,总体标准差σ未知时,总体均值的置信区间为以$\overline{X}$为中心,以$t_{\alpha/2}(n-1)\frac{S}{\sqrt{n}}$(称为边际误差)为半径的区间.

方差σ^2未知,参数μ的置信度为$1-\alpha$的置信区间的推导过程如下.

由于σ^2未知,故用样本方差S^2替代,引入统计量

$$T=\frac{\overline{X}-\mu}{\frac{S}{\sqrt{n}}},$$

则

$$T=\frac{\overline{X}-\mu}{\frac{S}{\sqrt{n}}}\sim t(n-1).$$

按给定的置信度$1-\alpha$,查t分布表(附表4),确定临界值$t_{\alpha/2}(n-1)$.于是统计量T落在区间$(-t_{\alpha/2}(n-1),t_{\alpha/2}(n-1))$的概率为

$$P\left(-t_{\alpha/2}(n-1)<\frac{\overline{X}-\mu}{\frac{S}{\sqrt{n}}}<t_{\alpha/2}(n-1)\right)=1-\alpha,$$

即

$$P\left(\overline{X}-t_{\alpha/2}(n-1)\frac{S}{\sqrt{n}}<\mu<\overline{X}+t_{\alpha/2}(n-1)\frac{S}{\sqrt{n}}\right)=1-\alpha.$$

所以参数μ的置信度为$1-\alpha$的置信区间为

$$\left(\overline{X}-t_{\alpha/2}(n-1)\frac{S}{\sqrt{n}},\ \overline{X}+t_{\alpha/2}(n-1)\frac{S}{\sqrt{n}}\right).$$

案例 7.2.5 某公司对培训企业维修工的计算机辅助程序感兴趣.为了了解这种计算机辅助程序能缩短多少培训时间,需要评估这种程序在95%置信度下培训时间平均值的置信区间.已知培训时间总体是正态分布,该公司的管理者对15名维修工进行了测试,所得培训时间如表7-2所示,试估计95%置信水平下总体均值的置信区间.

表 7-2

维修工编号	1	2	3	4	5	6	7	8	9	10	11	12	13	14	15
培训天数	52	44	55	44	45	59	50	54	62	46	54	58	60	62	63

解 已知总体是正态分布，但总体标准差 σ 未知，应用式(7.14)进行计算. 首先计算样本均值和样本标准差：

$$\bar{x}=\frac{\sum x_i}{n}=\frac{808}{15}=53.87,$$

$$S=\sqrt{\frac{1}{n-1}\sum_{i=1}^{n}(x_i-\bar{x})^2}=\sqrt{\frac{651.73}{14}}\approx 6.82.$$

置信度为 95%，则 $\frac{\alpha}{2}=0.025$，自由度为 $n-1=14$，查附表 4，得

$$t_{\alpha/2}(n-1)=2.1448.$$

所以边际误差

$$t_{\alpha/2}(n-1)\frac{S}{\sqrt{n}}=2.1448\times\frac{6.82}{\sqrt{15}}\approx 3.78.$$

因而由式(7.14)可知，在应用辅助程序后该公司培训维修工时间在 95%置信度下的置信区间约为

$$(53.87-3.78,53.87+3.78),$$

即(50.09,57.65).

案例 7.2.6 表 7-3 列出了选取 36 名投保人组成的简单随机样本的年龄数据. 在 90%置信度下，求总体年龄均值的置信区间.

表 7-3

投保人编号	年龄	投保人编号	年龄	投保人编号	年龄
1	32	13	39	25	23
2	50	14	46	26	36
3	40	15	45	27	42
4	24	16	39	28	34
5	33	17	38	29	39
6	44	18	45	30	34
7	45	19	27	31	35
8	48	20	43	32	42
9	44	21	54	33	53
10	47	22	36	34	28
11	31	23	34	35	49
12	36	24	48	36	39

解 总体分布未知，但样本容量为 $n=36$，大于 30，可近似看成正态分布处理. 由于总体的标准差 σ 未知，所以应用式(7.14)来求总体的置信区间.

从表 7-3 中通过计算可得，样本均值为 39.5 岁，这是总体均值的点估计. 另外，可算得样本标准差 $S=\sqrt{\frac{1}{35}\sum_{i=1}^{36}(x_i-39.5)^2}\approx 7.77$. 当置信度为 90%时，$\frac{\alpha}{2}=0.05$，$n-1=35$，查附表 4，得

$$t_{\alpha/2}(n-1)=t_{0.05}(35)=1.6896.$$

所以边际误差

$$t_{\alpha/2}(n-1)\frac{S}{\sqrt{n}}=1.6896\times\frac{7.77}{\sqrt{36}}\approx 2.188.$$

所以在 90%的置信度下，总体年龄均值的置信区间约为(39.5−2.188，39.5+2.188)，即(37.312，41.688).

案例 7.2.7 近年来，在“构建优质高效的服务业新体系”下，服务业获得高质量发展. 假如某地由 36 名服务业人士组成的样本的个人日收入均值为 209 元，样本标准差为 50 元. 试计算服务业人士日收入总体均值的 95%置信区间.

解 总体分布未知，样本容量 $n=36$，故可近似为正态分布抽样. 由于总体标准差未知，应用式(7.14)处理.

置信度为 95%，$\frac{\alpha}{2}=0.025$，自由度 $n-1=35$，查附表 4，得

$$t_{\alpha/2}(n-1)=t_{0.025}(35)=2.0301.$$

所以边际误差为

$$t_{\alpha/2}(n-1)\frac{S}{\sqrt{n}}=2.0301\times\frac{50}{\sqrt{36}}\approx 16.9175.$$

所以服务业人士总体均值的 95%置信区间约为(209−16.9175，209+16.9175)，即(192.0825，225.9175).

2. 正态总体方差的区间估计

对于未知方差的正态分布总体，因统计量

$$\frac{(n-1)S^2}{\sigma^2}\sim\chi^2(n-1),$$

所以对给定的置信度 $1-\alpha$，由 χ^2 分布，有

$$P\left(\chi^2_{1-\alpha/2}(n-1)<\frac{(n-1)S^2}{\sigma^2}<\chi^2_{\alpha/2}(n-1)\right)=1-\alpha$$

成立，即

$$P\left(\frac{(n-1)S^2}{\chi^2_{\alpha/2}(n-1)}<\sigma^2<\frac{(n-1)S^2}{\chi^2_{1-\alpha/2}(n-1)}\right)=1-\alpha$$

成立. 故 σ^2 的 $1-\alpha$ 置信区间为

$$\left(\frac{(n-1)S^2}{\chi^2_{\alpha/2}(n-1)},\frac{(n-1)S^2}{\chi^2_{1-\alpha/2}(n-1)}\right). \tag{7.15}$$

而均方差 σ 的 $1-\alpha$ 置信区间为

$$\left(S\sqrt{\frac{n-1}{\chi^2_{\alpha/2}(n-1)}},S\sqrt{\frac{n-1}{\chi^2_{1-\alpha/2}(n-1)}}\right). \tag{7.16}$$

案例 7.2.8 计算案例 7.2.7 中服务业人士总体标准差的 95%置信区间.

解 由案例 7.2.7 知样本容量 $n=36$,样本标准差 $S=50$,置信度 $1-\alpha=0.95$,查附表 3,得

$$\chi^2_{\alpha/2}(n-1)=\chi^2_{0.025}(36-1)=53.203,$$

$$\chi^2_{1-\alpha/2}(n-1)=\chi^2_{0.975}(36-1)=20.569,$$

将以上数据代入式(7.16)得总体标准差的 95%置信区间为(40.554 2,65.222 5).

3. 总体比率的区间估计(大样本)

情境引例 7.2.1 在案例 7.2.5 中对该公司职工培训时间的均值进行了区间估计.为了从多角度评估该项目,需进一步对培训质量进行评估,对 45 人的样本进行了测试,结果有 36 人通过了考核.本次测试的通过率为 80%.但再进行测试时,通过率可能就不一定正好是 80%,可能是其他的数据.那么总体通过测试的比率该在什么范围内呢?

可以通过样本比率 $\bar{p}$ 在一定置信度下确定总体比率 p 的置信区间.

可以证明,样本比率 $\bar{p}$ 是总体比率 p 的无偏估计,并且在大样本(样本容量 $n\geqslant 30$)的情形下,$\bar{p}$ 的分布近似服从正态分布.在置信度 $1-\alpha$ 下,用样本比率 $\bar{p}$ 估计总体比率 p 产生的边际误差为

$$U_{\alpha/2}\sqrt{\frac{\bar{p}(1-\bar{p})}{n}},$$

所以总体比率的置信区间为

$$\left(\bar{p}-U_{\alpha/2}\sqrt{\frac{p(1-p)}{n}},\bar{p}+U_{\alpha/2}\sqrt{\frac{\bar{p}(1-\bar{p})}{n}}\right), \tag{7.17}$$

其中,$U_{\alpha/2}$ 为标准正态分布的双侧 α 分位点.

注 "近似估计"这个方法除了"$n\geqslant 30$"的条件,还需要"参数 p 接近 0.5".

案例 7.2.9 接着讨论情境引例 7.2.1 中该公司的培训质量,已知 45 名培训维修工中有 36 人通过了考试.在 95%的置信度下求总体培训合格比率 p 的置信区间.

解 由于样本容量 $n\geqslant 30$,所以可近似将抽样分布看成正态分布,样本比率 $\bar{p}=\dfrac{36}{45}=0.80$.置信度为 0.95,所以 $U_{\alpha/2}=U_{0.025}=1.96$,且

$$U_{\alpha/2}\sqrt{\frac{\bar{p}(1-\bar{p})}{n}}=1.96\times\sqrt{\frac{0.8(1-0.8)}{45}}\approx 0.12.$$

由式(7.17),可知总体培训合格率的置信区间约为(0.8-0.12,0.8+0.12),即(0.68,0.92).

4. 正态总体在对均值的区间估计中所需的样本容量

在对方差已知的正态分布总体均值进行区间估计时,边际误差为 $U_{\alpha/2}\dfrac{\sigma}{\sqrt{n}}$. 其中,$U_{\alpha/2}$ 和

样本容量 n 共同确定了边际误差.一旦确定了置信度 $1-\alpha$，$U_{\alpha/2}$ 也就确定了.此时影响边际误差的唯一因素就是样本容量 n.如果对边际误差水平（用 E 表示）有约定，则需要的样本容量 n 也就唯一确定了.样本容量 n 的公式推导如下.

令 E 代表希望的边际误差

$$E=U_{\alpha/2}\frac{\sigma}{\sqrt{n}},$$

解出样本容量 n 的表达式

$$n=\left(\frac{\sigma U_{\alpha/2}}{E}\right)^2. \tag{7.18}$$

在给定的置信度下，该样本容量满足所希望的边际误差.

案例 7.2.10 在案例 7.2.5 所述的某公司的培训安排中，计划总体标准差为 $\sigma=6.82$.如果希望的边际误差为 2 天，置信度为 95%，那么样本容量应该为多大？

解 由题意知，$\sigma=6.82$，$E=2$，置信度 $1-\alpha=0.95$，则 $\frac{\alpha}{2}=0.025$.查附表 1，得 $U_{0.025}=1.96$，代入式（7.18），有

$$n=\left(\frac{\sigma U_{\alpha/2}}{E}\right)^2=\left(\frac{6.82\times1.96}{2}\right)^2=44.67\approx45.$$

所以应该抽取至少 45 个样本.

> **小贴士**
>
> 公式（7.18）要求总体标准差 σ 是已知的.当 σ 未知时，通常用样本标准差 S 代替总体标准差.

案例 7.2.11 某股票交易所版面上，给出每只股票 52 周以来每股最高价、最低价、分红率、价格/收益（P/E）比率、日成交量、日最高价、日最低价、收盘价等信息.每只股票的 P/E 比率由公司最近四个季度公布的每股收益除价格得到.在一次大样本的抽查中，样本方差 $s=7.8$.假定要求对该股票交易列示的所有股票 P/E 比率的总体均值进行估计，要求 95% 置信度下的边际误差 $E=3$，则样本容量应包含多少只股票？

解 由于是大样本抽样，可将总体视为正态分布.总体标准差未知，用样本标准差代替，即 $\sigma=S=7.8$.置信度 $1-\alpha=0.95$，则 $\frac{\alpha}{2}=0.025$，通过查附表 1，得 $U_{0.025}=1.96$，代入式（7.18），有

$$n=\left(\frac{\sigma U_{\alpha/2}}{E}\right)^2=\left(\frac{7.8\times1.96}{3}\right)^2=25.97\approx26.$$

所以按要求，样本容量应包含 26 只股票.

5. 正态总体在对总体比率的区间估计中所需的样本容量

现在进一步考虑在给定边际误差时，应选用多大的样本容量来估计总体比率.前面已知用样本比率 $\bar{p}$ 估计总体比率 p 的边际误差

$$E=U_{\alpha/2}\sqrt{\frac{\bar{p}(1-\bar{p})}{n}},$$

解得

$$n=\frac{(U_{\alpha/2})^2\cdot\bar{p}(1-\bar{p})}{E^2},\tag{7.19}$$

其中,E 是事先给定的边际误差,$U_{\alpha/2}$为标准正态分布的双侧 α 分位点.

案例 7.2.12 仍回到案例 8.5 中去,现在对培训项目测验的总体比率进行估计.在测试中的 45 名维修工中有 36 名通过了测试,如果该公司的生产主管在 95%置信度和边际误差为 0.10 的条件下对总体比率进行区间估计.那么你建议抽取多少样本?

解 对总体比率评估的样本容量的确定应用式(7.19),已知样本比率为$\bar{p}=\frac{36}{45}=0.8$,希望的边际误差为 $E=0.1$,置信度为 95%,查附表 1,得

$$U_{\alpha/2}=U_{0.025}=1.96.$$

由式(7.19),样本容量

$$n=\frac{(U_{\alpha/2})^2\cdot\bar{p}(1-\bar{p})}{E^2}=\frac{1.96^2\times0.8\times0.2}{0.1^2}\approx61.47.$$

样本量为整数,所以应取 62 个样本.

同步实践 7.2.3

1. 设$(X_1,X_2,\cdots,X_n)$是取自总体 $X\sim N(\mu,\sigma^2)$的一个样本,σ^2已知,则 μ 的置信水平为$1-\alpha$ 的置信区间是(　　).

A. $\left(\bar{X}-\frac{\upsilon}{\sqrt{n}}\mu_{\alpha/2},\bar{X}+\frac{\sigma}{\sqrt{n}}\mu_{\alpha/2}\right)$　　B. $\left(\bar{X}-\frac{\sigma}{\sqrt{n}}\mu_{\alpha},\bar{X}+\frac{\sigma}{\sqrt{n}}\mu_{\alpha}\right)$

C. $\left(\bar{X}-\frac{\upsilon}{\sqrt{n}}t_{\alpha/2}(n-1),\bar{X}+\frac{\sigma}{\sqrt{n}}t_{\alpha/2}(n-1)\right)$　　D. $\left(\bar{X}-\frac{\sigma}{\sqrt{n}}t_{\alpha/2}(n),\bar{X}+\frac{\sigma}{\sqrt{n}}t_{\alpha/2}(n)\right)$

2. 设由来自正态总体 $X\sim N(\mu,0.81)$的容量为 9 的简单随机样本的样本均值为 5,则 μ 的置信度为 0.95 的置信区间为__________.

3. 随机从一批钉子中抽取 16 个,测得钉子长度为(单位:cm)

2.7, 2.14,2.7, 2.13,2.10,2.14,2.12,2.15,

2.10,2.13,2.12,2.13,2.15,2.13,2.10,2.14.

设钉子长度服从正态分布,已知 $\sigma=0.01$ cm,求总体期望 μ 的置信度为 0.90 的置信区间.

7.2 参数估计
同步实践答案

§7.3 回归分析

经济现象与自然现象一样,普遍存在着事物之间的相互联系,如销售额与利润额,施肥量与亩产量,广告费支出、营业网点数与商品销售额,都存在着相关关系.**回归分析**正是分析和研究这类两个变量或者两个以上变量之间的关系的统计方法.回归分析在经济生活中有着广泛的应用.

7.3.1 函数关系与相关关系

经济变量之间的关系,大体上可分为函数关系和相关关系两类.**函数关系**是严格确定的数量依存关系,即当一个变量取某个数值时,另一变量有确定的值与之对应.函数关系一般可用解析式 $y=f(x)$ 来表示.

相关关系是不确定的数量依存关系,当某个变量取某个数值时,另一变量并不表现为一个确定的值.例如,一个工人的熟练程度提高,会使他的劳动生产率提高,但做同样工作的两个或三个相同技术熟练程度的工人并不具有相同的劳动生产率,他们的产量还是存在差别(尽管差别可能不大).因为除劳动熟练程度外,工人的年龄、健康状况和机床的良好程度等,都或多或少地影响劳动生产率.再如施肥量与亩产量的关系,在合理的区间内,施肥量越高,亩产量也会越高,但相同的施肥量并不一定会得到相同的亩产量,因为亩产量除了受到施肥量影响外,还受到诸如天气、雨水、土壤等因素的影响.在数理统计中,像工人的熟练程度和劳动生产率、施肥量与亩产量之间的关系就称为相关关系.可见,相关关系是客观存在的非确定性的数量对应关系.

对变量间的相关关系进行分析,称为**相关分析**.进行相关分析的工具有**相关表**、**相关图**和**相关系数**等.

对两个变量作相关分析时,首先必须取得一系列的成对资料,配对的观测值中每一变量都有它们各自的基本计量单位.把具有相关关系的原始数据对应排列起来的表称为相关表(表 7-4).

表 7-4

企业编号	1	2	3	4	5	6	7	8
产量/t	1.2	2.0	3.1	3.8	5.0	6.1	7.2	8.0
生产费用/万元	62	86	80	110	115	132	135	160

在表 7-4 中可以看到,随着产量的变化,生产费用也在变化.为了能更清楚地显示产量与生产费用之间的关系,将每一对值作为一个点,在直角坐标系中画出来就形成了相关图,也称为散点图,横轴代表产量,纵轴代表生产费用.根据表7-4可得到如图 7-9 所示的散点图.

图 7-9 中的所有散点大体上散布在一条直线的周围,反映了产量与生产费用之间呈直

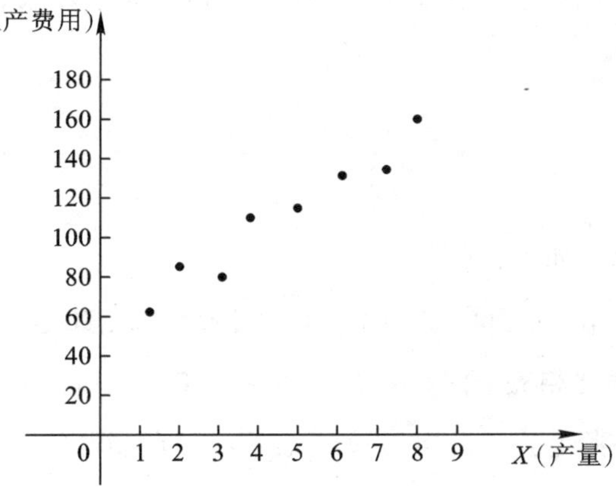

图 7-9

线型相关关系.如果有大量的观测值,图中就会有更多的点,根据这些点的分布情况,可大致判断变量之间的相关关系.例如下面几个相关图:

图 7-10 中的相关点在任何一个方向上都没有关联的趋势,因此 x 和 y 之间无相关关系;图 7-11 和图 7-12 表明 x 和 y 之间呈直线的趋势,称变量 x,y 线性相关,其中,图 7-11 是正相关,图 7-12 是负相关;图 7-13 和图 7-14 则表明 x 和 y 之间呈曲线相关的趋势;如果 x 和 y 之间具有完全相关的关系即函数关系,那么图中的各相关点均在一条直线或曲线上(图 7-15).

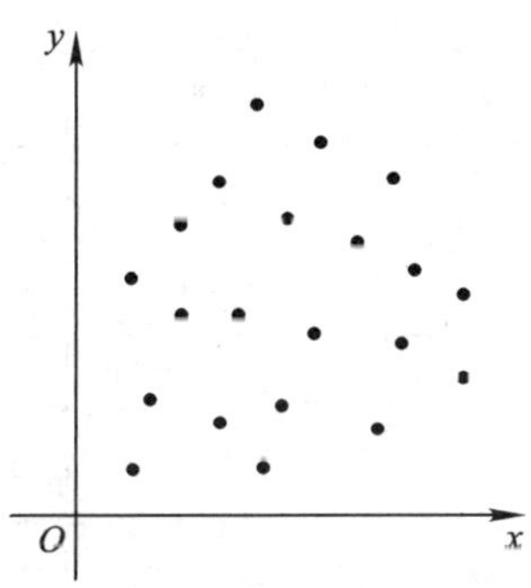

图 7-10

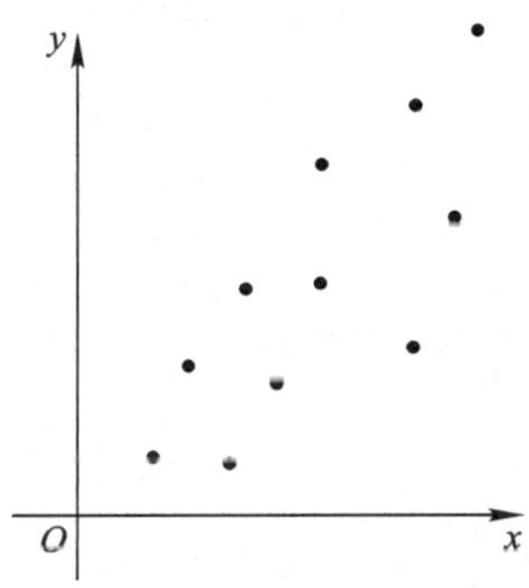

图 7-11

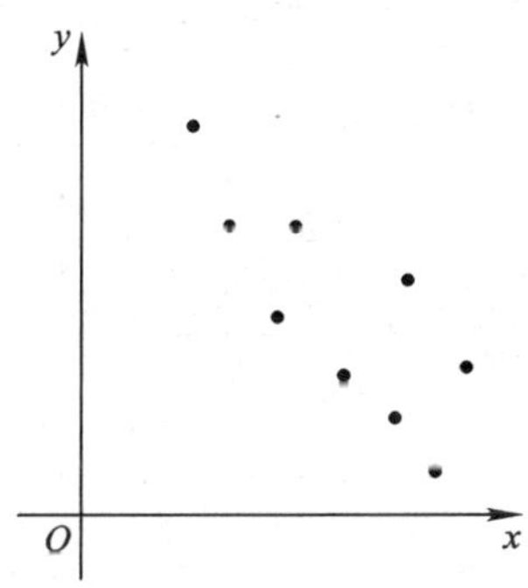

图 7-12

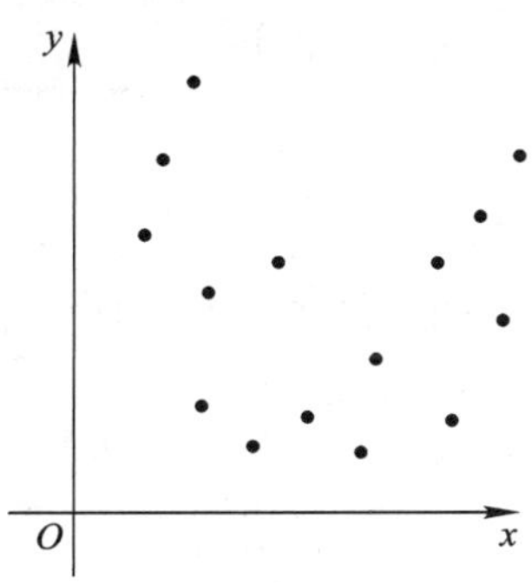

图 7-13

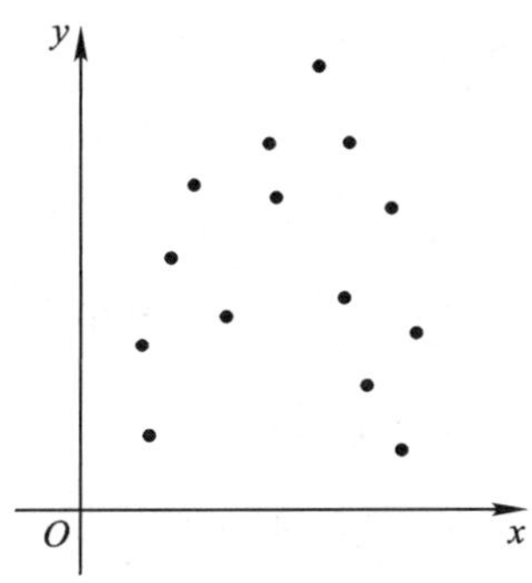

图 7-14

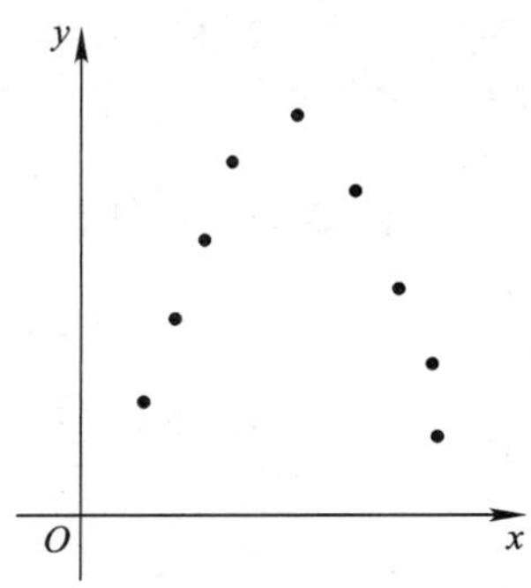

图 7-15

两个变量之间的线性相关关系，可通过计算相关系数来判断其相关关系的密切程度.相关系数计算公式为

$$r=\frac{n\sum xy-\sum x\sum y}{\sqrt{n\sum x^2-\left(\sum x\right)^2}\sqrt{n\sum y^2-\left(\sum y\right)^2}}. \tag{7.20}$$

关于 r 值的说明如下：

(1) r 值在 -1 和 1 之间，即 $|r|\leqslant 1$. $|r|$ 越大，表明变量间线性相关关系越强. $|r|=1$，说明两变量完全线性相关，即函数关系.如果 $r=0$，说明两变量间完全没有线性关系.

(2) $r>0$，表明变量间正相关；$r<0$ 表明变量间负相关.

(3) 密切程度的判断.相关系数一般的判断标准：$|r|<0.3$，称为微弱相关；$0.3\leqslant|r|<0.5$，称为低度相关；$0.5\leqslant|r|<0.8$，称为显著相关；$0.8\leqslant|r|<1$，称为高度相关；$|r|=1$，称为完全相关.

(4) 由于抽样误差及随机因素影响，r 值有时会偏离变量间实际的相关程度.关于 r 值是否判定准确，可参看有关书籍，本书不予介绍.

案例 7.3.1 根据表 7-4 的资料，计算企业产量与生产费用间的相关系数.

解 将相关数据计算在表 7-5 中.

表 7-5

企业编号	产量 x/t	生产费用 y/万元	x^2	y^2	xy
1	1.2	62	1.44	3 844	74.4
2	2.0	86	4.00	7 396	172.0
3	3.1	80	9.61	6 400	248.0
4	3.8	110	14.44	12 100	418.0
5	5.0	115	25.00	13 225	575.0
6	6.1	132	37.21	17 424	805.2
7	7.2	135	51.84	18 225	972.0
8	8.0	160	64.00	25 600	1 280.0
合计	36.4	880	207.54	104 214	4 544.6

由表 7-5 可知，

$$\sum x=36.4,\ \sum y=880,\ n=8,\ \sum x^2=207.54,\ \sum xy=4\ 544.6,\ \sum y^2=104\ 214.$$

将以上数据代入式(7.20)中，得

$$r=\frac{8\times4\ 544.6-36.4\times880}{\sqrt{8\times207.54-(36.4)^2}\sqrt{8\times104\ 214-(880)^2}}\approx0.97.$$

结果表明，企业的产量与生产费用之间存在高度的正相关关系.

同步实践 7.3.1

1. 下列图形中具有相关关系的两个变量是(　　).

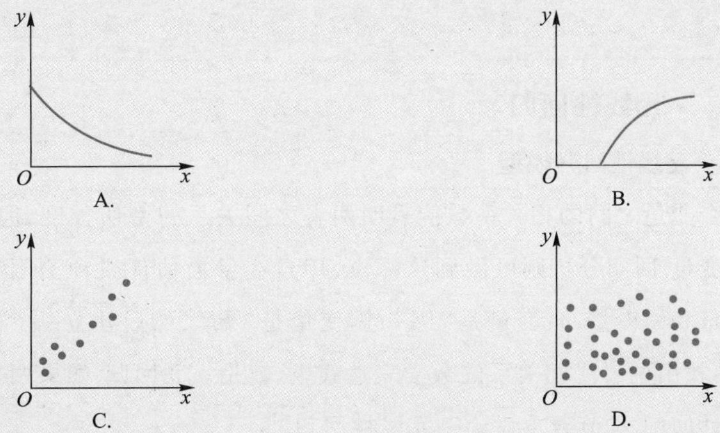

2. 下列说法正确的是(　　).

A. 圆的面积与半径之间的关系是相关关系

B. 粮食产量与施肥量之间的关系是函数关系

C. 一定范围内,学生的成绩与学习时间成正相关关系

D. 人的体重与视力成负相关关系

3. 变量之间的关系可以分为(　　)两大类.

A. 函数关系与相关关系　　B. 线性相关关系和非线性相关关系

C. 正相关关系和负相关关系　　D. 简单相关关系和复杂相关关系

4. 相关关系是指(　　).

A. 变量间的非独立关系　　B. 变量间的因果关系

C. 变量间的函数关系　　D. 变量间不确定性的依存关系

5. 进行相关分析时的两个变量(　　).

A. 都是随机变量

B. 都不是随机变量

C. 一个是随机变量,一个不是随机变量

D. 随机的或非随机都可以

6. 如果 X 和 Y 在统计上独立,则相关系数等于(　　).

A. 1　　B. -1　　C. 0　　D. ∞

7. 给出下列有关线性回归分析的四个命题:

① 线性回归直线必过样本数据点的中心点$(\bar{x},\bar{y})$

② 回归直线就是散点图中经过样本数据点最多的那条直线

③ 当相关系数 $r>0$ 时,两个变量正相关

④ 如果两个变量的相关性越强，则相关系数 r 就越接近 1

其中真命题的个数为(　　).

A. 1　　B. 2　　C. 3　　D. 4

7.3.2　一元线性回归

1. 一元线性回归模型

两个变量之间的相关系数能表明两者之间关系的密切程度，但无法用一个变量去估计另一个变量.回归分析则可做到这一点，用自变量去估计或预测因变量.回归分析首先要区分自变量和因变量，自变量是"因"，因变量是"果"，然后建立一个方程去描述这个因果关系，即要找出两者之间关系的数学表达式，这就是一元回归.如果两个变量是线性关系，称为一元线性回归.本节着重讨论一元线性回归.

设相关关系的两个变量为 x 和 y，y 的值由两部分构成：一部分由 x 的影响确定，用 x 的函数 $f(x)$ 表示，称为**回归函数**；另一部分则由众多不确定性因素影响产生，可看成 y 取值的随机波动，记为 ε，并且假定其平均值为零，即 $E(\varepsilon)=0$.于是得到数学模型

$$y=f(x)+\varepsilon. \tag{7.21}$$

式(7.21)称为**回归模型**，它表明当 x 取某个数值时，y 并不必然表现为一个确定的值，而是在 $f(x)$ 附近波动，但其平均数在大量观察下趋向于确定的值 $f(x)$.

在图 7-8 中，容易看出，企业产量 y_i 和生产费用 x_i 之间的散点图大致呈直线关系.但图形中的各点并不都在一条直线上，而是围绕着直线上下波动，有的在直线上面，有的在直线下面.各散点的坐标满足方程

$$y_i=a+bx_i+\varepsilon_i \quad (i=1,2,\cdots,n).$$

对于这样的散点图，认为 y 与 x 线性相关，回归函数 $f(x)$ 是线性函数，即

$$f(x)=a+bx, \tag{7.22}$$

此时，回归模型为

$$y=a+bx+\varepsilon. \tag{7.23}$$

式(7.22)称为**一元线性回归函数**，式(7.23)称为**一元线性回归模型**.a 为直线截距；b 为直线斜率，也叫作 y 对 x 的**回归系数**，它表示 x 每变动一个单位所引起的 y 的平均变动量；ε_i 称为**残差**(也称为回归误差或预测误差)，表示除 x 外的其他次要因素形成的随机扰动.当样本容量较大时，正负干扰可相互抵消，所以可认为 ε_i 的均值为 0.

回归分析的主要任务就是确定回归方程的参数 a,b 并判定回归函数式(7.22)是否合理.

怎样确定拟合直线的参数 a,b 呢？很自然的想法是 ε_i 越小越好.但是任何 a,b 都不能同时使每个 ε_i 都小，所以要找出一个使所有的 ε_i 整体最小的合理的方法.常用的方法是**最小二乘法**(least squares，LS).它使残差平方和(residual sum of squares，RSS)最小，即使

$$\sum \varepsilon_i^2 = \sum [y_i - (a + bx_i)]^2$$

最小,利用求极值的方法,可解得

$$\begin{cases} \hat{b} = \dfrac{n\sum x_i y_i - \sum x_i \sum y_i}{n\sum x_i^2 - (\sum x_i)^2}, \\ \hat{a} = \dfrac{\sum y_i - \hat{b}\sum x_i}{n}. \end{cases} \tag{7.24}$$

计算时应先求 b 再求 a.用最小二乘法拟合的回归方程有下列性质:

(1) $\sum \varepsilon_i = 0$,即回归误差可以相互抵消;

(2) 所拟合的回归线通过均值点$(\bar{x}, \bar{y})$,即通过散点图的重心,预测值 $\hat{y}_i$ 的均值等于实际值 y_i 的均值;

(3) 残差 ε_i 和 x_i, y_i 之间无相关关系.

案例 7.3.2 根据表 7-5 中有关数据,确定该企业生产费用对产量的回归方程,并说明产量对生产费用的影响大小.

解 由于产量多少决定着生产费用的多少,所以以产量 x 为自变量,生产费用 y 为因变量.又知

$$n = 8, \sum xy = 4\ 544.6, \sum x = 36.4, \sum y = 880, \sum x^2 = 207.54,$$

代入式(7.24),得

$$\hat{b} = \frac{n\sum xy - \sum x \sum y}{n\sum x^2 - (\sum x)^2} = \frac{8 \times 4\ 544.6 - 36.4 \times 880}{8 \times 207.54 - (36.4)^2} \approx 12.896,$$

$$\hat{a} = \frac{\sum y - \hat{b}\sum x}{n} = \frac{880 - 12.896 \times 36.4}{8} = 51.323.$$

所求的生产费用对产量的回归方程为

$$\hat{y} = 51.323 + 12.896x.$$

它说明该企业产量每增加 1 t,生产费用平均增加 12.896 万元.

案例 7.3.3 某市过去 11 年工业产值 y 与农业产值 x 的统计数据(单位:亿元)如表 7-6 中第 2,3 列所示.试求工业产值对农业产值的回归函数.

解 建立 y 对 x 的一元线性回归方程,由表 7-6 可知

$$\bar{x} = \frac{836}{11} = 76, \quad \bar{y} = \frac{1\ 034}{11} = 94.$$

表 7-6

年份序号	x	y	xy	x^2	y^2
1	68	68	4 624	4 624	4 624
2	71	69	4 899	5 041	4 761
3	72	70	5 040	5 184	4 900
4	70	81	5 670	4 900	6 561

续表

年份序号	x	y	xy	x^2	y^2
5	76	85	6 460	5 776	7 225
6	77	86	6 622	5 929	7 396
7	76	100	7 600	5 776	10 000
8	78	108	8 424	6 084	11 664
9	79	114	9 006	6 241	12 996
10	81	120	9 720	6 561	14 400
11	88	133	11 704	7 744	17 689
Σ	836	1 034	79 769	63 860	102 216
平均	76	94			

根据公式(7.24),有

$$\hat{b}=\frac{\sum xy-n\bar{x}\,\bar{y}}{\sum x^2-n\bar{x}^2}=\frac{79\ 769-11\times76\times94}{63\ 860-11\times76^2}\approx3.657,$$

$$\hat{a}=94-3.675\times76=-183.932.$$

从而 y 对 x 的线性回归方程为

$$\hat{y}=-183.932+3.657x.$$

***2. 可线性化的一元回归问题**

在实际问题中,两个变量间的相关关系不一定都是线性关系.有时可将非线性的相关关系转化为线性关系,从而用一元线性回归的方法加以研究.

下面介绍常见的非线性函数及其转化为线性函数的方法.

1) 双曲线 $\frac{1}{y}=a+\frac{b}{x}$(图 7-16)

令 $y'=\frac{1}{y}$, $x'=\frac{1}{x}$,则有

$$y'=a+bx'.$$

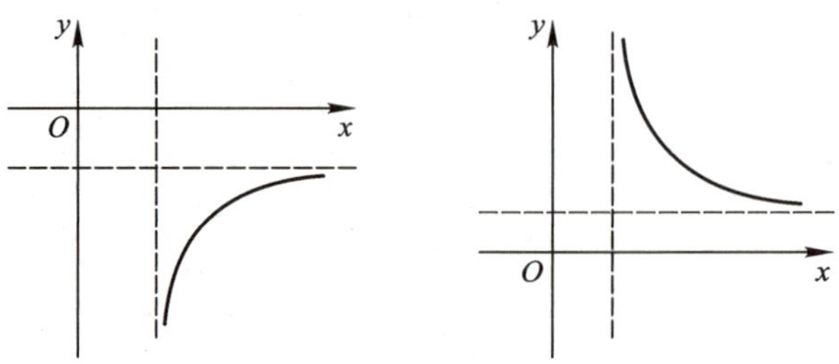

(a) $ab>0$　　(b) $ab<0$

图 7-16

2）幂函数曲线 $y=ax^b(a>0)$（图 7-17）

令 $y'=\ln y, x'=\ln x, a'=\ln a$，则有

$$y'=a'+bx'.$$

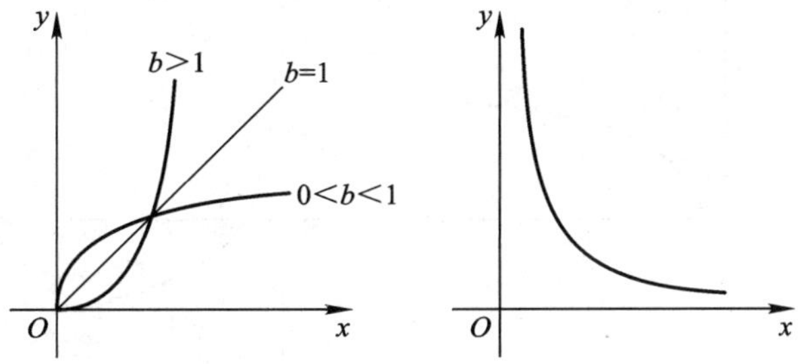

(a) $b>0$　　(b) $b<0$

图 7-17

3）指数函数曲线 $y=ae^{bx}(a>0)$（图 7-18）

令 $y'=\ln y, a'=\ln a$，则有

$$y'=a'+bx.$$

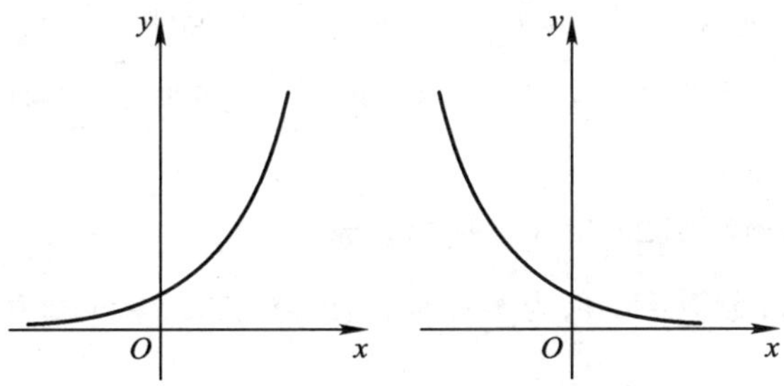

(a) $b>0$　　(b) $b<0$

图 7-18

4）分式指数函数曲线 $y=ae^{\frac{b}{x}}$（图 7-19）

令 $y'=\ln y, x'=\frac{1}{x}, a'=\ln a$，则有

$$y'=a'+bx'.$$

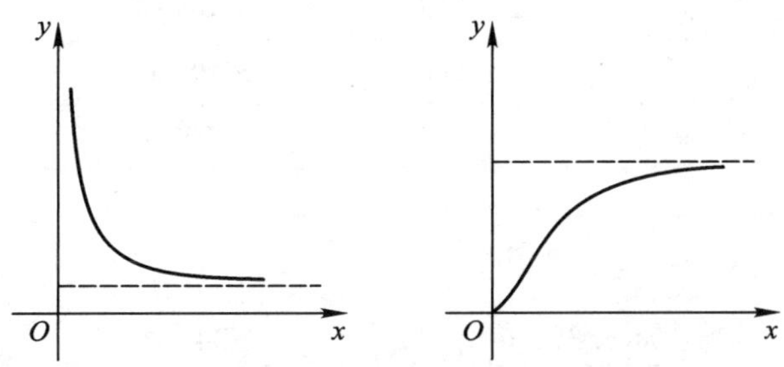

(a) $b>0$　　(b) $b<0$

图 7-19

5）对数曲线 $y=a+b\ln x$（图 7-20）

令 $x'=\ln x$，则有

$$y=a+bx'.$$

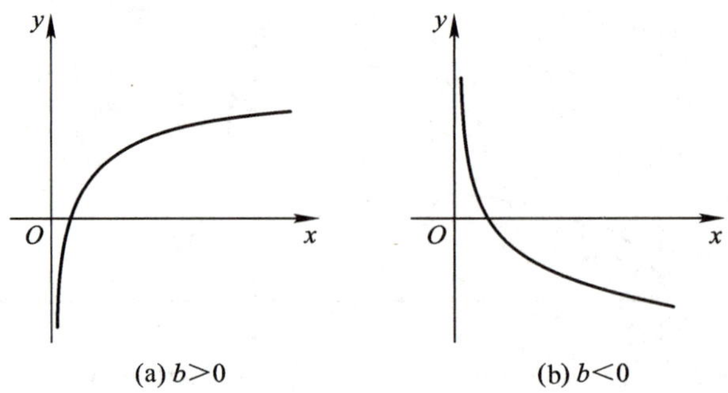

图 7-20

案例 7.3.4 某商店历年肥皂销售统计资料如表 7-7 所示.

表 7-7

年度 x	2016	2017	2018	2019	2020	2021	2022
销售量 y/箱	95	104	110	120	140	165	200

试用指数曲线预测 2025 年的肥皂销售量.

解 设 $y=ae^{bx}$，令 $y'=\ln y$，为了计算方便，再定义 $x'=x-2\ 019$，列表计算（表 7-8）.

表 7-8

	x'	y	$y'=\ln y$	x'^2	$x'y'$
1	-3	95	4.553 9	9	-13.661 6
2	-2	104	4.644 4	4	-9.288 8
3	-1	110	4.700 5	1	-4.700 5
4	0	120	4.787 5	0	0.000 0
5	1	140	4.941 6	1	4.941 6
6	2	165	5.105 9	4	10.211 9
7	3	200	5.298 3	9	15.895 0
Σ	0	934	34.032 1	28	3.397 6

由式 (7.24)，有

$$b=\frac{7\times3.397\ 6}{7\times28}\approx0.121\ 3,\quad a=\frac{34.032\ 1}{7}\approx4.861\ 7.$$

所以

$$\ln y=4.861\ 7+0.121\ 3\ x',$$

即

$$y=129.2437e^{0.1213x'}.$$

已知2022年的序号是 $x'=3$,那么2025年应为 $x'=5$,所以预计2025年的肥皂销售量为

$$y=129.2437e^{0.1213\times5}\approx237(箱).$$

*3. **线性回归模型的拟合优度**

当一条回归直线找出之后,还必须对这条回归直线拟合得是否理想作出评价,这是拟合优度的评价问题.如果观测点都能落在回归直线上,这将是一个很好的拟合.但事实上总有一些点落在拟合直线的上方或者下方,那么人们希望围绕回归直线的残差 ε_i 尽可能小.怎样才能使残差平方和尽量小呢?下面我们用图7-21来分析.

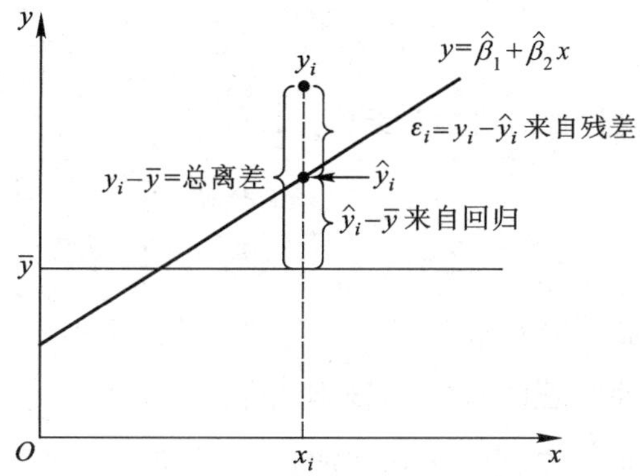

图7-21　总变异分解为两部分

在图7-21中,$y_i-\bar{y}$ 表示实际值与其平均值的离差;$\hat{y}_i-\bar{y}$ 表示 y 的回归值与其均值($\bar{\hat{y}}=\bar{y}$,因为 $\sum\varepsilon_i=0$)的离差;$y_i-\hat{y}_i=\varepsilon_i$ 为实际值与回归值之差,即残差.可以证明,对最小二乘法,式(7.25)成立.

$$\begin{aligned}\sum(y_i-\bar{y})^2&=\sum(y_i-\hat{y}_i)^2+\sum(\hat{y}_i-\bar{y})^2\\&=\sum\varepsilon_i^2+\sum(\hat{y}_i-\bar{y})^2.\end{aligned}\qquad(7.25)$$

即 y 的实际值与其均值的实际离差平方和 $\mathrm{SST}=\sum(y_i-\bar{y})^2$ 可分为两部分,一部分是回归值与均值离差的平方和 $\mathrm{SSR}=\sum(\hat{y}_i-\bar{y})^2$,也叫**回归离差平方和**,另一部分是**残差平方和** $\mathrm{SSE}=\sum(\varepsilon_i)^2$,即实际离差平方和等于残差平方和加上回归离差平方和.

易知,在总离差一定时,$\sum(\hat{y}_i-\bar{y})^2$ 越大,则 $\sum(\varepsilon_i)^2$ 越小,回归方程的拟合程度越高.因而定义

$$R^2=\frac{\sum(\hat{y}_i-\bar{y})^2}{\sum(y_i-\bar{y})^2}=1-\frac{\sum{\varepsilon_i}^2}{\sum(y_i-\bar{y})^2},$$

即

$$R^2=\frac{\mathrm{SSR}}{\mathrm{SST}}=1-\frac{\mathrm{SSE}}{\mathrm{SST}}.\qquad(7.26)$$

称 R^2 为可决系数(也称为判定系数,$0\leqslant R^2\leqslant 1$).$R^2$ 越大,说明回归平方和占总平方和的比例越大,残差平方和占总平方和的比例越小,回归直线拟合优度越好.

案例 7.3.5 讨论案例 7.3.2 中回归模型的拟合优度.

解 通过计算,可得

$$SSR=\sum(\hat{y}_i-\bar{y})^2=6\ 970.722\ 4\ ,SSE=\sum(y_i-\hat{y}_i)^2=442.222\ 4.$$

再根据式 (7.26),可得

$$R^2=1-\frac{\sum(\varepsilon_i)^2}{\sum(y_i-\bar{y})^2}=1-\frac{442.222\ 4}{7\ 412.945}\approx 0.940\ 345.$$

说明回归方程的拟合程度是较高的.

同步实践 7.3.2

1. 表示 x 和 y 之间真实线性关系的是(　　).

A. $\hat{y}_t=\hat{\beta}_0+\hat{\beta}_1x_t$　　B. $E(y_t)=\beta_0+\beta_1x_t$

C. $y_t=\beta_0+\beta_1x_t+\mu_t$　　D. $y_t=\beta_0+\beta_1x_t$

2.在总体回归直线 $E(\hat{y})=\beta_0+\beta_1x$ 中,β_1 表示(　　).

A. 当 x 增加一个单位时,y 增加 β_1 个单位

B. 当 x 增加一个单位时,y 平均增加 β_1 个单位

C. 当 y 增加一个单位时,x 增加 β_1 个单位

D. 当 y 增加一个单位时,x 平均增加 β_1 个单位

3. 产量(x,单位:台)与单位产品成本(y,单位:元/台)之间的回归方程为 $\hat{y}=356-1.5x$,这说明(　　).

A. 产量每增加一台,单位产品成本增加 356 元

B. 产量每增加一台,单位产品成本减少 1.5 元

C. 产量每增加一台,单位产品成本平均增加 356 元

D. 产量每增加一台,单位产品成本平均减少 1.5 元

4. 对于 $y_i=\hat{\beta}_0+\hat{\beta}_1x_i+e_i$,以 $\hat{\sigma}$ 表示估计标准误差,r 表示相关系数,则有(　　).

A. $\hat{\sigma}=0$ 时,$r=1$　　B. $\hat{\sigma}=0$ 时,$r=-1$

C. $\hat{\sigma}=0$ 时,$r=0$　　D. $\hat{\sigma}=0$ 时,$r=1$ 或 $r=-1$

5. (多选)判定系数 R^2 可表示为(　　).

A. $R^2=\frac{RSS}{TSS}$　　B. $R^2=\frac{ESS}{TSS}$

C. $R^2=1-\frac{RSS}{TSS}$　　D. $R^2=1-\frac{ESS}{TSS}$

E. $R^2=\frac{ESS}{ESS+RSS}$

6. (多选)假设线性回归模型满足全部基本假设,则其参数的估计量须具备(   ).

A. 可靠性　　B. 合理性

C. 线性　　D. 无偏性

E. 有效性

7.3　回归分析
同步实践答案

*§7.4 数学实验七　利用 MATLAB 进行区间估计与线性回归分析

7.4.1　利用 MATLAB 进行区间估计

如果已经知道了一组数据来自正态分布总体,但是不知道正态分布总体的参数. 可以利用 normfit( )命令来完成对总体参数的点估计和区间估计,格式为

[mu,sig,muci,sigci] = normfit(x,alpha)

其中,x 为向量或者矩阵,当 x 为矩阵时是针对矩阵的每一个列向量进行运算的;alpha 为给出的显著水平 α(即置信度为 $(1-\alpha)\%$,省略时默认 $\alpha=0.05$,置信度为 95%);mu、sig 分别为分布参数 μ,σ 的点估计值;Muci、sigci 分别为分布参数 μ,σ 的区间估计.

其他常用分布参数估计的命令如表 7-9 所示.

表 7-9

命令	功能
[lam,lamci] = poissfit(x,alpha)	泊松分布的估计函数,lam、lamci 分别是泊松分布中参数 λ 的点估计及区间估计值
[a,b,aci,bci] = unifit(x,alpha)	均匀分布的估计函数,a、b、aci、bci 分别是均匀分布中参数 a,b 的点估计及区间估计值
[lam,lamci] = expfit(x,alpha)	指数分布的估计函数,lam、lamci 分别是指数分布中参数 λ 的点估计及区间估计值
[phat,pci] = binofit(R,n,alpha)	二项分布的估计函数,phat、pci 分别是二项分布中参数 p 的点估计及区间估计值,R 是样本中事件发生的次数,n 是样本容量

案例 7.4.1　从某超市的货架上随机抽取 9 包 0.5 kg 装的食糖,实测其质量分别为(单位:kg)

$$0.497, 0.506, 0.518, 0.524, 0.488, 0.510, 0.510, 0.515, 0.512.$$

从长期的实践中知道,该品牌的食糖质量服从正态分布 $N(\mu,\sigma^2)$.根据数据对总体的均值及标准差进行点估计和区间估计.

解 在 MATLAB 窗口输入

```
>>x=[0.497,0.506,0.518,0.524,0.488,0.510,0.510,0.515,0.512];
>> alpha=0.05;
>> [mu,sig,muci,sigci]=normfit(x,alpha)
```

按 Enter 键,结果显示

```
mu =
    0.5089
sig =
    0.0109
muci =
    0.5005
    0.5173
sigci =
    0.0073
    0.0208
```

所以总体均值的点估计为 0.508 9,总体标准差的点估计为 0.010 9.在 95%置信度下,总体均值的区间估计为(0.500 5,0.517 3),总体标准差的区间估计为(0.007 3,0.020 8).

案例 7.4.2 某厂用自动包装机包装糖,每包糖的质量 $X\sim N(\mu,\sigma^2)$.某日开工后,测得 9 包糖的质量如下(单位:g):

$$99.3, 98.7, 100.5, 101.2, 98.3, 99.7, 102.1, 100.5, 99.5.$$

分别求总体均值 μ 及方差 σ^2 的置信度为 0.95 的置信区间.

解 在 MATLAB 窗口输入

```
>> x=[99.3,98.7,100.5,101.2,98.3,99.7,102.1,100.5,99.5];
>> alpha=0.05;
>>[mu,sig,muci,sigci]=normfit(x,alpha)
```

按 Enter 键,结果显示

```
mu =
    99.9778
sig =
    1.2122
muci =
```

```
    99.0460
    100.9096
sigci =
    0.8188
    2.3223
```

所以总体均值μ的置信度为0.95的置信区间为(99.05,100.91),总体方差σ^2的置信度为0.95的置信区间为$(0.818\,8^2,2.322\,3^2)\approx(0.67,5.39)$.

案例 7.4.3　对一大批产品进行质量检验时,从100个样本中检得一级品60个,求这批产品的一级品率p的置信区间(设置信度为0.95).

解　一级品率p是二项分布$B(n,p)$中的参数,可用二项分布的命令求解.同时,由于样本容量$n=100$,还可将总体分布近似看成正态分布.在本例中,选用二项分布的命令来求解.

在MATLAB窗口输入

```
>> R=60;n=100;
>> alpha=0.05;
>> [phat,pci]=binofit(R,n,alpha)
```

按Enter键,结果显示

```
phat =
    0.6000
pci =
    0.4972    0.6967
```

所以p的置信度为0.95的置信区间为(0.50,0.70).

案例 7.4.4　调查某公司客服电话的情况发现,在随机抽取的200个呼叫中,有40%需要附加服务(如转换分机等),以p表示需附加服务的比例,求出p的置信度为0.95的置信区间.

解　总体X服从二项分布$B(n,p)$,参数$n=200,\dot{p}=0.4$.

在MATLAB窗口输入

```
>> R=200*0.4;n=200;alpha=0.05;
>> [phat,pci]=binofit(R,n,alpha)
```

按Enter键,结果显示

```
phat =
    0.4000
pci =
    0.3315    0.4715
```

所以p的置信度为0.95的置信区间为(0.332,0.472).

7.4.2 利用 MATLAB 进行线性回归分析

对不含常数项的一元回归模型 $y=ax+\varepsilon$，x，y 都是 $n\times1$ 向量，在 MATLAB 中进行回归分析的程序如下

```
(1) b=regress(y,x)
(2) [b,bint,r,rint,stats]=regress(y,x)
(3) [b,bint,r,rint,stats]=regress(y,x,alpha)
```

说明：

(1) b=regress(y,x)：返回基于观测 y 和回归矩阵 x 的最小二乘拟合系数的结果.

(2) [b,bint,r,rint,stats]=regress(y,x)：给出系数的估计值 b，系数估计值的置信度为 95%的置信区间 bint，残差 r 及各残差的置信区间 rint，向量 stats 给出回归的 R^2 统计量和 F 以及 P 值.

[b,bint,r,rint,stats]=regress(y,alpha)：给出置信度为 1-alpha 的结果，其他符号意义同上.

对含常数项的一元回归模型，可将 x 变为 $n\times2$ 矩阵，其中第一列全为 1.

案例 7.4.5 根据表 7-4 的资料，利用 MATLAB 计算生产费用与企业产量的回归方程.

解 在 MATLAB 窗口中输入

```
>> x=[1 1 1 1 1 1 1 1; 1.2 2.0 3.1 3.8 5.0 6.1 7.2 8.0]';
>> y=[62,86,80,110,115,132,135,160]';
>> [b,bint,r,rint,stats]=regress(y,x)
```

按 Enter 键，结果显示

```
b =
    51.3232
    12.8960
bint =
   34.7938  67.8527
    9.6507  16.1413
r =
   -4.7984
    8.8848
  -11.3008
    9.6720
   -0.8032
    2.0112
   -9.1744
    5.5088
```

```
rint =

  -21.9497   12.3528
   -8.0522   25.8218
  -28.1552    5.5536
   -8.8871   28.2311
  -22.2564   20.6500
  -18.6857   22.7082
  -25.7282    7.3794
  -11.1286   22.1463

stats =

    0.9403   94.5455    0.0001
```

所以 b 为回归模型中的常数项及回归系数，bint 为各系数的 95%置信区间，r 和 rint 为对应每个实际值的残差和残差置信区间，stats 向量的值分别为拟合优度、F 值和显著性概率 p. 所以，生产费用对产量的回归函数为

$$y=51.3232+12.8960x.$$

又有 $R^2=0.9403$，说明模型拟合程度相当高.

案例 7.4.6 利用 MATLAB 重新解答案例 7.3.4.

解 在 MATLAB 窗口输入

```
>> x=[-3 -2 -1 0 1 2 3]';
>> y=[95 104 110 120 140 165 200]';
>> scatter(x,y)
```

按 Enter 键后结果显示 x 与 y 的散点图，如图 7-22 所示.

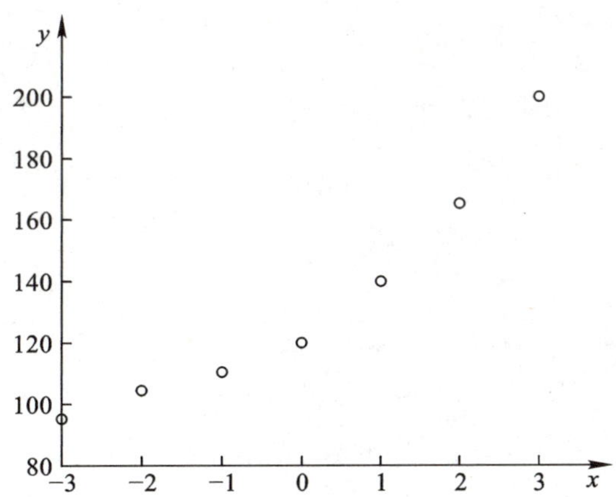

图 7-22

再进一步进行回归分析，在 MATLAB 窗口输入

```
>> x=[1 1 1 1 1 1 1;-3 -2 -1 0 1 2 3]';
>> b=regress(log(y),x)
```

按 Enter 键后结果显示

```
b =
    4.8617
    0.1213
```

即

$$\ln y=4.8617+0.1213x',$$

这与前面的结论是一致的.

再进一步输入

```
>> y=exp(4.8617)*exp(0.1213*5)
```

按 Enter 键,结果显示

```
y =
237.0331
```

所以预计 2025 年的肥皂销售量为 237 箱.

综合应用七

第一部分　基础巩固与案例实践

1. 在总体 $N(52,6.3^2)$ 中随机抽取一容量为 36 的样本，求样本均值 $\overline{X}$ 落在 50.8~53.8 范围的概率.

2. 在总体 $N(80,20^2)$ 中随机抽取一容量为 100 的样本，求样本均值与总体均值的差的绝对值大于 3 的概率.

3. 设 $(X_1,X_2,\cdots,X_{10})$ 为总体 $N(0,0.3^2)$ 的一个样本，求 $P\left(\sum\limits_{i=1}^{10} X_i>1.44\right)$.

4. 查各附表计算.

(1) $\chi^2_{0.05}(9)$；　(2) $\chi^2_{0.99}(21)$；　(3) $\chi^2_{0.9}(18)$；

(4) $t_{0.05}(30)$；　(5) $t_{0.025}(16)$；　(6) $t_{0.01}(34)$.

5. 某金融公司网络平台在线服务的时间均值为 6.7 h.如果样本标准差为5.8 h，求在线服务时间的总体均值的置信度为 95%的置信区间.

6. 一项对学生的资助贷款的平均额为 12 168 元.假定这一欠款数额的平均值是基于由 480 名学生贷款人组成的样本计算得来的，毕业前欠款数额的总体标准差为 2 200 元.求：

(1) 欠款数额的总体均值的置信度为 90%的置信区间；

(2) 欠款数额的总体均值的置信度为 95%的置信区间；

(3) 欠款数额的总体均值的置信度为 99%的置信区间.

7. 由某汽车交易者协会调查销售二手小汽车的收益，由 200 辆二手小汽车的销售收益组成的样本的样本均值为 2 100 元，样本标准差为 1 050 元.试用这些信息求销售二手小汽车收益的总体均值的置信度为 95%的置信区间.

8. 假设某汽车工厂 30 辆新车组成样本中每辆车的疵点数的数据如下：

$$0,1,1,3,1,0,2,3,2,1,0,4,3,1,1,$$
$$0,2,0,0,2,3,0,2,0,2,0,3,1,0,2.$$

利用这些数据，求：

(1) 每辆车的疵点数的样本均值；

(2) 样本标准差；

(3) 该制造商生产的汽车每辆疵点数的总体均值的置信度为 95%的置信区间(假设数据服从正态分布).

9. 在对一种新的生产方式进行检验时，随机选取 18 名雇员让他们试用该种新方式.18 名雇员生产率的样本均值为每小时 80 件，样本标准差为 $6\sqrt{2}$.假定总体服从正态分布，求该新方法的生产率总体均值的置信度为 90%和 95%的置信区间.

10. 每只股票的 P/E 比率由公司最近四个季度公布的每股收益除价格得到，调查 10 只股票样本，其 P/E 比率数据分别为 5,7,9,10,14,23,20,15,3,26.求：

(1) P/E 比率的总体均值的点估计；

(2) P/E 比率的总体标准差的点估计；

(3) P/E 比率的总体均值的置信度为 95%的置信区间.

11. 调查晚 8:30 分时段的 20 个最佳时段的电视节目中，广告所占时间的数据如下（单位：min）：

$$6.0,6.6,5.8,7.0,6.3,6.2,7.2,5.7,6.4,7.0,$$
$$6.5,6.2,6.0,6.5,7.2,7.3,7.6,6.8,6.0,6.2.$$

求晚 8:30 分最佳时段电视节目中广告所占时间的均值的置信度为 95%的置信区间.

12. 设某保险公司使用 36 名投保人组成的简单随机样本来估计投保人年龄的总体均值，在 95%的置信度下，边际误差为 2.35 年，该结果的样本标准差为 7.2 年.

(1) 为将边际误差减少到 2 年，应该选用多大的样本容量的简单随机样本？

(2) 当边际误差分别为 1.5 年和 1 年时，样本容量又该多大？

(3) 在边际误差为 1 年时，你建议对投保人年龄的总体均值进行估计吗？为什么？

13. 拥有工商管理学位的大学毕业生每年年薪的标准差大约为 50 000 元，假定希望估计每年年薪底薪的置信度为 95%的置信区间，当边际误差分别为如下值时，样本容量应该为多大？

(1) 12 500 元；　　(2) 5 000 元；　　(3) 2 500 元.

14. 某城市现存一居室住宅的市场租金的标准差大约为 480 元，对现存一居室住宅月租金的总体均值进行估计，采用的置信度为 95%.

(1) 如果希望边际误差为 150 元，样本容量应为多大？

(2) 如果希望边际误差为 90 元，样本容量应为多大？

15. 一项民意测验调查了 814 名成年人的看法，答案为“是”或“否”.其中，共有 562 人回答“是”.

(1) 求成年人总体中答案为“是”的比率的点估计；

(2) 在 95%的置信度下，边际误差为多少？

(3) 求成年人总体中认为答案为“是”的比率的置信度为 90%的置信区间.

16. 对 617 个企业样本的调查发现其中 56 个企业要求其雇员放弃他们因商旅行而获得的航空公司给予的里程奖励.

(1) 试估计所有公司中要求其雇员放弃航空里程奖励的公司所占的比率；

(2) 求总体比率的置信度为 95%的置信区间估计.

17. 某公司收集顾客对零售店的服务质量的评价数据，调查表明 28%的顾客感觉如今的服务比两年前要好.如果样本包括 650 名成年人，求整个总体中成年人认为如今对顾客的服务质量优于两年前的人所占比率的置信度为 95%的置信区间.

18. 某省 2012~2020 年居民消费品购买力 y 与居民货币收入 x 的统计数据如表 7-10 中第 2,3 列所示（单位：百亿元），试作一元线性回归分析.

表 7-10

年份	x	y	xy	x^2	y^2
2012	8.5	11.6	98.6	72.25	134.56
2013	11.1	14.1	156.51	123.21	198.81
2014	13.6	17.1	232.56	184.96	292.41
2015	15.8	19.6	309.68	249.64	384.16
2016	17.6	22.1	388.96	309.76	488.41
2017	20.5	25.6	524.80	420.25	655.36
2018	27.8	33.6	934.08	772.84	1 128.96
2019	33.5	40.5	1 356.75	1 122.25	1 640.25
2020	39.2	47.8	1 873.76	1 536.64	2 284.84
Σ	187.6	232.0	5 875.70	4 791.80	7 207.76
平均	20.84	25.78			

19. 为研究汽车配件销售额 y(单位:万元)与汽车拥有量 x(单位:万辆)之间的关系,经过调查得 10 个地区汽车拥有量与汽车配件的销售额及相关数据如表 7-11 所示.

表 7-11

序号	x	y	xy	x^2	y^2
1	13.4	1 353	18 130.2	179.56	1 830 609
2	15	1 697	25 455	225	2 879 809
3	17.9	1 984	35 513.6	320.41	3 936 256
4	10.5	1 016	10 668	110.25	1 032 256
5	18.8	2 146	40 344.8	353.44	4 605 316
6	16.4	1 754	28 765.6	268.96	3 076 516
7	20.1	2 203	44 280.3	404.41	4 853 209
8	12.1	1 247	15 088.7	146.41	1 555 009
9	15.4	1 508	23 223.2	237.16	2 274 064
10	17.7	1 842	32 603.4	313.29	3 392 964
Σ	157.3	16 750	274 072.8	2 558.49	29 436 008

求 y 与 x 之间的回归方程,并计算回归方程的可决系数 R^2.

20. 某城镇居民的人均收入和生活消费支出数据如表 7-12 所示:

表 7-12

人均月收入 x/元	4 136	5 270	6 120	709	8 280	9 670
人均月生活费支出 y/元	3 920	4 780	5 420	6 230	7 130	8 230

(1) 求 y 对 x 的回归直线方程;

(2) 检验线性关系的显著性.

综合应用七
第一部分基
础巩固与案
例实践答案

第二部分　数学试验（利用 MATLAB 计算并解答下列问题）

1. 随机抽查 5 间房屋中介机构,其毁约率分别为:4.28,4.40,4.42,4.35,4.37,并由积累资料知道,房屋中介机构的毁约率服从 $N(\mu,0.108^2)$,试在置信度为 0.95 的条件下求 μ 的置信区间.

2. 在某电视节目收视率调查中,调查了 400 人,其中有些人收看了该电视节目,试对该节目收视率 p 作置信度为 0.95 的区间估计.

3. 在某饮料厂的市场调查中,在 1 000 名被调查者中有些人喜欢含有酸味的饮料,试求喜欢含酸味饮料的人的比率 p 的置信度为 0.95 的置信区间.

4. 一批零件中,抽取 9 个零件,测得其直径(单位:mm)为

$$19.7,20.1,19.8,19.9,20.2,20.0,19.9,20.2,20.3.$$

设零件直径服从正态分布 $N(\mu,\sigma^2)$,且已知 $\sigma=0.21$(mm).

(1) 求这批零件直径的均值 μ 的置信度为 0.95 及 0.99 的置信区间;

(2) 设 σ 未知,求零件直径的均值 μ 的置信度为 0.95 的置信区间.

5. 表 7-13 的数据是 7 种主要品牌的软饮料(用数字 1~7 表示)的销售数量(单位:百万箱)和广告费用(单位:百万元)的统计资料.

表 7-13

品牌名称	广告费用	销售数量
1	131.3	1 929.2
2	92.4	1 384.6
3	60.4	811.4
4	55.7	541.5
5	40.2	536.9
6	29.0	535.6
7	11.6	219.5

(1) 用广告费用作自变量,画出这些数据的散点图;

(2) 根据在(1)中作出的散点图,表明两变量之间存在的关系;

(3) 试着画一条穿过这些数据的直线,去近似广告费用和销售数量之间的线性关系;

(4) 利用最小二乘法,求出估计的回归方程;

(5) 对估计的回归方程的斜率做出解释;

(6) 如果一种品牌的软饮料的广告费用是 7 000 万人民币,预测它的销售数量.

6. 调查 6 款同类型商品的销售价格,以及提前 14 天预订的优惠价如表 7-14 所示.

表 7-14

商品	售价 ¥	提前 14 天预订的折扣价
A	89	81
B	130	115
C	98	89
D	149	138
E	199	149
F	114	94

(1) 用原价作自变量,画出这些数据的散点图;

(2) 利用最小二乘法,求出估计的回归方程;

(3) 如果另一款该类型商品的售价是 135 元,估计提前 14 天预订的优惠价是多少?

文本

第 7 章 MATLAB 实验解答

附　录

附表 1　标准正态分布表

$$\Phi(x)=\int_{-\infty}^{x}\frac{1}{\sqrt{2\pi}}e^{-\frac{t^2}{2}}dt=P(X\leqslant x)$$

x	0	1	2	3	4	5	6	7	8	9
0.0	0.500 0	0.504 0	0.508 0	0.512 0	0.516 0	0.519 9	0.523 9	0.527 9	0.531 9	0.535 9
0.1	0.539 8	0.543 8	0.547 8	0.551 7	0.555 7	0.559 6	0.563 6	0.567 5	0.571 4	0.575 3
0.2	0.579 3	0.583 2	0.587 1	0.591 0	0.594 8	0.598 7	0.602 6	0.606 4	0.610 3	0.614 1
0.3	0.617 9	0.621 7	0.625 5	0.629 3	0.633 1	0.636 8	0.640 6	0.644 3	0.648 0	0.651 7
0.4	0.655 4	0.659 1	0.662 8	0.666 4	0.670 0	0.673 6	0.677 2	0.680 8	0.684 4	0.687 9
0.5	0.691 5	0.695 0	0.698 5	0.701 9	0.705 4	0.708 8	0.712 3	0.715 7	0.719 0	0.722 4
0.6	0.725 7	0.729 1	0.732 4	0.735 7	0.738 9	0.742 2	0.745 4	0.748 6	0.751 7	0.754 9
0.7	0.758 0	0.761 1	0.764 2	0.767 3	0.770 3	0.773 4	0.776 4	0.779 4	0.782 3	0.785 2
0.8	0.788 1	0.791 0	0.793 9	0.796 7	0.799 5	0.802 3	0.805 1	0.807 8	0.810 6	0.813 3
0.9	0.815 9	0.818 6	0.821 2	0.823 8	0.826 4	0.828 9	0.831 5	0.834 0	0.836 5	0.838 9
1.0	0.841 3	0.843 8	0.846 1	0.848 5	0.850 8	0.853 1	0.855 4	0.857 7	0.859 9	0.862 1
1.1	0.864 3	0.866 5	0.868 6	0.870 8	0.872 9	0.874 9	0.877 0	0.879 0	0.881 0	0.883 0
1.2	0.884 9	0.886 9	0.888 8	0.890 7	0.892 5	0.894 4	0.896 2	0.898 0	0.899 7	0.901 5
1.3	0.903 2	0.904 9	0.906 6	0.908 2	0.909 9	0.911 5	0.913 1	0.914 7	0.916 2	0.917 7
1.4	0.919 2	0.920 7	0.922 2	0.923 6	0.925 1	0.926 5	0.927 8	0.929 2	0.930 6	0.931 9
1.5	0.933 2	0.934 5	0.935 7	0.937 0	0.938 2	0.939 4	0.940 6	0.941 8	0.943 0	0.944 1
1.6	0.945 2	0.946 3	0.947 4	0.948 4	0.949 5	0.950 5	0.951 5	0.952 5	0.953 5	0.954 5
1.7	0.955 4	0.956 4	0.957 3	0.958 2	0.959 1	0.959 9	0.960 8	0.961 6	0.962 5	0.963 3
1.8	0.964 1	0.964 8	0.965 6	0.966 4	0.967 1	0.967 8	0.968 6	0.969 3	0.970 0	0.970 6
1.9	0.971 3	0.971 9	0.972 6	0.973 2	0.973 8	0.974 4	0.975 0	0.975 6	0.976 2	0.976 7
2.0	0.977 2	0.977 8	0.978 3	0.978 8	0.979 3	0.979 8	0.980 3	0.980 8	0.981 2	0.981 7
2.1	0.982 1	0.982 6	0.983 0	0.983 4	0.983 8	0.984 2	0.984 6	0.985 0	0.985 4	0.985 7
2.2	0.986 1	0.986 4	0.986 8	0.987 1	0.987 4	0.987 8	0.988 1	0.988 4	0.988 7	0.989 0
2.3	0.989 3	0.989 6	0.989 8	0.990 1	0.990 4	0.990 6	0.990 9	0.991 1	0.991 3	0.991 6
2.4	0.991 8	0.992 0	0.992 2	0.992 5	0.992 7	0.992 9	0.993 1	0.993 2	0.993 4	0.993 6
2.5	0.993 8	0.994 0	0.994 1	0.994 3	0.994 5	0.994 6	0.994 8	0.994 9	0.995 1	0.995 2
2.6	0.995 3	0.995 5	0.995 6	0.995 7	0.995 9	0.996 0	0.996 1	0.996 2	0.996 3	0.996 4
2.7	0.996 5	0.996 6	0.996 7	0.996 8	0.996 9	0.997 0	0.997 1	0.997 2	0.997 3	0.997 4
2.8	0.997 4	0.997 5	0.997 6	0.997 7	0.997 7	0.997 8	0.997 9	0.997 9	0.998 0	0.998 1
2.9	0.998 1	0.998 2	0.998 2	0.998 3	0.998 4	0.998 4	0.998 5	0.998 5	0.998 6	0.998 6
3.0	0.998 7	0.999 0	0.999 3	0.999 5	0.999 7	0.999 8	0.999 8	0.999 9	0.999 9	1.000 0

附表 2　泊松分布表

$$1-F(x-1)=\sum_{k=x}^{\infty}\frac{e^{-\lambda}\lambda^{k}}{k!}$$

x	$\lambda=0.2$	$\lambda=0.3$	$\lambda=0.4$	$\lambda=0.5$	$\lambda=0.6$
0	1.000 000 0	1.000 000 0	1.000 000 0	1.000 000 0	1.000 000 0
1	0.181 269 2	0.259 181 8	0.329 680 0	0.393 469	0.451 188
2	0.017 523 1	0.036 936 3	0.061 551 9	0.090 204	0.121 901
3	0.001 148 5	0.003 599 5	0.007 926 3	0.014 388	0.023 115
4	0.000 056 8	0.000 265 8	0.000 776 3	0.001 752	0.003 358
5	0.000 002 3	0.000 015 8	0.000 061 2	0.000 172	0.000 394
6	0.000 000 1	0.000 000 8	0.000 004 0	0.000 014	0.000 039
7			0.000 000 2	0.000 001	0.000 003
x	$\lambda=0.7$	$\lambda=0.8$	$\lambda=0.9$	$\lambda=1.0$	$\lambda=1.2$
0	1.000 000 0	1.000 000 0	1.000 000 0	1.000 000 0	1.000 000 0
1	0.503 415	0.550 671	0.593 430	0.632 121	0.698 806
2	0.155 805	0.191 208	0.227 518	0.264 241	0.337 373
3	0.034 142	0.047 423	0.062 857	0.080 301	0.120 513
4	0.005 753	0.009 080	0.013 459	0.018 988	0.033 769
5	0.000 786	0.001 411	0.002 344	0.003 660	0.007 746
6	0.000 090	0.000 184	0.000 343	0.000 594	0.001 500
7	0.000 009	0.000 021	0.000 043	0.000 083	0.000 251
8	0.000 001	0.000 002	0.000 005	0.000 010	0.000 037
9				0.000 001	0.000 005
10					0.000 001
x	$\lambda=1.4$	$\lambda=1.6$	$\lambda=1.8$		
0	1.000 000	1.000 000	1.000 000		
1	0.753 403	0.798 103	0.834 701		
2	0.408 167	0.475 069	0.537 163		
3	0.166 502	0.216 642	0.269 379		
4	0.053 725	0.078 313	0.108 708		
5	0.014 253	0.023 682	0.036 407		

续表

x	λ = 1.4	λ = 1.6	λ = 1.8		
6	0.003 201	0.006 040	0.010 378		
7	0.000 622	0.001 336	0.002 569		
8	0.000 107	0.000 260	0.000 562		
9	0.000 016	0.000 045	0.000 110		
10	0.000 002	0.000 007	0.000 019		
11		0.000 001	0.000 003		

x	λ = 2.5	λ = 3	λ = 3.5	λ = 4	λ = 4.5	λ = 5
0	1.000 000	1.000 000	1.000 000	1.000 000	1.000 000	1.000 000
1	0.917 915	0.950 213	0.969 803	0.981 684	0.988 891	0.993 262
2	0.712 703	0.800 852	0.864 112	0.908 422	0.938 901	0.959 572
3	0.456 187	0.576 810	0.679 153	0.761 897	0.826 422	0.875 348
4	0.242 424	0.352 768	0.463 367	0.566 530	0.657 704	0.734 974
5	0.108 822	0.184 737	0.274 555	0.371 163	0.467 896	0.559 507
6	0.042 021	0.083 918	0.142 386	0.214 870	0.297 070	0.384 039
7	0.014 187	0.033 509	0.065 288	0.110 674	0.168 949	0.237 817
8	0.004 247	0.011 905	0.026 739	0.051 134	0.086 586	0.133 372
9	0.001 140	0.003 803	0.009 874	0.021 363	0.040 257	0.068 094
10	0.000 277	0.001 102	0.003 315	0.008 132	0.017 093	0.031 828
11	0.000 062	0.000 292	0.001 019	0.002 840	0.000 669	0.013 695
12	0.000 013	0.000 071	0.000 289	0.000 915	0.002 404	0.005 453
13	0.000 002	0.000 016	0.000 076	0.000 274	0.000 805	0.002 019
14		0.000 003	0.000 019	0.000 076	0.000 252	0.000 698
15		0.000 001	0.000 004	0.000 020	0.000 074	0.000 226
16			0.000 001	0.000 005	0.000 020	0.000 069
17				0.000 001	0.000 005	0.000 020
18					0.000 001	0.000 005
19						0.000 001

附表 3 χ^2 分布表

$$P(\chi^2(n)>\chi^2_\alpha(n))=\alpha$$

n	$\alpha=0.995$	0.99	0.975	0.95	0.90	0.75
1	—	—	0.001	0.004	0.016	0.102
2	0.010	0.020	0.051	0.103	0.211	0.575
3	0.072	0.115	0.216	0.352	0.584	1.213
4	0.207	0.297	0.484	0.711	1.064	1.923
5	0.412	0.554	0.831	1.145	1.610	2.675
6	0.676	0.872	1.237	1.635	2.204	3.455
7	0.989	1.239	1.690	2.167	2.833	4.255
8	1.344	1.646	2.180	2.733	3.490	5.071
9	1.735	2.088	2.700	3.325	4.168	5.899
10	2.156	2.558	3.247	3.940	4.865	6.737
11	2.603	3.053	3.816	4.575	5.578	7.584
12	3.074	3.571	4.404	5.226	6.304	8.438
13	3.565	4.107	5.009	5.892	7.042	9.299
14	4.705	4.660	5.629	6.571	7.790	10.165
15	4.601	5.229	6.262	7.261	8.547	11.037
16	5.142	5.812	6.908	7.962	9.312	11.912
17	5.697	6.408	7.564	8.672	10.085	12.792
18	6.265	7.015	8.231	9.390	10.865	13.675
19	6.884	7.633	8.907	10.117	11.651	14.562
20	7.434	8.260	9.591	10.851	12.443	15.452
21	8.034	8.897	10.283	11.591	13.240	16.344
22	8.643	9.542	10.982	12.338	14.042	17.240
23	9.260	10.196	11.689	13.091	14.848	18.137
24	9.886	10.856	12.401	13.848	15.659	19.037
25	10.520	11.524	13.120	14.611	16.473	19.939
26	11.160	12.198	13.844	15.379	17.292	20.843
27	11.808	12.879	14.573	16.151	18.114	21.749
28	12.461	13.565	15.308	16.928	18.939	22.657
29	13.121	14.257	16.047	17.708	19.768	23.567
30	13.787	14.954	16.791	18.493	20.599	24.478
31	14.458	15.655	17.539	19.281	21.431	25.390
32	15.131	16.362	18.291	20.072	22.271	26.304
33	15.815	17.074	19.047	20.867	23.110	27.219
34	16.501	17.789	19.806	21.664	23.952	27.136
35	17.192	18.509	20.569	22.465	24.797	29.054
36	17.887	19.233	21.336	23.269	25.643	29.973
37	18.586	19.960	22.106	24.075	26.492	30.893
38	19.289	20.691	22.878	24.884	27.343	31.815
39	19.996	21.426	23.654	25.695	28.196	32.737
40	20.707	22.164	24.433	26.509	29.051	33.660
41	21.421	22.906	25.215	27.326	29.907	34.585
42	22.138	23.650	25.999	28.144	30.765	35.510
43	22.859	24.398	26.785	28.965	31.625	36.436
44	23.584	25.148	27.575	29.787	32.487	37.363
45	24.311	25.901	28.366	30.612	33.350	38.291

续表

n	$\alpha=0.25$	0.10	0.05	0.025	0.01	0.005
1	1.323	2.706	3.841	5.024	6.635	7.879
2	2.773	4.605	5.991	7.378	9.210	10.597
3	4.108	6.251	7.815	9.348	11.345	12.838
4	5.385	7.779	9.488	11.143	13.277	14.860
5	6.626	9.236	11.071	12.833	15.086	16.750
6	7.841	10.645	12.592	14.449	16.812	18.548
7	9.037	12.017	14.067	16.013	18.475	20.278
8	10.219	13.362	15.507	17.535	20.090	21.995
9	11.389	14.684	16.919	19.023	21.666	23.589
10	12.549	15.987	18.307	20.483	23.209	25.188
11	13.701	17.275	19.675	21.920	24.725	26.757
12	14.845	18.549	21.026	23.337	26.217	28.299
13	15.984	19.812	22.362	24.736	27.688	29.819
14	17.117	21.064	23.685	26.119	29.141	31.319
15	18.245	22.307	24.996	27.488	30.578	32.801
16	19.369	23.542	26.296	28.845	32.000	34.267
17	20.489	24.769	27.587	30.191	33.409	35.718
18	21.605	25.989	28.869	31.526	34.805	37.156
19	22.718	27.204	30.144	32.852	36.191	38.582
20	23.828	28.412	31.410	34.170	37.566	39.997
21	24.935	29.615	32.671	35.479	38.932	41.401
22	26.039	30.813	33.924	36.781	40.289	42.796
23	27.141	32.007	35.172	38.076	41.638	44.181
24	28.241	33.196	36.415	39.364	42.980	45.559
25	29.339	34.382	37.652	40.646	44.314	46.928
26	30.435	35.563	38.885	41.923	45.642	48.290
27	31.528	36.741	40.113	43.194	46.963	49.645
28	32.620	37.916	41.337	44.461	48.273	50.993
29	33.711	39.087	42.557	45.722	49.588	52.336
30	34.800	40.256	43.773	46.979	50.892	53.672
31	35.887	41.422	44.985	48.232	52.191	55.003
32	36.973	42.585	46.194	49.480	53.486	56.328
33	38.058	43.745	47.400	50.725	54.776	57.648
34	39.141	44.903	48.602	51.966	56.061	58.964
35	40.223	46.059	49.802	53.203	57.342	60.275
36	41.304	47.212	50.998	54.437	58.619	61.581
37	42.383	48.363	52.192	55.668	59.892	62.883
38	43.462	49.513	53.384	56.896	61.162	64.181
39	44.539	50.660	54.572	58.120	62.428	65.476
40	45.616	51.805	55.758	59.342	63.691	66.766
41	46.692	52.949	56.942	60.561	64.950	68.053
42	47.766	54.090	58.124	61.777	66.206	69.336
43	48.840	55.230	59.304	62.990	67.459	70.616
44	49.913	56.369	60.481	64.201	68.710	71.393
45	50.985	57.505	61.656	65.410	69.957	73.166

附表 4　t 分布表

$$P(t(n)>t_{\alpha}(n))=\alpha$$

n	$\alpha=0.25$	0.10	0.05	0.025	0.01	0.005
1	1.000 0	3.077 7	6.313 8	12.706 2	31.820 7	63.657 4
2	0.816 5	1.885 6	2.920 0	4.303 7	6.964 6	9.924 8
3	0.764 9	1.637 7	2.353 4	3.182 4	4.540 7	5.840 9
4	0.740 7	1.533 2	2.131 8	2.776 4	3.746 9	4.604 1
5	0.726 7	1.475 9	2.015 0	2.570 6	3.364 9	4.032 2
6	0.717 6	1.439 8	1.943 2	2.446 9	3.142 7	3.707 4
7	0.711 1	1.414 9	1.894 6	2.364 6	2.998 0	3.499 5
8	0.706 4	1.396 8	1.859 5	2.306 0	2.896 5	3.355 4
9	0.702 7	1.383 0	1.833 1	2.262 2	2.821 4	3.249 8
10	0.699 8	1.372 2	1.812 5	2.228 1	2.763 8	3.169 3
11	0.697 4	1.363 4	1.795 9	2.201 0	2.718 1	3.105 8
12	0.695 5	1.356 2	1.782 3	2.178 8	2.681 0	3.054 5
13	0.693 8	1.350 2	1.770 9	2.160 4	2.650 3	3.012 3
14	0.692 4	1.345 0	1.761 3	2.144 8	2.624 5	2.976 8
15	0.691 2	1.340 6	1.753 1	2.131 5	2.602 5	2.946 7
16	0.690 1	1.336 8	1.745 9	2.119 9	2.583 5	2.920 8
17	0.689 2	1.333 4	1.739 6	2.109 8	2.566 9	2.898 2
18	0.688 4	1.330 4	1.734 1	2.100 9	2.552 4	2.878 4
19	0.687 6	1.327 7	1.729 1	2.093 0	2.539 5	2.860 9
20	0.687 0	1.325 3	1.724 7	2.086 0	2.528 0	2.845 3
21	0.686 4	1.323 2	1.720 7	2.079 6	2.517 7	2.831 4
22	0.685 8	1.321 2	1.717 1	2.073 9	2.508 3	2.818 8
23	0.685 3	1.319 5	1.713 9	2.068 7	2.499 9	2.807 3
24	0.684 8	1.317 8	1.710 9	2.063 9	2.492 2	2.796 9
25	0.684 4	1.316 3	1.710 8	2.059 5	2.485 1	2.787 4
26	0.684 0	1.315 0	1.705 6	2.055 5	2.478 6	2.778 7
27	0.683 7	1.313 7	1.703 3	2.051 8	2.472 7	2.770 7
28	0.683 4	1.312 5	1.701 1	2.048 4	2.467 1	2.763 3
29	0.683 0	1.311 4	1.699 1	2.045 2	2.462 0	2.756 4
30	0.682 8	1.310 4	1.697 3	2.042 3	2.457 3	2.750 0
31	0.682 5	1.309 5	1.695 5	2.039 5	2.452 8	2.744 0
32	0.682 2	1.308 6	1.693 9	2.036 9	2.448 7	2.738 5
33	0.682 0	1.307 7	1.692 4	2.034 5	2.444 8	2.733 3
34	0.681 8	1.307 0	1.690 9	2.032 2	2.441 1	2.728 4
35	0.681 6	1.306 2	1.689 6	2.030 1	2.437 7	2.723 8
36	0.681 4	1.305 5	1.688 3	2.028 1	2.434 5	2.719 5
37	0.681 2	1.304 9	1.687 1	2.026 2	2.431 4	2.715 4
38	0.681 0	1.304 2	1.686 0	2.024 4	2.428 6	2.711 6
39	0.680 8	1.303 6	1.684 9	2.022 7	2.425 8	2.707 9
40	0.680 7	1.303 1	1.683 9	2.021 1	2.423 3	2.704 5
41	0.680 5	1.302 5	1.682 9	2.019 5	2.420 8	2.701 2
42	1.680 4	1.302 0	1.682 0	2.018 1	2.418 5	2.698 1
43	1.680 2	1.301 6	1.681 1	2.016 7	2.416 3	2.695 1
44	1.680 1	1.301 1	1.680 2	2.015 4	2.414 1	2.692 3
45	0.680 0	1.300 6	1.679 4	2.014 1	2.412 1	2.689 6

参考文献

[1] 雷田礼. 经济与管理数学[M]. 北京：高等教育出版社，2008.

[2] 宋西红. 经济应用数学[M]. 广州:广东高等教育出版社,2021.

[3] 同济大学数学系. 高等数学(上册)[M]. 7 版. 北京：高等教育出版社，2014.

[4] 吴赣昌. 大学文科数学[M]. 4 版. 北京：中国人民大学出版社，2017.

[5] 同济大学数学系. 工程数学：线性代数[M]. 6 版. 北京：高等教育出版社，2014.